工业和信息化精品系列教材

网络技术

Network Technique

计算机
网络技术
第 5 版

徐立新 吕书波 ◉ 主编

邵明珠 马同伟 解瑞云 赵开新 ◉ 副主编

人民邮电出版社

北京

图书在版编目（CIP）数据

计算机网络技术 / 徐立新，吕书波主编. -- 5版
. -- 北京：人民邮电出版社，2024.1
工业和信息化精品系列教材. 网络技术
ISBN 978-7-115-62989-0

Ⅰ．①计… Ⅱ．①徐… ②吕… Ⅲ．①计算机网络—高等学校—教材 Ⅳ．①TP393

中国国家版本馆CIP数据核字(2023)第199257号

内 容 提 要

本书是针对高等学校"计算机网络技术基础"和"计算机网络组网工程与实践"课程编写的一本技术应用型教材。全书以工作过程为导向，以培养学生实际应用能力为核心，通过典型项目的驱动，突出理论与实践的深度融合。全书共 12 章，分别为计算机网络概述、数据通信基础知识、计算机网络体系结构、局域网技术、IP 与路由、传输层协议原理与技术、交换式以太网技术、计算机网络应用、无线局域网技术、网络安全、计算机网络新技术、综合实训项目。本书充分考虑应用型人才培养中计算机网络相关知识的前后关系以及侧重点，既包含侧重于计算机网络方面的理论和典型技术，可使学生在知识结构上具备岗位所需的基础理论，为培养高素质应用型人才奠定坚实的理论基础，又包含网络互联技术及典型项目综合实训等侧重于计算机网络的组网技术与工程内容，使学生能在能力结构上更好地满足岗位所需，以满足优秀应用型人才培养的能力需求。

本书可作为高等学校应用型本科计算机相关专业的基础课教材，也可作为高等职业院校计算机相关专业的计算机网络技术及组网技术与工程等课程的教学用书。

◆ 主　编　徐立新　吕书波
　　副主编　邵明珠　马同伟　解瑞云　赵开新
　　责任编辑　鹿　征
　　责任印制　王　郁　焦志炜

◆ 人民邮电出版社出版发行　　北京市丰台区成寿寺路 11 号
　　邮编　100164　　电子邮件　315@ptpress.com.cn
　　网址　https://www.ptpress.com.cn
　　山东华立印务有限公司印刷

◆ 开本：787×1092　1/16
　　印张：16.5　　　　　　　　　　2024 年 1 月第 5 版
　　字数：484 千字　　　　　　　　2025 年 8 月山东第 3 次印刷

定价：59.80 元

读者服务热线：(010)81055256　印装质量热线：(010)81055316
反盗版热线：(010)81055315

前言 FOREWORD

本书为教育部高等学校计算机类专业教学指导委员会优秀教材，以及工业和信息化部人才培养"十四五"规划教材。

本书在党的二十大报告中"推进职普融通、产教融合、科教融汇，优化职业教育类型定位"和"加强教材建设和管理"要求的基础上，依据高等学校计算机类专业的培养目标及非计算机类专业对计算机网络技术基本知识和能力的需求，结合目前国内外计算机网络发展的最新动态和成果，以工作过程为导向，结合典型项目驱动，以能力培养为本位，精心组织教材内容，突出理论与实践的深度融合，力争使学生掌握计算机网络技术的基础知识和基本技能，满足新形势下高素质应用型人才培养的能力和岗位需求。

本书是第 5 版，全书共 12 章，分别为计算机网络概述、数据通信基础知识、计算机网络体系结构、局域网技术、IP 与路由、传输层协议原理与技术、交换式以太网技术、计算机网络应用、无线局域网技术、网络安全、计算机网络新技术、综合实训项目。本次修订主要原因是：随着计算机网络领域的发展，大量新技术被使用，以及曾经的新技术已经开始进入大规模普及阶段，内容需要进行更新；根据应用本书的院校教学一线老师的反馈，内容顺序需要更加符合教学的规律，章节安排需要进行必要的调整，使其能够反映计算机网络领域的发展，更加适应教学活动的开展；同时，书中的实训项目和内容均已将思科设备替换为华为设备，并采用eNSP 模拟器进行操作，国内同类模拟器还有 H3C 推出的 HCL，读者可以自行使用。

各章的主要修订情况如下。

第 2 章，在更新通信技术相关基础知识的同时，由于内容的相关性，将旧版第 5 章中涉及广域网连接的数据链路层内容放在了这一章。

第 4 章，将旧版第 4 章内容重新进行划分，新版的第 4 章侧重于基本理论的讲解，强化了 CSMA/CD、令牌环等网络形式的理论部分。将交换式以太网和局域网中操作类的内容单独设置为一章，考虑其内容中要用到 IP 地址、端口号等，故将其安排在第 7 章，并设置了对应的实训项目。

第 5 章，对内容进行了调整，以 TCP/IP 协议族为核心进行介绍，增加 ARP 与 DHCP 的内容。将原来属于数据链路层技术的广域网连接技术划分到第 2 章，将常见因特网接入方式等互联网应用内容划分到第 8 章，将介绍 TCP 与 UDP、VPN 与 NAT 技术的内容单独设置为第 6 章，并设置了对应的实训项目。

第 6 章，新设置了传输层协议原理与技术的内容，重点围绕 TCP 与 UDP 展开，弥补了旧版中此内容过于简单的缺陷。

第 7 章，将旧版中交换式以太网技术的内容设置在这一章，便于详细解释常见的局域网应用技术，以及更加突出应用型教材的特点，并设置了对应的实训项目。

第 8 章，在 IPv6 技术已经占据了 50%市场应用的情况下，该技术的相关知识已经成为普及知识，因此对旧版的第 8 章内容进行了整理，将其整体纳入第 5 章，将 IPv4 与 IPv6 的内容放在一起，更加适应当前的互联网发展趋势。新版的第 8 章为旧版的第 6 章，主要讲授互联网应用的原理，并纳入了旧版第 5 章的因特网接入技术相关内容。

第 10 章，旧版的第 10 章为网络互联技术，主要讲授以思科设备为基础的基本配置方法。在华为与新华三的强势竞争下，思科的应用场景越来越少，尤其是国内计算机网络领域的现状使以思科内容为主的第 10 章与实际情况差别越来越大。因此，将旧版的第 10 章拆分到了新版的第 5 章、第 7 章及第 10 章，并采用华为设备的命令来进行说明。新版的第 10 章主要介绍网络安全技术。

第 11 章，更名为计算机网络新技术，在旧版已有的 SDN 与 NFV 技术的内容基础上，增加对容器技术与 OpenStack 技术的介绍，这些新的技术已经影响到计算机网络的构建方式，因此，有必要用一章对这 4 种技术进行介绍。

第 12 章，采用华为设备并使用 eNSP 模拟器对原实训项目进行重写。

其余章主要更新了过时的表述。

本书是编者结合 30 多年从事面向计算机类专业和非计算机类专业讲授的计算机网络技术及组网技术与工程等课程的理论和实践教学的经验精心编写而成的，在编写上力求体现以学生为中心，以及课程目标的应用性、内容选取的实用性、教学过程的工程性等应用型人才培养特点。

为方便教师教学和学生学习，本书配备了 PPT 电子教案、教学大纲等丰富的教学资源。教师和学生可登录人邮教育社区（https://www.ryjiaoyu.com）免费下载与使用。

本书由河南工学院徐立新、吕书波主编。徐立新教授负责全书的构思、统稿工作，并撰写第 1 章，吕书波负责撰写第 5 章、第 6 章，邵明珠负责撰写第 4 章、第 7 章，马同伟负责撰写第 9 章、第 10 章，解瑞云负责撰写第 3 章以及组织全书习题，谢生锋负责撰写第 2 章、第 8 章，赵开新负责撰写第 11 章、第 12 章。

由于编者水平有限，书中难免有不足之处，我们恳请广大教师和读者提出宝贵的意见。

编　者

2023 年 11 月

目录 CONTENTS

第 6 章

传输层协议原理与技术·····128

第 7 章

交换式以太网技术··········140

第11章

第12章

第1章
计算机网络概述

情景引入

在通信技术高速发展的今天，计算机网络已走进我们生活的每个角落，它的诞生使计算机体系结构发生了巨大变化，在当今社会经济中起到了非常重要的作用，对人类社会的进步做出了巨大贡献。计算机网络是现代通信技术与计算机技术紧密结合的产物，从某种意义上讲，计算机网络的发展水平不仅反映了一个国家的计算机科学和通信技术水平，而且已经成为衡量其国力及现代化程度的重要标志之一。大家天天都在用计算机网络，但我们是否真正了解它？计算机网络是如何形成与发展的？计算机网络由什么组成？计算机网络具备哪些功能？目前有哪些计算机网络新技术？带着这些疑问，让我们从计算机网络的形成与发展入手，来了解计算机网络吧。

本章将从计算机网络的形成和发展开始，通过讲解计算机网络的定义、组成与分类等基本概念，以及计算机网络拓扑结构和计算机网络领域的新技术来回答上面的疑问。通过本章的学习，读者会对计算机网络的形成与发展、定义、组成、拓扑结构及计算机网络领域的新技术有详细的了解。

学习目标

【知识目标】
1. 学习计算机网络的形成与发展过程。
2. 学习计算机网络的定义、组成、分类等基本概念。
3. 学习计算机网络常见的拓扑结构。
4. 学习计算机网络领域的新技术。

【技能目标】
1. 熟悉计算机网络的形成与发展过程。
2. 掌握计算机网络的定义、组成、分类等基本概念。
3. 了解计算机网络领域的新技术。

【素养目标】
1. 培养自主学习能力、思考问题能力和认识世界的能力。
2. 培养认真、严谨的品质。
3. 培养创新和爱国精神。
4. 了解行业发展和就业趋势，激发学习兴趣。

1.1 计算机网络的形成与发展

1.1.1 计算机网络的形成与发展

任何一种新技术的出现通常都遵循一条规律，即必须具备两个条件：强烈的社会需求与先期技术的成熟。计算机网络技术的形成与发展也证实了这条规律。

一般来讲，计算机网络的形成与发展可分为4个阶段。

第一个阶段：计算机技术与通信技术相结合，形成传统意义上的计算机网络，主要特征为单主机远程联机系统。

第二个阶段：在计算机通信网络的基础上，完成网络体系结构与协议的研究，形成现代意义上的计算机网络，主要特征为以资源共享为目的的多主机、多终端的互连通信网络。

第三个阶段：在解决计算机联网与网络互联标准化问题的背景下，提出开放系统互连参考模型与协议，形成现代意义上标准化的计算机网络，促进了符合国际标准的计算机网络技术的发展，主要特征为面向全球范围的开放式、标准化计算机网络。

第四个阶段：计算机网络向互联、高速、智能化方向发展，并获得广泛的应用，主要特征为面向更多新应用的高速、智能化的计算机网络。

1.1.2　单主机远程联机系统

1946年，世界上第一台电子数字计算机 ENIAC 在美国诞生时，计算机技术与通信技术并没有直接的联系。20世纪50年代初，由于美国军方的需要，美国半自动地面防空系统 SAGE 进行了计算机技术与通信技术相结合的尝试。它将远程雷达与其他测量设施测到的信息通过总长度达241km的通信线路与一台 IBM 计算机连接，进行集中的防空信息处理与控制。要实现这样的目标，首先要完成数据通信技术的基础研究。在这项研究的基础上，人们完全可以将地理位置分散的多个终端通过通信线路连到一台中心计算机上。用户可以在自己办公室内的终端输入程序，通过通信线路传送到中心计算机，分时访问和使用其资源进行信息处理，处理结果再通过通信线路回送到用户终端显示或打印。人们把这种以单主机为中心的联机系统称作面向终端的远程联机系统。

当时，计算机主机昂贵，而通信线路和通信设备的价格相对便宜，为了共享主机资源和进行信息的采集及综合处理，联机终端网络是一种主要的系统结构形式，这种以单主机为中心的联机系统如图1-1所示。

在单主机联机网络中，涉及多种通信技术、多种数据传输设备和数据交换设备等。从计算机技术来看，这是由单用户独占一个系统资源发展到分时多用户系统，即多个终端用户分时占用主机上的资源，这种结构被称为第一代网络。在单主机联机网络中，主机既要承担通信工作又要承担数据处理工作，因此，主机的负荷较重且效率低。另外，每一个分散的终端都要占用一条通信线路，线路利用率低，且随终端用户的增多，系统费用

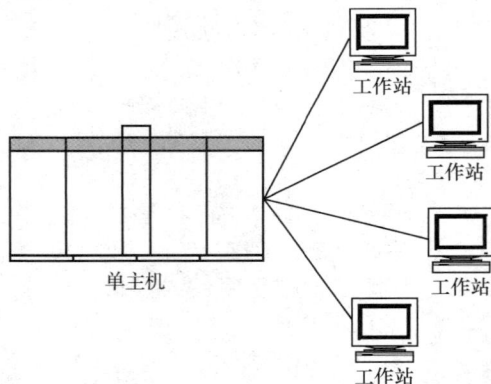

图1-1　以单计算机为中心的远程连机系统

也在增加。因此，为了提高通信线路的利用率并减轻主机的负担，便使用了多点通信线路、集中器以及通信控制处理机。

多点通信线路就是在一条通信线路上连接多个终端，如图1-2所示，多个终端可以共享同一条通信线路与主机进行通信。由于主机与终端间的通信具有突发性和高带宽的特点，所以各个终端与主机的通信可以分时地使用同一条高速通信线路。相对于每个终端与主机之间都设立专用通信线路的配置方式，这种通信线路的配置方式能极大地提高信道的利用率。

前端处理器（Front-End Processor，FEP）或称通信控制处理机（Communication Control Processor，CCP）的作用就是完成全部的通信任务，让主机专门进行数据处理，以提高数据处理的效率，如图1-3所示。

图 1-2　多点通信线路

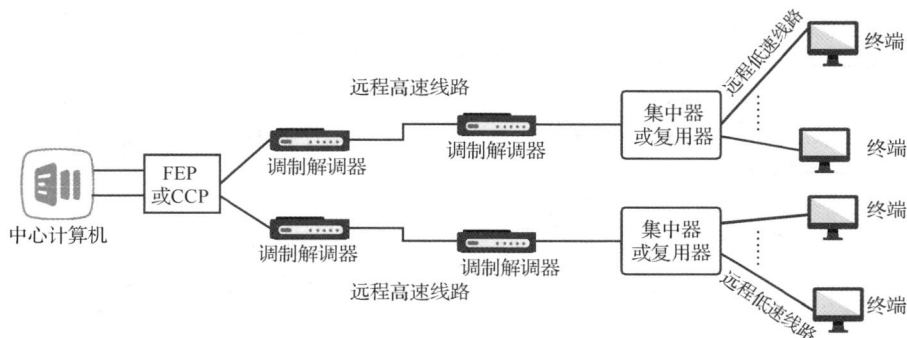

图 1-3　使用 FEP 和集中器的通信系统

如图 1-3 所示，为减轻中心计算机的负载，在通信线路和计算机主机之间设置了一个 FEP 或 CCP 专门负责与终端之间的通信控制，使数据处理和通信控制分工。在终端机较集中的地区，采用了集中管理器（集中器或复用器）用低速线路把附近集群的终端（Terminal）连起来，通过调制解调器（Modem）及高速线路与远程中心计算机的前端机相连。这样的远程联机系统既可提高线路的利用率，又可节约远程线路的投资。

20 世纪 60 年代初，美国航空公司与 IBM 合作建成的由一台计算机与分布在全美国的 2000 多个终端组成的航空订票系统 SABRE-1 就是这种计算机通信网络。

1.1.3　多主机互联系统

随着计算机应用的发展，出现了多台计算机互联的需求。这种需求主要来自军事、科学研究、地区与国家经济信息分析决策、大型企业经营管理。用户希望将分布在不同地点的计算机通过通信线路互联成为计算机网络。网络用户可以使用本地计算机的软件、硬件与数据资源，也可以使用联网的其他地方的计算机软件、硬件与数据资源，以达到计算机资源共享的目的。这一阶段研究的典型代表是美国国防部高级研究计划局（Advanced Research Projects Agency，ARPA）的 ARPA 网（ARPAnet）。1969 年美国国防部高级研究计划局提出将多个大学、公司和研究所的多台计算机互联的课题。1969 年 ARPA 网只有 4 个节点，1973 年发展到有 40 个节点，1983 年超 100 个节点。ARPA 网通过有线、无线与卫星通信线路，使网络覆盖了从美国本土到欧洲与夏威夷的广阔地域。ARPA 网是计算机网络技术发展的一个重要的里程碑，它对发展计算机网络技术的主要贡献表现在以下几个方面。

（1）完成了对计算机网络的定义、分类与子课题研究内容的描述。

（2）提出了资源子网、通信子网的两级网络结构的概念。

（3）研究了报文分组交换的数据交换方法。

（4）采用了层次结构的网络体系结构模型与协议体系。

ARPA 网的研究成果对推动计算机网络发展的意义是深远的。在它的基础之上，20 世纪 70～80 年代计算机网络发展十分迅速，出现了大量的计算机网络，仅美国国防部就资助建立了多个计算机网络。同时还出现了一些研究试验性网络、公共服务网络、校园网，例如美国加利福尼亚大学劳伦斯原子能研究所研究的 OCTOPUS 网（章鱼网）、法国国家信息与自动化研究所的 CYCLADES 网（谷德设计网）、国际气象监测网 WWWN、欧洲情报网 EIN 等。

计算机网络的资源子网与通信子网的结构使网络的数据处理与数据通信有了清晰的功能界面。计算机网络可以分成资源子网与通信子网来分别组建。通信子网可以是专用的，也可以是公用的。为每一个计算机网络都建立专用通信子网的方法显然是不可取的，因为专用通信子网造价很高、线路利用率低，重复组建通信子网投资很大，也没有必要。随着计算机网络与通信技术的发展，20 世纪 70 年代中期，世界上便出现了由国家邮电部门统一组建和管理的公用通信子网，即分组交换公用数据网（Packet Switched Public Data Network，PSPDN）。早期的分组交换公用数据网采用模拟通信的电话通信网，新型的分组交换公用数据网采用数字传输技术和报文分组交换方法。典型的分组交换公用数据网有美国的 TELENET（远程登录）、加拿大的 DATAPAC（数据分组交换）、法国的 TRANSPAC（公用分组交换）、英国的 PSS（个人社会服务）、日本的 DDX（数字数据交换）等。分组交换公用数据网的组建为计算机网络的发展提供了良好的外部通信条件。

以上所讲的是利用远程通信线路组建的远程计算机网络，也称为广域网。随着计算机的广泛应用，局部地区计算机联网的需求日益强烈。20 世纪 70 年代初，一些大学和研究所为实现实验室或校园内多台计算机共同完成科学计算和资源共享的目的，开始了局部计算机网络的研究。1972 年美国加利福尼亚大学研制了 Newhall（纽霍尔）环网；1976 年美国 Xerox（施乐）公司研究了总线拓扑的实验性以太网（Ethernet）；1974 年英国剑桥大学研制了 Cambridge Ring（剑桥环）网。这些都为 20 世纪 80 年代多种局部网络产品的出现提供了理论研究与技术实现的基础，对局部网络技术的发展起到了十分重要的作用。

与此同时，一些大型计算机公司纷纷开展计算机网络研究与产品开发工作，提出了各种网络体系结构与网络协议，如 IBM 公司的 SNA（System Network Architecture，系统网络结构）、DEC 公司的 DNA（Digital Network Architecture，数字网络体系结构）与 UNIVAC 公司的 DCA（Distributed Computer Architecture，分布式计算机体系结构）。

计算机网络发展的第二个阶段所取得的成果对推动网络技术的成熟和应用极其重要，在此阶段研究的网络体系结构与网络协议的理论成果为之后的网络理论发展奠定了基础。很多网络系统经过适当的修改与充实后仍被广泛使用。目前国际上应用广泛的 Internet 就是在 ARPA 网的基础上发展起来的。但是，到了 20 世纪 70 年代后期人们看到了计算机网络发展中出现的危机，那就是网络体系结构与协议标准的不统一限制了计算机网络的发展和应用。网络体系结构与网络协议标准必须走国际标准化的道路。

1.1.4　标准化计算机网络

计算机网络发展的第三个阶段是加速体系结构与协议国际标准化的研究与应用。国际标准化组织（International Organization for Standardization，ISO）的计算机与信息处理标准化技术委员会 TC97 成立了一个分委员会 SC16，研究网络体系结构与网络协议国际标准化问题。经过多年卓有成效的工作，ISO 正式制定、颁布了"开放系统互连参考模型"（Open Systems Interconnection Reference Model，OSI 参考模型），即 ISO/IEC 7498 国际标准。ISO/OSI 参考模型已被国际社会公认为研究和制定新一代计算机网络标准的基础。20 世纪 80 年代，ISO 与 CCITT（国际电话电报咨询委员会）等组织为参考模型的各个层次制定了一系列的协议标准，组成了一个庞大的 OSI 基本协议集。我国也于 1989 年在《国家经济信息系统设计与应用标准化规范》中明确规定选定 OSI 标准作为我国网络建设标准。ISO/OSI 参考模型及标准协议的制定和完善推动计算机网络朝着健康的方向发展。很多大型计算机厂商相继宣布支持 OSI 标准，并积极研究和开发符合 OSI 标准的产品。各种符合 OSI 参考模型与协议标准的远程计算机网络、局部计算机网络与城市地区计算机网络开始被广泛应用。随着研究的深入，OSI 标准将日趋完善。

如果说远程计算机网络扩大了信息社会中资源共享的范围，那么局部网络则增强了信息社会中资源共享的深度。局部网络是继远程网之后的又一个网络研究与应用的热点。远程网技术与微型机的广泛应用推动了局部网络技术研究的发展。局部网络可分为局域网、高速本地网和计算机交换机。到了 20 世纪八九十年代，局域网技术取得突破性进展。在局域网领域中，采用以太网、令牌总线（Token Bus）、令牌环（Token Ring）原理的局域网产品形成了"三足鼎立"之势，采用光纤传输介质的光纤分布式数据接口（Fiber Distributed Data Interface，FDDI）产品在高速与主干环网应用方面起到了重要作用。20 世纪 90 年代局域网技术在传输介质、局域网操作系统与客户/服务器（Client/Server，C/S）应用方面取得了重要进展。由于数据通信技术的发展，在以太网中用非屏蔽双绞线实现了速率 10Mbit/s 的数据传输。在此基础上形成了网络结构化布线技术，使以太网在办公自动化环境中得到更为广泛的应用。局域网操作系统 Novell NetWare、Windows NT Server、IBM LAN Server 使局域网应用进入成熟阶段。C/S 应用使网络服务功能达到更高水平。

1.1.5 智能化的计算机网络及其发展

目前计算机网络的发展正处于第四个阶段。这一阶段计算机网络发展的特点是：互联、高速、智能与更为广泛的应用。

Internet 是覆盖全球的信息基础设施之一，对用户来说，它像一个庞大的远程计算机网络。用户可以利用 Internet 实现全球范围的收发电子邮件、信息传输、信息查询、语音与图像通信等。实际上 Internet 是一个用路由器（Router）实现多个远程网和局域网互连的网际网。截至 2022 年 6 月，中国网民规模达 10.51 亿，互联网普及率约为 74.4%。其中，中国手机网民规模达 10.47 亿；网民使用手机上网的比例约为 99.6%，使用电视上网的比例约为 26.7%，使用台式计算机、笔记本计算机、平板计算机上网的比例分别约为 33.3%、32.6%和 27.6%。

计算机网络技术对世界经济、教育、科技、文化的发展有着重要影响。至今，互联网已形成了一个覆盖全球的、高速的、稳定的"信息高速公路"，为物联网发展奠定了基础。

1.2 计算机网络的基本概念

1.2.1 计算机网络的定义

计算机网络的定义没有统一的标准，根据计算机网络发展的阶段或侧重点的不同，计算机网络有几种不同的定义。根据目前计算机网络的特点，侧重资源共享和通信的计算机网络定义更准确地描述了计算机网络的特点。

计算机网络是通过通信设备和通信线路，按照相同的通信协议，将分布在不同地理位置且功能独立的多个计算机系统相互连接，在网络操作系统的管理和控制下，实现资源共享和高速通信的系统。

一般来讲，构成计算机网络的要素有 4 点。

（1）两台或两台以上功能独立的计算机相互连接，以达到相互通信的目的。

（2）计算机之间要用通信设备和传输介质连接起来。

（3）计算机之间通信要遵守相同的网络通信协议。

（4）计算机需具备网络软件、硬件资源管理功能，以达到资源共享的目的。

1.2.2　计算机网络的组成

1. 计算机网络的逻辑组成

计算机网络按逻辑功能可分为资源子网和通信子网两部分。

资源子网是计算机网络中面向用户的部分，负责数据处理工作，相当于 OSI（开放系统互联）模型中高四层（传输层、会话层、表示层和应用层）的功能，OSI 模型会在本书的第 3 章讲授。资源子网由计算机系统、终端、终端控制器、联网外设、各种软件资源与信息资源组成。

通信子网是网络中的数据通信系统，它由用于信息交换的网络节点处理机和通信链路组成，主要负责通信处理工作，相当于 OSI 模型中低三层（物理层、数据链路层、网络层）的功能，如网络中的数据传输、加工、转发和变换等。

若只是访问本地计算机，则只在资源子网内部进行，无须通过通信子网。若要访问异地计算机资源，则必须通过通信子网。为了使网络内各计算机之间的通信可靠、有效，通信各方必须共同遵守统一的通信规则，即通信协议。它可以使各计算机之间能相互理解会话、协调工作，如 OSI 参考模型和传输控制协议/互联网协议（Transmission Control Protocol/Internet Protocol，TCP/IP）等。

2. 计算机网络结构

计算机网络结构可分为网络硬件和网络软件两部分，计算机网络的硬件组成如图 1-4 所示。

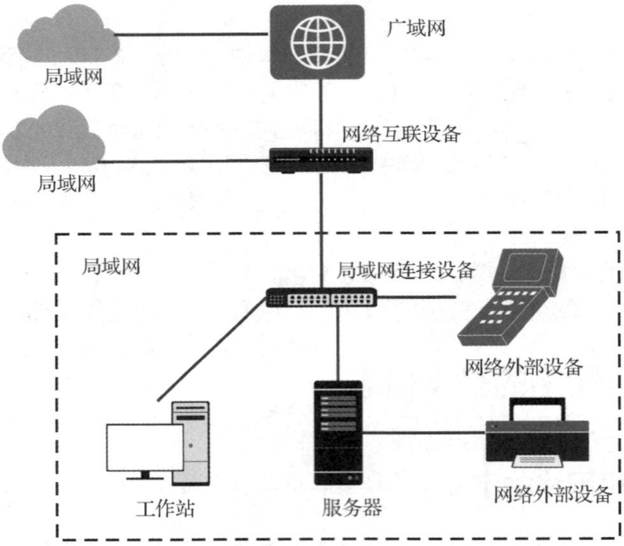

图1-4　计算机网络的硬件组成

在计算机网络中，网络硬件对网络性能起着决定性作用，它是网络运行的实体。而网络软件则是支持网络运行、提高效益和开发网络资源的工具。

（1）计算机网络硬件

计算机网络硬件是计算机网络的物质基础，计算机网络通过网络设备和通信线路将不同地点的计算机及其外围设备在物理上实现连接。因此，网络硬件主要由可独立工作的计算机、网络设备和传输介质等组成。

① 计算机

可独立工作的计算机是计算机网络的核心，也是用户主要的网络资源。根据用途的不同，计算机可分为服务器和网络工作站。

- 服务器。服务器一般由功能强大的计算机担任，如小型计算机、专用 PC 服务器或高档微机。它向网络用户提供服务，并负责对网络资源进行管理。一个计算机网络系统至少要有一台或多台服务器。根据服务器所担任的功能不同，服务器可分为文件服务器、通信服务器、备份服务器和打印服务器等。
- 网络工作站。网络工作站是一台供用户使用网络的本地计算机，用户对它没有特别要求。网络工作站作为独立的计算机为用户服务，同时又可以按照被授予的一定权限访问服务器。各网络工作站之间可以相互通信，也可以共享网络资源。在计算机网络中，网络工作站是一台客户机，即网络服务的一个用户。

② 网络设备

网络设备是构成计算机网络的一些部件，如网卡、调制解调器、集线器、中继器、网桥、交换机、路由器、网关、光纤收发器、无线 AP（Access Point，接入点）等。

- 网卡。网卡又称网络接口适配器，是计算机与传输介质的接口。每一台服务器和网络工作站都至少配有一块网卡，通过传输介质将服务器和网络工作站连接到网络上。网卡的工作是双重的：一方面它负责接收网络上传过来的数据包，解包后将数据通过主板上的总线传输给本地计算机；另一方面它将本地计算机上的数据打包后送入网络。
- 调制解调器。调制解调器利用调制解调技术来实现数据信号与模拟信号在通信过程中的相互转换。确切地说，调制解调器的主要工作是将数据设备传送来的数据信号转换成能在模拟信道（如电话交换网）传输的模拟信号，反之，它也能将来自模拟信道的模拟信号转换为数据信号，是一种信号变换设备。光纤通信因其频带宽、容量大等优点而迅速发展成为当今信息传输的主要形式。要实现光通信就必须进行光的调制与解调，因此作为光纤通信系统的关键器件——光调制解调器正受到越来越多的关注，俗称光猫。
- 交换机。交换机有多个端口。每个端口都具有桥接功能，可以连接局域网或一台高性能服务器或工作站。所有端口由专用处理器进行控制，并经过控制管理总线转发信息。
- 路由器。路由器可用于连接局域网和广域网，它有判断网络地址和选择路径的功能。其主要工作是为经过路由器的报文寻找一条最佳路径，并将数据传送到目的站点。
- 网关。网关不仅具有路由功能，还能实现不同网络协议之间的转换，并将数据重新分组后传送。

③ 传输介质

在计算机网络中，要使不同的计算机能够相互访问对方的资源，必须有一条通路使它们能够相互通信。传输介质是网络通信用的信号线路，它提供了数据信号传输的物理通道。

传输介质按特征可分为有线通信介质和无线通信介质两大类：有线通信介质包括双绞线、同轴电缆和光缆等，无线通信介质包括红外线、无线电波、微波、卫星通信和移动通信等。它们具有不同的传输速率和传输距离，分别支持不同的网络类型。

（2）计算机网络软件

计算机网络软件是一种在网络环境下运行、使用、控制和管理网络工作和通信双方交流信息的计算机软件。根据网络软件的功能和作用，其可分为网络系统软件和网络应用软件两大类。

① 网络系统软件

网络系统软件是控制和管理网络运行，提供网络通信，管理和维护共享资源的网络软件。它包括网络操作系统、网络通信和协议软件、网络管理软件和网络编程软件等。

- 网络操作系统是网络系统软件中的核心软件，其他网络软件都需要网络操作系统的支持才能运行。网络操作系统是使网络上各计算机能方便而有效地共享网络资源，为网络用户提供所需的各种服务的软件和有关规程的集合。除具有一般操作系统的功能外，网络操作系统还应具有网络通信能力和多种网络服务功能。目前常用的网络操作系统有 Windows、UNIX、Linux 等。

- 网络通信软件用于管理各个计算机之间的信息传输，网络协议软件是实现协议规则和功能的软件，它在网络计算机和设备中运行。所谓通信双方使用相同的协议就是指它们安装了相同的协议软件。一般主流协议软件都集成在网络操作系统中，例如 Windows 系统中的 TCP/IP 等。

- 网络管理软件是对网络运行状况进行信息统计、监视、警告和报告的软件系统。网络管理软件在某台网络工作站上运行，管理人员通过软件提供的界面全面监控网络设备的运行，可以了解网络连通情况、节点数据吞吐率和数据包丢失率、设备负载情况等。目前主流网络管理软件有：Cabletron 公司的 Spectrum Enterprise Manager、Tivoli 公司的 NetView、HP 公司的 OpenView 以及 Loran 公司的 Kinetics。

- 网络编程软件最主要的工作之一就是在发送端把信息通过规定好的协议组装成包，在接收端按照规定好的协议把包进行解析，从而提取出对应的信息，达到通信的目的。网络编程语言和工具软件的发展极为迅速，目前已有 HTML、CSS、FrontPage、VBScript、Java、C、C++、ASP、PHP、JSP、Flash、VRML 以及 Python 等。

② 网络应用软件

网络应用软件是指为某一应用目的而开发的网络软件，它为用户提供一些实际的应用。网络应用软件既可用于管理和维护网络本身，也可用于某一个业务领域。例如，以超文本传送协议（Hypertext Transfer Protocol，HTTP）为基础的浏览器软件、网络安全软件、数字图书馆、视频点播、Internet 信息服务、远程教学和远程医疗等。

1.2.3　计算机网络的功能

1. 计算机网络的主要功能

（1）数据通信。如电子邮件、网上聊天等。

（2）资源共享。如网上浏览新闻、查找学习资料等，学校的电子阅览室。

（3）提高安全与可靠性。如网络中一般不设中心计算机，各个计算机的地位是平等的，因而整个网络不会因个别计算机故障而瘫痪，提高了系统的可靠性。

（4）数据信息的集中和综合处理。如分散在各地的计算机中的数据资料，可以通过网络系统适时地集中或分级管理，经综合处理后形成的各种数据、图表，可提供给用户使用。

2. 计算机网络的应用

计算机网络在工业、农业、交通运输、邮电通信、文化教育、商业、国防及科学等领域获得越来越广泛的应用。它主要有以下几方面的应用。

（1）办公自动化系统。办公自动化系统是一个计算机网络。它集计算机技术、数据库、局域网、声音、图像、文字等技术于一体。

（2）电子数据交换。电子数据交换是将贸易、运输、保险、银行、海关等行业的信息用一种国际公认的标准格式，通过计算机网络通信，实现各企业之间的数据交换。

（3）远程教育。远程教育是一种利用在线教育服务系统开展学历或非学历教育的全新的教育形式。

（4）电子银行。电子银行也是一种在线服务系统，是一种由银行提供的基于计算机和计算机网络的新型金融服务系统。

（5）校园网。校园网是在学校区域内为学校教育教学提供资源共享、信息交流和协同工作的计算机网络信息系统。

（6）电子商务。电子商务是在因特网开放的网络环境下，基于浏览器/服务器（Web/Server）应用方式，实现消费者的网上购物、商户之间的网上交易和在线支付的一种新型的商业运营模式。

（7）IP 电话。IP 电话又称互联网电话。它是利用国际互联网作为语音传输的介质，从而实现语音通信的一种电话业务。

3. 因特网的主要功能

因特网（Internet）是一组全球信息资源的汇总，是一个世界性的计算机网络，是由许多小的网络（子网）互联而成的一个逻辑网，每个子网中连接着若干台计算机（主机）；因特网以相互交流信息资源为目的，基于一些共同的协议，并通过许多路由器和公共互联网而成，它是一个信息资源和资源共享的集合。

（1）收发电子邮件。在网上申请一个电子邮件地址就可以和亲朋好友收发电子邮件，方便快捷。电子邮件地址格式：<用户名>@<邮件服务器名>。

（2）浏览万维网。万维网（World Wide Web，WWW），又叫环球网，它连接了遍布全球的 Web 站点，构成了一个丰富的信息资源库。

（3）阅读网络新闻。网络新闻覆盖了全世界科学、政治、经济、体育、娱乐等各方面的新闻。

（4）电子公告。网友通过计算机使用电子公告板聚集在一起，讨论共同关心的问题，可以交友、聊天等。

（5）远程登录。通过本机访问远程主机的软硬件资源。

（6）下载资料。网上有各种各样的学习资源，各种音乐、视频、动画和各种软件资源，我们都可以下载在本机上使用。

（7）信息查询。通过搜索引擎我们可以方便地查找各种自己想要的信息。

（8）实时交谈和电子商务。网络上提供网络交谈、网络会议和网络电台等实时交谈服务，同时还提供丰富的娱乐活动和网上商务，如网络娱乐、网络电影和网上购物等。

1.2.4　计算机网络的分类

由于计算机网络自身的特点，其划分有多种形式。如，计算机网络可以按网络的作用范围、网络的传输方式、通信介质以及网络的使用范围等划分。

1. 按网络的作用范围划分

按网络所覆盖的地理范围，计算机网络可分为局域网、城域网和广域网。三者之间的差异主要体现在覆盖范围和传输速率方面。

（1）局域网

局域网（Local Area Network，LAN）是计算机通过高速线路连接组成的网络，一般限定在较小的区域内，如图 1-5 所示。局域网将各种计算机、终端及外部设备互联成网。

局域网的传输速率较高，曾经为 10Mbit/s 到 100Mbit/s，目前主要有 1Gbit/s 和 10Gbit/s，甚至是 100Gbit/s。局域网主要用来构建一个单位的内部网络，局域网通常安装在一个建筑物或校园（园区）内，覆盖的地理范围半径从几十米至几千米，如一个办公室、一个实验室、一栋大楼、一个大院或一个单位。如学校的校园网、企业的企业网等。局域网通常属建设单位所有，建设单位拥有自主的设计、建设和管理权，以共享网络资源为主要目的，例如，共享打印机和数据库。

局域网的主要特点如下。

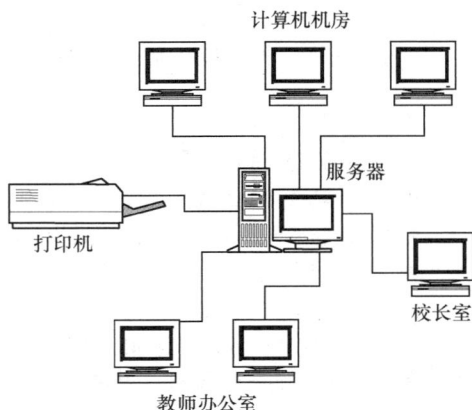

图 1-5　某学校的局域网

- 建设单位自主规划、设计、建设和管理。
- 传输速率高，但网络覆盖范围有限。
- 主要面向单位内部提供各种服务。

（2）城域网

如果网络的规模再大一些，使用局域网就有点儿困难了，于是在局域网的基础上产生了城域网（Metropolitan Area Network，MAN）。城域网所采用的技术与局域网类似，只是覆盖范围要大一些。城域网一般限定在一座城市范围内，覆盖的地理范围半径从几十千米到数百千米，如图 1-6 所示。传输速率范围为 64kbit/s～10Gbit/s。城域网主要指城市范围内的政府部门、大型企业、事业单位、学校、公司、因特网服务提供方（the Internet Service Provider，ISP）、电信部门、有线电视台等，通过市政府构建的专用网络与公用网络连接，可以实现大量用户的多媒体信息共享，并提供电子政务和电子商务平台等功能。

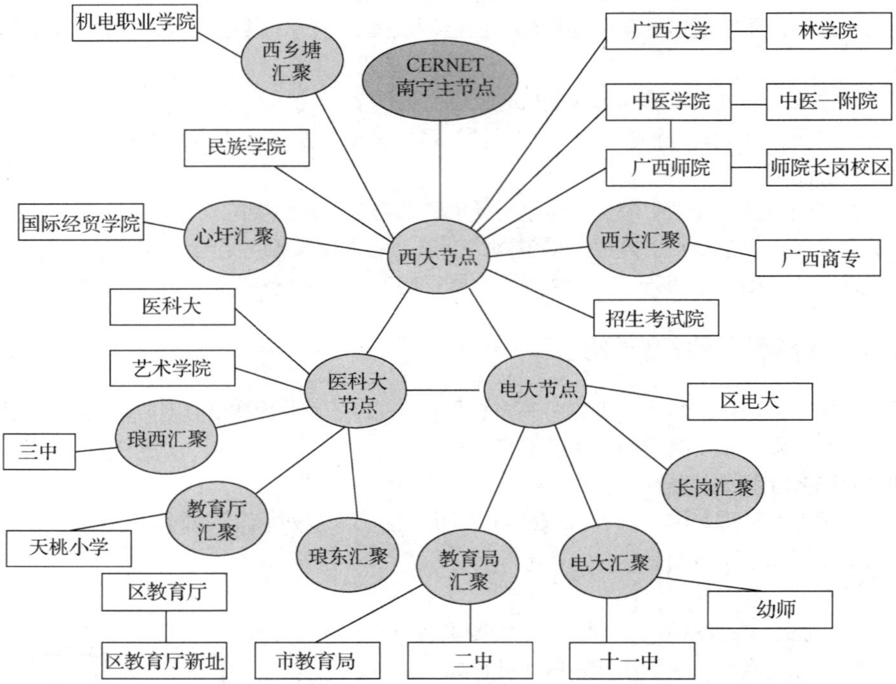

图 1-6　某市教育系统城域网拓扑图

城域网的主要特点如下。

- 建设城市自主规划、设计、建设和管理。
- 传输速率较高，网络覆盖范围局限在一个城市。
- 面向一个城市或一个城市的某系统内部提供电子政务、电子商务等服务。

（3）广域网

广域网（Wide Area Network，WAN）的覆盖范围很大，覆盖范围半径从数百千米到数千千米，可以是一个地区或一个国家，甚至世界几大洲，故又称远程网。广域网采用的技术、应用范围和协议标准与局域网和城域网有所不同。广域网通常利用电信部门提供的各种公用交换网，将分布在不同地区的计算机系统互相连接起来，达到资源共享的目的。广域网最典型的例子就是因特网，如图 1-7 所示。

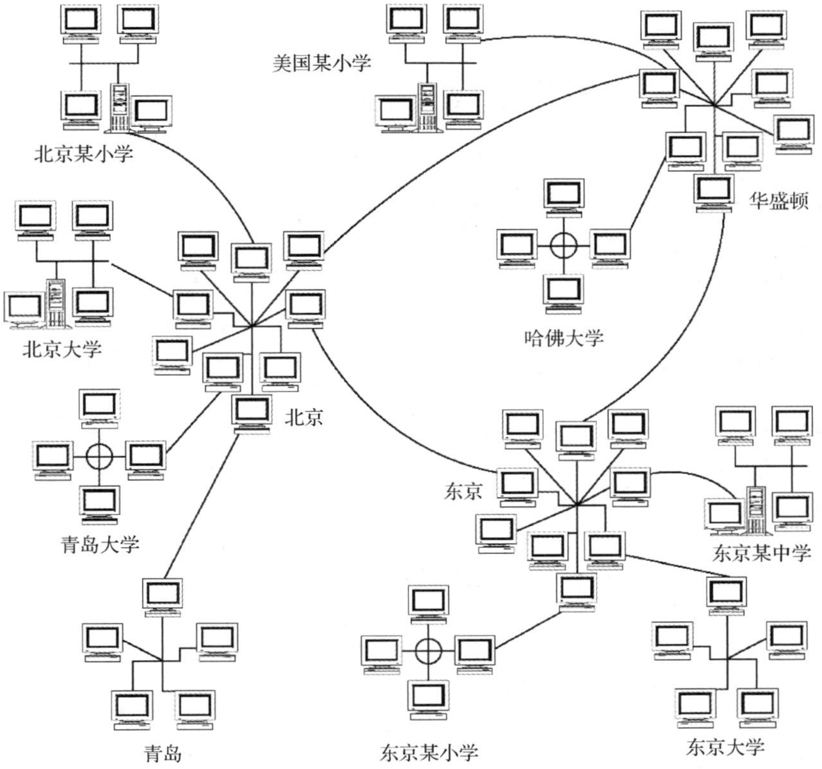

图1-7　Internet 拓扑图

广域网的主要特点如下。

- 建设涉及国际组织或机构。
- 网络覆盖范围没有限制。
- 长距离的数据传输容易出现错误。
- 传输速率受限。
- 管理复杂，建设成本高。

2. 按网络的传输方式划分

（1）点对点传输方式

点到点传输（Point to Point Transport）的特点是，两台计算机之间通过一条物理线路连接。若两台计算机之间没有直接连接的线路，分组（即在互联网中传送数据的单元）可能要通过一个或多个中间节点的接收、存储、转发，才能将分组从信源发送到目的地。由于连接多台计算机之间的线路结构可能非常复杂，存在多条路由，因此，在点到点网络中如何选择最佳路径显得特别重要。

（2）广播传输方式

广播网络（Broadcast Network）的特点是，仅有一条通信信道，网络上的所有计算机都共享这条通信信道。当一台计算机在信道上发送数据分组时，网络中的每台计算机都会接收到这个分组，并且将自己的地址与分组中的目的地址进行比较，如果相同，则处理该分组，否则将它丢弃。

在广播网络中，若某个分组发出以后，网络中的每一台机器都接收并处理它，则称这种传输方式为广播（Broadcast）；若分组是发送给网络中的某些计算机，则被称为多点广播或组播（Multicast）；若分组只发送给网络中的某一台计算机，则称为单播（Unicast）。

3. 按通信介质划分

（1）有线网

有线网指采用双绞线、同轴电缆、光纤等物理介质传输数据的网络。

- 双绞线。通过专用的各类双绞线来组网。双绞线网是目前最常见的联网方式之一，它比较经济且安装方便，传输速率和抗干扰能力一般，广泛应用于局域网中。除此之外还可以通过电话线上网或通过现有电力网电缆上网。
- 同轴电缆。可以通过专用的同轴电缆（粗缆/细缆）来组网，还可以通过有线电视电缆和电缆调制解调器（Cable Modem）上网。
- 光纤。光纤网采用光导纤维作为传输介质。光纤传输距离长、传输速率高，且抗干扰能力强，不会受到电子监听设备的监听，是安全性网络的理想选择。目前，单线光纤传输距离已增加至2240km，光纤网络的传输速率已达到2.5Gbit/s。我国已实现560Tbit/s超大容量波分多路复用及空分复用的光传输系统实验。

（2）无线网

无线网指使用电磁波作为传输介质，以实现设备间信息数据传输的网络，它可以传送红外线、无线电波、微波、卫星信号等。无线网包括以下几种网络。

- 无线电话网：通过手机上网已经成为新的热点，目前这种上网方式费用较高、速率不高。但由于联网方式灵活、方便，它仍是一种很有发展前途的联网方式。
- 语音广播网：价格低廉、使用方便，但保密性和安全性差。
- 无线电视网：普及率高，但无法在一个频道上和用户进行实时交流。
- 微波通信网：通信的保密性和安全性较好。
- 卫星通信网：能进行较远距离的通信，但价格昂贵。

4. 按网络的使用范围划分

（1）公用网。公用网一般由政府的电信部门组建、管理和控制，网络内的传输和交换装置可提供（如租用）给任何部门或单位使用。

（2）专用网。专用网是由某个单位或部门组建的，不允许其他部门或单位使用，例如：金融、石油、铁路、电力、证券、保险等行业都有自己的专用网。专用网可以租用电信部门的传输线路，也可以自己铺设线路，但后者的成本非常高。虚拟专用网络（Virtual Private Network，VPN）技术的出现大大降低了企业的通信费用。

5. 按网络控制方式划分

（1）集中式计算机网络。如星形和树形拓扑结构的网络，通过集中管理式网络操作系统可实现网络的通信和资源集中管理。其优点是实现简单、管理可控性强；缺点是可靠性低、不能实现信息的分布式处理。

（2）分布式计算机网络。如分组交换网、网状网络，可通过专用分布式网络操作系统实现信息处理的分步进行，具有高可靠性、可扩充性及灵活性，是网络应用的方向。

6. 按拓扑结构划分

计算机网络按照网络的拓扑结构类型，可分为总线型、星形、环形、树形、复合型或网状等。

1.3 计算机网络的拓扑结构

拓扑学是一种研究与大小、距离无关的几何图形特征的方法，它是从图论演变过来的。拓扑设计是建设计算机网络的第一步，也是实现各种网络协议的基础，对网络性能、系统可靠性和通信费用都有重大影响。利用拓扑学的观点，可以将网络中的计算机和通信设备等网络单元抽象为"节点"，把网络中的传输介质抽象为"线"。网络拓扑通过网中节点和通信线路之间的几何关系来表示网络结构，反映网络中各实体的结构关系。

计算机网络的拓扑结构定义可描述为：网络中各节点物理上连接的几何形状。计算机网络按照不同的网络拓扑结构，可分为总线型结构、星形结构、环形结构、树形结构和网状结构等，如图 1-8 所示。

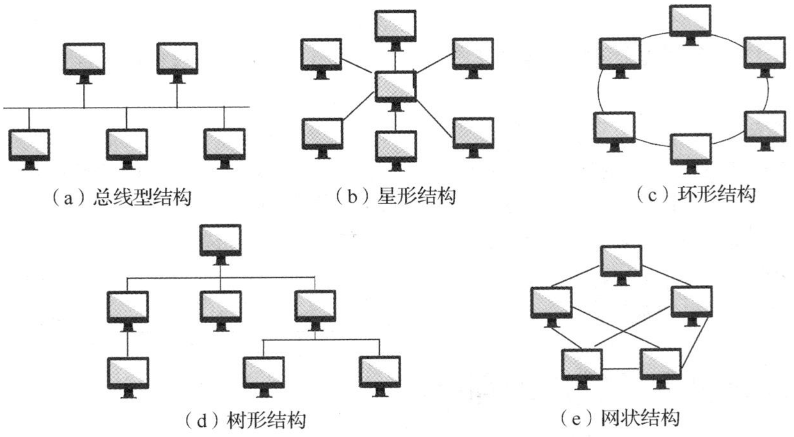

（a）总线型结构　　　　　（b）星形结构　　　　　（c）环形结构

（d）树形结构　　　　　　（e）网状结构

图 1-8　常见计算机网络拓扑结构图

1. 总线型结构

在总线型拓扑结构中，采用单根传输线路作为公共传输信道，所有网络节点通过专用的连接器连接到这个公共信道上。这个公共信道被称为总线。任何一个节点发送的数据都能通过总线进行传播，同时能被总线上的所有其他节点接收，即当某一连接的设备监听到总线上有传输的数据时，只接收与自己地址匹配的数据。可见，总线型拓扑结构的网络是一种广播式网络。典型的总线型拓扑结构的网络是粗、细同轴电缆以太网。总线型拓扑结构如图 1-8（a）所示。

总线型拓扑结构网络的特点：结构简单，易于扩充，但网络中节点多时，传输速率会减小。在目前的建网实践中，已很少采用这种结构。

2. 星形结构

在星形拓扑结构中，网络中所有的节点都连接到一个网络中继设备（如集线器、交换机等）上中继设备从其他的网络设备那里接收信号，然后确定路线发送信息到正确的目的地。每一个网络设备都能独立访问介质，共享或独立使用各自的带宽进行通信。星形拓扑结构如图 1-8（b）所示。典型的星形拓扑结构的网络是使用集线器或交换机连成的以太网。

星形拓扑结构网络的特点：结构简单、易于实现、维护容易。其优点是当某台计算机或某条传输介质出现问题时，不会影响其他计算机正常通信。缺点是每台计算机都通过一条专用电缆和中心节点相连，比较浪费传输介质，而且中心节点（集线器或交换机）的故障会直接造成网络瘫痪。然而这不算什么大问题，因为传输介质的价格比较便宜，网络设备也很少出故障。正是因为星形拓扑结构有易于维护的特点，所以星形拓扑成为目前非常常用的一种拓扑结构。

3. 环形结构

对于环形拓扑结构，网络上每个工作站有两个连接，分别连接离其最近的左、右邻居，全网各节点和通信线路的连接形成一个闭合的物理回路，即环。数据绕环单向传输，每个工作站作为中继器工作，接收和响应与其地址匹配的分组，将其他分组发至下一个"下游"站。环形拓扑结构如图 1-8（c）所示。典型的环形拓扑结构的网络是（光纤分布式数据接口）FDDI 网络。

环形拓扑结构网络的特点：路径选择简单、传输延迟确定，但增减节点较复杂、单环传输不可靠。

4．树形结构

树形结构是从总线型结构和星形结构演变而来的，是一种分层结构，如图1-8（d）所示。各节点按一定的层次连接起来，其形状像一棵倒置的树，故取名为树形结构。在树形结构的顶端有一个根节点，它带有分支，每个分支也可以带有子分支。树形结构与带有几个段的总线型结构的主要区别在于根节点。

树形拓扑结构可以看成星形拓扑结构的一种扩展，它适用于分级管理和控制的网络系统，其特点同星形结构。

5．网状结构

网状结构是指将各网络节点与通信线路互连成不规则或规则的形状，每个节点至少与其他两个节点相连，如图1-8（e）所示。互联网一般都采用网状结构，例如，中国教育和科研计算机网（China Education and Research Network，CERNET）以及国际互联网Internet的主干网部分。

网状结构的网络可充分、合理地使用网络资源传输数据，并且具有很高的可靠性，但这种可靠性是以高投资和高复杂度的管理为代价的。

1.4 计算机网络领域的新技术

1.4.1 虚拟化技术

虚拟化技术是一种资源管理技术，是将计算机的各种实体资源，如服务器、网络、内存及存储等，予以抽象、转换后呈现出来，清除实体结构间不可切割的障碍，使用户可以用比原本的组态更好的方式来应用这些资源。这些资源的新虚拟部分不受现有资源、地域或物理组态所限制。一般所指的虚拟化资源包括计算能力和资料存储。在实际的生产环境中，虚拟化技术主要用来解决高性能的物理硬件产能过剩和旧的硬件产能过低的重组重用问题，透明化底层物理硬件，从而最大限度地利用物理硬件。

虚拟化技术与多任务以及超线程技术是完全不同的。多任务指在一个操作系统中多个程序一起运行；在虚拟化技术中则可以同时运行多个操作系统，而且每一个操作系统中都有多个程序运行，每一个操作系统都运行在一个虚拟的CPU或者是虚拟主机上；超线程技术中单CPU模拟双CPU来平衡程序运行性能，这两个模拟出来的CPU是不能分离的，只能协同工作。CPU的虚拟化可以使单CPU模拟多CPU并行，允许一个平台同时运行多个操作系统，并且应用程序可以在相互独立的空间内运行且互不影响，从而显著提高计算机的工作效率。虚拟化技术是云计算中非常关键的技术，将虚拟化技术应用到云计算平台中，可以获得更良好的特性。

虚拟化技术可以分为平台虚拟化、资源虚拟化和应用程序虚拟化3类。我们通常所说的虚拟化技术主要指平台虚拟化技术，是针对计算机和操作系统的虚拟化。平台虚拟化通过使用控制程序，隐藏特定计算机平台的实际物理特性，为用户提供抽象的、统一的、模拟的计算机环境。虚拟机中运行的操作系统被称为客户操作系统，运行虚拟机的真实系统被称为主机系统。资源虚拟化主要针对特定资源如内存、存储、网络资源等。应用程序虚拟化包括仿真、模拟、解释技术等。

未来虚拟化的发展将是多元化的，将包括服务器、存储、网络等更多元素的虚拟化，用户将无法分辨哪些是虚，哪些是实。虚拟化将改变传统IT架构，并且将互联网中的所有资源连在一起，形成一个大的计算中心，而我们不用关心这一切，只需要关心提供给我们的服务是否正常。

1.4.2　云计算技术

云计算是指对分布式计算、并行计算、网格计算及分布式数据库的改进处理及发展，或者说是这些计算机科学概念的商业实现。Google 在 2006 年首次提出云计算的概念，云计算的定义有多种说法，目前被广泛接受的是美国国家标准与技术研究院（NIST）的定义：云计算是一种按使用量付费的模式。这种模式提供可用的、便捷的、按需的网络访问，进入可配置的计算机资源共享池（资源包括网络、服务器、存储、应用软件、服务）。这些资源能够被快速提供，只需投入很少的管理工作，或与服务提供商进行很少的交互。

云计算平台是建立在云资源之上的、能够高效提供计算服务的平台。在云资源模式下，用户数据存储在云端，在需要时可以直接从云端下载使用，软件由服务商统一部署在云端，并由服务商负责维护。云计算支持用户在任意位置、使用各种终端获取应用服务，用户无须了解、也不必担心应用运行的具体位置。"云"就像一个庞大的资源池，用户按需购买，就像使用自来水、电、煤气那样计费。当云计算系统运算和处理的核心任务是大量数据的存储和管理时，云计算系统中就需要配置大量的存储设备，云计算系统就转变成云存储系统。

1.4.3　物联网技术

物联网的理念最早出现于比尔·盖茨 1995 年《未来之路》一书。1999 年，美国 Auto-ID（自动识别）首先提出了"物联网"的概念，即把所有物品通过射频识别等信息传感设备与互联网连接起来，实现智能化识别和管理。2005 年，国际电信联盟对物联网的概念进行了拓展，提出任何时间、任何地点、任何物体之间的互联，无所不在的网络和无所不在的计算的发展蓝图。例如：当司机操作失误时，汽车会自动报警；公文包会提醒主人忘带了什么东西等。物联网的基础和核心依然是互联网，它是在互联网基础上延伸的网络，强调物与物、人与物之间的信息交互和共享。

物联网就是"物物相连的互联网"，是将物品的信息（各类型编码）通过射频识别、传感器等信息采集设备，按约定的通信协议与互联网连接，进行信息交换和通信，使物品的信息实现智能化识别、定位、跟踪、监控和管理的一种网络。

物联网的体系结构由感知层、网络层、应用层组成。感知层主要实现感知功能，包括信息采集、捕获和物体识别；网络层主要实现信息的传送和通信；应用层主要包括各类应用，如监控服务、智能电网、工业监控、绿色农业、智能家居、环境监控、公共安全等。全面感知、可靠传递和智能控制是物联网的核心能力。

物联网用途广泛，遍及智能交通、环境保护、政府工作、公共安全、平安家居、智能消防、工业监测、环境监测、路灯照明管控、景观照明管控、楼宇照明管控、广场照明管控、老人护理、个人健康、花卉栽培、水系监测、食品溯源、敌情侦查和情报搜集等多个领域。2012 年 2 月 14 日，中国的第一个物联网五年规划——《物联网"十二五"发展规划》由工业和信息化部颁布，物联网在中国迅速崛起。

本章小结

计算机网络是计算机技术与通信技术高度发展、紧密结合的产物，网络技术的进步对当前信息产业的发展产生了重要影响。根据网络的覆盖范围与规模分类，计算机网络分为局域网、城域网和广域网。

当前计算机网络研究与应用的主要问题是 Internet 技术及其应用，高速网络技术与信息安全技术。

计算机网络常用的传输介质有双绞线、光缆等有线介质和红外线、无线电波、微波等无线介质。计算机网络按照网络的拓扑结构类型可分为总线型、星形、环形、树形、复合型或网状等。目前计算机网络应用的主要领域是电子政务、电子商务、远程教育、远程医疗与社区网络服务。虚拟化技术、云计算、物联网成为新的网络研究与应用的热点。

计算机网络的广泛应用已经对经济、文化、教育、科学的发展与人类生活质量的提高产生重要影响，同时也不可避免地带来一些新的社会、道德、政治与法律问题，因此网络与信息安全技术的研究与应用受到人们的高度重视。

习题

1. 简答计算机网络产生和发展的 4 个阶段。
2. 简答计算机网络的定义和构成要素。
3. 简答计算机网络的逻辑组成。
4. 简答计算机网络的物理组成。
5. 概述计算机网络的功能。
6. 简述因特网的主要功能。
7. 简答计算机网络的分类方法。
8. 按网络的作用范围如何对计算机网络进行划分的？
9. 简答计算机网络的拓扑结构分类及特点。
10. 试述常用的网络传输介质。
11. 什么是虚拟化、云计算、物联网？

第2章

数据通信基础知识

情景引入

　　计算机网络是计算机技术和通信技术紧密结合的产物，计算机网络能够连接世界，把分布在地球上的各个信息点连成一片，使它们能够随时互通信息和交换数据。在我们的日常生活中，我们已经深刻体会到了因特网的普及给我们带来的方便，但是网络中的数据是怎样传输的呢？与我们平常使用的手机中的数据传输是一回事吗？要了解这些知识，我们需要对数据通信的相关知识进行学习。

　　本章将主要介绍数据通信的基本概念、数据编码技术、数据传输技术、数据交换技术和广域网连接技术。

学习目标

【知识目标】

1. 学习数据通信的基本概念和主要技术指标。
2. 学习数据编码的基本方法。
3. 学习数据传输方式和数据交换技术的基本原理。

【技能目标】

1. 掌握数据传输速率、信号传输速率和误码率的计算。
2. 能够理解数据通信的相关技术。

【素养目标】

1. 培养探究科学规律的精神。
2. 培养自主学习和分析问题的能力。

2.1 基本概念

2.1.1 信息与信号

　　在研究计算机网络中的信息交换过程时，首先要了解信息与信号的基本概念以及它们之间的联系与区别。

1. 信息的基本概念

　　信息（Information）、数据（Data）与信号（Signal）是数据通信技术中十分重要的概念，它们分别涉及通信的 3 个不同层次的问题。信息的载体可以是数字、文字、语音、图形以及图像，计算机中的信息一般是字母、数字、语音、图形或图像的组合。通信的目的是传送这些信息，而传送前需要将这些信息用二进制代码的数据来表示。为了在网络中传输二进制代码的数据，必须将它们用模拟或数字信号编码的方式表示。数据通信是指在计算机之间传送表示字母、数字、符号的二进制比特序列的模拟或数字信号的过程。

19 世纪中期，塞缪尔 F.B.莫尔斯（Samuel F.B.Morse）设计了电报系统，他用一系列点、划线的组合表示字符，发明了莫尔斯（Morse）码。1844 年，他成功地从华盛顿向巴尔的摩发送了第一条报文。莫尔斯电报的重要性在于它提出了一个完整的数据通信方法，其中包括数据通信设备与数据编码。1870 年埃米尔·博多（Emile Baudot）发明的博多码比较适用于机器的编码和解码，但博多码采用 5 位信息码元（即 5 位 0、1 比特序列），因此只能产生 32 种组合，用来表示 26 个字母、10 个十进制数字、标点符号与空格，但是这还远远不够。为了弥补这个缺陷，博多码不得不增加两个转义字符。此后，出现了很多种数据编码系统，目前保留下来的主要有以下 3 种。

（1）CCITT 的国际 5 个单位字符编码。

（2）扩充二进制编码的十进制交换码（EBCDIC）。

（3）美国标准信息交换码（ASCII）。

目前，应用较广泛的是 ASCII（American Standard Code for Information Interchange）。ASCII 原来是一个信息交换编码的国家标准，后来被国际标准化组织接受，成为国际标准 ISO/IEC 646，又称国际 5 号码。它被用于计算机内码，也是数据通信中的编码标准。表 2-1 列出了 ASCII 的部分字符编码。

表 2-1　ASCII 的部分字符编码

字符	二进制码	字符	二进制码	字符	二进制码	字符	二进制码
0	0110000	A	1000001	a	1100001	SOH	0000001
1	0110001	B	1000010	b	1100010	STX	0000010
2	0110010	C	1000011	c	1100011	ETX	0000011
3	0110011	D	1000100	d	1100100	EOT	0000100
4	0110100	E	1000101	e	1100101	ENQ	0000101
5	0110101	F	1000110	f	1100110	ACK	0000110
6	0110110	G	1000111	g	1100111	NAK	0010101
7	0110111	H	1001000	h	1101000	SYN	0010110
8	0111000	I	1001001	i	1101001	ETB	0010111

随着计算机技术的发展，多媒体技术得到了广泛应用。媒体在计算机领域中的含义是指信息的载体或存储信息的实体，如数字、文字、语音、图形与图像及磁盘、光盘与半导体存储器。多媒体计算机技术就是研究计算机交互式综合处理多种媒体信息（如文本、图形、图像与语音），首先将语音与图像进行数字化处理，并在文本、图形、图像与语音的数字信息之间建立逻辑连接，使之成为一个交互式系统。通信技术研究的重要内容之一就是如何利用数字通信系统来实现多媒体信息的传输。与文本、图形信息传输相比，语音、图像信息的传输要求数据通信系统具有更高的速率与更低的时延，因此，多媒体技术在网络中的应用，对数据通信系统提出了更高的要求。

2．信号的概念

计算机系统研究的是把信息用什么样的编码方式表示出来。例如，如何用 ASCII 表示字母、数字与符号，如何表示汉字，如何用二进制表示图形、图像与语音。对数据通信技术来说，它研究的是如何将表示各类信息的二进制比特序列通过传输介质在不同计算机之间进行传送的问题。

信号是数据在传输过程中的电信号的表示形式，包括模拟信号和数字信号。如电话线上传送的根据声音的强弱幅度连续变化的电信号称为模拟信号（Analog Signal）。模拟信号的信号电平是连续变化的，其波形如图 2-1（a）所示。计算机所产生的电信号是用高低电平来表示 0、1 比特序列的电压脉冲信号，这种电信号称为数字信号（Digital Signal）。数字信号波形如图 2-1（b）所示。按照在传输介质上传输的信号类型，可以将通信系统分为模拟通信系统与数字通信系统两种。

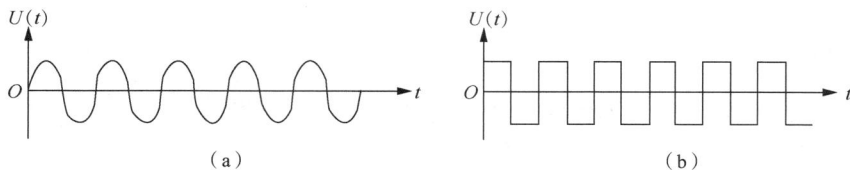

图 2-1　模拟信号与数字信号波形

2.1.2　数据传输类型与通信方式

计算机网络中两台计算机之间的通信过程如图 2-2 所示。如果资源子网中的主机 A 要与主机 B 通信，典型的通信过程是，主机 A 将要发送的数据传送给 CCP A；A 以存储转发方式接收数据，由它来决定通信子网中数据的传送路径，如数据通过路径 CCP A—CCP E—CCP D—CCP B 到达主机 B。

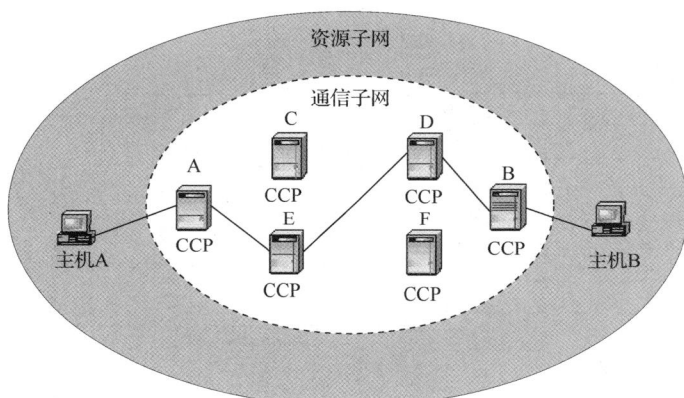

图 2-2　网络中计算机的通信过程

在支持计算机网络的通信系统的设计中，要考虑数据传输类型、数据通信方式等问题。

1. 数据传输类型

因为主机 A 是属于资源子网的一台计算机，而 CCP 是一台属于通信子网的计算机，并且专用于网络节点的通信管理，所以无论数据是从主机 A 传送到 CCP A，还是从 CCP A 传送到 CCP E，都属于两台计算机通过一条通信信道相互通信的问题。

数据通信是以数字信号方式还是以模拟信号方式表示，主要取决于选用的通信信道所允许传输的信号类型。如果通信信道是模拟信道，那么就需要在发送端将数字信号变换成模拟信号，在接收端再将模拟信号还原成数字信号，这个过程称为调制解调，用来完成调制解调功能的设备叫作调制解调器。

如果通信信道允许直接传输数字信号，为了很好地解决收发双方的同步与具体实现中的技术问题，需要将数字信号进行波形变换。因此，在研究数据通信技术时，首先要讨论数据在传输过程中的表示方式与数据传输类型问题。

2. 数据通信方式

数据通信中的数据通信方式按照使用的信道数划分，可以分为串行通信与并行通信；按照信号传送方向与时间的关系划分，可以分为单工通信、半双工通信与全双工通信。

（1）串行通信与并行通信。在计算机中，通常用 8 位的二进制代码来表示一个字符。在数据通信中，将待传送的每个字符的二进制代码按由低位到高位的顺序依次发送的方式称为串行通信，如图 2-3（a）所示。将表示一个字符的 8 位二进制代码同时通过 8 条并行的通信信道发送出去，每次发送一个字符代码，这种工作方式称为并行通信，如图 2-3（b）所示。

可见，采用串行通信方式只需要在收发双方之间建立一条通信信道；采用并行通信方式，收发双方之间必须建立并行的多条通信信道。对远程通信来说，在同样传输速率的情况下，并行通信在单位时间内所传送的码元数是串行通信的若干倍。但由于需要建立多个通信信道，因此并行通信方式造价较高。在远程通信中，一般采用较为经济的串行通信方式。

（2）单工、半双工与全双工通信。在单工通信方式中，信号只能向一个方向传输，任何时候都不能改变信号的传输方向，如图 2-4（a）所示；在半双工通信方式中，信号可以双向传输，但是必须交替进行，一个时间只能向一个方向传输，如图 2-4（b）所示；在全双工通信方式中，信号可以同时双向传输，如图 2-4（c）所示。

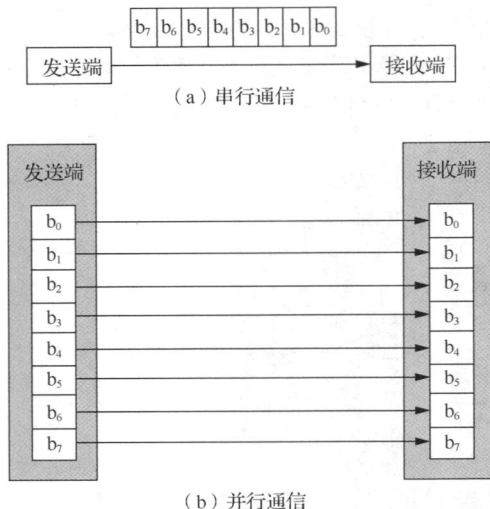

图 2-3　串行通信与并行通信

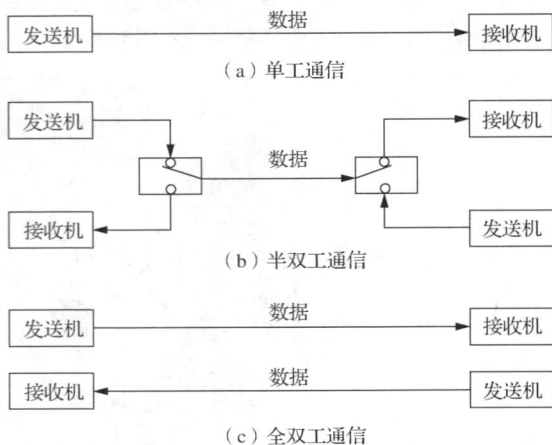

图 2-4　单工、半双工与全双工通信

2.1.3　数据通信中的主要技术指标

1. 数据传输速率

每秒能传输的二进制信息位数即数据传输速率，也叫比特率，单位名称为位/秒，单位符号记作 bit/s。数据传输速率的计算公式：

$$S=(\log_2 N)/T\ (\text{bit/s})$$

式中，T 为一个数字脉冲信号的宽度（全宽码）或重复周期（归零码），单位为 s；N 为一个码元所取的离散值个数。通常，对于二进制编码传输，$N=2$；对于八进制编码传输，$N=8$；对于十六进制编码传输，$N=16$。

例如，对于二进制编码传输，即 $N=2$ 时，$S=1/T$，表示数据传输速率等于码元脉冲的重复频率。

2. 信号传输速率

单位时间里通过信道传输的码元个数即信号传输速率，也叫码元速率、调制速率或波特率，单位名称为波特，单位符号记作 Baud。

信号传输速率的计算公式：

$$B=1/T\ (\text{Baud})$$

式中，T 为信号码元的宽度，单位为 s。

比特率与波特率的关系：

$$S=B\log_2 N\quad \text{或}\quad B=S/\log_2 N$$

通常，对于二进制编码传输，$S=B$；对于八进制编码传输，$S=3B$；对于十六进制编码传输，$S=4B$。

3. 信道容量

信道容量表示一个信道的最大数据传输速率，单位符号为 bit/s。信道容量与数据传输速率的区别是，前者表示信道的最大数据传输速率，是信道传输数据能力的极限，而后者是实际的数据传输速率，像公路上的最大限速与汽车实际速度的关系一样。

通信信道的最大传输速率和信道带宽之间存在明确的关系，所以人们可以用"带宽"表示"速率"。例如，人们常把网络的"高数据传输速率"用 "高带宽"表述。因此，"带宽"与"速率"在网络技术的讨论中几乎成了同义词。

4. 误码率

误码率是二进制数据位传输时出错的概率，是衡量数据通信系统在正常工作时的传输可靠性的指标。在计算机网络中，一般要求误码率低于 $1×10^{-6}$，误码率公式：

$$P_e = N_e/N$$

式中，N_e 为其中出错的位数；N 为传输的数据总位数。

2.2 数据编码技术

2.2.1 数据编码类型

在计算机中数据是以二进制（0、1）比特序列方式表示的。计算机数据在传输过程中的数据编码类型，主要取决于它采用的通信信道所支持的数据通信类型。

根据数据通信类型来划分，网络中常用的通信信道分为模拟通信信道与数字通信信道两类。相应地用于数据通信的数据编码方式分为模拟数据编码与数字数据编码两类。网络中数字数据编码的方案很多，并且随着高速网络技术的发展，出现了一系列新的技术，但是基本的数据编码方式可以归纳为以下 3 种。

（1）数字数据的模拟信号编码，主要用于数字信号的模拟传输。

（2）数字数据的数字信号编码，主要用于数字信号的数字传输。

（3）模拟数据的数字信号编码，主要用于模拟信号的数字传输。

2.2.2 数字数据的模拟信号编码方法

电话通信信道是典型的模拟通信信道，它是目前世界上覆盖面最广、应用最普遍的一类通信信道。尽管网络与通信技术迅速发展，但电话仍然是一种基本的通信手段。传统的电话通信信道是为传输语音信号设计的，只适用于传输音频范围（300～3400Hz）的模拟信号，无法直接传输计算机的数字信号。为了利用模拟语音通信的电话交换网实现计算机的数字数据信号的传输，必须首先将数字信号转换成模拟信号。

将发送端数字数据信号变换成模拟数据信号的过程称为调制（Modulation），将调制设备称为调制器（Modulator）；将接收端模拟数据信号还原成数字数据信号的过程称为解调（Demodulation），将解调设备称为解调器（Demodulator）。同时具备调制与解调功能的设备，就被称为调制解调器。

在调制过程中，首先要选择音频范围内的某一角频率 ω 的正（余）弦信号作为载波，该正（余）弦信号可以写为：

$$u(t) = u_m \cdot \sin(\omega t + \varphi_0)$$

在载波 $u(t)$ 中，有 3 个可以改变的电参量（振幅 u_m、角频率 ω 与相位 φ ）。可以通过变化这 3 个电参量，来实现模拟数据信号的编码。

1. 幅移键控

幅移键控方法也叫作调幅，是通过改变载波信号振幅来表示数字信号 1、0 的。

幅移键控（Amplitude Shift Keying，ASK）信号实现容易，技术简单，但是抗干扰能力较差。ASK 信号波形如图 2-5（a）所示。

2. 频移键控

频移键控方法也叫作调频，是通过改变载波信号角频率来表示数字信号 1、0 的。

频移键控（Frequency-Shift Keying，FSK）信号实现容易，技术简单，抗干扰能力较强，是目前最常用的调制方法之一。FSK 信号波形如图 2-5（b）所示。

3. 相移键控

相移键控方法也叫作调相，是通过改变载波信号的相位值来表示数字信号 1、0 的。相移键控（Phase-Shift Keying，PSK）技术复杂，抗干扰能力最强。如果用相位的绝对值表示数字信号 1、0，则称为绝对调相；如果用相位的相对偏移值表示数字信号 1、0，则称为相对调相。PSK 相对调相波形如图 2-5（c）所示。

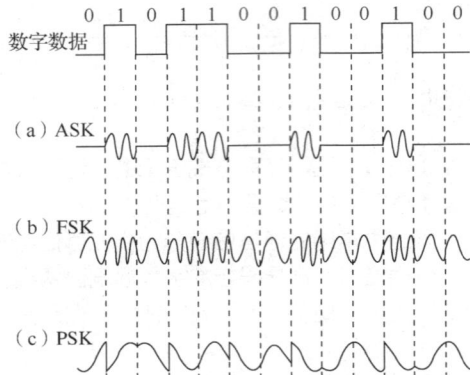

图 2-5　模拟数据信号的 3 种调制方法

2.2.3　数字数据的数字信号编码方法

在数据通信技术中，频带传输是指利用模拟通信信道通过调制解调器传输模拟数据信号的方法，基带传输是指利用数字通信信道直接传输数字数据信号的方法。

频带传输可以利用目前覆盖面极广、普遍应用的模拟语音通信信道。用于语音通信的电话交换网技术成熟并且造价较低，但它的缺点是数据传输速率与系统效率较低。

基带传输在基本不改变数字数据信号频带（即波形）的情况下直接传输数字信号，可以达到很高的数据传输速率与系统效率。因此，基带传输是目前发展迅速的数据通信方式。在基带传输中，数字数据信号的编码方法主要有以下几种。

1. 不归零编码

不归零编码（NRZ）的波形如图 2-6（a）所示。NRZ 可以规定用低电平表示逻辑"0"，用高电平表示逻辑"1"；也可以用其他表示方法。

2. 曼彻斯特编码

曼彻斯特编码（Manchester Coding）是目前应用最广泛的编码方法之一。曼彻斯特编码波形如图 2-6（b）所示。曼彻斯特编码的规则是：每位的周期 T 分为前 $T/2$ 与后 $T/2$ 两部分；通过前 $T/2$ 传送该位的原码，通过后 $T/2$ 传送该位的反码，即"0"上跳，"1"下跳。曼彻斯特编码每个位的中间有一次电平跳变，利用电平跳变可以产生收发双方的同步信号。因此，曼彻斯特编码信号又称作"自含时钟编码"信号。

3. 差分曼彻斯特编码

差分曼彻斯特编码（Differential Manchester Coding）是对曼彻斯特编码的改进。差分曼彻斯特编码波形如图 2-6（c）所示。差分曼彻斯特编码与曼彻斯特编码的不同点主要是。

（1）每个位的中间跳变仅做同步之用。

（2）每个位的值根据其开始边界是否发生跳变来决定。一个位开始处出现电平跳变表示传输二进制"0"，不发生跳变表示传输二进制"1"。

差分曼彻斯特编码是数据通信中最常用的数字数据信号编码方式之一，优点是无须另发同步信号，缺点是它需要的编码的时钟频率是发送信号频率的两倍。

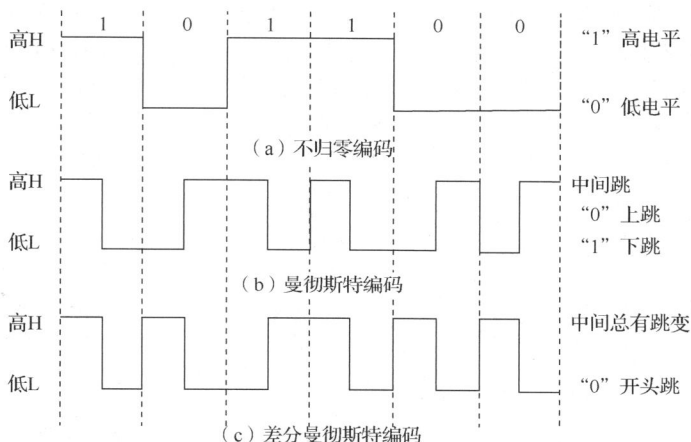

图 2-6 数字数据信号的 3 种编码波形

2.2.4 模拟数据的数字信号编码方法

由于数字信号传输失真小、误码率低、数据传输速率高，因此，在网络中除计算机直接产生的数字信息外，语音、图像信息的数字化已成为发展的必然趋势。脉冲编码调制（Pulse Code Modulation，PCM）是模拟数据数字化的主要方法。

PCM 技术的典型应用是语音数字化。语音可以用模拟信号的形式通过电话线路传输，但是在网络中将语音与计算机产生的数字、文字、图形与图像同时传输，就必须首先将语音信号数字化。在发送端通过 PCM 编码器将语音信号变换为数字化语音数据，通过通信信道传送到接收端，再通过 PCM 解码器将它还原成语音信号。数字化语音数据的传输速率高、失真小，可以存储在计算机中，并且进行必要的处理。

语音数字化的 PCM 操作包括采样、量化与编码 3 部分内容。

1. 采样

模拟信号是电平连续变化的信号。采样是以一定的时间间隔，将模拟信号的电平幅度值取出来作为样本，让其表示原来的信号。理论上，采样频率越高，之后还原的信号越不失真，为保证还原信号的质量，采样频率 f 应为：

$$f \geq 2B \quad 或 \quad f=1/T \geq 2f_{max}$$

式中，B 为通信信道带宽；T 为采样周期；f_{max} 为信道允许通过的信号最高频率。

采样的工作原理如图 2-7（a）所示。研究结果表明，如果以大于或等于通信信道带宽 2 倍的速率定时对信号进行采样，其样本则包含足以还原原模拟信号的所有信息。如人能听到的声音的最高频率是 20kHz，许多声卡的采样频率是 44.1kHz。

2．量化

量化是将采样样本幅度按量化级决定取值的过程。量化后的样本幅度为离散的量级值，而不是连续值。

量化之前要将信号分为若干量化级，例如可以分为 8 级或 16 级，以及更多的量化级，这要根据精度要求决定。同时，要规定好每一级对应的幅度范围，然后将采样所得样本幅值与上述量化级幅值比较。例如，1.08 取值为 1.1，1.52 取值为 1.5，即通过取整来定级。

3．编码

编码是用相应位数的二进制代码表示量化后的采样样本的量级。如果有 K 个量化级，则二进制的位数为 $\log_2 K$。例如，如果量化级有 16 个，就需要 4 位编码。在常用的语音数字化系统中，很多采用 128 个量级，需要 7 位编码。经过编码后，每个样本都要用相应的编码脉冲表示，如图 2-7（b）所示。

当 PCM 用于数字化语音系统时，若将声音分为 128 个量化级，每个量化级采用 7 位二进制编码表示。如果采样速率为每秒 8000 样本，则数据传输速率应达到 7×8000=56（kbit/s）。

PCM 采用二进制编码的缺点是使用的二进制位数较多，而编码效率较低。

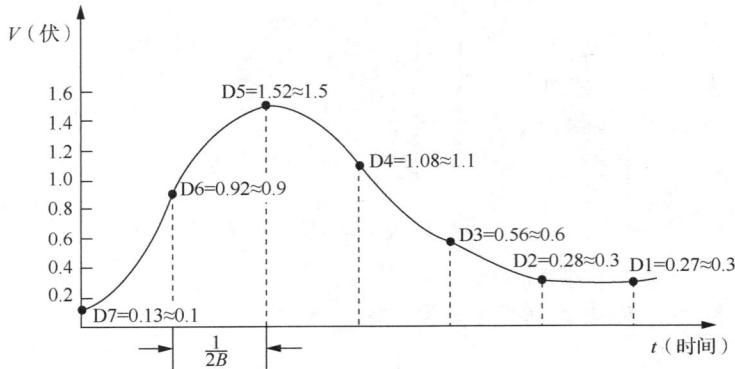

样本	量化级	二进制编码
D1	3	0011
D2	3	0011
D3	6	0110
D4	11	1011
D5	15	1111
D6	9	1001
D7	1	0001

（a）采样的工作原理　　　　　　　　　（b）样本相应的编码脉冲

图 2-7　PCM 工作原理示意

2.3　数据传输技术

2.3.1　传输方式

依据数字通信信道上传输信号的类型，数据传输可分为基带传输、频带传输和宽带传输，而宽带传输本质上应是频带传输的一种特殊形式。

1．基带传输

在数据通信中，表示计算机二进制的比特序列的数字数据信号是典型的矩形脉冲信号。人们把矩形脉冲信号的固有频带称作基本频带（不加任何调制），简称基带。这种矩形脉冲信号称为基带信号。在数字通信信道上，直接传送基带信号的方式称为基带传输。

在发送端，基带传输的信源数据经过编码器变换，变为直接传输的基带信号，例如曼彻斯特编码或差分曼彻斯特编码的信号，然后在数字信道上传输。在接收端，由解码器恢复成与发送端相同的数据。基带传输是最基本的数据传输方式之一。

从计算机到监视器、打印机等外设的信号传输就是基带传输。大多数的局域网使用基带传输，如以太网和令牌环网。

2．频带传输

电话交换网是用于传输语音信号的模拟通信信道，利用模拟通信信道进行数据通信也是目前使用最为普遍的通信方式之一。为了利用模拟语音通信的电话交换网实现计算机的数字数据信号的传输，必须首先将数字信号转换成模拟信号。

利用模拟信道传输数据信号的方式称为频带传输。在频带传输中，调制解调器是最典型的通信设备之一。调制解调器的作用：作为数据的发送端，它将计算机中的数字信号转换成能在电话线上传输的模拟信号（调制）；作为数据的接收端，它将从电话线路上接收到的模拟信号还原成数字信号（解调）。即它同时具备调制、解调功能，其英文名称 Modem 就是调制器（Modulator）与解调器（Demodulator）的英文词头缩写而成的。

3．宽带传输

宽带传输是传输介质的频带宽度较宽的信息传输方式，频带范围一般在 0～400MHz，可将信道分成多个子信道，分别传送音频、视频和数字信号。使用这种宽频带传输的系统，称为宽带传输系统。它可以容纳全部广播电视信号，并可进行高速数据传输。宽带传输系统多是模拟信号传输系统。

宽带传输中的所有信道都可以同时发送信号。如有线电视（Cable Television，CATV）系统。

4．调制解调器的基本工作原理

（1）调制解调器的工作原理。在频带传输中，计算机通过调制解调器与电话线路连接。在发送端，调制解调器将计算机产生的数字信号转换成电话交换网可以传送的模拟数据信号（如采用 ASK、FSK 或 PSK 方式）；在接收端，调制解调器将接收到的模拟数据信号还原成数字信号传送给计算机。在全双工通信方式中，调制解调器应具有同时发送与接收模拟数据信号的能力。计算机通过调制解调器与公共电话交换网实现远程通信的结构如图 2-8 所示。

图 2-8　计算机通过调制解调器实现远程通信的结构

（2）全双工通信的工作原理。在实际计算机通信中，任何一台计算机都需要同时具备发送和接收数据的能力。为了实现在一对电话线上实现全双工通信，标准的 FSK 调制解调器都规定了两个频率组，即上、下频带。在一次数据通信中，主动发起通信的一端叫作呼叫端，被动参加通信的一端叫作应答端。通信的两台计算机调制解调器中谁是呼叫端，谁是应答端，完全是根据在一次通信过程中是主动发起通信，还是被动响应通信的地位来动态决定的，而不是固定的。如果一端被确定为呼叫端，则它使用下频带发送数据，使用上频带接收数据；另一端作为应答端，它在发送数据时使用上频带，接收数据时使用下频带。

为了实现在一对电话线上进行全双工通信，调制解调器通过分别对应于上频带中心频率与下频带中心频率的两种带通滤波器，将双方的发送与接收通道分开，如图 2-9 所示。

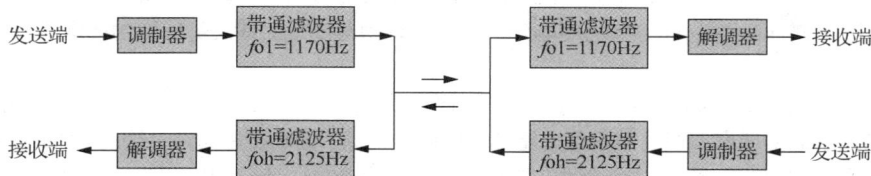

图 2-9　调制解调器实现全双工通信的工作原理

2.3.2　同步技术

同步是数据通信中必须解决的一个重要问题。所谓同步，就是要求通信的接收端按照发送端所发送的每个位的重复频率以及起止时间来接收数据，即收发双方在时间基准上保持一致。如果在数据通信中收发双方同步不良，轻则造成通信质量下降，严重时甚至会造成系统完全不能工作。数据通信的同步包括两种：位同步、字符同步。

1.　位同步

数据通信的双方如果是两台计算机，那么尽管两台计算机的时钟频率标称值相同（假如都是330MHz），实际上不同计算机的时钟频率仍然存在差异。这种时钟频率的差异，将导致不同计算机发送和接收的时钟周期的误差。尽管这种差异是微小的，但是在大量数据的传输过程中，其积累误差足以造成接收比特取样周期的错误和传输数据的错误。因此，在数据通信过程中，首先要解决收发双方的时钟频率的一致性问题。解决的基本方法是：要求接收端根据发送端发送数据的时钟频率与比特序列的起始时刻，来校正自己的时钟频率与接收数据的起始时刻，这个过程就叫作位同步（Bit Synchronization）。

实现位同步的方法主要有以下两种。

（1）外同步法。外同步法是在发送端发送一路数据信号的同时发送一路同步时钟信号。接收端根据接收到的同步时钟信号来校正时间基准与时钟频率，实现收发双方的位同步。

（2）内同步法。内同步法则是从自含时钟编码的发送数据中提取同步时钟的方法。曼彻斯特编码与差分曼彻斯特编码都是自含时钟编码的方法。

2.　字符同步

标准的 ASCII 字符由 8 位二进制 0、1 组成。发送端以 8 位为一个字符单元来发送，接收端也以 8 位的字符单元来接收。保证收发双方正确传输字符的过程就叫作字符同步（Character Synchronization）。

实现字符同步的方法主要有以下两种。

（1）同步式（Synchronous）。采用同步方式进行的数据传输称为同步传输。同步传输将字符组织成组（帧），以组为单位连续传送，如交换式以太网中的数据帧传输。

（2）异步式（Asynchronous）。采用异步方式进行的数据传输称为异步传输。异步传输的特点：每个字符作为一个独立的整体进行发送，字符之间的时间间隔可以是任意的。

在实际问题中，人们也将同步传输叫作同步通信，将异步传输叫作异步通信。同步通信的传输效率要比异步通信的传输效率高，因此同步通信方式更适用于高速数据传输。

2.3.3　多路复用技术

多路复用（Multiplexing）在网络中是一个基本的概念，本小节主要讨论如何在单一的物理通信线路上建立多条并行通信信道的问题。

1.　多路复用技术的分类

使用多路复用技术的原因主要有两点：一是通信工程中用于通信线路架设的费用相当高，人们需要充分利用通信线路的容量；二是无论是在广域网还是在局域网中，传输介质的传输容量往往都超过了单一信道传输的通信量。充分利用传输介质，在一条物理线路上建立多条通信信道的技术，就是多路复用技术。

多路复用的基本原理如图 2-10 所示。发送方通过复用器（Multiplexer）将多个用户的数据进行汇集，然后将汇集后的数据通过一条物理线路传送到接收设备。接收设备通过分用器（Demultiplexer）将数据分离成单独的数据，再分发给接收方的多个用户。具备复用与分用功能的设备叫作多路复用器。

因此，可以用一对多路复用器和一条通信线路来代替多套发送、接收设备与多条通信线路。

多路复用一般可以分为以下 3 种基本形式。

（1）频分多路复用（Frequency Division Multiplexing，FDM）。

（2）波分多路复用（Wavelength Division Multiplexing，WDM）。

（3）时分多路复用（Time division Multiplexing，TDM）。

图 2-10　多路复用的基本原理示意

2. 频分多路复用

一条通信线路的可用带宽一般都会超过一路通信信道所需要的带宽。频分多路复用正是利用了这一点。频分多路复用的基本原理：在一条通信线路中设计多路通信信道，每路信道的信号以不同的载波频率进行调制，各个载波频率是不重叠的，相邻信道之间用"警戒频带"隔离。那么，一条通信线路就可以同时独立地传输多路信号。频分多路复用的基本工作原理如图 2-11 所示。

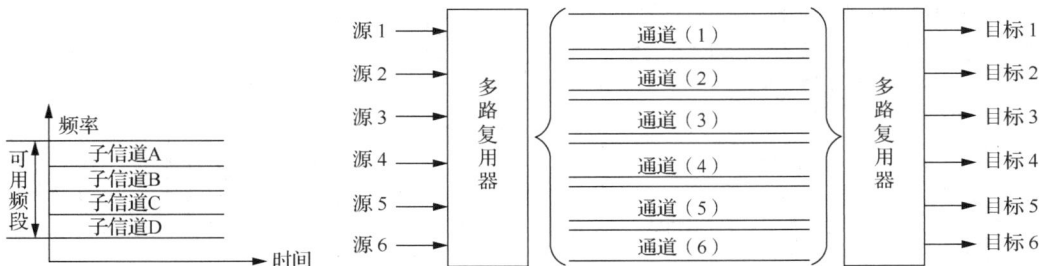

图 2-11　频分多路复用的基本工作原理示意

3. 波分多路复用

光纤通道（Fiber Channel）技术采用了波长分隔复用方法，简称波分多路复用。波分多路复用是光的频分多路复用。目前一根单模光纤的数据传输速率最高可以达到 2.5Gbit/s。如果借用频分多路复用的设计思想，就能够在一根光纤上同时传输多个频率很接近的光载波信号，实现基于光纤的频分多路复用。最初，人们将在一根光纤上复用两路光载波信号的方法叫作波分多路复用。

波分多路复用的工作原理如图 2-12 所示。图中所示的两束光波的频率是不相同的，它们通过棱镜（或光栅）之后，使用了一条共享的光纤传输，到达目的节点后，再经过棱镜（或光栅）重新分成两束光波。只要每个信道有各自的频率范围且互不重叠，它们就能够以多路复用的方式通过共享光纤进行远距离传输。与电信号的频分多路复用不同之处在于，波分多路复用是在光学系统中利用衍射光栅来实现多路不同频率光波信号的合成与分解。

在波分多路复用系统中，从光纤 1 进入的光波将被传送到光纤 3；从光纤 2 进入的光波将被传送到光纤 4。由于这种波分多路复用系统是固定的，因此从光纤 1 进入的光波不能传送到光纤 4。也可以使用交换式的波分多路复用系统，在这样的系统中，可以有多条输入与输出光纤。在典型的交换式波分多路复用系统中，所有的输入光纤与输出光纤都连接到无源的星形中心耦合器。每条输入光纤的光波能量通过中心耦合器分送到多条输出光纤中。这样，一个星形结构的交换式波分多路复用系统就可以支持数百条光纤信道的多路复用。

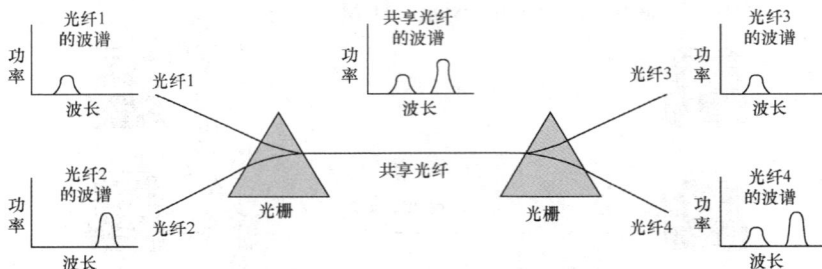

图 2-12　波分多路复用的基本工作原理示意

随着技术的发展，人们可以在一根光纤上复用更多路的光载波信号。这种复用技术叫作密集波分多路复用（Dense Wavelength Division Multiplexing，DWDM）。例如，如果将 8 路传输速率为 2.5Gbit/s 的光信号经过光调制后，分别将光信号的波长变换到 1550～1557nm，每个光载波的波长相隔大约 1nm，那么经过密集波分多路复用后，一根光纤上总的数据传输速率为 8×2.5Gbit/s，即 20Gbit/s。这种系统在目前的高速主干网中已经被广泛应用。

4. 时分多路复用

（1）时分多路复用的工作原理。时分多路复用以信道传输时间作为分割对象，通过为多个信道分配互不重叠的时间片的方法来实现多路复用，因此，时分多路复用更适合于数字数据信号的传输。时分多路复用将信道用于传输的时间划分为若干个时间片，每个用户分得一个时间片，在其占有的时间片内，用户使用通信信道的全部带宽。目前，应用最广泛的时分多路复用方法之一是贝尔系统的 T1 载波。时分多路复用的工作原理如图 2-13 所示。

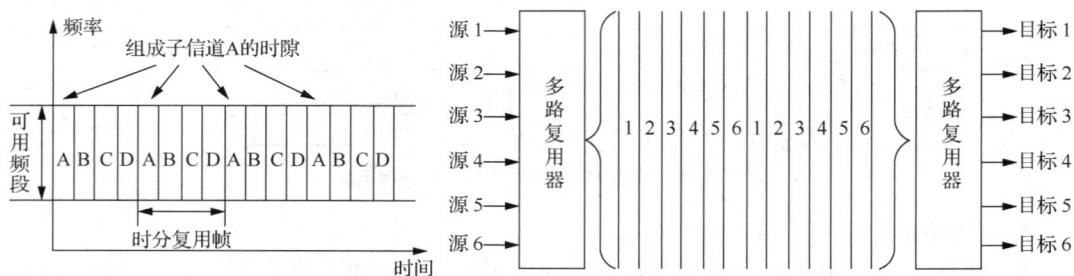

图 2-13　时分多路复用的基本工作原理示意

T1 载波系统将 24 路音频信道复用在一条通信线路上，每路音频模拟信号在送到多路复用器之前，要通过一个 PCM 编码器。编码器每秒取样 8000 次。24 路 PCM 信号的每一路轮流将一个字节插入帧中。每个字节的长度为 8 位，其中 7 位是数据位，剩下 1 位用于信道控制。每帧由 24×8=192 位组成，附加 1 位作为帧开始标志位，所以每帧共有 193 位。由于发送一帧需要 125μs，因此 T1 载波的数据传输速率为 1.544Mbit/s。

典型的 T1 载波应用系统结构如图 2-14 所示。T1 多路复用器和 T1 线路通过同一条物理线路实现语音与数据的多路传输。T1 载波采用时分多路复用的方法，用于连接远距离的电话交换网的中继。它的最低速率 64kbit/s 称作数字信号 DS0。当需要更高的数据传输速率时，可以继续采用多路复用的方法，用 24 路 DS0 信道组成一个 DS1，最大速率可以达到 1.544Mbit/s。

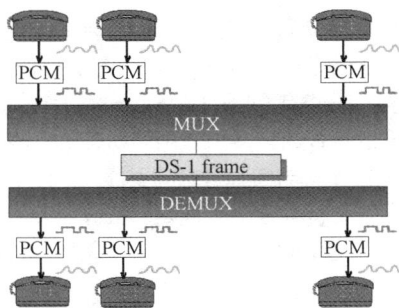

图 2-14　典型的 T1 载波应用系统的结构

由于历史原因，时分多路复用存在两个互不兼容的国际标准，即北美的 24 路的 T1 载波（T1 Carrier）与欧洲的 30 路的 E1 载波（E1 Carrier）。

E1 标准是 CCITT 标准。E1 标准包括 30 路语音信道和 2 路传送控制信道。每个信道包括 8 位二进制数，这样在一次采样周期 125μs 中要传送的数据共 256 位，那么 E1 速率为 2.048Mbit/s，也叫作 E1 一次群速率。

（2）时分多路复用的分类。时分多路复用可分为同步时分多路复用与统计时分多路复用。

① 同步时分多路复用。同步时分多路复用（Synchronous TDM，STDM）将时间片预先分配给各个信道，并且时间片固定不变，因此各个信道的发送与接收必须是同步的。同步时分多路复用的工作原理如图 2-15 所示。

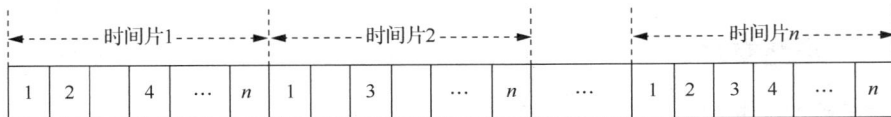

图 2-15　同步时分多路复用的工作原理

例如，有 n 条信道复用一条通信线路，那么可以把通信线路的传输时间分成 n 个时间片。假定 $n=10$，传输时间周期 T 定为 1s，那么每个时间片为 0.1s。在第 1 个周期内，将第 1 个时间片分配给第 1 路信号，将第 2 个时间片分配给第 2 路信号……将第 10 个时间片分配给第 10 路信号。在第 2 个周期开始后，再将第 1 个时间片分配给第 1 路，将第 2 个时间片分配给第 2 路信号……按此规律循环下去。这样，在接收端只需要采用严格的时间同步，按照相同的顺序接收，就能够将多路信号分割、复原。

同步时分多路复用采用了将时间片固定分配给各个信道的方法，而不考虑这些信道是否有数据要发送，这种方法势必造成信道资源的浪费。

② 统计时分多路复用。为了克服同步时分多路复用的缺点，可以采用异步时分多路复用（Asynchronous TDM，ATDM）的方法，这种方法也叫作统计时分多路复用。统计时分多路复用允许动态地分配时间片。统计时分多路复用的工作原理如图 2-16 所示。

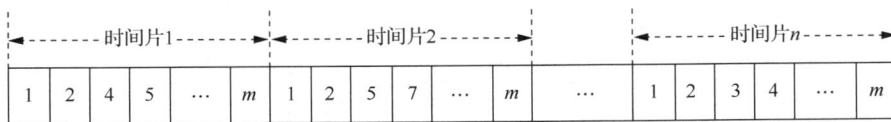

图 2-16　统计时分多路复用的工作原理

假设复用的信道数为 m，每个周期 T 分为 n 个时间片。由于考虑到 m 个信道并不总是同时工作的，为了提高通信线路的利用率，允许 $m>n$。这样，每个周期内的各个时间片只分配给那些需要发送数据的信道。在第 1 个周期内，可以将第 1 个时间片分配给第 2 路信号，将第 2 个时间片分配给第 3 路信号，将第 3 个时间片分配给第 8 路信号……将第 n 个时间片分配给第 $m-1$ 路信号。在第 2 个周期到来后，可以将第 1 个时间片分配给第 1 路信号，将第 2 个时间片分配给第 5 路信号，将第 3 个时间片分配给第 6 路信号……将第 n 个时间片分配给第 m 路信号，并且继续循环下去。

统计时分多路复用又分为两类：一类有周期的概念，一类没有周期的概念。上述为有周期概念的统计时分多路复用，没有周期概念的统计时分多路复用即动态时分多路复用。

在动态时分多路复用中，时间片序号与信道号之间不存在固定的对应关系。这种方法可以避免通信线路资源的浪费，但由于信道号与时间片序号无固定对应关系，因此接收端无法确定应将哪个时间片的信号传送到哪个信道。为了解决这个问题，动态时分多路复用的发送端需要在传送数据的同时，传送使用的发送信道与接收信道的序号。

由于动态时分多路复用可以没有周期的概念，所以各信道发出的数据都需要带有双方地址，由通信线路两端的多路复用设备来识别地址、确定输出信道。多路复用设备也可以采用存储转发方式，以调节通信线路的平均传输速率，使其更接近于通信路线的额定数据传输速率，以提高通信线路的利用率。

在数据通信技术的讨论中，时分多路复用仅指同步时分多路复用技术。异步时分多路复用技术为异步传输方式（Asynchronous Transfer Mode，ATM）技术的研究奠定了理论基础。

2.4 数据交换技术

报文分组是通过通信子网去实现两台计算机之间的数据交换的，早期的广域网报文分组通过通信子网的交换方式有电路交换、报文交换与报文分组交换，而报文交换与报文分组交换采用的是存储转发交换方式。

2.4.1 电路交换

1. 电路交换的工作原理

电路交换（Circuit Switching）方式与电话交换方式的工作过程很类似。两台计算机通过通信子网进行数据交换之前，首先要在通信子网中建立一个实际的物理线路连接。电路交换过程如图 2-17 所示。

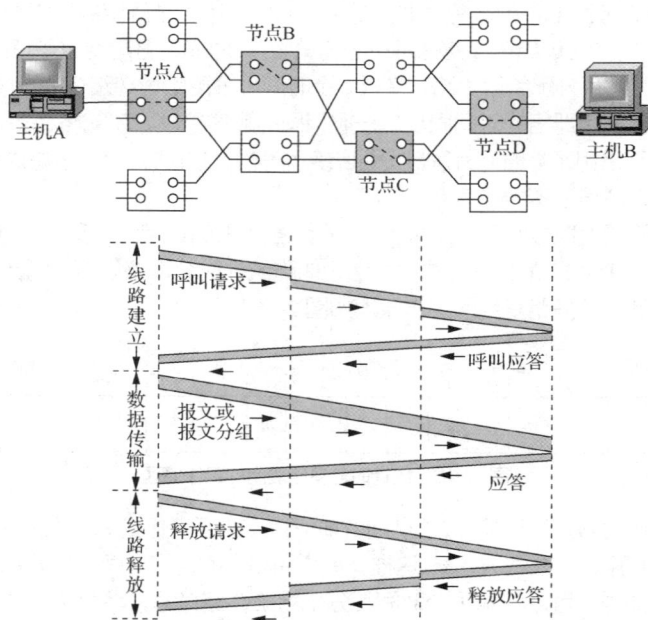

图 2-17　电路交换方式的工作原理

电路交换方式的通信过程分成 3 个阶段。

（1）线路建立阶段。如果主机 A 要向主机 B 传输数据，那么首先要通过通信子网在主机 A 与主机 B 之间建立线路连接。主机 A 首先向通信子网节点 A 发送"呼叫请求包"，其中含有需要建立线路连接的源主机地址与目的主机地址。节点 A 根据目的主机地址，根据路由选择算法，如选择下一个节点为 B，则向节点 B 发送"呼叫请求包"，节点 B 接到呼叫请求后，同样根据路由选择算法，如选择下一个节点为 C，则向 C 发送"呼叫请求包"。节点 C 接到呼叫请求后，也要根据路由选择算法，如选择下一个节点为 D，则向 D 发送"呼叫请求包"。节点 D 接到呼叫请求后，向与其直接连接的主机 B 发送"呼叫请求包"。主机 B 如接收到主机 A 的呼叫连接请求，则通过已经建立的物理线路连接 D—C—B—A，向主机 A 发送"呼叫应答包"。至此，从主机 A—节点 A—节点 B—节点 C—节点 D—主机 B 的专用物理线路连接建立完成，该物理连接为此次主机 A 与主机 B 的数据交换服务。

（2）数据传输阶段。在主机 A 与主机 B 通过通信子网建立物理线路连接之后，主机 A 与主机 B 就可以通过该连接实时、双向交换数据。

（3）线路释放阶段。在数据传输完成后，就进入线路释放阶段。一般可以由主机 A 向主机 B 发出"释放请求包"，主机 B 同意结束传输并释放线路后，将向节点 D 发送"释放应答包"，然后按照节点 D—节点 C—节点 B—节点 A—主机 A 的顺序，依次将建立的物理连接释放。到这时，此次通信结束。

2．电路交换的优缺点

电路交换方式的优点是通信实时性强，适用于交互式会话类通信。电路交换方式的缺点是对突发性通信不适应，系统效率低；系统不具有存储数据的能力，不能平滑交通量；系统不具备差错控制能力，无法发现与纠正传输过程中发生的数据差错。在研究电路交换方式的基础上，人们提出了存储转发交换方式。

2.4.2　存储转发交换

1．存储转发交换的优点

存储转发交换（Store and Forward Switching）方式与电路交换方式的主要区别在于以下两个方面。

（1）发送的数据与目的地址、源地址、控制信息按照一定格式组成一个数据单元（报文或报文分组）进入通信子网。

（2）通信子网中的节点是通信控制处理器，它负责完成数据单元的接收、差错校验、存储、路选和转发功能。

存储转发交换方式主要有以下优点。

（1）由于通信子网中的通信控制处理器可以存储报文（或报文分组），因此多个报文（或报文分组）可以共享通信信道，线路利用率高。

（2）通信子网中通信控制处理器具有路选功能，可以动态选择报文（或报文分组）通过通信子网的最佳路径，同时可以"平滑"通信量，提高系统效率。

（3）报文（或报文分组）在通过通信子网中的每个通信控制处理器时均要进行差错检查与纠错处理，因此可以减少传输错误，提高系统可靠性。

（4）通过通信控制处理器，可以对不同通信速率的线路进行速率转换，也可以对不同的数据代码格式进行变换。

正是由于存储转发交换方式有这些明显的优点，因此，它在计算机网络中得到了广泛的应用。

2．存储转发交换的分类

存储转发交换方式可以分为报文交换（Message Switching）与报文分组交换（Packet Switching）两类。利用存储转发交换原理传送数据时，被传送的数据单元相应可以分为两类：报文（Message）与报文分组（Packet）。

如果在发送数据时，可以不管发送数据的长度是多少，都把它当作一个逻辑单元，那么就可以在发送的数据上加上目的地址、源地址与控制信息，按一定的格式打包后组成一个报文，这就是报文交换。另一种方法是限制数据的最大长度，如最大长度是 1000 位或几千位。发送站将一个长报文分成多个报文分组，接收站再将多个报文分组按顺序重新组织成一个长报文，这就是报文分组交换。报文分组交换通常也被称为分组交换。报文与报文分组结构的区别如图 2-18 所示。

| 报文 | 报文号 | 目的地址 | 源地址 | 数据 | 校验 |

| 报文分组 | 报文号 | 报文分组号 | 目的地址 | 源地址 | 报文分组数据 | 校验 |

图 2-18　报文与报文分组结构

由于分组长度较短，在传输出错时，检错容易并且重发花费的时间较少，这就有利于提高存储转发节点的存储空间利用率与传输效率，因此分组交换成为当今分组交换公用数据网中主要的交换技术。

分组交换技术在实际应用中又可以分为以下两类：数据报（Datagram）方式与虚电路（Virtual Circuit）方式，下文将对其做详细介绍。报文分组交换是在 1964 年提出的，最早用于美国 ARPA 网和英国 NPL 网，也是目前主要采用的数据交换技术。

（1）数据报的工作原理

数据报是报文分组存储转发的一种形式。在数据报方式中，分组传送不需要预先在源主机与目的主机之间建立"线路连接"。源主机所发送的每一个分组都可以独立地选择一条传输路径。每个分组在通信子网中可能通过不同的传输路径到达目的主机。

数据报方式的数据交换过程如图 2-19 所示，它的具体过程分为以下几步。

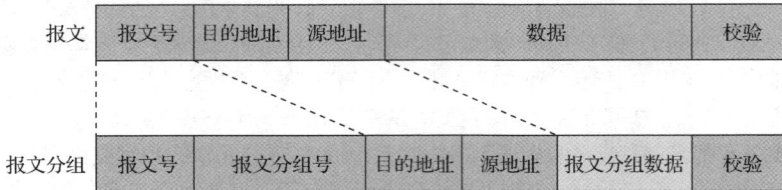

图 2-19　数据报方式的数据交换过程

① 源主机 A 将报文 M 分成多个分组 P_1、P_2……发送到与其直接连接的通信子网的通信控制处理器 A（即节点 A）。

② 节点 A 每接收一个分组均要进行差错检测，以保证主机 A 与节点 A 的数据传输的正确性。节点 A 接收到分组 P_1、P_2……后，要为每个分组进入通信子网的下一节点启动路由选择算法。由于网络通信状态是不断变化的，分组 P_1 的下一个节点可能选择 C，而分组 P_2 的下一个节点可能选择 D，因此同一报文的不同分组通过通信子网的路径可能是不相同的。

③ 节点 A 向节点 C 发送分组 P_1 时，节点 C 要对 P_1 传输的正确性进行检测。如果传输正确，节点

C 向节点 A 发送正确传输的肯定应答（Acknowledgement，ACK）。节点 A 接收到节点 C 的 ACK 信息后，P₁ 已正确传输，则废弃 P₁ 的副本。其他节点的工作过程与节点 C 的工作过程相同。这样，报文分组 P₁ 通过通信子网中多个节点存储转发，最终正确到达目的主机 B。

（2）数据报的特点

从上文可以总结出，数据报工作方式具有以下特点。

① 同一报文的不同分组可以由不同的传输路径通过通信子网。

② 同一报文的不同分组到达目的节点时可能出现乱序、重复与丢失现象。

③ 每一个分组在传输过程中都必须带有目的地址与源地址。

④ 数据报方式传输延迟较大，适用于突发性通信，不适用于长报文、会话式通信。

（3）虚电路的工作原理

虚电路方式试图将数据报方式与电路交换方式结合起来，发挥两种方式的优点，以达到最佳的数据交换效果。虚电路方式的工作过程如图 2-20 所示。

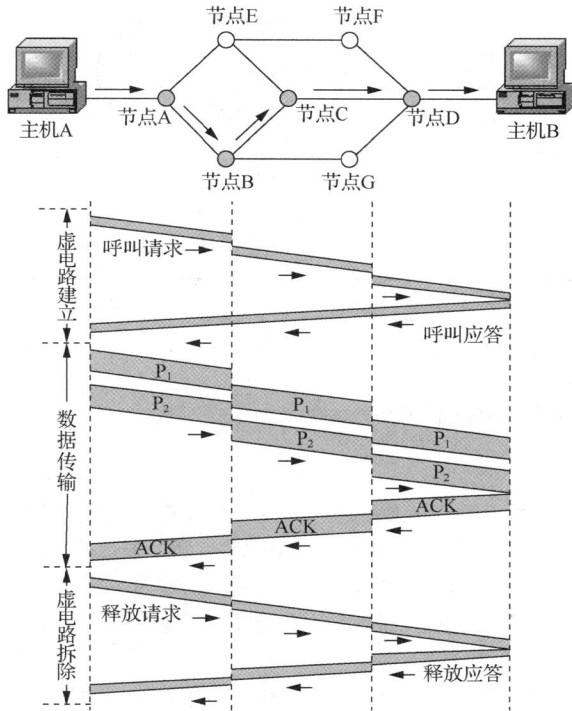

图 2-20　虚电路方式的工作过程

数据报方式在分组发送之前，发送方与接收方之间不需要预先建立连接。而虚电路方式在分组发送之前，需要在发送方和接收方建立一条逻辑连接即虚电路连接。在这一点上，虚电路方式与电路交换方式类似，整个通信过程分为 3 个阶段：①虚电路建立阶段；②数据传输阶段；③虚电路拆除阶段。

在虚电路建立阶段，节点 A 启动路由选择算法，选择下一个节点（例如节点 B），向节点 B 发送"呼叫请求分组"；同样，节点 B 也要启动路由选择算法选择下一个节点。以此类推，"呼叫请求分组"经过 A—B—C—D 被送到目的节点 D。目的节点 D 向源节点 A 发送"呼叫应答分组"，至此虚电路建立。在数据传输阶段，虚电路方式利用已建立的虚电路，逐站以存储转发方式按顺序传送分组。在传输结束后，进入虚电路拆除阶段，将按照 D—C—B—A 的顺序依次拆除虚电路。

（4）虚电路的特点

虚电路方式具有以下几个特点。

① 在每次分组发送之前，必须在发送方与接收方之间建立一条逻辑连接。这是因为不需要去真正建立一条物理链路，连接发送方与接收方的物理链路已经存在。

② 一次通信的所有分组都通过这条虚电路顺序传送，因此报文分组不必带目的地址、源地址等辅助信息。分组到达目的节点时不会出现丢失、重复与乱序的现象。

③ 分组通过虚电路上的每个节点时，节点只需做差错检测，而不必做路径选择。

④ 通信子网中每个节点可以和任何节点建立多条虚电路连接。

虚电路方式与电路交换方式的不同在于：虚电路是在传输分组时建立起的逻辑连接，之所以称为"虚电路"是因为这种电路不是专用的，每个节点到其他节点间可能有无数条虚电路；一个节点可以同时与多个节点之间建立虚电路，每条虚电路支持特定的两个节点之间的数据传输。

表 2-2 所示的是数据报和虚电路两种方式之间的对比情况。

表 2-2　数据报和虚电路的对比

项目	数据报	虚电路
目标地址	每个分组都需要	建立连接时需要
初始化设置	不需要	需要
分组顺序	通信子网不负责	由通信子网负责保证
差错控制	由主机负责	由通信子网负责，对主机透明
流量控制	网络层不提供	通信子网提供
连接的建立和释放	不需要	需要

由于虚电路方式具有分组交换和电路交换两种方式的优点，因此在计算机网络中得到了广泛的应用。X.25 网、帧中继都支持虚电路交换方式。

2.4.3　其他高速交换技术

1. 同步数字体系

前面所介绍的数字传输系统存在许多缺点，其中最重要的是以下两个方面。

（1）速率标准不统一。PCM 的一次群数字传输速率有两个国际标准，一个是北美和日本的 T1 速率，而另一个是欧洲的 E1 速率。但是到高次群日本又提出了第三种不兼容的标准。如果不对高次群的数字传输速率进行标准化，国际范围的高速率数据传输就很难实现，因为高次群的数字传输速率的转换是十分困难的。

（2）不是同步传输。在过去相当长的时间里，为了节约经费，各国的数字网主要采用准同步方式。这时，必须采用复杂的脉冲填充方法才能补偿由于频率不准确而造成的定时误差。这就给数字信号的复用和分用带来许多麻烦。当数据传输的速率较低时，收发双方时钟频率的微小差异并不会带来严重的不良影响。但是当数据传输的速率不断提高时，这个收发双方时钟同步的问题就成为迫切需要解决的问题。

为了解决上述问题，美国在 1988 年首先推出了一个数字传输标准，叫作同步光纤网（Synchronous Optical Network，SONET）。整个同步网络的各级时钟都来自一个非常精确的主时钟（通常采用昂贵的铯原子钟，其精度优于 $\pm 1 \times 10^{-11}$）。

同步数字体系（Synchronous Digital Hierarchy，SDH）作为一种全新的传输网体制，具有以下主要特点。

（1）第 1 级同步传递模块（Synchronous Transfer Module-1，STM-1）统一了 T1 载波与 E1 载波两大不同的数字速率体系，使得数字信号在传输过程中不再需要转换标准，真正实现了数字传输体制上的国际性标准。

（2）SDH 网可兼容 FDDI、分步队列双总线（DQDB）以及 ATM 信元。

（3）采用同步复用方式，各种不同等级的码流在帧结构负荷内的排列是有规律的，而净负荷与网络是同步的，因而只需利用软件即可使高速信号一次直接分离出低速复用的支路信号，降低了复用设备的复杂性。

（4）SDH 帧结构增加的网络管理字节，增强了网络管理能力，同时通过将网络管理功能分配的网络组成单元，可以实现对分布式传输网络的管理。

（5）标准的开放型光接口可以在基本光缆段上实现不同公司光接口设备的互联，降低了组网成本。

在上述特点中，核心是同步复用、标准光接口和强大的网管能力。这些特点决定了 SDH 网是理想的广域网物理传输平台。

2．光交换技术

随着微电子技术、计算机技术的飞速发展，交换技术取到了空前的进展。近年来，随着光纤技术获得巨大成就，信道的传输速率明显增大，新兴的光交换技术得到很大发展，全光网是宽带网的未来发展目标，而光交换技术作为全光网络系统中的一个重要支撑技术，在全光通信技术中发挥着重要的作用。

光交换（Photonic Switching）技术也是一种光纤通信技术，是指用光纤来进行网络数据、信号传输的网络交换传输技术。它不经过任何光/电转换，在光域直接将输入的光信号交换到不同的输出端，而且在交换过程中充分发挥光信号的高速、带宽和无电磁感应的优点。

光交换技术的特点具体如下。

（1）由于光交换不涉及电信号，所以不会受到电子器件处理速度的制约，与高速的光纤传输速率匹配，可以实现网络的高速率。

（2）光交换根据波长来对信号进行路由和选路，与通信采用的协议、数据格式和传输速率无关，可以实现透明的数据传输。

（3）光交换可以保证网络的稳定性，提供灵活的信息路由手段。

2.5 广域网连接技术

广域网是一种地理跨度很大的网络，要利用一切可以利用的连接技术来实现网络之间的互联，因此技术比较复杂。从连接方式来讲，广域网的连接方式包括 3 种：专线方式、电路交换方式和分组交换方式。

下面通过 3 种连接方式简单介绍几种常用的广域网连接技术及对应的数据链路层技术，其中包括 PSTN、HDLC、PPP 等。

2.5.1 专线方式

在专线连接的方式中，通信运营商利用其通信网络中的传输设备和线路，为用户配置一条专用的通信线路。专线既可以是数字的，也可以是模拟的，其连接方式和结构如图 2-21 所示。用户通过自身设备的串口短距离连接到接入设备，再通过接入设备跨越一定距离连接到运营商通信网络。

图 2-21 专线连接方式示意

通信设备的物理接口通常可分为 DTE（Data Terminal Equipment，数据终端设备）和 DCE（Data Circuit-terminating Equipment，数据电路端接设备）两类。通信运营商为客户提供的接入设备通常称为 DCE，这种设备通常处于主动位置，为用户提供网络通信服务的接口，并且提供用于同步数据通信的时钟信号；客户端的用户设备被称为 DTE，通常处于被动位置，用于接收线路时钟，获得网络通信服务。

按照这种结构，在专线连接中，客户线路的速率由通信运营商确定，因此专线方式的特点如下。

（1）用户独占一条永久性、点对点专用线路。

（2）线路速率固定，由客户向通信运营商租用，并独享带宽。

（3）部署简单、通信可靠、传输延迟小。

（4）资源利用率低，费用高。

（5）点对点的结构不够灵活。

国内专线电路（Domestic Private Leased Circuit，DPLC）是指通过 DDN（Digital Data Network，数字数据网）、SDH、综合传输设备等传输方式，向用户提供包括市内、省内、省际在内的，速率从 64kbit/s～2.5Gbit/s 的点对点专有带宽连接的服务。DPLC 适用于任何高速率、大信息量、高实时性要求的信息传送，可广泛用于银行、证券、教育、ISP 等行业，也适用于任何局域网间的高速互联，以及视频会议、远程教育、远程医疗等实时性强的媒体流传送。

专线电路只解决了数据的专线连接，但这样的连接方式很不经济。如果一个企业在不同地理位置有多个分支机构要互联，则需要在不同分支机构之间均建立专线连接，从而形成全连接结构，这在费用上是一般中小企业无法承受的，所以在 VPN 技术出现以前，一般的中小企业对租用"专线"缺乏兴趣。随着 SDN（Software Defined Network，软件定义网络）技术和云计算技术的发展，SD-WAN（Software Define Wide Area Network，软件定义广域网）技术是企业获得广域网连接更好的途径。

2.5.2　电路交换方式

由于专线方式的费用过高，用户希望能够使用一种按需建立连接的通信方式来实现不同地域局域网的连接，这就是电路交换方式。电路交换方式的结构与图 2-21 所示的类似，只是通信运营商提供的是广域网交换机，从而让用户设备接入电路交换网络。典型的电路交换网是 PSTN（Public Switch Telephone Network，公共电话交换网）。

PSTN 是以电路交换技术为基础的用于传输模拟话音的网络。这个网络中拥有数以亿计的电话机和各种交换设备，为了使庞大的电话网能够正常工作，PSTN 采用分级交换方式工作。通常情况下 PSTN 主要由 3 个部分组成：本地回路、干线和交换机。其中干线和交换机是 PSTN 的主干部分，一般采用数字传输和交换技术，而本地回路（用户电话机到局级交换机）基本上采用模拟线路。

PSTN 的主要业务是固定电话服务。根据生理学原理，20～20000Hz 的声音都是正常人耳可以听到的声音，其中 1000～3000Hz 是人类听觉最灵敏的频率范围，因此 PSTN 线路上信号的传输频带就采用了这个范围。同时，为了保证电话通信的实时性，PSTN 采用了电路交换技术，这导致 PSTN 的交换机不具有存储转发的能力，线路利用率较低。PSTN 的以上特点造成了 PSTN 在进行数据传输时带宽很小。但使用 PSTN 实现计算机之间的数据通信是较廉价的，用户可以使用普通拨号电话线或租用一条电话专线进行数据传输。

最常使用普通拨号电话线的场合之一是商场中常见的刷卡消费时使用 POS 机（电子付款机），对商场来讲，每次刷卡只相当于打了一个市内电话，费用相当低廉。电话专线通常是作为备份线路使用的，比如银行的储蓄所为了防止主干线路出现问题，而租用电话专线为主干线路进行备份。

2.5.3 数据链路层协议

专线方式和电路交换方式的点到点连接中，通信运营商提供的线路属于物理层，要想很好地利用这些物理资源，需要在数据链路层提供一些协议，建立端到端的数据链路。这些数据链路层协议包括：SLIP（Serial Line Internet Protocol，串行线路网际协议）、SDLC（Synchronous Data Link Control，同步数据链路控制）、HDLC（High Level Data Link Control，高级数据链路控制）和 PPP（Point-to-Point Protocol，点到点协议）。专线连接常用 HDLC、PPP 等协议，电路交换连接常用 PPP。

1. HDLC 协议

20 世纪 70 年代初，IBM 公司率先提出了面向位的 SDLC。随后，ANSI 和 ISO 均采纳并发展了 SDLC，并分别提出了自己的标准：ANSI 的 ADCCP（Advanced Data Communication Control Procedure，高级数据通信控制规程）、ISO 的 HDLC。

作为面向位的数据链路控制协议的典型，HDLC 具有如下特点。

（1）协议不依赖于任何一种字符编码集。

（2）数据报文可透明传输，用于实现透明传输的"0 位填充法"易于硬件实现。

（3）全双工通信，不必等待确认便可连续发送数据，有较高的数据链路传输效率。

（4）所有帧均采用循环冗余校验（Cyclic Redundancy Check，CRC），对信息帧进行编号可防止漏收或重复，传输可靠性高。

（5）传输控制功能与处理功能分离，具有较大灵活性和较完善的控制功能。

以上特点使得网络设计普遍使用 HDLC 作为数据链路管制协议。

为了能够区分数据链路层的比特流，HDLC 的每个帧前、后均有一标志码 01111110，用作帧的起始标志、终止标志，同时也可用来进行帧的同步。标志码不能出现在帧的内部，以免引起歧义。为保证标志码的唯一性，同时兼顾帧内数据的透明性，可以采用"0 位填充法"来解决。

0 位填充法的原理是：在发送端监视除标志码以外的所有字段，当发现有连续 5 个"1"出现时，便在其后添加一个"0"，然后继续发送后续的比特流。在接收端，同样监视除起始标志码以外的所有字段。当发现连续 5 个"1"出现后，若其后一个位为"0"则自动删除它，以恢复原来的比特流；若发现连续 6 个"1"，则可能是插入的"0"发生差错变成了"1"，也可能是收到了帧的终止标志码。后两种情况，可以进一步通过帧中的帧检验序列来加以区分。"0 位填充法"原理简单，很适合于硬件实现。

2. PPP

PPP 是一种点对点串行通信协议。PPP 具有处理错误检测、支持多种协议、允许在连接时协商 IP 地址、允许身份认证等功能，因此获得了广泛使用。

PPP 提供了 3 类功能。

（1）成帧：它可以毫无歧义的分割出一帧的起始和结束。

（2）链路控制：支持 LCP（Link Control Protocol，链路控制协议）链路控制协议，支持同步和异步线路，也支持面向字节和面向位的编码方式，可用于启动线路、测试线路、协商参数以及关闭线路。

（3）网络控制：具有协商网络层选项的方法即 NCP（Network Control Protocol，网络控制协议），并且协商方法独立于使用的网络层协议。

PPP 的工作流程如图 2-22 所示，当需要连接时，接收方设备对接入方信号做出确认，并建立一条物理连接（底层 UP），从而从 Dead（链路不可用）阶段进入 Establish（链路建立）阶段，在此阶段接入方设备向接收方设备发送一系列的 LCP 分组（封装成多个 PPP 帧），进行数据链路层参数协商，协商结束后双方就建立了 LCP 链路，从而进入 Authenticate 验证阶段，如果协商失败，则进入 Dead 阶段。在 Authenticate 阶段可以选择 PAP（Password Authentication Protocol，密码认证协议）和 CHAP

（Challenge Handshake Authentication Protocol，挑战握手身份认证协议）两种验证方式中的一种实现接收方对接入方的验证或双向验证。相对来说 PAP 的认证方式的安全性没有 CHAP 高。PAP 在传输密码是明文的，而 CHAP 在传输过程中不传输密码，而用哈希值取代密码。验证成功，则进入 Network 阶段。在整个过程中，如果出现连接中断、物理链路中断、认证失败或网络管理员手动强制配置关闭等情况，则 PPP 链路将会自动进入 Terminate 阶段，等待所有的资源都被释放，通信双方将会回到 Dead 阶段，直到双方重新建立起 PPP 连接。关于这两种验证协议的细节，读者可以参考本书相关章节的内容。

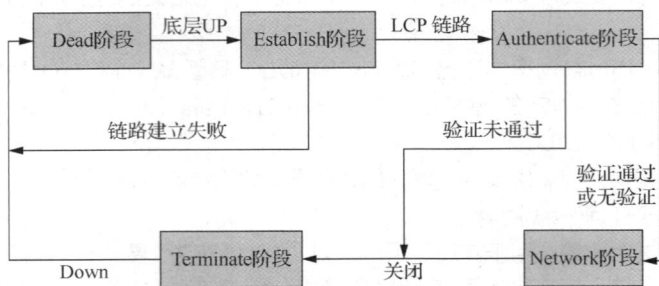

图 2-22　PPP 的工作流程

2.5.4　分组交换方式

分组交换技术是计算机技术发展到一定程度产生的，是为了能够更加充分利用物理线路而设计的一种广域网连接方式。分组交换在每个分组的前面加上一个分组头，其中包含发送方地址和接收方地址，然后由分组交换机根据每个分组的地址，将它们转发至目的地。分组交换利用统计时分多路复用原理，将一条数据链路复用成多个逻辑信道，最终构成一条主叫用户、被叫用户之间的信息传送通路，称为虚电路，实现数据的分组传送。

分组交换的基本业务有交换虚电路（Switched Virtual Circuit，SVC）和永久虚电路（Permanent Virtual Circuit，PVC）两种。SVC 如同电话电路一样，即两个数据终端通信时要先用呼叫程序建立电路即虚电路，然后发送数据，通信结束后用拆线程序拆除虚电路。PVC 如同专线一样，在分组网内两个终端之间申请合同期间提供永久逻辑连接，不需要呼叫程序与拆线程序，在数据传输阶段，PVC 与 SVC 类似。

分组交换实质上是在"存储-转发"基础上发展起来的，它兼有电路交换和报文交换的优点。分组交换在线路上采用动态复用技术，传送按一定长度分割为许多小段的数据（分组）。每个分组被标识后，在一条物理线路上采用动态复用的技术，传送多个不同用户的数据分组。把来自不同用户端的数据暂存在交换机的存储器内，接着在网内转发。到达接收端，再去掉分组头将各数据字段按顺序重新装配成完整的报文。分组交换的电路利用率比电路交换的高，传输时延比报文交换的小，交互性好。

历史上在通信线路误码率较高的情况下，出现了 X.25 协议，其采用比较复杂的流程控制来保证数据的准确传输，但是效率低，后来在通信线路误码率降到非常低的情况下，该技术逐渐退出了人们的视线，代之以简化流程后的帧中继技术。随着人们对广域网传输速率的需求不断提升，光纤通信技术已经成为广域网的主流。

本章小结

通信的目的是交换信息，信息的载体可以是数字、文字、语音、图形或图像，计算机用二进制代码来表示各种信息。数据通信是指在计算机间传送表示字母、数字等的二进制代码序列的过程。数据的传输表现形式是信号，在数据通信技术中，利用模拟通信信道，通过调制解调器传输模拟数据信号的方法称作频带传输；利用数字通信信道直接传输数字数据信号的方法称作基带传输。在一条物理线路上传输多路信号的技术即多路复用技术，可以分为频分多路复用、时分多路复用和波分多路复用等。数据传输速率与误码率是描述数据传输系统的重要参数。在广域网中采用的交换技术有电路交换、报文交换与报文分组交换，报文分组交换有数据报和虚电路两种方式。

习题

1. 简要说明信息、数据与信号的基本概念。
2. 简答什么是调制解调器。
3. 什么是单工、半双工和全双工通信？有哪些实际应用的例子？
4. 什么是串行通信？什么是并行通信？
5. 简述数据通信中的主要技术指标及含义。
6. 说明数据传输速率、信号传输速率的单位、计算公式和关系公式。
7. 简要回答数据编码的基本方式、作用和各种方式的方法分类。
8. 简要回答基带传输、频带传输和宽带传输的基本概念。
9. 什么是同步？异步方式和同步方式是怎样工作的？
10. 简要回答频分多路复用、时分多路复用和波分多路复用的概念、用途和作用。
11. 与电路交换相比，报文分组交换有何优点？
12. 实现分组交换的方法有哪两种？各有何特点？
13. 简述常见的其他高速交换技术。
14. 简述光交换的概念。

第3章
计算机网络体系结构

情景引入

随着对计算机网络的进一步了解，大家对网络越来越感兴趣，但是我们发现，整个全球计算机网络体系太庞大。那么，有没有一个清楚的对计算机网络体系结构的描述？计算机与计算机之间通信应该遵循什么样的通信规则？为什么全球的网络能够互联？它们采用了什么规范？带着这些疑问，让我们开始计算机网络体系结构相关内容的学习。

本章将从网络标准化组织开始，通过对计算机网络体系结构的基本概念（层次、协议），ISO/OSI参考模型及各层的基本功能，TCP/IP体系结构及各层的基本功能、协议等内容的讲解来回答上面的问题。通过本章的学习，让大家对计算机网络体系结构、ISO/OSI参考模型和TCP/IP体系结构有一个清晰的认识。

学习目标

【知识目标】
1. 认识网络标准化组织。
2. 学习网络体系结构基本概念。
3. 学习ISO/OSI参考模型及各层的基本功能。
4. 学习TCP/IP体系结构及各层的基本功能、协议。

【技能目标】
1. 熟悉网络标准化组织。
2. 掌握网络体系结构的基本概念。
3. 掌握ISO/OSI参考模型及各层的基本功能。
4. 掌握TCP/IP体系结构及各层的基本功能、协议。

【素养目标】
1. 培养自主学习能力和实践能力。
2. 培养创新精神和认真、严谨的品质。
3. 培养求真务实、终身可持续发展的能力。

3.1 计算机网络的标准化组织

3.1.1 标准化组织与机构

在世界范围内组建大型互联网络，通信协议与接口的标准化是非常重要的，这有利于在计算机通信领域内确立行业规范，使不同厂家生产的设备能相互兼容。有很多国际标准化组织和机构致力于网络和通信标准的制定和推广。在计算机网络领域，有影响的标准化组织和机构主要有以下5个。

1. 国际标准化组织

国际标准化组织（International Organization for Standardization，ISO）是著名的国际标准化组织之一，它的成员来自世界各地的标准化组织，其宗旨是协商国际网络中使用的标准并推动世界各国间的互通性。ISO 的最主要贡献之一是建立了开放系统互连（OSI）参考模型，它为网络体系结构的研究提供了很好的指导意义，被广泛学习和研究。

2. 电气与电子工程师协会

电气与电子工程师协会（Institute of Electrical and Electronics Engineers，IEEE）是世界电子行业最大的专业组织之一，局域网领域内十分重要的标准 IEEE 802.3 标准就是 IEEE 组织制定的。

3. 国际电信联盟

国际电信联盟（International Telecommunications Union，ITU）是联合国特有的管理国际电信的机构，它管理无线电和电视频率、卫星和电话的规范、网络基础设施等，为发展中国家提供技术专家和设备，以提高其技术基础。

4. 电子工业协会

电子工业协会（Electronic Industries Association，EIA）是一个商业组织，其成员包括电子公司和电信设备制造商。EIA 制定的 RS-232 标准接口应用十分广泛。近年来，EIA 在移动通信领域的标准制定方面表现得很活跃，许多蜂房移动通信网中采用的临时标准，如 IS-41、IS-94、IS-95 就是 EIA 的标准。

5. 美国国家标准协会

美国国家标准协会（American National Standards Institute，ANSI），代表美国制定国际标准，它是美国在国际标准化组织中的代表。ANSI 的标准广泛存在于各个领域。比如 FDDI 就是一个适用于局域网光纤通信的 ANSI 标准；又如 ASCII 则是用来规范计算机内信息存储的编码标准。

3.1.2　RFC 文档

征求意见稿（Request For Comments，RFC）文档是 Internet 开发团体的最初的技术文档系列。任何人都可以提交 RFC 文档，但它并不会立即成为标准。对于从事 Internet 技术研究与开发的技术人员，RFC 文档是获得技术发展状况与动态的重要信息来源之一，它描述了网络协议以及与 Internet 有关的新概念的讨论，也包括会议记录。

3.1.3　Internet 管理机构

没有任何组织、企业或政府能够完全拥有 Internet，但是它也是由一些独立的管理机构管理的，每个机构都有自己特定的职责。这些管理机构对 Internet 具有主导作用，决定着 Internet 的发展。

1. 国际互联网协会

国际互联网协会（Internet Society，ISOC）创建于 1992 年，是一个全球性的互联网组织。ISOC 的重要任务是与其他组织合作，共同完成互联网相关标准与协议的制定。

2. 互联网体系结构委员会

互联网体系结构委员会（Internet Architecture Board，IAB）是 ISOC 的技术咨询机构。IAB 下属两个机构：Internet 工程任务组（Internet Engineering Task Force，IETF）和 Internet 工程指导委员会（Internet Engineering Steering Committee，IESC）。

IETF 主要为 Internet 工程和发展提供技术及其他支持。IESC 主要在 Internet 协议、体系结构、应用程序及相关技术领域开展工作。

3. 国际互联网络信息中心

国际互联网络信息中心（Internet Network Information Center，InterNIC）负责 Internet 域名注册和

域名数据库的管理。

4. 万维网联盟

万维网联盟（World Wide Web Consortium，W3C）独立于其他的 Internet 组织存在，是一个国际性的联盟。它主要致力于与 Web 有关的协议（例如 HTTP、HTML、URL 等）的制定。

3.2 网络体系结构概述

3.2.1 基本概念

1. 协议

协议是通信双方为实现通信而设计的约定或对话规则。协议代表着标准化，是一组规则的集合，用来规定有关功能部件在通信过程中的操作。在现实生活中，人与人之间的正常通信和交流也会受到通信规则的限制。一个协议就是一组控制数据通信的规则。这些规则明确地规定了所交换数据的格式和时序。

网络协议主要由语义、语法和定时关系 3 个要素组成。

（1）语义。协议的语义是指对构成协议的协议元素含义的解释，即定义"做什么"。它规定了需要发出何种控制信息，以及完成的动作与做出的响应。例如：在基本型数据链路控制协议中规定，协议元素 SOH 的语义表示传输报文的报头开始，而 ETX 表示正文结束。

（2）语法。语法是用户数据与控制信息的结构与格式，以及数据出现的顺序的意义，即定义"怎么做"。如在传输以太网帧时，可以用一定的协议元素和格式来表达，其中，FCS 表示帧校验序列，如图 3-1 所示。

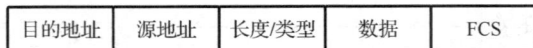

目的地址	源地址	长度/类型	数据	FCS

图 3-1　以太网帧

（3）定时关系。定时关系规定了事件的执行顺序，即定义"何时做"。例如，在双方通信时，首先由源站发送数据，如果接收方收到了正确的报文，则回应 ACK 消息，若收到的是错误的报文，则回应否定应答（Non-Acknowledgement，NAK）消息，要求源站重发。

由此可以看出，协议实际上是计算机之间通信时所用的一种交流语言。

2. 层次

分层次是人们对复杂问题处理的基本方法。例如邮政服务的实现就是一种层次模型。发信人要完成写信、装信封、送邮局 3 个环节，也就是 3 个层次；同样，收信人在收信时也要经过 3 个层次，即到邮局、拆信封、读信。每个层次的功能都有明确规定，高层使用低层提供的服务时，不需要知道低层服务的具体实现方法。

邮政系统的层次结构方法和计算机网络的层次体系结构有很多相似之处，都采取"分而治之"的模块化方法，降低复杂问题处理难度。因此，层次是计算机网络体系结构中又一个重要且基本的概念。

3. 接口

每一对相邻层之间都有一个接口，同一节点的相邻层之间通过接口交换信息，低层通过接口向高层提供服务。只要接口条件不变、低层功能不变，低层功能的具体实现方法和技术的变化不会影响整个系统的工作。例如，在邮政系统中，邮箱就是发信人与邮递员之间的接口。

4. 网络体系结构

一个功能完备的计算机网络需要制定一整套复杂的协议集。计算机网络协议就是按照层次结构模型来组织的。将网络层次结构模型与各层协议的集合定义为计算机网络体系结构。网络体系结构对计算机网络应该实现的功能进行了精确的定义，至于这些功能是用什么样的硬件与软件去完成的是具体的实现问题，体系结构则是抽象的。

3.2.2 网络体系结构的分层

计算机网络采用层次化的体系结构，层次的划分按照层内功能内聚、层间耦合松散的原则。将功能相近的模块放置在同一层，使层次间的信息流动尽量最小。这种层次结构具有以下优越性。

（1）各层之间相互独立。高层并不需要知道低层是如何实现的，仅需要知道该层通过层间的接口提供的服务。

（2）灵活性好。当任何一层发生变化时，只要接口保持不变，则在这层以上或以下各层均不受影响，即可以对任何层次进行内部修改。另外，当某层提供的服务不再被需要时，甚至可以将这层取消。各层都可以采用最合适的技术来实现，各层实现技术的改变不影响其他层。

（3）易于实现和维护。整个系统被分解为若干个易于处理的部分，使每一层的功能变得比较简单，这使一个庞大而复杂系统的实现和维护变得更容易。

（4）有利于网络标准化。因为每一层的功能和所提供的服务都已经有精确的说明，所以标准化变得较容易实现。

3.3 ISO/OSI 参考模型

3.3.1 OSI 参考模型概述

1. OSI 参考模型的提出

在 20 世纪 70 年代，国际标准化组织为适应网络向标准化发展的要求，成立了 SC16 委员会，在研究、吸取各计算机厂商网络体系结构标准化经验的基础上，制定了开放系统互连（Open Systems Interconnection，OSI）参考模型，从而形成了网络体系结构的国际标准。

OSI 中的"开放"是指只要遵循 OSI 标准，系统就可以与位于世界上任何地方、遵循同样标准的其他系统进行通信。OSI 参考模型定义了开放系统的层次结构、层次之间的相互关系及各层所包括的可能的服务。OSI 参考模型描述了信息或数据在计算机之间流动的过程。

OSI 参考模型并非指一个现实的网络，它只是规定了各层的功能，描述了一些概念，用来协调进程间通信标准的制定，没有提供可以实现的方法，各个网络设备生产厂商可以自由设计和生产自己的网络设备或软件，只要符合 OSI 参考模型，具有相同的功能即可。因此 OSI 参考模型是一个在制定标准时所使用的概念性框架。

2. OSI 参考模型的结构

OSI 参考模型将整个通信功能按顺序构造了 7 个层次，即物理层、数据链路层、网络层、传输、会话层、表示层和应用层。

按照 OSI 参考模型，网络中各节点都有相同的层次；不同节点的同等层具有相同的功能；同一节点内相邻层之间通过接口进行通信；每一层可以使用下层提供的服务，并向上层提供服务；不同节点的同等层通过协议实现对等层的通信，如图 3-2 所示。

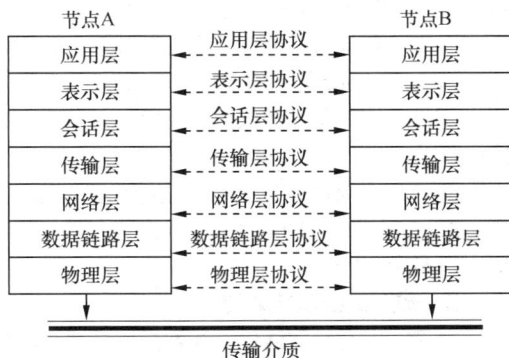

图 3-2　对等层通信结构

3. OSI 参考模型各层的基本功能

（1）物理层。物理层（Physical Layer）是 OSI 参考模型的最低层，其主要功能是利用传输介质为通信的网络节点之间建立、管理和释放物理连接，实现比特流的传输，为数据链路层提供数据传输服务。物理层的数据传输单元是比特，或称为位。

（2）数据链路层。数据链路层（Data Link Layer）是参考模型的第二层，其主要功能是在物理层提供服务的基础上，在通信实体间建立和维护数据链路连接，传输以帧为单位的数据，并通过差错控制、流量控制等实现点到点的无差错的数据传输。

（3）网络层。网络层（Network Layer）是参考模型的第三层，其主要功能是实现在通信子网内源节点到目的节点分组的传送。其基本内容包括路由选择、拥塞控制和网络互联等，是网络体系结构中核心的一层，传输的基本单元为分组或数据包。

（4）传输层。传输层（Transport Layer）是参考模型的第四层，其主要功能是向用户提供可靠的端到端的数据传送。它屏蔽了下层数据传送的细节，是网络体系结构中关键的一层，传输的基本单元为数据报文或数据段。

（5）会话层。会话层（Session Layer）是参考模型的第五层，其主要功能是负责建立和维护两个节点间的会话连接和数据交换。传输的基本单元也叫报文，但它与传输层的报文有本质上的不同。

（6）表示层。表示层（Presentation Layer）是参考模型的第六层，其主要功能是负责有关数据表示的问题，主要包括数据格式的转换、数据加密和解密、数据压缩与恢复等功能。传输的基本单元为报文。

（7）应用层。应用层（Application Layer）是参考模型的最高层，也是最靠近用户的一层，其主要功能是为用户的应用程序提供网络服务和作为用户使用网络功能的接口。传输的基本单元为报文。

3.3.2 OSI 参考模型中数据的传输

1. OSI 环境

在研究 OSI 参考模型时，首先要清楚它所描述的范围，这个范围就是 OSI 环境。OSI 参考模型描述的范围包括联网计算机系统的应用层到物理层的 7 层与整个通信子网。对计算机来说，在连入计算机网络之前不要求有实现 OSI 这 7 层功能的软硬件，但如果连入网络，则必须具有 OSI 这 7 层功能。一般来说，物理层、数据链路层和网络层的大部分功能可以用硬件来实现，而高层基本上是通过软件来实现的。

2. 接口和服务

在 OSI 参考模型中，对等层之间需要交换信息，把对等层协议之间交换的信息叫作协议数据单元（Protocol Data Unit，PDU）。对等层之间并不能直接进行信息传输，而需要借助下层提供的服务来完成，所以说，对等层之间的通信是虚拟通信，直接通信在相邻层之间实现。

当协议数据单元传输到下层之前，会在其中加入新的控制信息，叫作协议控制信息（Protocol Control Information，PCI）。这样，PDU、PCI 共同组成服务数据单元（Server Data Unit，SDU），相邻层之间传递的就是服务数据单元信息，其中的控制信息只帮助完成数据传送任务，它本身并不是数据的一部分。

在 OSI 参考模型中，每一层的功能是为它上层提供服务。相邻层之间服务的提供是通过服务访问点（Service Access Point，SAP）来进行的。SAP 是逻辑接口，是上层使用下层服务的地方，一个接口可以有多个 SAP。

3. 数据的封装与解封

为了实现对等层通信，当数据需要通过网络从一个节点传输到另一个节点时，必须在数据的头部（和尾部）加入特定的协议头（和协议尾）。这种增加数据头部（和尾部）的过程叫作数据的封装。同样，当数据到达接收方时，接收方要识别和提取协议信息，这个过程叫作数据的解封，图 3-3 所示的是数据的封装与解封过程。

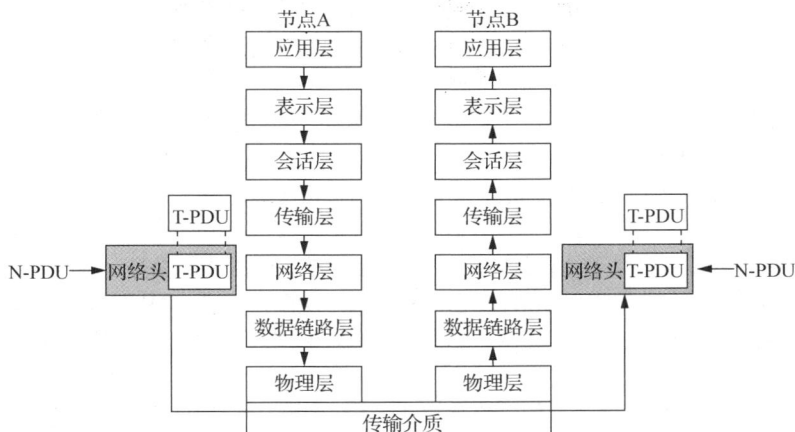

图 3-3　数据的封装与解封过程

实际上，数据的封装与解封过程和生活中信件的发送接收过程十分相似。发送信件时，首先将写好信的信纸放入信封中，再按照一定的格式填写信封内容，然后封好信封投递，这个过程就是封装的过程。当收信人收到信件后，将信封拆开读取信件，这个过程就是解封的过程。在信件传递过程中，邮递员只需识别信封上的相关信息，对于内部信件的内容不能也没有必要知道。

4. 完整的 OSI 数据信息流动过程

图 3-4 所示的是完整的 OSI 数据信息流动过程。

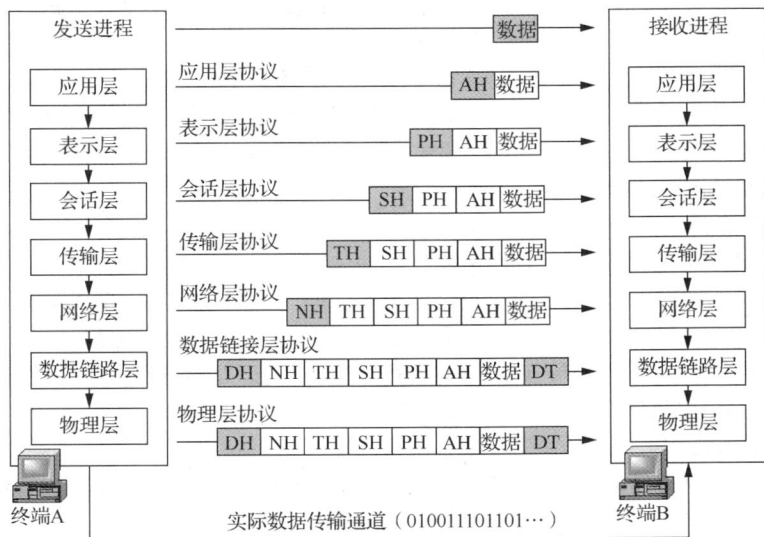

图 3-4　完整的 OSI 数据信息流动过程

（1）当发送端的应用进程需要发送数据到网络中另一台主机的应用进程时，数据首先被传送给应用层，应用层为数据加上本层的控制报头信息后传递给表示层。

（2）表示层接收到这个数据单元后，加上本层的控制报头信息，然后传送到会话层。

（3）同样，会话层加上本层的报头信息后再传递给传输层。

（4）传输层接收到这个数据单元后，加上本层的控制报头，形成传输层的 PDU，然后传送给网络层。通常将传输层的 PDU 称为段（Segment）。

（5）传输层报文传送到网络层后，由于网络层对数据长度往往有限制，长数据段会被分成多个较小的数据段，分别加上网络层的控制信息后形成网络层的 PDU。常常把网络层的 PDU 叫作分组（Packet）。

（6）网络层的分组继续向下层传送，到达数据链路层，加上数据链路层的控制信息，构成数据链路层的 PDU，称为帧（Frame）。

（7）数据链路层的帧被传送到物理层，物理层将数据信息以比特（bit）流的方式通过传输介质传送出去。

（8）如果不能直接到达目标计算机，则会先传送到通信子网的路由设备上进行转发。

（9）当最终到达目的节点时，比特流将通过物理层依次向上传送。每层对其相应的控制信息进行识别和处理，然后将去掉该层控制信息的数据提交给上层处理。最后，发送进程的数据就传输到了接收方的接收进程。

由这个过程可以了解到，发送方和接收方的进程通信需要在 OSI 环境中经过复杂的处理过程。但其实对用户来说，这个复杂的处理过程是"透明"的，用户不需要了解细节，两个应用进程好像在直接通信，这就是开放系统在网络通信过程中最主要的特点之一。

3.3.3　物理层

1. 物理层的概念

物理层是 OSI 参考模型中最基础的一层，它建立在通信介质基础上，作为系统和通信介质的接口，用来实现数据链路实体间透明的比特流传输。需要强调的是，物理层考虑的是怎样才能在连接各种计算机的传输介质上传输数据比特流，而不是指连接计算机具体的物理设备或具体的传输介质。OSI 参考模型的物理层被定义为：在物理信道实体之间合理地通过中间系统，为数据传输所需物理连接的建立、保持和释放提供机械的、电气的、功能特性和规程特性的手段。

物理层所关心的是如何把通信双方连起来，为数据链路层实现无差错的数据传输创造环境，它不负责传输的检错和纠错任务，检错和纠错的工作由数据链路层完成。物理层协议规定了为此目的的建立、维持和拆除物理信道的有关功能和特性。

2. 物理层的功能

为实现数据链路实体间比特流的透明传输，物理层应具有以下功能。

（1）物理连接的建立和拆除。当数据链路层请求在两个数据链路实体间建立物理连接时，物理层应能立即为它们建立相应的物理连接。当物理连接不再需要时，由物理层立即拆除。

（2）物理层数据的传输。在物理连接上的数据传输方式可以是串行传输方式，即一位一位按照时间顺序传输。也可以用多位同时传送的并行传输方式。

3. 物理层的特性

物理层是 OSI 参考模型中唯一涉及通信介质的一层。物理层协议定义了硬件接口的一系列标准，包括信号表示、接口尺寸、传送规程等，归纳起来有 4 个特性。

（1）机械特性。物理层协议规定了接口所用接线器的形状和尺寸，接口引脚的个数、功能和排列，固定装置等。这就像平时常见的各种规格的电源插头的尺寸都有严格的规定。

（2）电气特性。物理层主要规定了每种信号的电平、信号的脉冲宽度、允许的数据传输速率和最大传输距离等。

（3）功能特性。物理层规定了接口电路各个引脚的功能和作用。

（4）规程特性。物理层的相关规定反映了利用接口进行比特流传输的全过程及事件发生的可能顺序，它涉及信号的传输方式，主要规定了接口电路信号发出的时序、应答关系和操作过程。如怎样建立和拆除物理连接，是全双工传输还是半双工传输等。

3.3.4　数据链路层

1. 数据链路层的概念

物理层通过传输介质实现通信实体之间的物理连接，它只是接收和发送一串位信息，不考虑信息的意义和结构。所以，物理层不能解决真正的数据传输与控制问题，数据链路层才能解决这些问题，才能实现可靠的数据传输。

数据链路是一个数据管道，在这个管道上可以进行数据通信，因此，除了必须具有一条物理线路外，还要有必要的协议来控制数据的传输，以保证被传输数据的正确性。把实现控制数据传输协议的软硬件加到链路上，就构成了数据链路。因此，数据链路是一个逻辑链路，具有更深层次的意义。

早期的数据通信协议叫作通信规程，所以在数据链路层，规程和协议是同义语。

2. 数据链路层的功能

数据链路层的功能就是实现实体间信息的正确传输，通过进行必要的同步控制、差错控制、流量控制，为网络层提供可靠的、无差错的数据信息。

（1）链路管理。链路管理指对数据链路层连接的建立、维持和释放。当两个节点开始进行通信时，发送方必须明确知道接收方处于准备接收数据的状态。为此，双方需要先交换一些必要的信息，以建立数据链路连接，同时在传输数据时要维护连接，通信完毕后要释放数据链路。

（2）帧同步。帧同步指的是接收方应当从收到的比特流中准确地区分出一帧的开始和结束。在数据链路层，数据以帧为单位传输。物理层的比特流按照数据链路层的协议被封装成帧传送，当某一帧出现错误时，只需重新传送此帧即可，不必将全部数据重发。

（3）流量控制。发送方发送数据的速率必须使接收方能来得及接收。当接收方来不及接收时，就必须及时控制发送方发送数据的速率，这种功能称为流量控制。流量控制是数据链路层一个很重要的功能，如果信息流量控制不好，就会造成网络拥塞甚至瘫痪，严重危害网络的性能。

（4）差错控制。在链路传输帧过程中，由于种种原因，会不可避免地出现错误帧和帧丢失的情况，而通信往往要求极低的差错率。因此，必须采用差错控制技术，对差错进行及时检测和恢复。

常用的差错控制方法主要有两种：前向纠错和检错重发。前向纠错是接收方收到有错误的数据帧时，可以自动将差错改正过来。这种方法开销较大，不太适合计算机通信。检错重发是接收方检测出差错后，通知发送方重新发送数据，直到正确接收为止。这种方法开销较小、实现简单，目前应用广泛。

（5）透明传输。对所传输的数据来说，无论它们是由什么样的位组合起来的，都能在数据链路上传送，这就是透明传输。当所传送数据中的位组合恰巧与某个控制信息一样时，应该采取措施将它们区分开来，对同一帧中的信息也要做到数据与控制信息的区分，才能保证数据的透明传输。

（6）寻址。在多点连接的情况下，要保证每一帧都能被传送到正确的目的地，接收方也应当知道谁是发送方，这就需要数据链路层具有寻址功能，数据链路层的寻址应是基于帧的目标 MAC（介质访问控制）地址，有别于网络层基于数据包的目标网络地址。

3. 数据链路层的协议

数据链路层协议大体可分为两类：面向字符的通信控制协议和面向位的通信控制协议。

面向字符的通信控制协议的特点是：以字符为传输信息的基本单位，通过控制字符来控制信息传输，控制字符不允许在用户信息中出现，以避免与用户信息混淆。在早期的通信中应用较广泛，典型的面向字符的协议有 IBM 公司的二进制同步通信（Binary Synchronous Communication，BSC）协议。但面向字符的协议与特定字符编码集的关系太紧密，不利于兼容，通信线路的利用率也较低，随着通信技术发展，暴露出较大的不适应性。因此出现了面向位的协议。

在面向位的通信控制协议中，数据和控制信息完全独立，统一以帧为传输单位，具有良好的透明性，传输效率高，可靠性强。典型的面向位的协议为 ISO 制定的 HDLC 协议。

3.3.5　网络层

1．网络层的概念

数据链路层解决的是两个相邻节点之间的通信问题，实现的任务是在两个相邻节点间透明的无差错的数据帧传输，它不能解决由多条链路组成的通路的数据传输问题。而网络层是为了实现在数据链路层之上，选择合适的路径并转发数据包的任务，使数据包能够正确无误地从发送方传送到接收方。

2．网络层的功能

网络层是通信子网的最高层，它的主要作用是实现通信子网内源节点和目的节点之间网络连接的建立、维持和终止，并通过网络连接传送分组。其主要功能包括如下。

（1）编址。网络层需要为每个节点分配标识，即网络层地址，为选路提供依据。

（2）选路。网络层需要确定从源节点如何选择合适的路由到达目的节点。选择好合适的路由之后，就按照选择的路由进行数据包的转发。

（3）拥塞控制。如果网络中同时传送的数据包过多，就可能产生拥塞，导致数据包丢失，网络层就需要对网络上的拥塞进行控制。

（4）异种网络互联。计算机网络发展的过程中采用了不同的介质和通信链路，每一种链路都有自己一套特殊的通信规定，网络层必须适应各种各样的介质和通信链路，以便实现跨网段的通信服务。

3．网络层提供的服务及典型协议

网络层提供的服务有两种类型：面向连接的网络服务和面向无连接的网络服务。

面向连接的网络服务与电话系统的工作模式相似，其特点是：在数据交换之前，必须先建立连接，当数据交换结束时，终止连接；在数据传输过程中，第一个分组通过其携带的目的节点地址来建立通信链路，其余分组不需要携带目的节点地址（但都有一个虚电路号），沿着建立好的通路传送即可。面向连接的网络服务的传输连接类似通信管道，发送者在一端放入数据，接收者从另一端取出数据，数据传输的顺序不会改变。因此，其可靠性好、实时性高，适合大批量数据分组的传输，但其协议相对较复杂，通信线路的利用率不高，通信效率较低。典型的面向连接的服务是虚电路，采用虚电路服务的典型三层协议是 X.25 协议。

面向无连接的网络服务与邮政系统中的信件投递过程相似，其特点是：各个分组独立传送，每个分组都需携带完整的目的节点地址，不需要事先建立连接；在数据传送过程中，可能会出现乱序、重复和丢失的现象。所以，面向无连接的网络服务的可靠性不是很好，但是因为它省去了建立连接的过程和可靠性机制，所以协议相对简单、通信线路的利用率较高、通信效率高，适合小批量数据分组的传输。典型的面向无连接的服务是数据报，采用数据报服务的典型三层协议是 IP。

4．路由选择

路由选择就是根据一定的原则和算法，在传输路径上找出一条通往目的节点的最佳路径。路由选择是网络层最主要的功能之一，它直接影响网络传输性能。路由选择协议的核心是路由选择算法。

路由选择算法必须满足如下要求。

（1）正确性。即能将分组从源节点正确而迅速地传送到目的节点。

（2）简单性。实现方便，相应的软件开销小。

（3）健壮性。能根据网络拓扑结构的变化和通信量的变化选择新的路径，不会造成数据传送失败。

（4）稳定性。算法应是可靠的，不管运行多久都保持正确而不发生振荡。

（5）公平性和最优化。既要保证每个节点都有机会传送信息，又要保证路径的选择最佳。

路由选择算法是网络层软件的一部分，大致上可分为两类：静态路由选择算法和动态路由选择算法。静态路由选择算法也叫作非自适应算法，它按照事先设计好的路径传送，简单且开销小，但不能及时适应网络状态的变化。动态路由选择算法也叫作自适应算法，它能自动适应网络拓扑和通信量的变化来选择路径，但实现起来比较复杂且开销较大。

3.3.6 传输层

1. 端对端通信的概念

与网络层不同，传输层是为网络环境中主机的应用层之上的应用进程提供端对端进程通信服务的，由物理层、数据链路层和网络层组成的通信子网则只提供主机之间点对点的通信，如源主机—路由器、路由器—路由器、路由器—目的主机，不涉及程序或应用进程的概念。

端对端信道由一段一段的点对点信道组成，端对端协议建立在点对点协议的基础上，提供应用进程之间的通信手段。传输层端对端通信示意如图 3-5 所示。"点对点"通信与"端对端"通信具有本质的不同，传输层为此引入了许多新的概念和机制。

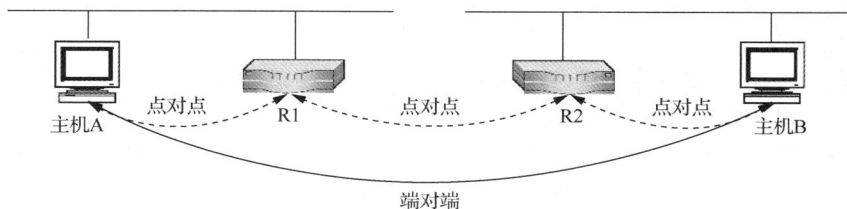

图 3-5　端对端通信示意

2. 传输层的功能

传输层在广域网中位于资源子网，所以，它和网络层的接口不单单是层次间的接口，也是通信子网和资源子网的接口，这决定了传输层在网络体系结构中的特殊地位。传输层是网络体系结构中非常关键的一层，通过传输层的服务可以弥补通信子网提供服务的缺陷，为高层用户提供可靠的通信通路。也就是说，传输层是用于填补通信子网提供的服务和用户要求的服务之间的间隙的，它反映并扩展了网络层的服务功能，屏蔽了各类通信子网的差异，向用户提供了一个统一的接口。对传输层来说，通信子网提供的服务越完善，传输层的协议就越简单；反之传输层的协议越复杂。

因此，传输层的功能就是在网络层的基础上，完成端对端数据的可靠传输。

3. 传输层的协议

"服务"是描述相邻层关系的一个重要概念，几乎任何服务都有质量的问题，在计算机网络中，服务质量（Quality of Service，QoS）反映了传输质量及服务的可用性，它是用于衡量传输层性能的。服务质量的相关性能指标主要包括：连接建立延迟、连接建立失败概率、吞吐量、传输延迟、残留差错率、安全保护等。

网络服务按质量划分可分为 3 种类型。

A 类：可提供完善的网络服务，分组的丢失、重复和乱序的情况可忽略。广域网几乎不可能提供 A 类的服务，有些局域网可提供接近 A 类的服务。基于 A 类服务的传输层协议非常简单，不需要进行故障恢复和分组的重新排序。

B 类：网络服务较为完善，分组传递没有问题，但存在网络连接释放或网络重建问题。广域网常提供该类服务。

C 类：网络提供的数据传送服务是完全不可靠的，具有不可接受的高差错率。无线网及一些国际网络服务属于此类。对于这类网络，传输层协议较复杂，要有对网络进行检错和差错恢复的能力，以及对乱序、重复和错误投递的分组进行更正的能力。

在采用 TCP/IP 的传输层中，TCP 是一个提供面向连接的、可靠的传输层协议，用户数据报协议（User Datagram Protocol，UDP）是一个提供面向无连接的、不可靠的传输层协议。注意，此处的"无连接"代表的含义是通信时不需事先建立物理链路；"不可靠"代表的含义是指通信质量不高，同一报文的不同分组会出现乱序、重复或丢失等现象。

3.3.7　会话层

1. 会话层的概念

会话层是 OSI 参考模型的第 5 层，在 OSI 参考模型出现之前的网络中几乎都没有设置该层，可以说会话层是 OSI 参考模型的发明。事实上，它提供的有限功能在许多非 OSI 网络中也没有使用。

会话层的作用就是有效地组织和同步进行合作的会话服务用户之间的对话，并对它们之间的数据交换进行管理。在 OSI 环境中，一次会话就是两个用户进程之间为完成一次通信而建立的会话连接，应用进程之间为完成某项处理任务需进行一系列内容相关的信息交换，会话层则为有序地、方便地控制这种信息交换提供控制机制。

2. 会话层的功能

会话层位于传输层和表示层之间，其基本功能是在传输层提供服务的基础上为表示层提供服务。会话层服务就如同两个人进行对话。考察两个人之间的对话主要包括以下几个方面。

（1）会话方式：一般两个人面对面交谈时，是一个人讲而另一个人听，这就是半双工通信方式。

（2）会话协调：通过会话双方的表情、手势、语调等进行发言权交替等协调工作，使会话能够顺利进行。

（3）会话同步：会话双方的进展必须是一致的，如果一方说的话另一方没有听懂或听清，说话方需要重说一遍，这就是会话同步，否则会话会出现混乱。

（4）会话隔离：指说话方要让听的一方能分清所说不同内容的界限。

上述对两个人会话进行考察的几个方面，都是会话层要完成的功能。

3. 会话层提供的服务

会话层提供的服务主要有会话连接管理和会话数据交换两个方面。

会话连接管理服务使得应用层的一个进程在一个完整的活动中通过表示层提供的服务，与对等应用进程建立和维持一条畅通的通信信道。会话连接通过传输层连接来实现。一个会话连接可以对应一个或多个传输连接；多个会话连接也可以只对应一个传输连接。

会话数据交换服务为两个应用进程提供在信道上交换会话单元的手段。会话单元是一次活动中数据的基本交换单位。在半双工通信中，会话层通过给会话服务用户提供数据令牌来控制常规数据的传送，有令牌一方发送数据，另一方只能接收数据。当数据发送完后，将令牌转让给对方，使对方能发送数据。这样，可以确定谁发送数据，谁接收数据，并可以确保发送数据的完整性，使会话顺序进行。

此外，会话层提供的服务还包括会话活动的管理、隔离服务、会话同步管理、故障管理等内容。

3.3.8　表示层

1. 表示层的概念

表示层是 OSI 参考模型的第 6 层，它的目的是处理有关被传送数据的表示问题。由于不同厂家的计算机产品常使用不同的信息表示标准，例如在字符编码、数值表示等方面存在着差异。如果不解决信息表示上的差异，即使信息被准确、可靠地传送，也无法被用户识别，所以数据格式的转换是必需的。表示层就好像一个翻译者，将信息转换成某标准的数据表示格式，让对端设备能够正确识别。需要指出的是，表示层只涉及数据的表示即语法，不涉及数据对于应用层的意义即语义问题。

2. 表示层的功能

表示层的主要功能如下。

（1）数据语法转换。语法转换涉及代码转换和字符集的转换、数据格式的修改等。

（2）数据语法的表示。表示层提供在连接初始选择一种数据语法，随后可选择另一种数据语法的方法。

（3）连接管理。利用会话层提供的服务建立表示连接，管理在这个连接上的数据传送和同步控制、以及连接的释放等。

（4）数据压缩。数据压缩采用某种编码技术，在保持数据原意的基础上减少传送或存储的信息量，以满足通信带宽的要求。常用的数据压缩方法有 3 种：符号有限集合编码及替换法，字符的可变长编码，霍夫曼编码与解码。使用数据压缩技术可以提高传输效率、降低传输费用和节约存储空间。

（5）数据加密。数据加密可以增强数据的安全性，对于网络的安全有着十分重要的意义。网络的加密一般遵守如下原则：能使数据彻底非规则化，不易破译；采用多重密码技术，以防止经多次试验后被破译；不过多地增加不必要的传输；硬件与软件相结合。

（6）数据编码。数据编码是表示层的典型服务。用户程序之间交换的并不是随机的比特流，而是诸如人名、日期、货币数量之类的生活信息。这些对象是用字符串、浮点型数的形式，以及由几种简单类型组成的数据结构来表示的。不同的计算机有不同的代码来表示字符串、整型数等。为了让采用不同表示法的计算机之间能进行通信，交换中使用的数据结构可以用抽象的方式来定义，并且使用标准的编码方式。表示层管理这些抽象数据结构，并且在计算机内部表示法和网络的标准表示法之间进行转换。

3.3.9 应用层

1. 应用层的概念

应用层是 OSI 参考模型的最高层，它直接与用户和应用程序"打交道"，为用户使用网络服务提供接口。应用层是用户使用 OSI 功能的唯一窗口。应用层的内容取决于用户的需求，这一层涉及的主要问题有：文件传输、电子邮件、远程作业等。由于应用类型的复杂性和多样性，目前为止应用层还没有一套完整的标准，是一个范围很广的研究领域。

2. 应用层的功能

应用层的功能不是把各种应用进行标准化，而是把一些应用进程经常使用的应用层服务、功能，以及实现这些功能所要求的协议进行标准化。所以说应用层是直接为用户的应用进程提供服务的。但是需要注意，应用层并不等同于应用程序。

3. 应用层协议

在应用层中，已制定了多种广泛使用的协议，其中很多具有代表性。

（1）虚拟终端协议。世界上有上百种不兼容的终端类型，每种终端对应一种数据结构，但每种终端的功能都有差异，这给终端之间的通信带来很大的困难。解决这一问题的方法是定义一个抽象的网络虚拟终端（Network Virtual Terminal，NVT），编辑程序和其他所有程序都面向该虚拟终端，对每种终端，都有软件把网络虚拟终端映射到实际的终端。

虚拟终端的基本思想类似于操作系统中虚拟外设的设想，虚拟终端协议（Virtual Terminal Protocol，VTP）就是在对等实体之间实施的一套通信约定，其目的是把实际终端的特性变成标准的形式，即网络虚拟终端的形式。虚拟终端协议的功能有建立和维护两个应用层实体之间的连接，实施对终端特性标准化表示的翻译转换工作，创建、维护表示终端状态的数据结构等。

（2）文件传送协议和简易文件传送协议。应用层解决了不同系统中文件传输的问题。不同系统的文件命名原则、文本行的表示方法是不一样的，应用层的工作就是让不同系统之间的文件传输不会出现不兼容问题。

文件传送协议（File Transfer Protocol，FTP）是用于文件传输的 Internet 标准，它支持文本文件和面向二进制流的文件结构，适用于远距离、可靠性较差的线路上的文件传输。简易文件传送协议（Trivial File Transfer Protocol，TFTP）通常用于比较稳定、可靠的局域网内部进行文件传输。

（3）其他常用应用层协议。简单邮件传送协议（Simple Mail Transfer Protocol，SMTP）：支持电子邮件的 Internet 传输。简单网络管理协议（Simple Network Management Protocol，SNMP）：负责网络设备监控和维护，支持安全管理、性能管理等。远程登录协议（Telnet Protocol）是客户机使用的与远端服务器建立连接的标准终端仿真协议。HTTP 是用来在浏览器和 WWW 服务器之间传送超文本的协议。域名系统（Domain Name System，DNS）协议是用于实现域名和 IP 地址相互转换的协议。

3.4 TCP/IP 体系结构

3.4.1 TCP/IP 体系结构的层次划分

1. TCP/IP 的产生和发展

OSI 参考模型的提出在计算机网络发展上具有里程碑式的意义，以至于提到计算机网络就不能不提到 OSI 参考模型。但是，它并没有成为事实上的标准，目前广为流行的是 TCP/IP。尽管它不是某一标准化组织提出的正式标准，但已经被公认为事实上的工业标准。

TCP/IP 是基于美国国防部高级研究计划局坚持的计算机应能在一种公共协议上进行通信的观点而产生的。ARPAnet 作为其研究成果于 1969 年投入使用，解决了异种计算机互联的基本问题，获得了广泛应用，并最终构成当今 Internet 的主体。TCP/IP 从发展到现在，一共出现了 6 个版本，目前使用的主要是版本 4，它的网络层 IP 一般记作 IPv4。随着网络的发展，IPv4 出现了一些问题，如 32 位地址匮乏、地址类型复杂，以及存在安全问题等，都希望能够得到改进。版本 5 是基于 OSI 参考模型提出的，由于层次变化大、代价高，因此其还处于建议阶段，并未形成标准。版本 6 的网络层 IP 一般记作 IPv6，IPv6 被称为下一代的 IP。IPv6 在地址空间、数据完整性、保密性与实时语音、视频传输等方面有很大的改进。

2. TCP/IP 的特点

TCP/IP 具有以下特点。

（1）开放的协议标准。可以免费使用，并且独立于特定的计算机硬件与操作系统。

（2）统一分配网络地址。使整个 TCP/IP 设备在网络中具有唯一的 IP 地址。

（3）适用性强。可同时适用于局域网、广域网及互联网。

（4）标准化的高层协议。可为用户提供多种可靠的网络服务。

3. TCP/IP 参考模型的层次划分

与 OSI 参考模型不同，TCP/IP 参考模型将网络划分为应用层、传输层、互联层和网络接口层这 4 层。

实际上，TCP/IP 参考模型的分层体系结构与 OSI 参考模型有一定的对应关系。其中，TCP/IP 参考模型的应用层与 OSI 参考模型的应用层、表示层和会话层相对应；TCP/IP 参考模型的传输层与 OSI 参考模型的传输层相对应；TCP/IP 参考模型的互联层与 OSI 参考模型的网络层相对应；TCP/IP 参考模型的网络接口层与 OSI 参考模型的数据链路层和物理层相对应。在 TCP/IP 参考模型中，没有单独设置会话层和表示层。图 3-6 所示的是 TCP/IP 参考模型与 OSI 参考模型的层次对应关系。

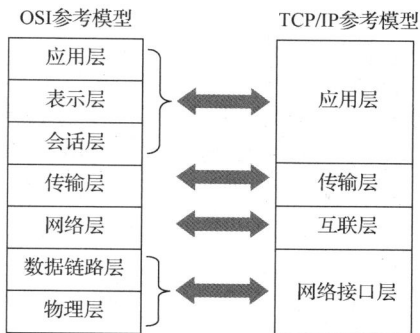

图 3-6　TCP/IP 参考模型与 OSI 参考模型的层次对应关系

3.4.2　TCP/IP 体系结构中各层的功能

1. 网络接口层

在 TCP/IP 体系结构中，网络接口层是最低层，它负责通过网络发送和接收 IP 数据报。TCP/IP 体系结构并未对网络接口层使用的协议做硬性的规定，它允许主机连入网络时使用多种现成的流行的协议，例如局域网协议或其他一些协议。网络接口层的协议非常多，如局域网的以太网协议、令牌环协议、FDDI 协议、ATM 协议、帧中继协议等。

2. 互联层

互联层是 TCP/IP 体系结构的第二层，它实现的功能相当于 OSI 参考模型网络层的无连接网络服务。互联层负责把源主机的数据报发送到目的主机，并可以实现跨网传输。

互联层的主要功能如下。

（1）处理来自传输层的分组发送请求。在收到请求后，将分组装入 IP 数据报、填充报头、选择路径，然后将数据报发送到相应的网络接口。

（2）处理接收的数据报。在收到其他主机发送的数据报后，检查目的地址，需要转发则选择路径转发出去；如目的地址为本节点 IP 地址，则除去报头送交传输层处理。

（3）处理互联网络中路径选择、流量控制、拥塞控制等问题。

互联层的主要协议有：IP、ICMP、ARP 等。

3. 传输层

传输层是 TCP/IP 参考模型的第三层，在互联层之上，主要处理应用进程之间的端到端的通信。传输层的主要功能是在互联网中的两个通信主机的相应应用进程之间建立通信的端到端的连接，从这点来看，它和 OSI 参考模型中的传输层的功能是相似的。

在 TCP/IP 参考模型的传输层，定义了以下两种协议。

（1）TCP。TCP 是一种可靠的面向连接的协议，提供主机间字节流的无差错传输。同时 TCP 要完成差错恢复和流量控制功能，协调双方的发送与接收速度，以达到正确传输的目的。

（2）UDP。UDP 是一种不可靠的面向无连接的协议，它主要用于不要求分组顺序到达的传输，分组传输顺序检查与排序由应用层完成，不提供流量控制和差错恢复功能。

4. 应用层

TCP/IP 参考模型省略了会话层和表示层，其应用层位于传输层之上，是最高层，它通过传输层所提供的服务，直接向用户（用户的应用程序）提供服务。它包括所有的高层协议，并不断有新的协议加入，基于这些协议，应用层向用户提供众多的网络应用。

常用的应用层协议有：FTP、Telnet 协议、DNS 协议、HTTP、SNMP 等。

3.4.3 TCP/IP 体系结构中的协议栈

计算机网络的层次结构使网络中各个层次的协议形成了一种从上至下的依赖关系。在计算机网络中，从上至下相互依赖的各种协议形成了网络中的协议栈。TCP/IP 体系结构与 TCP/IP 协议栈之间的对应关系如图 3-7 所示。

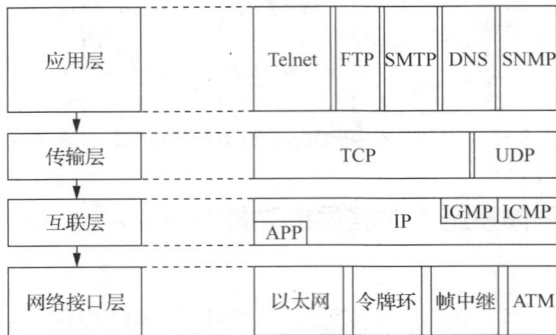

图 3-7　TCP/IP 体系结构与协议栈的对应关系

可以看出，应用层的 FTP 依赖于传输层的 TCP，而 TCP 又依赖于互联层的 IP。应用层的 SNMP 依赖于传输层的 UDP，而 UDP 也依赖于互联层的 IP 等。

本章小结

网络体系结构与网络协议是网络技术中两个基本的概念。计算机网络是由多个互联的计算机节点组成的，各计算机之间要做到有条不紊地交换数据，每个节点都必须遵守事先约定好的通信规则。这些为网络中的数据交换而制定的规则、约定与标准被称为网络协议。功能完备的网络需要制定一系列的协议。对这一系列复杂的网络协议，最好的组织方法之一就是层次化结构模型。计算机网络中的协议就是按照层次结构来组织的，网络的层次结构模型与各个层次协议的集合就是计算机网络体系结构。

ISO 定义了计算机网络的 7 层结构模型，即 OSI 参考模型，它对推动网络协议标准化的研究起到了重要作用，对计算机网络的研究具有良好的指导意义。TCP/IP 对 Internet 的发展起到了重要的推动作用，而 Internet 对其的广泛应用又使得 TCP/IP 被称为事实上的标准。

习题

1. 计算机网络采用层次结构的模型有哪些好处？
2. 描述 OSI 参考模型中数据信息的流动过程。
3. 描述 OSI 的 7 层模型结构并说明各层的功能。
4. 描述 TCP/IP 参考模型的层次结构并说明各层的功能。
5. 比较 OSI 参考模型和 TCP/IP 参考模型的异同点。

第4章
局域网技术

情景引入

我们在图书馆电子阅览室查阅资料；在实验室上课并完成实验报告；回到宿舍使用校园网在 Internet 中遨游，我们在生活中更多接触的是局域网。那么，局域网是怎么组建的呢？局域网各设备间要怎么连接、怎么通信？实现局域网时又用到了哪些协议？学完本章，你就能找到答案了。

学习目标

【知识目标】
1. 学习局域网体系结构和 IEEE 802 模型。
2. 学习局域网介质访问控制方法。
3. 学习以太网技术。

【技能目标】
1. 熟悉局域网体系结构和 IEEE 802 模型与标准。
2. 掌握 CSMA/CD、令牌环介质访问控制方法。
3. 具备组建局域网、配置、使用和维护局域网的能力。

【素养目标】
1. 具有应对计算机科学与技术快速变迁的能力。
2. 培养探究科学规律的精神。
3. 培养自主学习能力和实践能力。

4.1 局域网技术概述

局域网技术对计算机信息系统的发展有很大影响，人们借助局域网这一资源共享平台可以很方便地实现以下功能：共享存储和打印等硬件设备，共享公共数据库等各类信息和软件，向用户提供诸如电子邮件传输等高级服务。因此，它不仅广泛应用于实现办公自动化、企业管理信息处理自动化，也广泛应用于金融、外贸、交通、商业、军事、教育等领域，而且随着通信技术的发展，它在相关的领域中所起的作用也越来越大。

4.1.1 局域网的特点

局域网（LAN）和广域网（WAN）一样，是一种连接各种设备的通信网络，并为这些设备间的信息交换提供相应的路径。和广域网相比，局域网有其自身的特点，它的主要特点如下。

（1）规划、建设、管理与维护的自主性强。局域网通常为一个单位或一个部门所有，不受其他网络规定的约束，易进行设备和技术的更新、易于扩充，但要自己负责网络的管理和维护。

（2）覆盖地理范围小。局域网的覆盖地理范围小，如一个学校、工厂、企事业单位，各节点距离一般较短。

（3）综合成本低。局域网覆盖范围有限、通信线路较短、网络设备相对较少，从而使网络建设、管理和维护的成本相对较低。

（4）传输速率高。由于局域网通信线路较短，故可选用较高性能的传输介质作为通信线路，通过使用较宽的频带，可以大幅度提高通信速率、缩短延迟时间。目前，局域网的传输速率均在100Mbit/s以上。

（5）误码率低，可靠性高。局域网通信线路短，信息传输时可以避免时延和干扰，因此，其时延低、误码率低。通常局域网误码率范围为$1×10^{-11}$～$1×10^{-8}$。

（6）通常由微机和中小型服务器构成。由于局域网的功能和应用的特殊性，其主要由微机和中小型服务器等构成。

由于局域网的以上特点，在局域网的设计过程中，其关键技术为网络拓扑结构、传输介质与介质访问控制方法。

4.1.2 局域网的体系结构

局域网出现不久，其数量和品种就迅速增多，在网络拓扑、传输介质与介质访问控制技术等方面都形成了自己的特点。局域网是计算机网络系统中的一种。与一般的网络相比，它在信息的传输上具有两个特点：①数据是以帧寻址方式工作的；②局域网内一般不存在中间转换问题。对局域网来说，物理层是用来建立物理连接的，数据链路层把数据以帧为基本单位进行传输，并实现帧的顺序控制、差错控制和流量控制功能，使不可靠的链路变成可靠的链路，因此，根据OSI参考模型，结合局域网本身的特点，IEEE 802委员会制定了具体的局域网模型和标准。图4-1所示为OSI参考模型与LAN参考模型的对应关系。

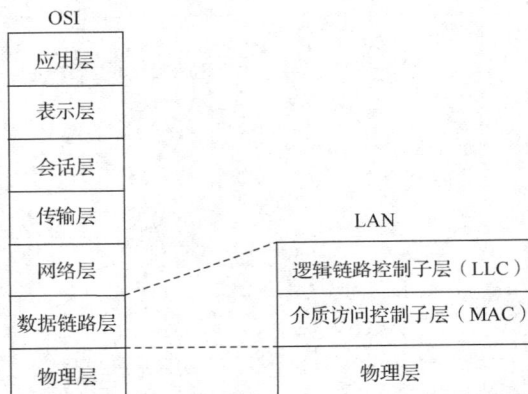

图4-1 OSI参考模型和LAN参考模型的对应关系

局域网不提供OSI网络层及以上高层的主要原因是：首先，局域网属于通信网，它只涉及与通信有关的功能，因此，它至多与OSI中的低3层有关；其次，由于局域网基本上采用共享信道技术和第二层交换技术，因此，可以不设单独的网络层。可以这样理解，对不同的局域网技术来说，它们的主要区别体现在物理层和数据链路层，当这些不同的局域网需要网络层互联时，可以借助现有的网络层协议（如TCP/IP中的IP），而不需单独定义网络层。

局域网各层功能如下。

（1）物理层

物理层负责物理连接管理以及在介质上传输比特流。其主要任务是描述传输介质接口的一些特性，如接口的机械特性、电气特性、功能特性、规程特性等。这与OSI参考模型的物理层相同，但由于局域网可以采用多种传输介质，各种介质的差异很大，这使得物理层的处理过程较为复杂。

（2）数据链路层

数据链路层的主要作用是通过一些数据链路层协议，负责帧的传输管理和控制，在不太可靠的传输信道上实现可靠的数据传输。

在局域网中，由于各节点共享网络公共信道，因此，首先必须解决如何避免信道争用问题，即数据链路层必须有介质访问控制功能。又由于局域网采用的拓扑结构不同，传输介质各异，相应的介质访问控制方法也存在差异，这就导致了数据链路层存在与介质有关的和无关的两部分。在数据链路功能中，将与介质有关的部分和无关的部分分开，可以降低不同类型介质接口设备的费用，所以又可将局域网的数据链路层划分为两个子层，逻辑链路控制（Logic Link Control，LLC）子层和介质访问控制（Medium Access Control，MAC）子层。

① LLC 子层。LLC 子层集中了与介质无关的部分，并将网络层 SAP 设在 LLC 子层与高层的交界面上。LLC 子层具有帧传输、接收功能，并具有帧顺序控制、流量控制等功能。在不设网络层时，此子层还负责通过 SAP 向网络层提供服务。

② MAC 子层。MAC 子层集中了与介质有关的部分，负责在物理层的基础上进行无差错通信，维护数据链路功能，并为 LLC 子层提供服务，支持 CSMA/CD、令牌总线、令牌环等介质访问控制方式；发送信息时负责把 LLC 帧组装成带有 MAC 地址（也称为网卡的物理地址或二层地址）和差错校验的 MAC 帧，接收数据时对 MAC 帧进行拆卸、目标地址识别和 CRC 功能。

4.1.3 局域网的拓扑结构

局域网在网络拓扑结构上主要分为总线型、环形与星形 3 种。

总线型结构是局域网主要的拓扑结构之一，是一种基于公共主干信道的广播式拓扑形式，常见的总线型局域网有分别由粗、细同轴电缆作总线的 10Base-5 和 10Base-2 以太网等。

环形结构是一种基于公共环路的拓扑形式，其控制方式可集中于某一节点，其信息流一般是单向的，路径选择较简单。FDDI 网采用的拓扑结构即是环形结构。

星形结构是一种集中控制的结构形式，在出现交换式以太网后，才真正出现了物理结构与逻辑结构一致的星形拓扑结构。常见的星形局域网有基于集线器的 10/100/1000Base-T 共享式以太网和基于各种交换机的交换式以太网。

4.1.4 常见网络传输介质

局域网常用的传输介质有同轴电缆、双绞线电缆、光纤和自由空间。早期（20 世纪 80 年代到 90 年代中期）应用较多的是同轴电缆。随着计算机通信技术的飞快发展和网络应用的日益普及，双绞线电缆与光纤尤其是双绞线产品的发展更快、应用更广泛，其已普及应用于数据传输速率为 100Mbit/s、1Gbit/s 的高速局域网中，因此，双绞线电缆越来越受到大家的欢迎。

1. 同轴电缆

同轴电缆是以太网中使用最广泛的传输介质之一。20 世纪 80 年代至 20 世纪 90 年代初期粗、细同轴电缆同是以太网的基础，在现代局域网中，双绞线的使用日渐增多。

同轴电缆的结构如图 4-2 所示。同轴电缆由内导体、绝缘体、外导体（屏蔽层）和塑料绝缘保护套层组成。内导体是铜质芯线，它可以用单股的实心导线，也可以用多股的绞合线；外导体（屏蔽层）通常是网状编织的金属线；最外面是塑料绝缘保护套层。

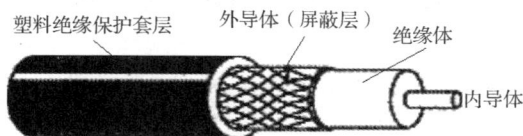

图 4-2 同轴电缆结构

在同轴电缆中，内导体铜线传输电磁信号；外导体（屏蔽层）可以屏蔽噪声，也可以作为信号地；绝缘体通常由塑料制品制成，它将铜线与金属屏蔽层隔开以避免短路；塑料绝缘保护套层可使电缆免遭物理性破坏，它通常由柔韧性较好的防火塑料制品制成。同轴电缆的这种结构使得它具有良好的抗干扰性能。

按照特征阻抗数值的不同，同轴电缆可分为两类：50 Ω同轴电缆和 75 Ω同轴电缆。50 Ω同轴电缆主要用于以太网连接，75 Ω同轴电缆主要用于有线电视连接。

（1）50 Ω同轴电缆

50 Ω同轴电缆主要用在数据通信中传输基带数字信号，因此，又称为基带同轴电缆，在局域网中被广泛使用。同轴电缆的传输速率和距离有关，一般来说，传输速率越高，支持的传输距离就越短。根据同轴电缆的直径粗细，50 Ω的基带同轴电缆又可分为粗缆和细缆两种。

① 粗缆。粗缆直径约为 1cm，常用的粗同轴电缆的型号有 RG-8 和 RG-11。用粗缆组网时必须安装收发器和收发器电缆，采用收发器电缆与工作站网卡上的粗缆接口 AUI（Attachment Unit Interface，附加装置接口）相连。粗缆安装较为复杂，总体成本也较高，但安装时不需切断电缆，因此可以根据需要灵活调整计算机的入网位置。粗缆连接距离长、可靠性高，所以适用于比较大型的局域网络，用作网络主干。收发器结构示意和粗缆组网示意分别如图 4-3 与图 4-4 所示。

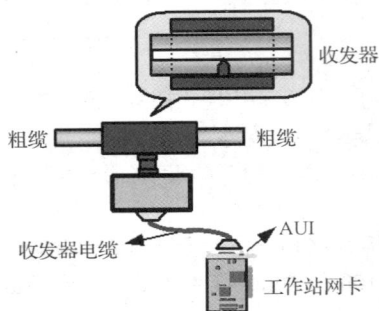

图 4-3　收发器结构示意

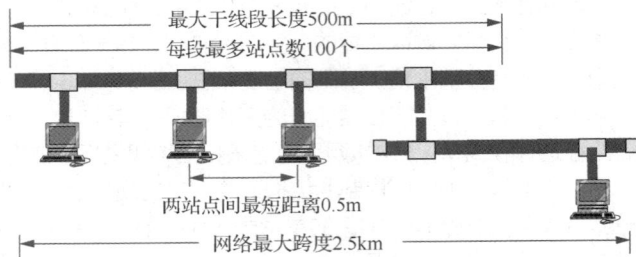

图 4-4　粗缆组网示意

② 细缆。细缆直径约 0.5cm，常用的细同轴电缆的型号为 RG-58/U。用细缆组网时比较简单、成本低，连接工作站时，一般采用 T 型连接器（俗称 T 型头）与工作站网卡上的 BNC 接头连接。由于安装 BNC 接头时需切断电缆，所以细缆组网有一个主要缺点，就是 BNC 接头上的连接容易松动，形成接触不良的隐患，这是细缆网络最常发生的故障之一。细缆适用于小型局域网组网。细缆组网示意如图 4-5 所示。

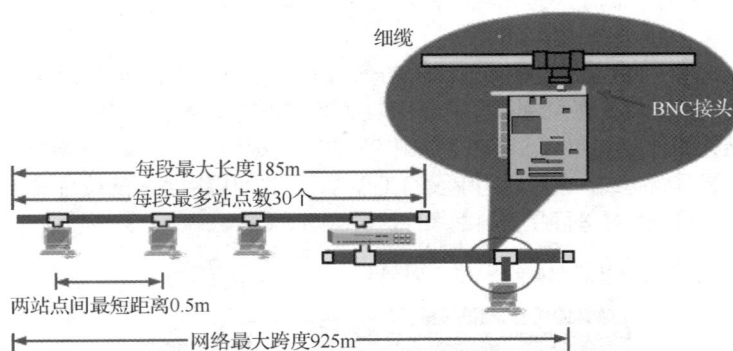

图 4-5　细缆组网示意

在实际应用中，由于粗缆可以传输更长的距离，而细缆比较经济，所以可以将粗缆和细缆结合起来使用。一般可以通过一个粗细转接器来完成粗缆和细缆的连接，粗、细缆混连时，网络干线段长度范围为 185～500 m，也可以通过中继设备将粗缆网段和细缆网段相连。

（2）75 Ω同轴电缆

75 Ω同轴电缆用于模拟传输系统，它是 CATV 系统中的标准电缆。在这种电缆上传送的信号采用了频分多路复用的宽带信号，所以，75 Ω同轴电缆又称为宽带同轴电缆，本书不再详细介绍。

2. 双绞线电缆

双绞线电缆是最常用的传输介质之一。把两根相互绝缘的铜导线按一定的规则绞合起来就构成了双绞线，绞合可以减少对相邻导线的电磁干扰。将一定数量的双绞线捆在一起，外面包上护套就是双绞线电缆。一般一根电缆中包含多对双绞线，线对数量视用途选择范围为 2～1800 对，局域网中常用的线缆是 4 对 8 芯的双绞线电缆。双绞线可以分为非屏蔽双绞线和屏蔽双绞线两大类。

双绞线既适于模拟信号传输，又适于数字信号传输。因此，其在计算机网络和电话系统中都得到了广泛的应用。

（1）非屏蔽双绞线

非屏蔽双绞线（Unshielded Twisted Pair，UTP）由多对双绞线对和一层塑料外套构成，如图 4-6 所示。

由于双绞线电缆含有多对线对，在相邻线对之间会产生信号干扰，需要对各线对进行隔离。在一对电线中，每英寸（1 英寸=25.4mm）的缠绕越多，对所有形式的噪声的抗噪性就

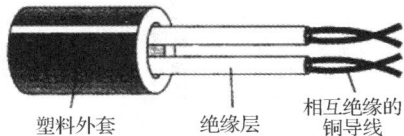
图 4-6 非屏蔽双绞线
塑料外套　绝缘层　相互绝缘的铜导线

越好，所以，质量越好、价格越高的双绞线电缆的缠绕密度越大。但是，缠绕密度的增大会导致传输的信号产生更大的衰减。为了最优化性能，电缆生产厂商必须在串扰和减小衰减之间取得平衡。

1991 年，TIA 和 EIA 两个标准化组织，在 TIA/EIA 568 标准中对双绞线的规范做了说明。该标准把 UTP 分为了 5 类（1 类线～5 类线）。后来，又出现了超 5 类线和 6 类线，目前又出现了超 6 类线和 7 类线。对计算机网络来说，目前最常用的 UTP 是超 5 类线和 6 类线。前 4 类线目前已经很少使用，本书不再详细介绍。

① 5 类线，支持 100Mbit/s 的速率，广泛用于现代局域网中。

② 超 5 类线，通常采用高质量的铜线、更大密度的缠绕，并使用先进的方法减少串扰。超 5 类线主要用于吉比特（1000Mbit/s）以太网。

③ 6 类线，包括 4 对线对。每对电线被箔绝缘体包裹，另一层箔绝缘体包裹在所有线对的外面，同时一层防火塑料封套包裹在第二层箔层外。箔绝缘体对串扰起到了很好的抵抗作用，6 类布线的传输性能远远优于超 5 类标准，非常适用于传输速率高于 1Gbit/s 的应用。

④ 超 6 类线，此类产品传输带宽介于 6 类和 7 类之间，传输频率为 500MHz，传输速率为 10Gbit/s，标准外径为 6mm。

⑤ 7 类线，传输频率为 600MHz，传输速率为 10Gbit/s，单线标准外径为 8mm，多芯线标准外径为 6mm。

无论是哪一种线，衰减都随频率的升高而增大。类型数字越大，版本越新，技术越先进，带宽也越宽，当然价格也越高。

非屏蔽双绞线相对便宜、灵活且易于安装，无屏蔽外套，较细小，节省空间，非常适合于结构化布线，其连接的网络结构属于星形拓扑结构。

（2）屏蔽双绞线

为了提高双绞线的外界抗干扰性，在多对双绞线的外面再加上一个金属屏蔽层，就是屏蔽双绞线（Shielded Twisted Pair，STP），如图 4-7 所示。

屏蔽双绞线具有非屏蔽双绞线的所有优点和缺点。同时，它比非屏蔽双绞线电缆能更好地隔离外部的各种干扰，具有更高的传输速率。通常，屏蔽双绞线电缆比非屏蔽双绞线电缆更贵一些。

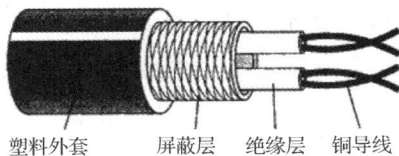
图 4-7 屏蔽双绞线
塑料外套　屏蔽层　绝缘层　铜导线

屏蔽双绞线的安装比非屏蔽双绞线的安装要复杂一些，它必须配有支持屏蔽功能的特殊连接器及相应的安装技术。不恰当地连接屏蔽双绞线会产生很多问题，屏蔽层可能会作为天线从其他导线中吸收信号和噪声使得屏蔽双绞线电缆不能工作，所以，屏蔽双绞线常用于一些特殊环境。

（3）双绞线的使用

作为局域网的常用传输介质，非屏蔽双绞线在组网中起着重要的作用。为了使用方便，非屏蔽双绞线中的 8 根电线采用不同的颜色标志，分别为橙和橙白、绿和绿白、蓝和蓝白、棕和棕白。颜色和线号的对应关系如图 4-8 所示。

图 4-8 非屏蔽双绞线中颜色与线号的对应关系

双绞线的色标和排列方法有统一的国际标准，即 TIA/EIA 568-A 和 TIA/EIA 568-B。具体如表 4-1 所示。

表 4-1 两种标准线序

引脚号	1	2	3	4	5	6	7	8
TIA/EIA 568-A	绿白	绿	橙白	蓝	蓝白	橙	棕白	棕
TIA/EIA 568-B	橙白	橙	绿白	蓝	蓝白	绿	棕白	棕
绕对	同一绕对	与 6 同一绕对	同一绕对	与 3 同一绕对	同一绕对			

以太网中的各个站点在进行信息传输时，用 1、2 号线发送数据，用 3、6 号线接收数据。非屏蔽双绞线电缆用 RJ-45 接头（俗称水晶头）和其他设备相连。图 4-9 所示为一个 RJ-45 接头和一根制作好的带有 RJ-45 接头的网络线缆。在制作网线时，可以使用专门的剥线/压线钳工具。

图 4-9 RJ-45 接头和一根网线

设备的 RJ-45 接口有两种类型，分别为 MDI（Medium-related Interface，介质相关接口）和 MDI-X接口。常见的网络设备中，计算机的网卡和路由器接口属于 MDI 类型，其 1、2 号线负责发送数据，3、6 号线负责接收数据；集线器和交换机接口属于 MDI-X 类型，其 1、2 号线负责接收数据，3、6 号线负责发送数据。在通信过程中，设备间连接要遵守的规则是：本端的发送线和对端的接收线连接；本端的接收线和对端的发送线连接。这样，不同的设备连接情况，对制作网线的过程中线对的排列顺序要求也不同，因此可以把非屏蔽双绞线电缆分为直连线和交叉线两种类型。

① 直连线

直连线也叫直通线或平行线，它是指制作线缆时网线两端的线序排列相同，一般采用 TIA/EIA 568-B 标准，呈平行状态，如图 4-10 所示。

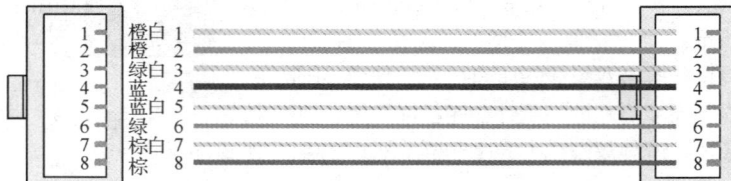

图 4-10 直连线线对排列示意

直连线用于不同类型的接口相连。如计算机与集线器、计算机与交换机、集线器与路由器以及交换机与路由器连接时，都需要用直连线。

② 交叉线

在交叉线制作过程中，网线两端的线序排列不同，一端采用 TIA/EIA 568-B 标准，另一端采用 TIA/EIA 568-A 标准，呈交叉状态，如图 4-11 所示。

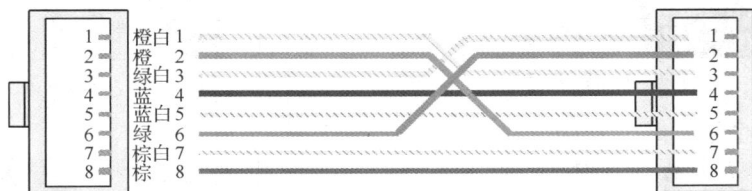

图 4-11　交叉线线对排列示意

交叉线用于同类型接口相连。如计算机与计算机、路由器与路由器以及计算机与路由器连接时，都需要用交叉线。

（4）双绞线的制作与测试

① 相关实验工具：非屏蔽双绞线、RJ-45 接头、压线钳、测试仪。

② 制作步骤：剥线→理线→切线→插线→压线→测线。

③ 制作过程如下。

步骤 1：剥线。

将双绞线端头伸入剥线刀口，使线头触及前挡板，然后适度握紧压线钳同时慢慢旋转双绞线，让刀口划开双绞线的保护胶皮，取出端头从而拔下保护胶皮 2～3cm。如图 4-12 所示。

步骤 2、3：理线和切线。

将两两缠绕的铜导线分开，按照布线标准重新排列。如果是交叉线，一端采用 TIA/EIA 568-A 标准，另一端采用 TIA/EIA 568-B 标准；如果是平行线，两端都采用 TIA/EIA 568-B 标准。将裸露出的双绞线用压线钳剪下只剩约 14mm。如图 4-13 所示。

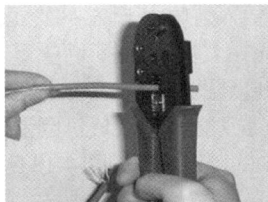

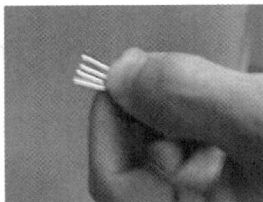

图 4-12　剥线　　　　　　　　　图 4-13　理线和切线

步骤 4：插线。

将剪好的双绞线用左手捏紧、不动，线序保证是从左到右，右手拿 RJ-45 接头，将弹片朝下，然后将排序好的双绞线的 8 根线平行插进 RJ-45 接头的 8 个凹槽内，并确保线缆至水晶头顶部。关键在于 RJ-45 接头处，双绞线的外保护层需要插入 RJ-45 接头 5mm 以上，而不能在接头外，因为当双绞线受到外界的拉力时受力的是整个电缆，否则受力的是双绞线内部线芯和接头连接的金属部分，容易造成脱落。如图 4-14 所示。

步骤 5：压线。

将双绞线的每一根线依序放入 RJ-45 接头的引脚内，确保每根线在 RJ-45 接头内正确且线缆和金属触点相接触。然后用压线钳进行匀力相压。如图 4-15 所示。

重复以上步骤，完成双绞线的另一端制作。

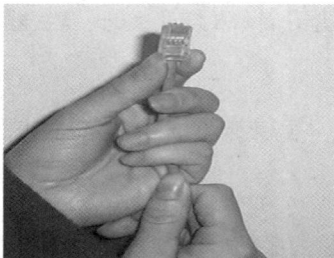

图 4-14　插线

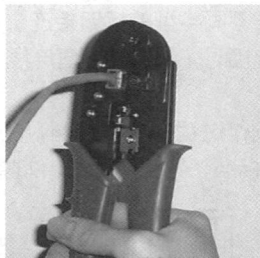

图 4-15　压线

步骤 6：测线。

双绞线制作完成后，为了验证其连通性的好坏，需要使用测试仪进行测试。将双绞线的两端接到测试仪两端，打开测试仪开关，如果是交叉线，遵循 1 对应 3、2 对应 6 的规则；如果是平行线，测试仪指示灯应该依次从 1 同步亮到 8。如图 4-16 所示。

3. 光纤

从 20 世纪 70 年代开始，通信和计算机技术发展就十分迅速，信息的传输速率提高得很快，传统的传输介质已不能满足发展需求。光纤以其高带宽、高抗干扰性和低损耗的突出优势成为发展最迅速也最有前途的传输介质之一。

图 4-16　测线

（1）光纤的成分

光纤是一种能够传导光信号的极细且柔软的介质。通常所用的光缆都是由若干根光纤组成的，制作光纤的成分主要有以下 3 种。

① 超纯二氧化硅。采用超纯二氧化硅制成的光纤，性能最好，但是成本太高，一般不采用。

② 塑料纤维。采用塑料纤维制造光纤的成本最低，但性能最差，有时可用于短距离通信。

③ 多成分玻璃纤维。性价比最高，应用最广泛。

（2）光纤的结构

光纤由纤芯和包层两部分构成。纤芯传播光波信号，与纤芯相比包层的折射率较低。根据折射定律，当光从折射率高的一侧射入折射率低的一侧时，只要入射角大于临界值，就会发生全反射，此时，纤芯中的光线碰到包层时就会折射回纤芯，能量不会损失。这个过程不断重复，光也就沿着光纤传输下去。所以，包层的作用就是把光反射回纤芯，防止光能量的泄漏，这也正是光纤的传输原理。

实际应用的光纤外部还有一个护套，它用于增加光缆强度，防止光纤因受外界温度、弯曲、拉伸等影响而折断。光缆的构成如图 4-17 所示，光在光纤中的传播示意如图 4-18 所示。

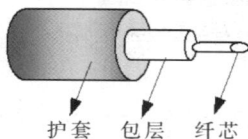

护套　包层　纤芯
图 4-17　光缆的构成

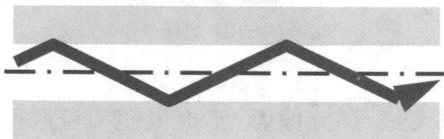

图 4-18　光在光纤中的传播示意

（3）光纤的分类

描述光纤有两个尺寸参数：纤芯直径和包层直径，它们的度量单位符号都是 μm。例如，62.5/125μm 光纤电缆是指该光纤的纤芯直径为 62.5μm，包层直径为 125μm。

现在计算机网络中较常采用的光纤分类方法是按照传输点模数的不同来分类。"模"是指以一定角度进入光纤的一束光。根据传输点模数的不同，光纤可分为单模光纤和多模光纤两大类。

① 单模光纤。单模光纤主要用于长距离通信，其纤芯直径范围为 8μm～10μm，包层直径为 125μm，

提供单条光通路。单模光纤使用的光源一般是激光二极管，所以，单模光纤的带宽宽、衰减小、容量大，能以很高的速率进行长距离传输。但单模光纤的纤芯一般较细，制造成本较高，而且光源昂贵，所以，单模光纤通常在建筑物之间或地域分散时使用。

② 多模光纤。多模光纤可以同时支持多路光波传输，多模光纤采用普通的发光二极管作光源，传输距离不如单模光纤长，容量也比单模光纤小。但是多模光纤成本低，常应用于建筑物内或地理位置相邻的环境。十分常用的多模光纤尺寸为 62.5/125μm。单模光纤和多模光纤传输的比较如图 4-19 所示。

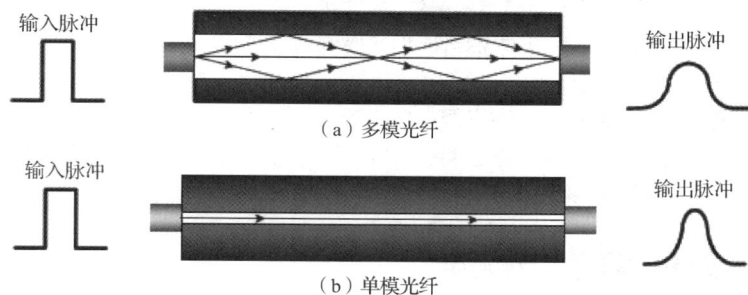

图 4-19　单模光纤与多模光纤传输的比较

按照波长范围划分，光纤有 3 类：0.85μm 波长区、1.30μm 波长区和 1.55μm 波长区。其中，0.85μm 波长区采用多模光纤通信方式，1.55μm 波长区采用单模光纤通信方式，1.30μm 波长区有多模和单模光纤两种通信方式。

（4）光纤传输电信号的过程

光纤传输电信号的过程示意如图 4-20 所示。

图 4-20　光纤传输电信号过程示意

用光纤传输电信号时，在发送端要将电信号转换成光信号，在接收端用光检波器将光信号还原成电信号。对调制光载波时，典型的做法是在给定的频率下，以光的"有"和"无"来表示两个二进制数字。有 3 种方法可以增强光功率：一是放大信号，在发送端加放大器，增大入射光纤的信号功率；二是在接收端加放大器以提高接收能力；三是当建筑群距离较远时，可以进行在线中继放大。

（5）光纤的应用

因为光纤传输的是光信号，所以它在使用时有一些特殊的性质。

首先，光缆不易分支，一般用于点到点的连接；其次，由于每根光纤只能单向传送信号，因此要实现双向通信，光纤必须成对出现，一条用于发送，另一条用于接收；另外，光纤在使用时接头要干净、无磨损，以保证光通路的畅通。

光纤有 3 种连接方式：永久性连接、应急连接和活动连接。

① 永久性连接（又叫热熔）。这种连接是用放电的方法将两根光纤的连接点熔化并连接在一起。一般用于长途接续、永久或半永久固定连接。其主要特点是连接衰减在所有的连接方法中最低，典型衰减值范围为每点 0.01～0.03 dB。但连接时，需要使用专用设备（熔接机）由专业人员进行操作，而且连接点也需要用专用容器保护。

② 应急连接（又叫冷熔）。应急连接主要用机械和化学的方法将两根光纤固定并黏结在一起。这种方法的主要特点是连接迅速、可靠，连接的典型衰减值范围为每点 0.1～0.3 dB。但连接点长期使用会不稳定，衰减也会大幅度增加，所以，应急连接只能用于短时间内应急。

③ 活动连接。活动连接是利用各种光纤连接器件（如插头和插座），将站点与站点或站点与光缆连接起来的一种方法。这种方法灵活、简单、方便、可靠，多用在建筑物内的计算机网络布线中。其典型衰减值为每点 1 dB。

在架设光缆时，不能把光缆拉得太紧，也不能弯成直角。平时看到架设光缆时会预留些长度，那是因为光纤断了后长度会缩短，预留长度以备连接使用，可以减少不必要的光能量损失。

（6）光纤的特点

光纤除了能够提供比铜线更大的通信容量外，还有以下特点。

① 传输损耗小，中继距离长，非常适合远距离通信。

② 抗雷电和电磁干扰性好。

③ 光纤不漏光并且难于拼接，这使它很难被窃听，保密性强。

④ 体积小、质量轻，在现有电缆管道拥塞的情况下非常有用，也可以降低安装费用。

⑤ 光纤接口较贵，精确连接光纤需要专用设备，成本高。

4.2 局域网的模型与标准

20 世纪 80 年代初期，美国 IEEE 802 委员会结合局域网自身的特点，参考 ISO 的 OSI 参考模型，提出了局域网的参考模型——IEEE 802 参考模型（又称为 IEEE 802 标准），制定出了局域网体系结构。因 IEEE 802 标准诞生于 1980 年 2 月，故称为 IEEE 802 标准。由于计算机网络的体系结构和 ISO 提出的 OSI 参考模型已得到广泛认同，并提供了一个便于理解、易于开发的统一计算机网络体系结构，因此，IEEE 802 参考模型在 OSI 参考模型的基础上，根据局域网的特征，定义的局域网的体系结构仅包含 OSI 参考模型的最低两层，即物理层和数据链路层。目前，许多 IEEE 802 标准已成为 ISO 的国际标准。

IEEE 802 委员会为局域网制定了一系列标准，它们统称为 IEEE 802 标准。IEEE 802 各标准之间的关系如图 4-21 所示，表 4-2 所示为 IEEE 802 委员会已经公布的标准。

图 4-21 IEEE 802 标准体系

表 4-2 IEEE 802 委员会为局域网制定的一系列标准

标准	研究内容
IEEE 802.1 标准	定义了局域网体系结构、寻址、网络互联以及网络管理
IEEE 802.2 标准	定义了 LLC 子层功能与服务协议
IEEE 802.3 标准	定义了 CSMA/CD 方法及物理层技术规范
IEEE 802.4 标准	定义了令牌总线访问方法及物理层技术规范
IEEE 802.5 标准	定义了令牌环访问方法及物理层技术规范
IEEE 802.6 标准	定义了 MAN 访问控制方法及物理层技术规范
IEEE 802.7 标准	定义了宽带网络规范

续表

标准	研究内容
IEEE 802.8 标准	定义了光纤网络传输规范
IEEE 802.9 标准	定义了综合业务局域网接口
IEEE 802.10 标准	定义了可互操作的局域网的安全性规范
IEEE 802.11 标准	定义了无线局域网规范
IEEE 802.12 标准	定义了 100VG-AnyLAN 规范
IEEE 802.13 标准	定义了交互式电视网规范
IEEE 802.14 标准	定义了电缆调制解调器规范
IEEE 802.15 标准	定义了个人无线网络标准规范
IEEE 802.16 标准	定义了宽带无线局域网标准规范

随着局域网技术的发展，该体系还在不断地增加新的标准与协议。例如，目前常用的以太网 IEEE 802.3 家族出现了 802.3u（快速以太网）、802.3z（吉比特光纤以太网）、802.3ab（吉比特双绞线以太网）、802.3ae（十吉比特光纤以太网）、802.3ak（十吉比特铜缆以太网，铜缆距离小于 15m）、802.3an（十吉比特双绞线以太网，6 类/7 类双绞线）。

与 IEEE 802.3 标准对应的局域网链路层帧是以太网帧，其帧结构如图 4-22 所示。其中的目的地址与源地址均为 MAC 地址。MAC 地址共 48 位，通常采用 12 个 16 进制数表示，其中前 24 位为厂商编号，后 24 位为厂商自主编辑的号码。实际生产时只要保证同一个厂商编号对应的后 24 位不重复即可。该地址被固化在网卡中，因此通常称为"物理地址"。MAC 地址有单播、广播和组播三类，其中 48 位均为 1 的 MAC 地址为广播地址，第 1 字节最低为 0 的是单播地址，第 1 字节最低位为 1 的是组播地址。

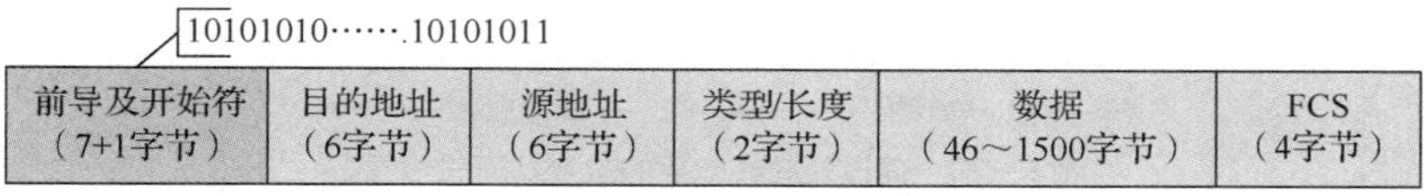

前导及开始符 （7+1字节）	目的地址 （6字节）	源地址 （6字节）	类型/长度 （2字节）	数据 （46～1500字节）	FCS （4字节）

10101010······10101011

图 4-22　以太网帧结构

（1）前导及开始符：这一部分不属于帧结构，其作用是作为识别帧开始的手段。其中前 7 个字节为 10101010，第 8 个字节为 10101011，当接收方收到此信号，就意味着后续的比特串为以太网帧。

（2）目的地址：接收方地址。

（3）源地址：发送方地址。

（4）类型/长度：类型用得最多，表示接收需要将数据交给上层的哪个协议来处理；长度表示的是数据部分的长度。

（5）数据：即以太网帧承载的上层数据。

（6）FCS：32 位的冗余校验，主要是防止传输过程中出现误码。

4.3　介质访问控制方法

在局域网的发展中，以太网、令牌总线和令牌环在 20 世纪 80 年代基本形成三足鼎立的局面，但是到了今天，以太网已经超越了其他两者，成为目前应用最广泛的局域网标准。IEEE 802.3 标准规定了 CSMA/CD 方法和物理层技术规范，采用 IEEE 802.3 协议标准的典型局域网是以太网。

以太网的核心技术是随机争用型介质访问控制方法，即 CSMA/CD 方法。CSMA 起源于 ALOHA 网，采用 CSMA/CD 方法作为以太网的介质访问控制方法的总线型网是一种多点共享式网络，它将所有的设备都直接连到一条物理信道上。该信道承担任何两个设备之间的全部数据传输任务。节点以帧的形式发送数据，帧中含有目的节点地址和源节点地址，帧通过信道的传输是广播式的，所有连在信道上的设备都能检测到该帧。当目的节点检测到该帧目的地址与本节点地址相同时，就接收该帧，否则丢弃该帧。采用这种操作方法，在信道上可能有两个或更多的设备在同一瞬间都发送帧，从而在信道上造成帧的重叠而出现差错，这种现象称为冲突。

1. CSMA/CD 的发送工作过程

有人将 CSMA/CD 协议的工作过程形象地比喻成很多人在一间黑屋子里举行的讨论会，参与人只能听到其他人的声音。参加会议的每个人在说话前必须先倾听，只有等会场安静下来之后，他才能发言。人们把发言之前需要"监听"，以确定是不是已经有人在发言的动作叫作"载波监听"。一旦会场安静，则每个人都有平等的机会讲话的状态叫作"多路访问"。如果在同一时刻有两个人或两个以上的人同时说话，大家就无法听清其中任何一个人的发言，这种情况叫作发生"冲突"。发言人在发言过程中需要及时发现是否发生冲突，这个动作叫作"冲突检测"。如果发言人发现冲突已经发生，那么他就需要停止讲话，然后随机等待延迟一段时间，再次重复上述过程，直到讲话成功。如果失败的次数太多，他也许就放弃了这次发言的想法。

CSMA/CD 方法与上面描述的过程非常相似，可以把它的工作过程概括为"发前先听，边发边听，冲突停止，随机重发"。

（1）载波监听。使用 CSMA 时，每个节点在使用信道发送信息之前，都会对信道的使用情况进行检测，即检查在信道中是否存在载波。如图 4-23 所示，物理层的收发器可以通过总线的电平跳变情况来判断总线的忙闲情况。这种检测方式可以大大减少信道中发生冲突的可能性。

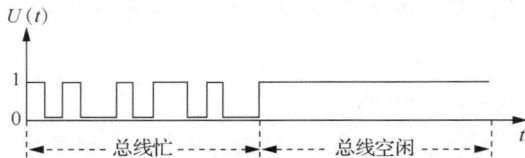

图 4-23　通过对总线电平的跳变判断总线情况

（2）冲突检测方法。载波监听并不能完全消除冲突，数字信号在传输介质中是以一定的速度传输的，速度为 1.95×10^8m/s。如果局域网中的两个节点如 A 与 B 相距 2km，那么 A 向 B 发送一帧数据大约需要 10μs 的传输时间，也就是说 B 在 10μs 内并不能接收到 A 传送来的数据，即不能监听到信道上有数据发送，那么它就可能在这段时间内向 A 或者其他节点传送数据。如果出现这种情况，则会产生"冲突"，即使采用载波监听也不可避免，因此，在多个节点共享公共传输介质时，就需要进行"冲突检测"。

例如，可以采用比较法来检测冲突，也就是将发送信号波形和从总线上接收的信号波形进行比较。如果发现从总线上接收的信号与发送出去的信号不一致，说明总线上有多个节点发送了数据，即信号由于叠加，改变了原始波形，造成了冲突。

（3）发现冲突，停止发送。如果检测到总路线上信息与本节点发送的信息不一致，则说明发生了冲突，此次占用总线未成功。这时为了确保其他节点也能够检测冲突，该节点要发送一串短的阻塞信号，阻塞信号是在检测到冲突后向正在尝试发送信息的节点所发出的帧，其目的是避免其他卷入冲突的节点由于没有检测到冲突而继续发送。阻塞信号是一个节点在检测到冲突时通知其他节点的一种有效方法，这样可确保有足够的冲突持续时间，使得网中所有的节点都能检测出冲突，就可以马上丢弃产生冲突的帧并且停止发送，从而减少时间的浪费，提高信道的利用率。

（4）随机延迟重发。停止发送并等待一个随机周期后该节点再尝试发送信息（等待的随机时间周期是按一定算法计算出来的）。

在检测到冲突而停止发送后，一个节点必须等待一个随机时间才能重新尝试传输，这一随机等待时间是为了减少再次发生冲突的可能性。通常，人们把这种等待一段随机时间再重传的处理方法称为退避处理，把计算随机时间的方法称为退避算法。一般如果重发次数小于或等于 16，则允许节点随机延迟一段时间后再重发，连续出现冲突次数越多，计算出的等待时间越长。当冲突次数超过 16 次时，表示发送失败，放弃该帧发送。

CSMA/CD 的发送工作过程概括如下。

（1）先监听信道，如果信道空闲则发送信息。

（2）如果信道忙，则继续监听，直到信道空闲时立即发送。

（3）发送信息的同时进行冲突检测，如发现冲突，立即停止剩余信息的发送，并向总线上发出阻塞信号，通知总线上各节点冲突已发生，使各节点重新开始监听与竞争。

（4）已发出信息的各节点收到阻塞信号后，都停止继续发送，各等待一段随机时间（不同节点计算得到的随机时间应不同），重新进入监听发送阶段。

CSMA/CD 发送过程流程如图 4-24 所示。

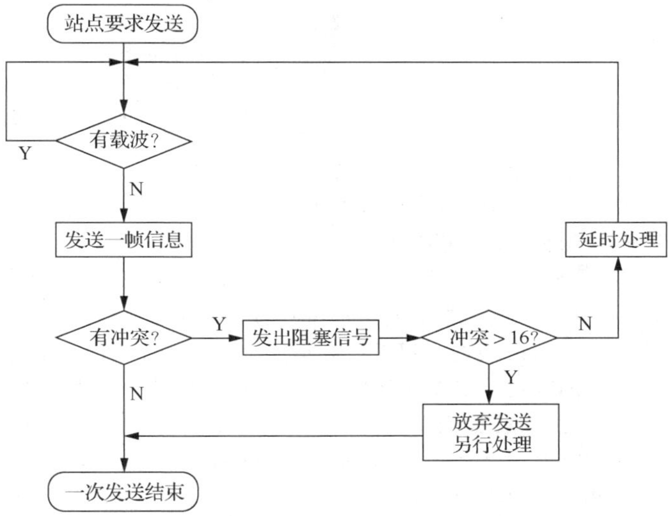

2. CSMA/CD 的接收工作过程

CSMA/CD 方法的数据接收过程相对简单。总线上每个节点随时都在监听总线，如果有信息帧到来，则接收并得到 MAC 帧；再分析和判断该帧中的目的地址，如果目的地址与本节点地址相同，则复制接收该帧，否则丢弃该帧。由于 CSMA/CD 控制方法的数据发送具有广播特点，对具有组地址或广播地址的数据帧来说，可同时被多个节点接收。

CSMA/CD 方法的优点是：每个节点都平等地去竞争传输介质，实现的算法较简单；要发送的节点可以直接获得对介质的访问权，实现数据发送操作，效率较高。该方法的缺点是：不具有优先权；总线负载大时容易出现冲突，使传输速率和有效带宽大大降低。

图 4-24 CSMA/CD 发送过程流程图

4.4 以太网技术

4.4.1 以太网的产生与发展

1975 年，由美国 DEC、Intel 和 Xerox 这 3 家公司联合成功研制并公布了以太网的物理层与数据链路层的规范。以太网最初采用总线结构，用同轴电缆作为总线传输信息，现在也采用星形结构。尤其在 20 世纪 90 年代，IEEE 802.3 标准中的物理层标准 10BASE-T 的产生，使得以太网性价比大大提高，这就使得以太网在各种局域网产品竞争中占有明显的优势。目前，不仅吉比特、十吉比特以太网已经进入主流应用，100Gbit/s 的以太网产品也已经开始应用。

4.4.2 传统以太网技术

传统以太网的典型速率是 10Mbit/s。在其物理层，定义了多种传输介质（同轴电缆、双绞线以及光纤）和拓扑结构（总线型、星形和混合型），形成了一个 10Mbit/s 以太网标准系列，主要包括 10BASE-2、10BASE-5、10BASE-T 等标准。

1. 10BASE-2

10BASE-2 网络采用总线结构。在这种网络中，各节点一般通过 RG-58/U 型细同轴电缆连接成网络。根据 10BASE-2 网络的总体规模，它可以分割为若干个网段，每个网段的两端要用 50Ω 的终端器端接，同时要有一端接地。图 4-25 所示为一段 10BASE-2 网络。

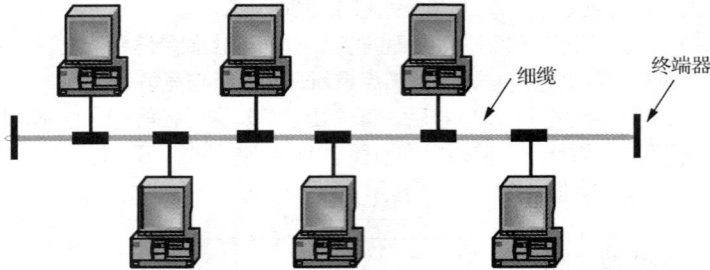

图 4-25　10BASE-2 网络

10BASE-2 网络所使用的硬件有如下几种。

（1）带有 BNC 接口的以太网网卡（内收发器）。它插在计算机的扩展槽中，使该计算机成为网络的一个节点，以便连接入网。

（2）50Ω 细同轴电缆。是 10BASE-2 网络定义的传输介质。

（3）T 型连接器。用于细同轴电缆与网卡的连接。

（4）50Ω 终端器。电缆两端各接一个终端器，用于阻止电缆上的信号反射。

10BASE-2 标准中规定的网络指标和参数如表 4-3 所示。

2. 10BASE-5

10BASE-5 网络也采用总线介质和基带传输，速率为 10Mbit/s，单个网段最大长度为 500m。 10BASE-5 网络采用的电缆是 50Ω 的 RG-8 粗同轴电缆。10BASE-5 网络并不是将节点直接连到粗同轴电缆上，而是在粗同轴电缆上接一个外部收发器，外部收发器中有一个 AUI，由一段收发器电缆将外部收发器与网卡连接起来，收发器电缆长度不得超过 50m。

10BASE-5 网络的安装比细电缆复杂，但它能更好地抗电磁干扰，防止信号衰减。在每个网段的两端也要用 50Ω 的终端器进行连接，同时要有一端接地。图 4-26 所示为一段 10BASE-5 网络。

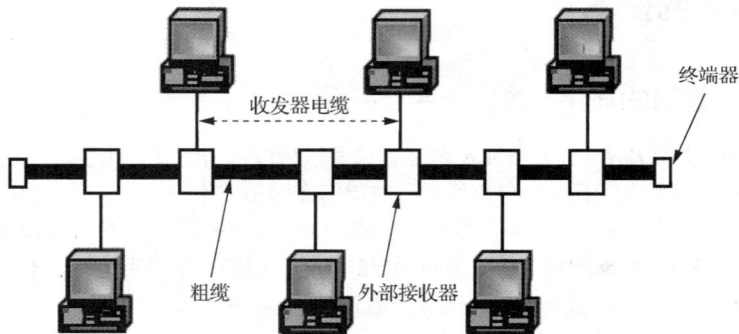

图 4-26　10BASE-5 网络

10BASE-5 网络所使用的硬件有如下 5 种。

（1）带有 AUI 的以太网网卡。插在计算机的扩展槽中，使该计算机成为网络的一个节点，以连接入网。

（2）50Ω粗同轴电缆。是 10BASE-5 网络定义的传输介质。

（3）外部收发器。两端连接粗同轴电缆，中间经 AUI，由收发器电缆连接网卡。

（4）收发器电缆。两头带有 AUI，用于外部收发器与网卡之间的连接。

（5）50Ω终端匹配器。电缆两端各接一个终端器，用于阻止电缆上的信号反射。

10BASE-5 标准中规定的网络指标和参数如表 4-3 所示。

3. 10BASE-T

10BASE-T 网络也采用基带传输，传输速率为 10Mbit/s，其中 T 表示使用双绞线作为传输介质。10BASE-T 网络的技术特点是使用已有的 802.3 MAC 子层，通过一个介质连接单元（Medium Attachment Unit，MAU）与 10BASE-T 物理相连。典型的 MAU 设备是集线器（Hub）或交换机（Switch），常用的 10BASE-T 物理介质是 2 对 3 类 UTP，UTP 电缆内含 4 对双绞线，收、发各用一对。连接器是符合 ISO 标准的 RJ-45 接口，所允许的最大 UTP 电缆长度为 100m，网络拓扑结构为星形。如图 4-27 所示，这是一段 10BASE-T 网络的物理连接。

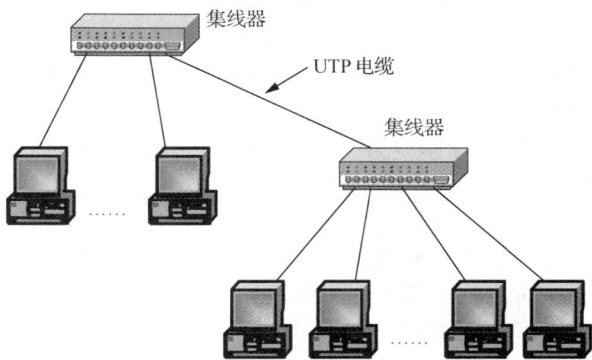

图 4-27　10BASE-T 网络

10BASE-T 网络所使用的硬件有如下几种。

（1）带有 RJ-45 接口的以太网网卡。通过插在计算机的扩展槽中的以太网卡，使该计算机成为网络的一个节点，与网内其他节点通信。

（2）RJ-45 接头。电缆两端各压接一个 RJ-45 接头，一端连接网卡，另一端连接集线器。

（3）3 类以上的 UTP 电缆。是 10BASE-T 网络定义的传输介质。

（4）10BASE-T 集线器。10BASE-T 集线器是 10BASE-T 网络技术的核心。集线器是一个具有中继器特性的有源多口转发器，其功能是接收从某一端口发送来的广播信号，将接收到的数据转发到网络中的每个端口。

10BASE-T 标准中规定的网络指标和参数如表 4-3 所示。

表 4-3　几种以太网的指标和参数

参数	网络		
	10BASE-2	10BASE-5	10BASE-T
单网段最大长度/m	185	500	100
网络最大长度（跨距）/m	925	2500	500
节点间最小距离/m	0.5	2.5	—
单网段的最多节点数	30	100	—
拓扑结构	总线型	总线型	星形
传输介质	细同轴电缆	粗同轴电缆	双绞线
连接器	BNC、T	AUI	RJ-45
最多网段数	5	5	5

以太网上的计算机用 MAC 地址作为自己的唯一标识。MAC 地址为二进制 48 位，常用 12 位十六进制数表示，如 00-E0-FC-01-23-45。MAC 地址固化在网卡的只读存储器（Read-only Memory，ROM）中，因此也称为硬件地址。每块网卡的 MAC 地址是全球唯一的。一台计算机可能有多个网卡，因此

也可能同时具有多个 MAC 地址。

4.4.3　快速以太网技术

随着局域网应用的深入，传统以太网 10Mbit/s 的传输速率在多方面都限制了其应用，人们对局域网带宽提出了更高的要求。1995 年 9 月，IEEE 802 委员会正式公布了快速以太网标准 IEEE 802.3u。该标准在 MAC 子层使用了 CSMA/CD 方法，在 LLC 子层使用了 IEEE 802.2 标准，定义了新的物理层标准，提供了 100Mbit/s 的传输速率，100BASE-T 作为以太网 IEEE 802.3 标准的扩充条款。快速以太网的传输速率比普通以太网快 10 倍，数据传输速率达到了 100Mbit/s。快速以太网基本保留了传统以太网的基本特征，即相同的帧格式、介质访问控制方法与组网方法。但是，为了实现 100Mbit/s 的传输速率，它在物理层做了一些重要改进：将原来编码效率较低的曼彻斯特编码改为效率更高的 4B/5B 编码；在传输介质上，取消了对同轴电缆的支持。

100BASE-T 标准定义了介质专用接口（Media Independent Interface，MII），它将 MAC 子层与物理层分隔开来。这样，物理层在实现 100Mbit/s 速率时所使用的传输介质和信号编码方式的变化不会影响 MAC 子层。快速以太网的协议结构如图 4-28 所示。

可以看到以下内容。

（1）100BASE-TX。100BASE-TX 支持 2 对 5 类 UTP 或 2 对 1 类 STP，其中 1 对 5 类 UTP 或 1 对 1 类 STP 用于数据的发送，另 1 对双绞线用于数据的接收。

（2）100BASE-T4。100BASE-T4 支持 4 对 3/4/5 类 UTP，其中，3 对 UTP 用于数据的传输，另 1 对 UTP 用于检测冲突。

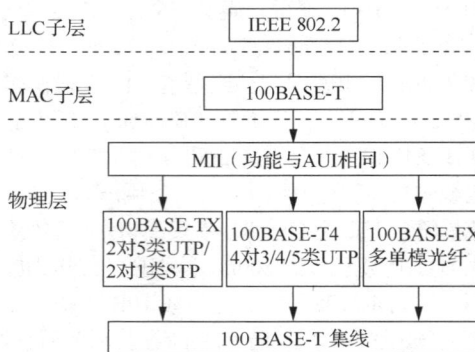

图 4-28　快速以太网的协议结构

（3）100BASE-FX。100BASE-FX 支持 2 芯的多模（62.5/125μm）或单模（8/125μm）光纤。100BASE-FX 主要用作高速主干网。

4.4.4　吉比特与十吉比特以太网技术

以太网标准是一个古老而又充满活力的标准。1982 年以太网协议被 IEEE 采纳成为标准，这些年来，以太网技术作为局域网数据链路层标准"战胜"了令牌总线、令牌环、ATM、FDDI 等技术，成为局域网事实标准。以太网技术当前在局域网市场占有率超过 90%。

以太网由最初 10Mbit/s 发展到被广泛应用的 100Mbit/s、1000Mbit/s（1Gbit/s 标准）和 10000Mbit/s（10Gbit/s 标准），再到 40Gbit/s、100Gbit/s 以太网标准，以太网行业不断创新以实现更高的网络速度，如现今颇受关注的 200Gbit/s、400Gbit/s 以太网标准。

在以太网技术中，100BASE-T 是一个里程碑，确立了以太网技术在桌面局域网技术的统治地位。吉比特以太网（1Gbit/s）以及随后出现的十吉比特以太网（10Gbit/s）标准是两个比较重要的标准，以太网技术通过这两个标准从桌面的局域网技术延伸到校园网以及城域网的汇聚层和骨干层。

1. 吉比特以太网

吉比特以太网标准分成两类，即 IEEE 802.3z 和 IEEE 802.3ab。IEEE 802.3z 吉比特以太网标准是由 IEEE 标准组织于 1998 年 6 月出台的，它分别定义了 3 种传输介质：1000BASE-LX、1000BASE-SX、1000BASE-CX。IEEE 802.3ab 定义了如何在 5 类 UTP 上运行吉比特以太网的物理层标准。IEEE 标准化委员会在 1999 年 6 月批准了 1000BASE-T 标准。

（1）IEEE 802.3z

IEEE 802.3z 定义了基于光纤和短距离电缆的 1000BASE-X 标准，采用 8B/10B 编码技术，传输速率为 1000Mbit/s。IEEE 802.3z 具有下列吉比特以太网标准。

① 1000BASE-SX

1000BASE-SX 只支持多模光纤，可以采用纤芯直径为 62.5μm 或 50μm 的多模光纤工作在全双工模式，工作波长范围为 770～860nm，传输距离范围为 220～550m。

② 1000BASE-LX

1000BASE-LX 既可以驱动多模光纤，也可以驱动单模光纤。

- 多模光纤：1000BASE-LX 可以采用直径为 62.5μm 或 50μm 的多模光纤工作在全双工模式，工作波长范围为 1270～1355nm，最大传输距离为 550m。

- 单模光纤：1000BASE-LX 可以支持直径为 9μm 或 10μm 的单模光纤工作在全双工模式，工作波长范围为 1270～1355nm，最大传输距离为 5km。

③ 1000BASE-CX。采用 150Ω 的 STP，传输距离为 25m。

（2）IEEE 802.3ab

IEEE 802.3ab 定义的传输介质为 5 类 UTP 电缆，信息沿 4 对双绞线同时传输，传输距离为 100m，与 10BASE-T、100BASE-T 完全兼容。

吉比特以太网标准对 MAC 子层规范重新进行了定义，以维持适当的网络传输距离，但介质访问控制方法仍采用 CSMA/CD 协议；重新制定了物理层标准，使之能提供 1000Mbit/s 的带宽。由于吉比特以太网仍采用 CSMA/CD 协议，因此能够非常方便地从传统以太网向吉比特以太网升级。

2．十吉比特位以太网

（1）出现的背景

以太网主要在局域网中占绝对优势，在很长的一段时间里，人们普遍认为以太网不能用于城域网，特别是汇聚层以及骨干层。主要原因在于以太网用作城域网骨干时带宽太低（10Mbit/s 以及 100Mbit/s 快速以太网的时代），传输距离过短，当时人们认为最有前途的城域网技术是 FDDI。随着吉比特以太网的标准化以及在生产实践中的广泛应用，以太网技术逐渐延伸到城域网的汇聚层，作为骨干层仍是力所不及。

传输距离也曾经是以太网无法作为城域网骨干层链路技术的一大障碍。无论是 100Mbit/s 还是 1000Mbit/s 以太网，由于信噪比、碰撞检测、可用带宽等原因，5 类线传输距离都是 100m。使用光纤传输时距离被以太网使用的主从同步机制制约，即便使用纤芯为 10μm 的单模光纤，最长传输距离也只有 5km。最长传输距离 5km 的吉比特以太网链路在城域范围内远远不够。

综上所述，以太网技术不适合用在城域网骨干/汇聚层的主要原因是带宽以及传输距离。随着十吉比特以太网技术的出现，上述两个问题基本已得到解决。

（2）技术标准

以太网采用 CSMA/CD 机制。吉比特以太网接口基本应用在点到点线路，不再共享带宽，碰撞检测、载波监听和多重访问已不再重要。吉比特以太网与传统低速以太网最大的相似之处在于采用相同的以太网帧结构。十吉比特以太网技术与吉比特以太网类似，仍然保留了以太网帧结构。

十吉比特以太网能够使用多种光纤介质，具体表示方法为 10GBASE-[光纤介质类型][编码方案][波长数]，或更加具体些表示为 10GBASE-[E/L/S][R/W/X][/4]。

① 光纤介质类型。S 为短波长（850nm），短波用于多模光纤在短距离（约为 35m）传送数据；L 为长波长，长波用于在校园的建筑物之间或大厦的楼层进行数据传输，可以使用多模或单模光纤。在使用多模光纤时，传输距离约为 90m，而使用单模光纤时可支持 10km 的传输距离；E 为特长波长，特长波用于单模光纤的广域网或城域网中的数据传送，当使用波长为 1550nm 的单模光纤时，传输距离可达

40km。

② 编码方案。X 为局域网物理层中的 8B/10B 编码，R 为局域网物理层中的 64B/66B 编码，W 为广域网物理层中的 64B/66B 编码（简化的 SONET/SDH 封装）。

③ 波长数。波长数可以为 4，使用的是宽波分多路复用（WWDM）。在进行短距离传输时，WWDM 要比密集波分复用（DWDM）适宜得多。如果不使用波分多路复用，则波长数是 1，可将其省略。为了解决因现有多模光纤模式带宽过低造成的传输距离过短这一问题，又开发出一种高带宽多模光纤（HDMMF），可以使多模光纤支持的最远传输距离达到 300m。

十吉比特以太网与传统以太网的不同处主要有 3 点：一是十吉比特以太网在数据链路层和物理层上包括专供城域网和广域网使用的新接口；二是十吉比特以太网只以全双工模式运行，而其他类型的以太网都允许以半双工模式运行；三是十吉比特以太网不支持自动协商，自动协商功能的目的是方便用户，但在实际中被证明是造成连接性障碍的主要原因，去除自动协商可简化故障的查找。

本章小结

决定局域网特性的 3 个要素是网络拓扑结构、传输介质与介质访问控制方法。从采用的介质访问控制方法的角度，局域网可以分为共享介质式局域网与交换式局域网两类。

目前，局域网的使用已相当普遍，无线局域网因其移动性和灵活性也在企业、商店和学校等得到了广泛应用。通过本章学习，读者可以对局域网介质访问控制方式、局域网体系结构、组网技术等有较深入的了解。

习题

1. 简述局域网的主要特点。
2. 简述实现局域网的关键技术。
3. 用图示说明 IEEE 802 参考模型和 OSI 参考模型的对应关系。
4. 简述局域网各层的主要功能。
5. 局域网有哪些常见的拓扑结构，这些拓扑结构的特点是什么？
6. 常见的局域网技术所对应的 IEEE 802 标准分别是什么？
7. 分别简述 CSMA/CD 的发送和接收工作过程。
8. 分别简述 3 种 10Mbit/s 以太网的主要硬件组成和连接的技术指标。
9. 分别简述 100BASE-T 的 3 种传输介质标准。
10. 分别简述吉比特以太网的 4 种传输介质标准。

第5章
IP与路由

情景引入

当我们想要连接互联网时，经常听说要有 IP 地址。已经有 MAC 地址的情况下，为何还要 IP 地址呢？在我们上网时，似乎没有给自己的设备配置过 IP 地址，拿到手里就可以联网了，那这些 IP 地址是什么时候得到，又是谁给我们配置好的呢？假如有一天，我们手里的设备没有配置 IP 地址，我们该怎么自己配置呢？我们在"网上冲浪"的时候，随时可以访问各种网上资源，对方的服务器甚至与我们远隔万里，我们是怎么用手机或电脑访问到的呢？带着这些疑问，让我们从 IP 地址入手，来了解互联网的运行逻辑吧。

本章将通过 IP 地址的分类、子网规划与划分，ARP 与 ICMP，DHCP 原理，IPv6，路由协议原理，RIP，OSPF 等内容的讲解来回答上面的疑问。通过 IP 与路由实例让大家学习搭建一个属于自己的网络。

学习目标

【知识目标】

1. 学习 IP 协议族的相关概念。
2. 学习路由协议的原理。
3. 学习配置 IP 路由的基础知识与实现的基本方法。

【技能目标】

1. 掌握网络规划的技能。
2. 具备构建中小型企业网络框架的能力。
3. 掌握使用华为路由器构建网络的方法。

【素养目标】

1. 培养探究科学规律的精神。
2. 培养认真、严谨的品质。
3. 培养专业务实的作风。

5.1 IPv4

5.1.1 IP 概述

ARPA 网建立之初，科学家们并没有预测到后来计算机网络会面临的问题。当大量由不同厂商生产、采用不同标准的设备进入 ARPA 网的时候产生了很多问题：大部分计算机相互不兼容，在一台计算机上完成的工作，很难拿到另一台计算机上去用，想让硬件和软件都不一样的计算机联网，也有很多困难。当时的科学家们提出了这样一个理念："所有计算机生来都是平等的。"为了让这些"生来平等"的计算机能够实现"资源共享"，就得在这些互不相同的链路层标准之上建立一种大家都必须共同遵守的标准，这样才能让不同的计算机按照一定的规则互联互通。在确定这个规则的过程中，最重要的人物之一当数 TCP/IP 的发明者和定义者文顿·瑟夫和卡恩，正是他们的努力，才使今天各种不同的计算机能按照 IP 上网互联。

1983 年 1 月 1 日，运行较长时间、被人们熟悉的 NCP（网络控制协议）停止使用，TCP/IP 作为 Internet 上所有主机间的共同协议，此后作为一种必须遵守的规则被肯定和应用。正是由于应用了 TCP/IP，才有今天 Internet 的巨大发展。

1. IP 数据报的结构

按照 TCP/IP 体系结构的定义，在网络层，需要传输的数据首先需要加上 IP 首部信息，然后封装成 IP 数据报。IP 数据报是 IP 使用的数据单元，互联网数据信息和控制信息的传递都需要通过 IP 数据报进行。

IP 数据报（以 IPv4 为例）可分为报头区和数据区两大部分，每行 32bit，其格式如图 5-1 所示。

0 3	7	15	18	31
版本	报头长度	服务类型	总长度	
标识			标志	片偏移
生存时间		协议	头部校验和	
源地址				
目的地址				
选项				
数据区				

图 5-1　IPv4 数据报结构

数据区包括高层需要传输的数据，报头区是为了正确传送高层数据而增加的控制信息。

IP 数据报的报头中各字段的主要功能如下。

（1）版本：IP 数据报的第一个域就是版本域，长度为 4bit。它表示该数据报对应的 IP 的版本号，不同 IP 版本规定的数据报格式是不同的，目前使用的 IP 版本是 IPv4，下一代是 IPv6。版本域的值为 4（二进制为 0100），表示 IPv4；版本域的值为 6（二进制为 0110），表示 IPv6。

（2）报头长度：IP 数据报报头中有两个表示长度的字段，一个是报头长度字段，一个是总长度字段。其中，报头长度以 4B（Byte，字节）为单位，指出该报头区的长度。此域最小值为 5，即报头最小长度为 20B（20=4×5）。如果含有选项域字段，则长度取决于选项字段长度。协议规定报头长度最大值为 15，表示报头最大长度为 60B，所以，IPv4 数据报的报头长度是可变的，范围为 20～60B。

（3）服务类型：服务类型字段长度为 8bit，它用于规定对 IP 数据报的处理方式。利用该字段，发送端可为数据报分配优先级，并设定服务类型参数，如延迟、可靠性、成本等，指导路由器对数据报进行传送。当然，处理的效果还要受具体设备及网络环境限制。

（4）总长度：总长度字段为 16bit，它定义了数据报的总长度。总长度最大值为 65535B，其中包括报头长度。这样，数据报的总长度减去报头长度就等于 IP 数据报中高层协议的数据长度。

（5）标识、标志和片偏移：这 3 个字段和 IP 数据报的分片与重组相关，将在后面介绍。

（6）生存时间：IP 数据报的路由选择具有独立性，所以，各数据报的传输时间也不相同。如果出现选路错误，可能造成数据报在网络中无休止地循环流动。为此，设计了生存时间（Time To Live，TTL）字段来控制这种情形的发生。沿途路由器对该字段的处理方法是"先减后查，为 0 抛弃"。

（7）协议：协议指的是使用此数据报的高层协议类型，如 TCP 或 UDP 等，协议域长度为 8bit。

（8）头部校验和：头部校验和字段用来保证 IP 数据报报头的完整性。

（9）地址：地址字段包括源地址和目的地址。源地址和目的地址的长度都是 32bit，分别表示发送数据报的主机和接收数据报的主机的地址。在数据报的整个传输过程中，无论选择什么样的路径，源地址和目的地址始终保持不变。

（10）选项：IP 选项字段主要用于控制和测试两个目的，用户可以根据需要来选择是否使用该字段。但作为 IP 的组成部分，所有实现 IP 的设备都要能处理选项字段。在使用选项字段的过程中，可能会造成报头部分长度不是 32bit 的倍数，从而出现所谓"半行"的情况，这时可以通过填充位来处理，凑成"整行"。

2．IP 数据报的分片和重组

（1）最大传输单元和 IP 数据报的分片。IP 数据报是网络层的数据，它在数据链路层需要封装成帧来传输。不同物理网络使用的数据链路层技术不同，每种数据链路层都规定了一个帧最多能够携带的数据量，这一限制称为最大传输单元（Maximum Transmission Unit，MTU）。IP 数据报的长度不超过网络的 MTU 值才能在网络中进行传输。互联网包含各种各样的物理网络，不同物理网络的 MTU 长度不相同，比如以太网的 MTU 长度大约为 1500B。

路由器可能连着两个具有不同 MTU 值的网络，如果数据报来自一个 MTU 值较大的局域网，要发往一个 MTU 值较小的局域网，就必须把大的数据报分成多个较小的部分，使它们小于较小局域网的 MTU 值才能继续传送，这个过程叫作数据报的分片。一旦进行分片，每片都像正常的 IP 数据报一样经过独立的路由选择处理，最终到达目的主机。

（2）分片重组。在接收到所有分片的基础上，把各个分片重新组装的过程叫作 IP 数据报重组。IP 规定，目的主机负责对分片进行重组。这样处理，可以减少路由器的计算量，使路由器可以对分片独立选择路径。另外，由于分片可能经过不同的路径到达目的主机，因此，中间路由器也不可能对分片进行重组。

（3）分片控制。在 IP 数据报的报头中，标识、标志和片偏移这 3 个字段与数据报的分片和重组相关。

① 标识：标识是源主机给予 IP 数据报的标识符，是识别分片所属的标记。因为数据报是独立传送的，属于同一数据报的各个分片到达目的地时可能会出现乱序，也可能会和其他数据报混在一起，含有同样标识字段的分片原来属于同一个数据报，目的主机正是通过标识字段来将属于同一数据报的各个分片挑出来进行重装的，所以，分片时标识字段必须被不加修改地复制到各分片当中。

② 标志：标志由 3 个标志位组成。最高位为 0，第 2 位（DF 位）标识数据报能否被分片。当 DF 位值为 0 时，表示可以分片；当 DF 位值为 1 时，表示禁止分片。第 3 位（MF 位）表示该分片是否是最后一个分片，当 MF 位值为 1 时，表示是最后一个分片；当 MF 位值为 0 时，表示不是最后一个分片。

③ 片偏移：片偏移指出本片数据在 IP 数据报中的相对位置，片偏移量以 8B 为单位。分片在目的主机被重组时，各个分片的位置由片偏移量提供。

5.1.2　IP 地址

1．IP 地址的分类

物理地址用于数据链路层，但是当数据的传输要通过不同的网络类型时，物理地址就不能满足了。为了解决这种问题，可以使用一种逻辑上的地址，对互联网上的所有主机进行唯一性编址。不论使用哪种数据链路层，都可以通过唯一的逻辑地址互联网的角度来识别这个设备。当然，在实际通信中，按照 OSI 参考模型的概念，逻辑地址最终还要转换成物理地址。事实上，IP 地址就是这个逻辑地址。

IPv4 中的 IP 地址共由 32 位二进制位组成，为了便于处理，通常按照 8 位划分成 4 个字节。IP 地址分为网络 ID 和主机 ID 两部分。网络 ID 用来标识某个网络，主机 ID 用来标识某个网络内的一个

TCP/IP 节点。为了方便人类的记忆和使用，IP 地址最常见的形式是点分十进制，就是把 4 个字节分别换算成十进制来表示，中间用"."来分隔，比如 211.69.0.3。

IP 地址是每一个连接 Internet 的主机都必须具备的，就像电话号码一样，否则无法联系。在进行 IP 地址管理时，很重要的一点就是要理解"网络"这个词的含义。一个网络就是一组由通信介质连接的、多台计算机设备的集合。从地址管理的角度来看，在一个网络上的所有计算机都应由同一个组织来管理。网络很大，就需要大量的地址；网络很小，所需要的地址量就相对较少。

为此，IP 的设计者在设计 IPv4 的地址空间时也考虑了这方面的因素。因此 IPv4 的 IP 地址有 5 种类别（A、B、C、D、E 类），每类地址中定义了它们的网络 ID 和主机 ID 占用的位数，也就意味着每类地址可以表示的网络数以及每个网络中的主机数都是确定了的。

IPv4 中的 IP 地址共 32 位，也就意味着全世界共有 40 多亿 IP 地址，这个数量对于当时的 ARPA 网是绰绰有余的。按照当时地址分类的思想，各类地址的编码方式如下。

（1）A 类地址：最高位是 0，随后的 7 位是网络地址，最后 24 位是主机地址。

（2）B 类地址：最高 2 位分别是 1 和 0，随后的 14 位是网络地址，最后 16 位是主机地址。

（3）C 类地址：最高的 3 位是 110，随后的 21 位是网络地址，最后 8 位是主机地址。

（4）D 类地址：最高的 4 位是 1110，随后的所有位用来做组播地址。

（5）E 类地址：最高的 5 位是 11110，这类地址为保留地址，不使用。

经常使用的 A、B、C 这 3 类地址格式如图 5-2 所示，其中的阴影部分为主机 ID 部分。

A	0XXXXXXX			
B	10XXXXXX	XXXXXXXX		
C	110XXXXX	XXXXXXXX	XXXXXXXX	

图 5-2　A/B/C 类地址的网络 ID 与主机 ID 的分配格式

根据 IP 地址的格式分类可以算出这 3 类地址中容纳的网络数和主机数。具体情况如表 5-1 所示。

表 5-1　IP 地址分类情况

类别	第一个字节的格式	网络数	每个网络容纳的主机数	分辨方法（首字节范围）
A	0xxxxxxx	126	16777214	1～126
B	10xxxxxx	16384	65534	128～191
C	110xxxxx	2097152	254	192～223

可以看出，表中每个网络容纳的主机数目与实际按位数计算的值不对应，这是因为并不是所有的 IP 地址都能拿来分配，其中一些地址是有特殊含义的，大致有以下 3 种情况。

（1）主机 ID 不能"全部是 0"或"全部是 1"。这是因为在 Internet 中，主机部分全部为 0，表示的是网络地址，相当于电话号码中只有区号，没有电话号。主机部分全部为 1，则表示这是一个面向某个网络中所有节点的广播地址，比如 C 类地址 211.69.0.255。

（2）IP 地址的网络 ID 和主机 ID 不能设成"全部为 0"或"全部为 1"。如果 IP 地址中的所有位都设置为 1，就会得到地址"255.255.255.255"，这个地址的含义是向本地网络中的所有节点发送广播，这种广播路由器是不会传送的。当 IP 地址中的所有位都设置为 0 时，IP 地址就是"0.0.0.0"，这个地址的含义为 Internet 中的所有网络。

（3）IP 地址的头一个字节不能是 127。IP 地址 127.xxx.xxx.xxx 是用来做回环测试的地址，已经分配给本地环路。

表 5-2 所示为所有的特殊地址，请读者在使用 IP 地址时注意。

表 5-2　特殊用途的 IP 地址

网络 ID	主机 ID	地址类型	用途
任意值	全 "0"	网络地址	代表一个网络
任意值	全 "1"	广播地址	代表特定网段的所有节点
首字节 127	任意值	回环地址	用于回环测试
全 "0"		所有网络	用于路由器指定默认路由
全 "1"		本地广播	向本网段的所有节点广播

2. 子网划分

TCP/IP 设计之初，开发人员虽然意识到了由于网络规模不同，需要的 IP 地址数目也会不同，并为此对 IP 地址进行了分类，但是这个分类的设计不够合理，表现在以下 3 个方面。

（1）IP 地址空间的利用率有时很低。

（2）给每个物理网络都分配一个网络号，会使路由表太大，从而导致路由效率下降。

（3）两级的 IP 地址不够灵活。

为此，从 1985 年开始，在 IP 地址中引入了子网划分的概念。子网编址技术的核心就是将原有的网络在逻辑上进一步划分为更小的网络即子网。为了表示这些子网，需要为每个子网编号，在 IP 地址中就需要有子网 ID，子网 ID 是不能从网络 ID 部分划分的，否则就改变了整个网络对外的地址，就如同改变了一个地区的电话区号一样，所以只能从主机 ID 部分划分。这样原来的主机 ID 部分就进一步划分成了子网 ID 和主机 ID 两部分，其形式如图 5-3 所示。

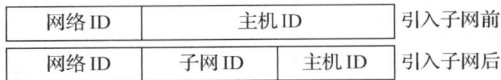

网络 ID		主机 ID	引入子网前
网络 ID	子网 ID	主机 ID	引入子网后

图 5-3　主机 ID 的进一步划分

原来的 IP 地址中，网络 ID 可以标识一个独立的物理网络，引入子网模式后，一个子网就需要网络 ID 和子网 ID 两部分联合才可以标识，所以子网的概念延伸了地址的网络部分。要注意的是，这部分的划分是属于网络内部的事情，划分只是使原来的网络具有了一定的层次，使网络便于管理和分配。这种划分是由网络管理员按照本网络的需要进行的，所以其他网络的主机是不知道这种划分的。本地的路由器理所当然必须清楚这个划分，当一个网络外的主机向网络内的主机发送数据时，路由器需要知道这个数据是发送到哪个子网的，这就需要使用子网掩码来判断目的网络究竟是哪个子网。

子网掩码的产生就是在有子网划分的情况下，帮助路由器判断出 IP 地址中哪部分是网络 ID，哪部分是主机 ID。在二进制的逻辑运算中有一个 "与" 运算，"与" 运算的特点是：任何数与 0 相 "与"，结果为 0；与 1 相 "与"，结果不变。这样就可以编写一个 32 位的子网掩码，让其和需要判断的 IP 地址相与，把感兴趣的网络 ID 部分保留，不感兴趣的主机 ID 部分变成 0，由此可以得出子网掩码的编写方法如下。

- 将对应于 IP 地址的网络 ID 的所有位都设为 "1"，"1" 必须是连续的。
- 将对应于主机 ID 的所有位都设为 "0"。

根据上面所述子网掩码的编写方法，可以写出 A 类、B 类和 C 类的默认子网掩码如下。

A 类：11111111 00000000 00000000 00000000 用点分十进制表示为 255.0.0.0。

B 类：11111111 11111111 00000000 00000000 用点分十进制表示为 255.255.0.0。

C 类：11111111 11111111 11111111 00000000 用点分十进制表示为 255.255.255.0。

习惯上用两种方法来表示子网掩码：一种是点分十进制，如 255.255.255.0；另一种是用子网掩码中 "1" 的个数来标记，比如 255.255.0.0 可以写为 "/16"。

子网掩码就像一张一半透明的纸条，把感兴趣的网络 ID 部分显示出来，把不感兴趣的主机 ID 部分掩盖起来。具体的过程可以通过一个例子来了解，比如现在有一台网络中的主机，其 IP 地址是 211.69.1.183，这个网络的子网掩码是 255.255.255.240，要想了解这台主机所处的子网，只需要用该网络的子网掩码与这台主机的地址相与就可以了。具体过程如图 5-4 所示。

	网络 ID		主机 ID		
11010011	1000101	00000001	1011	0111	211.69.1.183　　AND
11111111	11111111	11111111	1111	0000	255.255.255.240
11010011	1000101	00000001	1011	0000	
211	69	1	176		

图 5-4　网络 ID 的计算过程

了解了 IP 地址和子网掩码，就可以进行子网划分了。子网划分在理论上是很容易理解的，但真正做划分前有许多相关问题需要分析清楚。子网划分主要考虑以下两个问题。

- 当前网络需要划分几个子网。
- 每个子网最多支持多少台主机。

这两个问题中只要有一个是无法完成的，这次划分就是不可行的。同时子网划分也要考虑前面所说的特殊 IP 地址的影响，比如从主机 ID 部分划分出一部分作为子网 ID，只给主机 ID 留下一位，这时主机的地址要么为"0"要么为"1"，为"0"就是一个网络地址，为"1"就是一个广播地址，这都是不允许分配给主机的，所以主机 ID 最少要留 2 位。

RFC950 参考规定：第一个子网（也就是"全 0 子网"）和最后一个子网（也就是"全 1 子网"）不可用，是为了避免"全 0 子网"的网络地址和"全 1 子网"的广播地址分别与没有划分子网前的网络地址和广播地址相冲突。这样的规定会导致很多地址浪费，因此在后来 RFC1878 规定中，该项规定已被废止，现在的设备基本上都支持 RFC1878。综上所述，按照 RFC1878 规定，对于一个 C 类网络的划分读者可以参考表 5-3，A 类和 B 类网络的划分读者可以推算。

表 5-3　C 类网络的子网划分

子网位数	子网数量	主机位数	主机数量	掩码
1	2	7	126	255.255.255.128
2	4	6	62	255.255.255.192
3	8	5	30	255.255.255.224
4	16	4	14	255.255.255.240
5	32	3	6	255.255.255.248
6	64	2	2	255.255.255.252

下面用一个具体的实例来说明子网划分的过程。比如某个公司获得了一个 C 类网络地址 201.100.100.0，该公司现有负责市场、生产和科研的 3 个部门，这 3 个部门要分属不同的子网，每个子网最多支持 20 台主机，现在要求规划出子网掩码和每个子网可用的 IP 地址。

根据前面所介绍的划分子网的两个条件来判断，首先，该公司申请到的是一个 C 类网络地址，如果不做划分的话，可以容纳 254 台主机。公司有 3 个部门，就至少需要 3 个子网，从表 5-3 可以看出需要从主机 ID 部分划分出 2 位作为子网 ID，可以获得 4 个子网，每个子网可以提供 62 个 IP 地址，所以两个条件都是满足的。这时可以得出子网掩码为 255.255.255.192，然后推算每个网络可以使用的 IP 地址。在推算每个网络可以使用的 IP 地址时，自然要考虑主机 ID。按照前面所述的规则，分析过程如图 5-5 所示。

尽管子网划分便于对网络进行管理，但也应该注意，子网划分实际上要耗费一些 IP 地址。以上面的例子来看，C 类网络原本有 254 个可用主机 IP，当拿出 2 位主机 ID 作为子网 ID 时，可以获得 4 个子网，每个子网 62 个可用 IP 地址，总数是 248 个可用主机 IP，减少了 6 个。原因就是按照子网划分的要求，全"0"和全"1"的子网 ID 不能使用。这就意味着有 6 个 IP 地址因为子网划分而不能分配给主机，同时有 1 个子网其实用不上，也存在浪费的可能。

		网络ID		子网ID	主机ID	可用节点地址范围	
201.100.100.0	11001001	01100100	01100100	00	000000		
255.255.255.192	11111111	11111111	11111111	11	000000		
201.100.100.0	11001001	01100100	01100100	00	000000	00000001 00111110	1 62
201.100.100.64	11001001	01100100	01100100	01	000000	01000001 01111110	65 126
201.100.100.128	11001001	01100100	01100100	10	000000	10000001 10111110	129 190

图 5-5　划分 3 位形成的子网及主机地址范围

在对 IP 地址和子网划分有所了解的基础上，读者可以尝试为自己的主机配置 IP 地址。通常主机的 IP 地址配置需要考虑 4 个信息：IP 地址、子网掩码、网关（即主机所在网络的路由器对应接口的 IP 地址）和 DNS 服务器地址。这里以 eNSP 模拟软件中的 PC 为例，如图 5-6 所示。真实主机的地址配置，读者可以参考所用的操作系统帮助。（关于其他设备的配置，见本章后续相关内容。）

图 5-6　主机的 IP 地址配置

5.2　地址解析协议

按照计算机网络体系结构的分层原则，网络层的实现需要数据链路层的支持。数据链路层解决的主要是相邻两个节点之间的链路问题，处理的数据单位是帧，帧当中使用的是数据链路层地址，与 IP 地址并不相同。也就是说网络层的数据如果想要传输到正确的目的地，需要把 IP 地址解析成对应的数据链路层地址，一站一站传递下去。为此，地址解析协议（Address Resolution Protocol，ARP）就被设计出来负责解析 IP 地址与数据链路层地址的对应关系。

ARP 是个独立的三层协议，并不需要 IP 封装，而是直接生成自己的报文，ARP 报文到达数据链路层后，由数据链路层协议（一般是以太网协议）进行封装。封装的过程，就是在 ARP 报文的前面加上以太网帧头，再加上 4 个字节的冗余校验码结尾，校验码用于检验数据传输是否出现损坏。ARP 数据构成的以太网帧如图 5-7 所示。

本节将从单个局域网内实现地址解析和跨网络实现地址解析两个角度来介绍 ARP 的工作原理。

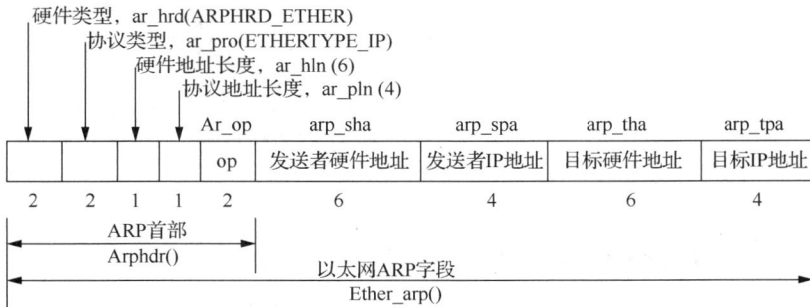

图 5-7　ARP 数据构成的以太网帧

5.2.1 局域网内实现地址解析

当主机均在一个局域网内部时，在进行 IP 通信之前，有解析需求的主机会首先查看缓存。如果缓存中有 IP 地址与 MAC 地址的对应信息，则使用现有的对应信息，采用单播的方式与对方主机通信即可；如果没有，则主动以广播的方式发出请求信息，其过程如图 5-8 所示。局域网内的所有主机将收到该请求，并将发送该请求主机的 IP 地址与 MAC 地址对应关系记录到自己的缓存中或刷新相关的对应关系，IP 地址与请求信息对应的主机则需要以单播的形式回复，并将发出该请求的主机 IP 地址与 MAC 地址的对应关系记录到缓存中。请求主机收到回复后，也将对应信息记录到缓存中，其过程如图 5-9 所示。要注意的是，缓存中的对应关系是动态维护的，每条对应关系都有一个老化定时器，每次收到对应信息后，如果对应信息已经存在，则刷新对应老化定时器。

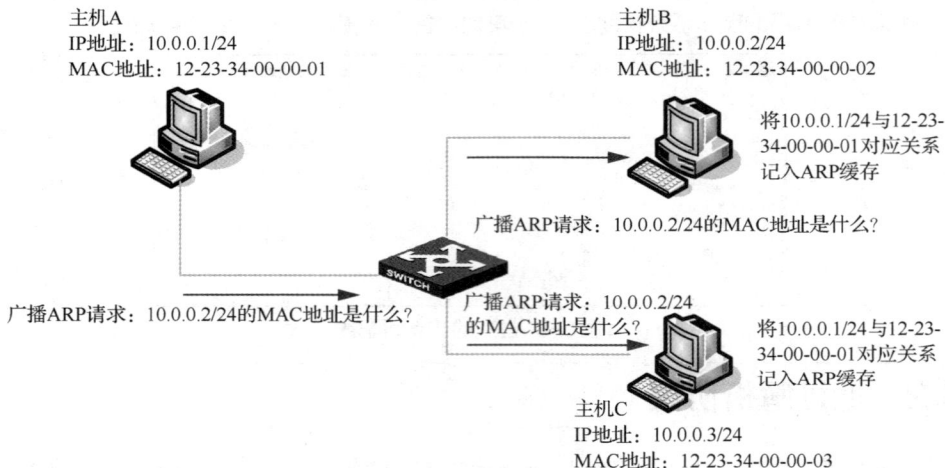

主机A
IP地址：10.0.0.1/24
MAC地址：12-23-34-00-00-01

主机B
IP地址：10.0.0.2/24
MAC地址：12-23-34-00-00-02

将10.0.0.1/24与12-23-34-00-00-01对应关系记入ARP缓存

广播ARP请求：10.0.0.2/24的MAC地址是什么？

广播ARP请求：10.0.0.2/24的MAC地址是什么？

广播ARP请求：10.0.0.2/24的MAC地址是什么？

将10.0.0.1/24与12-23-34-00-00-01对应关系记入ARP缓存

主机C
IP地址：10.0.0.3/24
MAC地址：12-23-34-00-00-03

图 5-8　发送 ARP 请求

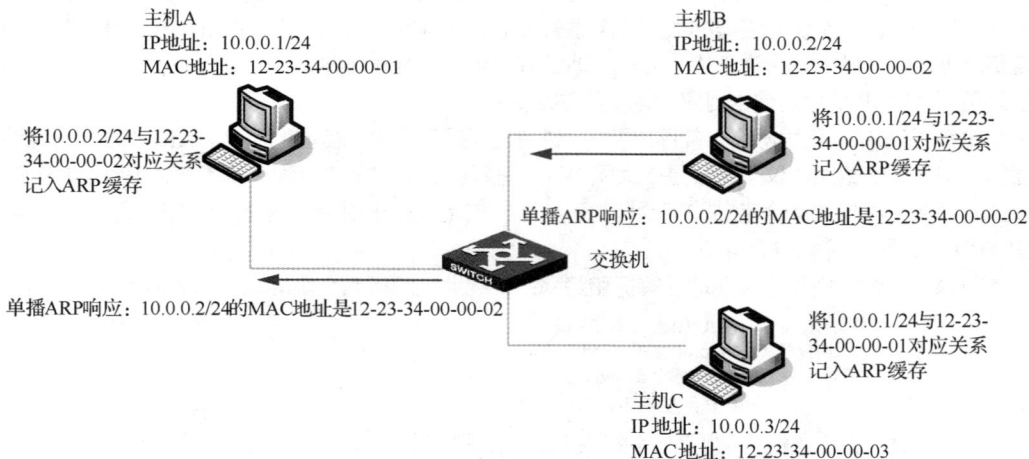

主机A
IP地址：10.0.0.1/24
MAC地址：12-23-34-00-00-01

主机B
IP地址：10.0.0.2/24
MAC地址：12-23-34-00-00-02

将10.0.0.2/24与12-23-34-00-00-02对应关系记入ARP缓存

将10.0.0.1/24与12-23-34-00-00-01对应关系记入ARP缓存

单播ARP响应：10.0.0.2/24的MAC地址是12-23-34-00-00-02

交换机

单播ARP响应：10.0.0.2/24的MAC地址是12-23-34-00-00-02

将10.0.0.1/24与12-23-34-00-00-01对应关系记入ARP缓存

主机C
IP地址：10.0.0.3/24
MAC地址：12-23-34-00-00-03

图 5-9　接收 ARP 响应

5.2.2 跨网络实现地址解析

当想要解析的目标主机与请求主机不在同一个网络时，路由器将作为 ARP 代理完成上述过程。当想要解析的目标主机与请求主机在同一个网络内时，则按照 5.2.1 中所述的过程进行，ARP 代理不做任何事情；如果请求主机与想要解析的目标主机是在另一个网络，且请求主机已经丢失网关地址与 MAC 地址对应关系，则主机的 ARP 请求会被 ARP 代理收到，之后 ARP 代理会在目标主机所在的网络内用广播方式发放针对目标主机的 ARP 请求。具体情况如图 5-10 所示。

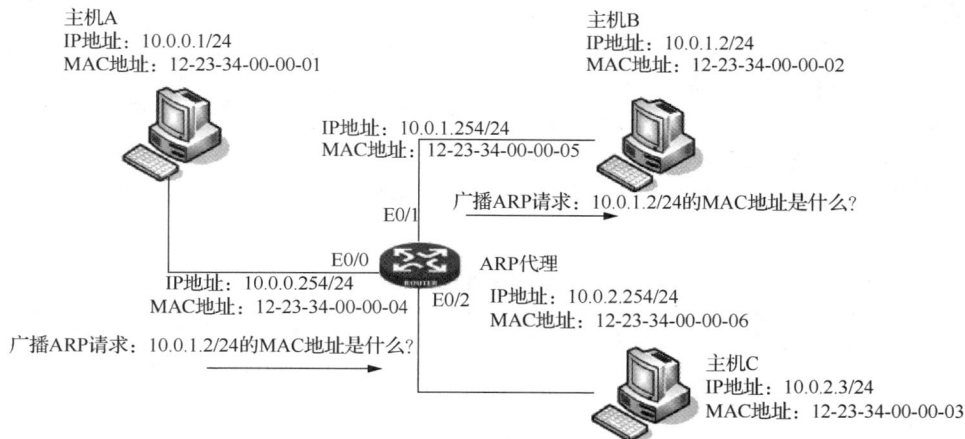

主机A
IP地址：10.0.0.1/24
MAC地址：12-23-34-00-00-01

主机B
IP地址：10.0.1.2/24
MAC地址：12-23-34-00-00-02

IP地址：10.0.1.254/24
MAC地址：12-23-34-00-00-05

广播ARP请求：10.0.1.2/24的MAC地址是什么？

E0/1

E0/0
IP地址：10.0.0.254/24
MAC地址：12-23-34-00-00-04

ARP代理

E0/2 IP地址：10.0.2.254/24
MAC地址：12-23-34-00-00-06

广播ARP请求：10.0.1.2/24的MAC地址是什么？

主机C
IP地址：10.0.2.3/24
MAC地址：12-23-34-00-00-03

图 5-10　ARP 代理转发请求

目标主机接到请求之后，需要用单播方式回复，目标主机将响应报文反馈给 ARP 代理，由 ARP 代理将结果再反馈给发送 ARP 请求的主机，这时要注意的是：ARP 代理返回的响应中，目标 IP 地址对应的 MAC 地址已经被替换为 ARP 代理与发送 ARP 请求主机相连接口的 MAC 地址。本质就是如果未来请求主机有访问目标主机的需求，都将数据交给 ARP 代理，由其代为转发。其过程如图 5-11 所示。

主机A
IP地址：10.0.0.1/24
MAC地址：12-23-34-00-00-01

主机B
IP地址：10.0.1.2/24
MAC地址：12-23-34-00-00-02

将10.0.1.2/24与12-23-34-00-00-04对应关系记入ARP缓存

IP地址：10.0.1.254/24
MAC地址：12-23-34-00-00-05

单播ARP响应：10.0.1.2/24的MAC地址是12-23-34-00-00-02

E0/1

E0/0
IP地址：10.0.0.254/24
MAC地址：12-23-34-00-00-04

ARP代理

E0/2 IP地址：10.0.2.254/24
MAC地址：12-23-34-00-00-06

单播ARP响应：10.0.1.2/24的MAC地址是12-23-34-00-00-04

主机C
IP地址：10.0.2.3/24
MAC地址：12-23-34-00-00-03

图 5-11　ARP 代理转发响应

综上可以看出，请求主机与目标主机不在同一网络时，是由 ARP 代理完成的解析过程，如果中间隔着更多的路由器，将发请求的路由器看作主机即可，以此类推。具体内容，读者可以用 eNSP 模拟软件模拟并抓包观察其过程。

5.3　互联网控制报文协议

IP 本身是不可靠、无连接的协议，为了能够更有效地转发 IP 数据报并提高发送成功的概率，在网络层使用了与互联网通信有关的协议，即互联网控制报文协议（Internet Control Message Protocol，ICMP）。该协议允许主机和路由器报告 IP 数据报传输过程中出现的差错和其他异常情况。通过该协议，用户可以了解 IP 数据报传输的情况。

ICMP 与 IP 同属于网络层，但从相互服务角度来讲，ICMP 建立在 IP 基础之上，因为 ICMP 的数据需要用 IP 进行传输。因此，ICMP 的数据加上 IP 报文首部就构成了 ICMP 报文。ICMP 报文格式如图 5-12 所示。

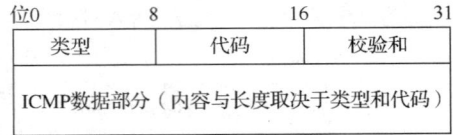

ICMP 报文分为 ICMP 差错报文和 ICMP 查询报文。

位0	8	16	31
类型	代码	校验和	
ICMP数据部分（内容与长度取决于类型和代码）			

图 5-12　ICMP 报文格式

从图 5-12 可知 ICMP 报文的第一个 32 位字格式是统一的，共有 3 个字段：类型、代码和校验和。ICMP 报文的内容由类型和代码两个字段决定。表 5-4 所示为一些常用的 ICMP 报文类型，下文给出一些典型报文的解释。

表 5-4　常用的 ICMP 报文类型

ICMP 报文种类	类型字段的取值	ICMP 报文的类型
差错报文	3	目标不可达
	4	源抑制
	5	重定向
	11	超时
	12	参数问题
查询报文	0	Echo（回送）应答
	8	Echo（回送）请求
	13	时间戳请求
	14	时间戳应答
	17	地址掩码请求
	18	地址掩码应答

（1）目标不可达。由于 IP 是无连接、不可靠的协议，因此 IP 不能保证报文的可靠投递。发生这种情况时路由器会向原发送者发送一个 ICMP 报文，这个报文包含不能到达目的地的报文的完整 IP 头，以及报文数据的前 64B，这样发送者可以判断哪个报文无法投递。

（2）回送请求。这是由主机或路由器向一个特定目的主机发出的询问。这种询问报文用来测试目的站是否可达，收到该报文的机器必须向主机发送回送应答报文。

（3）回送应答。用于响应回送请求报文。

（4）参数问题。假设一个 IP 报文的首部字段有一个错误或非法值，路由器在发现后会向源主机发送一个参数问题报文。该报文包含问题 IP 报文的首部和指向出错字段的指针。

（5）重定向。假如主机站点向路由器发送了一个报文，而该路由器知道其他路由器能够更快地投递报文，为了方便以后的路由，该路由器会向主机发送一个重定向报文。

（6）源抑制。当某个速率较高的主机向另一个速率慢的主机发送一串报文时，可能会使目标主机产生拥塞，从而造成数据的丢失。这时，目标主机可以向源主机发送 ICMP 源站抑制报文，使源主机暂停发送，过一段时间再逐渐恢复正常。

（7）超时。当 IP 报文的 TTL 字段减到 0 时，路由器会在丢弃报文的同时，向源主机发送一个超时报文，报告报文未被投递。

在网络工作实践中，ICMP 被广泛用于网络测试。这里以常用的基于 ICMP 的测试工具 PING 为例，描述 ICMP 的工作过程以帮助读者该理解协议。

PING 的功能是向发送者提供 IP 连通性的反馈消息，是检测网络连通性的重要工具。其原理就是利用 ICMP 的回送请求和回送应答报文实现网络连通性测试，其使用方法和具体参数如图 5-13 所示。

当在主机上执行 ping 命令时，源主机会以 211.69.0.3 为目的地址，构造一个 ICMP 回送应答请求报文并发送出去。如果这个报文通过网络顺利地到达了目的主机，那么按照 ICMP 的协议规范，目的主机（211.69.0.3）必须向源主机回送一个 ICMP 回送应答报文，如果这个报文顺利地通过网络到达源主机，则源主机可以认为和目的主机之间的网络是连通的。该命令的其他参数如图 5-14 所示。

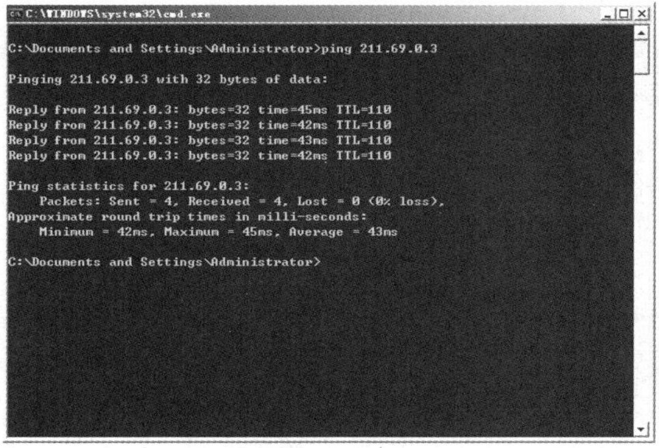

图 5-13　ping 命令示例

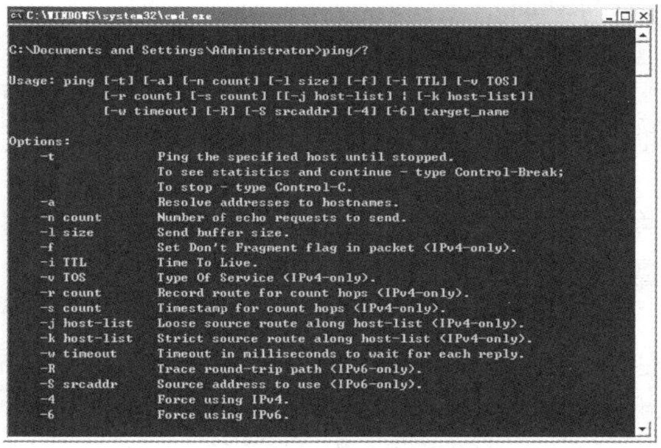

图 5-14　ping 命令的有关参数

5.4　DHCP

少量的主机使用手动配置 IP 地址是可行的，但是如果要配置的主机数量非常多或无法手动完成配置就需要考虑自动配置。为此，在互联网的早期阶段设计了引导协议（Boot Strap Protocol，BOOTP）用于无盘工作站从服务器获取 IP 地址。在此基础上，进一步设计了动态主机配置协议（Dynamic Host Configuration Protocol，DHCP），用来完成主机 IP 地址的自动配置，从而为大规模主机接入互联网创造条件。

DHCP 采用客户/服务器架构，客户端的地址设置为自动获取，服务器端设置地址池为客户端提供地址分配服务，客户端通过 DHCP 与服务器协商获取地址信息并完成自动配置。具体到地址分配的方式则包括手动分配、自动分配和动态分配 3 种情况。手动分配可以将特定地址永久绑定给特定主机（往往是某个网段的服务器），其地址不会过期；自动分配可以将一些地址分配给某些网络中的特定主机，这些主机可以长期使用这一地址；动态分配是最常使用的方式，客户端首先发起申请，DHCP 服务器为客户端指定一个地址，并设置租期，如果租期用完，客户端需要重新发起申请。这里就通过最常使用的动态分配的介绍，帮助读者理解 DHCP 的具体实现过程。

5.4.1　DHCP 的消息

DHCP 实现地址自动配置的过程主要通过以下消息的交互，这些消息属于 DHCP 报文的 53 号选项，具体内容如下。

（1）DHCPDISCOVER。客户端启动时并不知道服务器端的地址，因此采用广播的方式发送这个报文，用来发现服务器端。通过 UDP 端口 67 向网络发送一个 DHCPDISCOVER 广播包，请求租用 IP 地址。该广播包中的源 IP 地址为 0.0.0.0，目标 IP 地址为 255.255.255.255，包中还包含客户机的 MAC 地址和计算机名。

（2）DHCPOFFER。服务器端收到 DHCPDISCOVER 包后，如果有能力提供 IP 地址，则通过 UDP 端口 68 给客户机回应一个 DHCPOFFER 广播包，提供一个 IP 地址。该广播包的源 IP 地址为 DCHP 服务器 IP 地址，目标 IP 地址为 255.255.255.255，包中还包含提供的 IP 地址、子网掩码及租期等信息。

（3）DHCPREQUEST。客户端有可能会收到多个服务器端发送给它的 DHCPOFFER 报文，客户端只选择收到的第一个 DHCPOFFER，并向网络中广播一个 DHCPREQUEST 消息包，表明自己已经采用了一个 DHCP 服务器提供的 IP 地址。该广播包中包含所采用的 IP 地址和服务器的 IP 地址。所有其他的 DHCP 服务器撤销它们的提供，以便将 IP 地址提供给下一次 IP 租用请求。客户端申请租约更新时也会发送该报文，但是目的地址将不再是 255.255.255.255，而是单播地址，即分配该地址的服务器端 IP 地址。

（4）DHCPDECLINE。客户端收到服务器端的 DHCPACK 报文之后，如果通过地址冲突检测发现服务器端分配的地址存在冲突或其他原因导致不能使用，则要发送该报文，通知服务器端所分配的地址不能使用，并重新发起新的申请。

（5）DHCPACK。被客户机选择的 DHCP 服务器在收到 DHCPREQUEST 广播后，会广播返回给客户机一个 DHCPACK 消息包，表明已经接受客户机的选择，并将这一 IP 地址的合法租用以及其他的配置信息都放入该广播包发给客户机。

（6）DHCPNAK。服务器端收到客户端 DHCPREQUEST 报文之后，发现没有相应记录或者由于其他原因无法正常分配 IP 地址，则发送 DHCPNAK 报文，通知客户端无法得到分配的地址。客户端将重新开始申请。

（7）DHCPRELEASE。当客户端不再使用分配的 IP 地址时，就会主动向服务器端发送该报文，告知服务器端不再使用该地址，服务器端将释放被绑定的租约，从而将该地址用于新的分配。

（8）DHCPINFORM。如果客户端需要从服务器端获取更多的配置信息，则发送该报文。服务器端收到该报文后，根据租约情况，找到对应的配置信息，使用 DHCPACK 报文回应对应的客户端。

5.4.2 DHCP 租约更新

动态分配中，客户端获取的 IP 地址一般是有租期的，到期前需要更新租期，这个过程是通过租用更新数据包来完成的，该数据包称为客户端 IP 地址租用更新报文，其可能出现的情况有 3 种。

（1）在当前租期已过去 50%时，DHCP 客户端需要向为其提供 IP 地址的 DHCP 服务器发送 DHCPREQUEST 消息包。如果客户机接收到该服务器回应的 DHCPACK 消息包，客户机就根据包中所提供的新的租期以及其他已经更新的 TCP/IP 参数，更新自己的配置，IP 租用更新完成。如果没收到该服务器的回复，则客户机继续使用现有的 IP 地址。

（2）如果在租期过去 50%时未能成功更新，则客户端将在当前租期过去 87.5%时再次向为其提供 IP 地址的 DHCP 服务器联系。如果联系不成功，则重新开始 IP 地址租用过程。

（3）DHCP 客户端重启时，它将尝试更新上次关机时拥有的 IP 地址租用。如果更新未能成功，客户机将尝试联系现有 IP 地址租用中列出的缺省网关。如果联系成功且租用尚未到期，客户机则认为自己仍然位于与它获得现有 IP 地址租用时相同的子网上（没有被移走）继续使用现有 IP 地址。如果未能与默认网关联系成功，客户机则认为自己已经被移到不同的子网上，将会开始新一轮的 IP 地址租用过程。

5.4.3 DHCP 中继的实现

客户端与服务器可以在一个网络中，也可以在不同的网络中。如图 5-15 所示，当客户端与服务器处于同一局域网内部时，其实现的过程比较简单，读者借助 5.4.1 的内容即可理解。

但是 DHCP 服务器在大多数情况下与客户端并不在同一个局域网内，如图 5-16 所示，这时就需要路由器之类的设备充当 DHCP 中继的角色（用具有固定 IP 地址的特定主机也可以），帮助客户端与服务器端进行沟通。其具体过程如下。

（1）将路由器设置为 DHCP 中继，本质上是将 DHCP 服务器端的地址告诉路由器。

（2）客户端的 DHCP 报文会被 DHCP 中继接收，DHCP 中继将使用单播的方式与 DHCP 服务器端沟通，将结果传递给客户端。

图 5-15　局域网内部的 DHCP 部署

图 5-16　跨网络的 DHCP 部署

5.5 路由

如果想实现数据包从一台主机通过网络传送到另一台主机，就需要路由。路由（Routing）是指导 IP 报文转发的路径信息，是路由器从一个接口收到数据包，根据数据包的目的地址进行定向并转发到另一个接口的过程。

路由包含两个基本的动作，选路与传输信息，后者也称为（数据）交换。交换相对来说比较简单，而选路比较复杂。

（1）选路

路由器的选路是根据路由表中的路由信息进行的。路由表就是路由的汇总表，其中记录了各个目标网络的地址以及到达该目标网络的最近路径的信息。所谓最近路径的判断是通过对多条路径的度量（Metric）值的比较得来的。度量值代表了在某路径上传递分组的开销。

（2）交换

交换相对而言较简单，对大多数路由协议而言是相同的。多数情况下，某主机决定向另一个主机发送数据，通过某些方法获得路由器的地址后，源主机发送指向该路由器的物理（MAC）地址的数据包，其 IP 地址是指向目的主机的。

路由器查看数据包的目的协议地址后，通过与路由表中的项目进行比较，确定如何转发该包，如果路由器不知道如何转发，通常会将其丢弃。如果路由器知道如何转发，就把目的物理地址变成下一跳的物理地址并向其发送。下一跳可能就是最终的目的主机，如果不是，通常为另一个路由器，它将执行同样的步骤。当分组在网络中流动时，它的物理地址在改变，但其数据包中的 IP 地址始终不变。

5.5.1 路由器

完成路由工作的设备主要是路由器。路由器有以下 3 个特征。

（1）路由器工作在网络层。路由器是网络层设备，因此它能理解数据中的 IP 地址。如果它接收到一个数据包，就检查其中的 IP 地址，如果目标地址是本地网络的就不理会，如果是其他网络的，就将数据包根据路由表转发出本地网络。

（2）路由器能连接不同类型的网络。常见的集线器和交换机一般都是用于连接以太网的，但是如果将两种异构网络连接起来，比如以太网与令牌环，就无法使用集线器和交换机了。这是由于不同类型的网络，其传送的帧的格式和大小是不同的，就像公路运输以汽车为单位装载货物，而铁路运输以车皮为单位装载货物，从汽车运输改为铁路运输，必须把货物从汽车放到火车车皮上，网络中的数据也是如此，数据从一种类型的网络传输至另一种类型的网络，必须进行帧格式转换。路由器具有这种能力，而交换机和集线器则没有。事实上互联网就是由大量的异构网络组成的，所以必须用路由器进行互联，因此互联网的核心设备是路由器。

（3）路由器具有路径选择能力。在互联网中，从一个节点到另一个节点，可能有许多路径，路由器具有选路功能，可以为 IP 报文选择通畅、快捷的近路，从而提高通信速度，减轻网络系统负担。

5.5.2 路由表与路由选择算法

1. 路由表

路由需要完成数据包发送的定向，定向的依据就是路由表中的路由。实际上路由信息的来源包括 3 种：直连路由、静态路由和动态路由。其中直连路由是在路由器对应接口上电且配置了 IP 地址之后自动添加到路由表中的，可以理解为"家门口的路"；静态路由是由网络管理员根据网络拓扑手动添加进路由表的；动态路由是通过路由算法得到的。不同路由算法原理不同，各自得到的路径信息也就没有可比性。因此，所谓比较是在同一种算法获得的路由信息之间进行的。一个典型的路由表如表 5-5 所示。

表 5-5　路由表示例

目的网络/掩码	协议	优先级	Metric	下一跳	接口
0.0.0.0/0	Static	60	0	120.0.0.2	Serial0
8.0.0.0/8	RIP	100	3	120.0.0.2	Serial0
9.0.0.0/8	OSPF	10	50	20.0.0.2	Ethernet0
10.0.0.0/8	RIP	100	4	120.0.0.2	Serial0
11.0.0.0/8	Static	60	0	120.0.0.2	Serial0
20.0.0.0/8	Direct	0	0	20.0.0.1	Ethernet0
20.0.0.1/32	Direct	0	0	127.0.0.1	LoopBack0

路由器在接收到 IP 报文后，会按照 IP 报文中的目的地址查找路由表。如果表中有对应的路由条目，则按照路由条目中的下一跳查找对应的物理接口，从对应的物理接口将 IP 报文发送到下一跳路由器，下一跳路由器也如法炮制。经过各个路由器的类似操作，最终能够将 IP 报文发送到目的地。单个路由器对于接收的 IP 报文的处理过程如图 5-17 所示。

在进行路由条目匹配的过程中，可能出现多种情况，比如存在与目的地址对应的多条路由、没有与目标地址对应的路由、下一跳的地址没有在物理接口的直连链路上等。路由器一般按照如下规则进行处理。

（1）最长匹配规则

假如在路由表中关于某个网络出现了子网掩码长度不同的多条路由，比如关于目的地址 10.0.0.1

存在 10.0.0.0/24 和 10.0.0.0/16 两个目的网络。按照最长匹配规则，选择 10.0.0.0/24 网络对应的路由进行选路。原理就是子网掩码长度越长，子网内的主机数量越少，定位越精确。

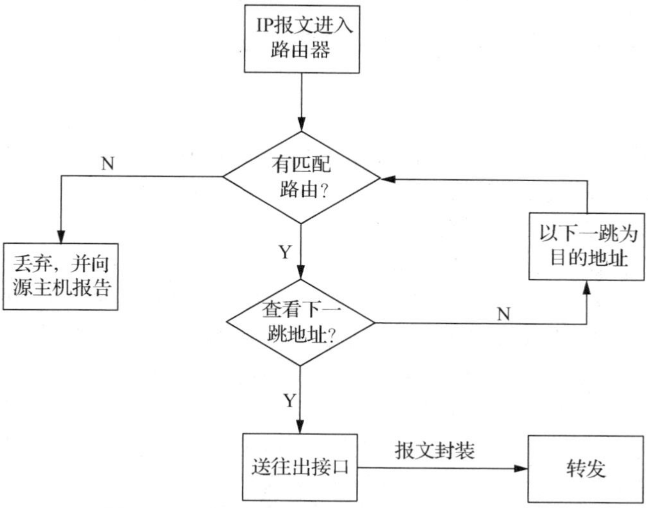

图 5-17 路由器针对接收的 IP 报文的处理过程

（2）二次匹配

在路由表中还可能出现一种情况，就是查到的路由条目的下一跳并不是与这个路由器直接相连的下一个路由器，此时就需要使用这个路由条目中的下一跳地址作为目的地址再次进行路由查找。如果仍然如此，就做类似操作，直到找到下一跳地址为直接相连路由器的地址为止。

（3）优先级规则

如前文所述，路由表中不同来源方式的路由，由于采用的算法不同，相互之间不能用度量值进行比较。但是不同算法之间的优劣是可以比较的，原理中考虑形成路由的因素越多，离实际真实情况就越接近，通常考虑因素包括带宽、线路延迟、跳数、路由可信度、最大传输单元等。因此采用不同算法的路由来源方式就有了总体在可信度上的优劣。通常不同厂商会根据自己的理解为不同来源的路由设置不同的优先级，如表 5-5 所示，读者可以看到一列是优先级，描述的就是不同路由来源方式的优先级。一般情况下优先级的顺序如表 5-6 所示。

表 5-6 各类路由的默认优先级（值越小优先级越高）

路由类型	优先级
直连路由	0
OSPF 路由	10
静态路由	60
RIP 路由	100

路由选择时，如果目的地相同，则会选择优先级最高的路由条目。

（4）默认路由

按照图 5-17 所示的流程，如果路由查找没有结果，IP 报文将因目的地址不存在而被丢弃。实际上对单个路由器来讲，它所记录的路由未必完整，就如人们对于自己所处环境的信息也未必完全知道。其他路由器可能知道目的地址。因此，在 99% 的路由表中会安排一条默认路由，目的地址是 0.0.0.0/0。这个地址代表了整个互联网，同时该路由条目的下一跳指向当前路由器的一个直连邻居。类似于我们问路时，如果被问之人不知道，他会建议你问另一个人。在表 5-5 所示的第一条路由就是默认路由。

路由器中会存在多个路由表，其中包括路由总表以及各个路由协议自身生成的协议路由表。路由总表中的条目是从各个协议的协议路由表以及直连路由中按照优先级挑选的，一般的选择方式是将相同目的地址的路由中优先级最高的路由添加到总表中。因此路由总表中的路由条目可以认为是路由器中最优路由的集合。各个协议仍然维持自己的路由表，路由总表中没有的路由条目可能在协议路由表中仍然存在。

2. 静态路由

动态路由是靠分布式的路由器之间交换信息，运行相应的路由协议，通过计算得来的，要消耗一定的路由器资源。静态路由是由网络管理人员根据网络拓扑手动配置的路由，不需要经过路由器的计算，也就意味着不消耗路由器资源，路由器可以将几乎所有资源投入数据包的转发。因此在网络规模不大的情况下，静态路由是一个比较合理的选择。

静态路由的配置目的就是让每一台路由器知道整个网络中除了直连网络之外的其他网络，因此配置的任务就是手动将到达每个网络的路由写入路由表。下面结合图 5-18 进行说明。具体命令格式如下：

[路由器名称]**ip route-static** 目的网络 子网掩码 下一跳地址

这里以 AR2 为例，对 AR2 来讲，192.168.1.0/24 和 192.168.2.0/24 是直连网络，其他网络均不是直连的，也就是 AR2 并不知道它们的存在，自然无法向其进行报文转发。管理员的任务是在 AR2 的路由表中写上到其他网络的路由。比如到 192.168.0.0/24 这个网络的命令就是：

[AR2]ip route-static 192.168.0.0 24 192.168.1.2

其中的关键就是下一跳地址。从 AR2 出发到 192.168.0.0/24 网络的下一个路由器就是 AR1，其中与 AR2 相连的接口的地址是 192.168.1.2。其他网络的静态路由写法依此类推。读者要注意的是，到达 AR2 右侧两个非直连网络的下一跳均为 192.168.2.1。原因是到那两个网络去要经过的下一个路由器都是 AR3，AR3 与 AR2 路由器直接相连接口的 IP 地址是 192.168.2.1。

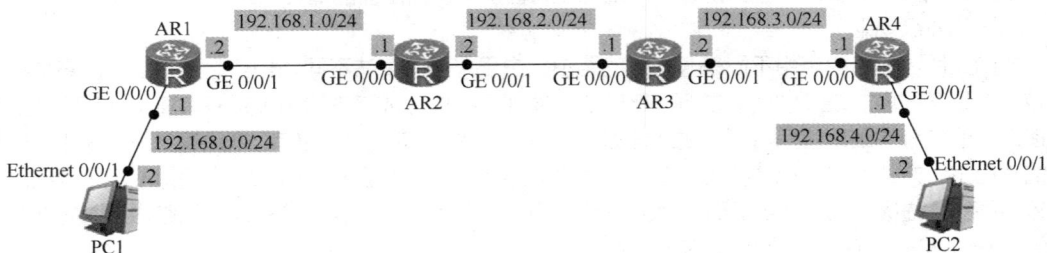

图 5-18　静态路由配置示例

在静态路由的配置过程中，如果每个路由器都按照上述方式配置，则每个路由器都有 3 个网络是未知的，共需要配置 12 条路由，每个路由器 3 条。如果网络规模更大，则配置任务更重。因此，默认路由的作用就体现出来了。比如对于 AR1，所有未知网络都在右侧，下一跳均为 AR2，因此在 AR1 中配置的静态路由就可以按照如下方式进行：

[AR1] ip route-static 0.0.0.0 0.0.0.0 192.168.1.1

这条路由的含义就是，AR1 直连网络的主机如果访问的目的地址超出了 AR1 路由表，就去问 AR2。这样 AR1 中的路由条目只需一条默认路由就可以了。其他路由器以此类推，读者可以试试。

3. 路由协议

静态路由的配置适合小型网络，对于大型网络，路由表中的信息从何而来是读者需要关心的问题，这个问题涉及路由协议。路由协议通常使用某种路由选择算法来获取路由信息，也就是说路由表中的内容是通过路由协议获得的。由于路由表是路由选择的依据，因此为路由表获取内容的路由选择算法就显得非常重要了。路由选择算法实际上就是路由协议的核心，为此路由选择算法应该具有以下特性：正确性和完整性；稳定性；计算上的简单性；公平性；很强的适应性；最佳性。

路由协议总的来讲可分为静态路由协议和动态路由协议。前文所说的静态路由中的路由获取方法很难算得上是算法，只不过是开始路由前由网管建立的路由表项。这些路由表项自身并不会随着网络的改变而改变，除非网管去改动。但是静态路由较容易设计，在网络通信可预测及简单的网络中工作得很好。

由于静态路由协议不能对网络改变做出反应，通常被认为不适用于现在的大型、易变的网络。常用的路由协议都是动态路由协议，这类协议通过分析收到的路由更新信息来适应网络环境的改变，如果信息表示网络发生了变化，路由软件就重新计算路由并发出新的路由更新信息，这些信息传播到网络内，促使其他路由器重新计算并对路由表做相应的改变。下面主要介绍动态路由协议及其算法。

基于以下两个方面的原因，在 Internet 上采用的是分层次的路由协议。

（1）由于 Internet 的规模非常大，涉及的网络数以百万计，如果让每一个路由器将所有网络都记录下来，路由表就会变得非常庞大，处理起来也会消耗大量的时间和资源，而且这些路由器进行信息交换时必然会占用大量的网络带宽。

（2）很多联入 Internet 的企业出于保护自身网络安全的考虑，不愿意让本部门的网络细节和所采用的路由选择协议让他人知道。

为此，Internet 将整个网络划分为大量较小的自治系统（Autonomous System，AS）。所谓自治系统指的是由单一实体进行控制和管理的路由器集合，自治系统通常又称为域。在自治系统内部的路由更新被认为是可知、可信和可靠的。进行路由计算首先要在自治系统内，而后在自治系统之间，这样当自治系统内部的网络发生改变时，影响的只是自治系统内部的路由器，而不会影响其他的自治系统，具体情况如图 5-19 所示。

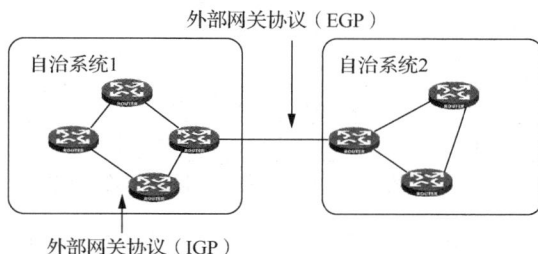

图 5-19　自治系统及路由协议的分类

根据路由选择协议与自治系统的关系，可以将其分为以下两类协议。

（1）域内协议，又称内部网关协议（Interior Gateway Protocol，IGP），IGP 包括 RIP、OSPF 协议和 IS-IS 协议等。

（2）域间协议，又称外部网关协议（Exterior Gateway Protocol，EGP），EGP 目前只有一种，即边界网关协议（Border Gateway Protocol，BGP）。

IGP 被用于同一个自治系统内部的路由器之间，其作用是计算自治系统内部任意两个网络之间的最优通路。EGP 被用在不同自治系统之间的路由器上，其作用是计算那些需要穿越不同自治系统的通路。

4．路由算法

从算法角度讲，动态路由算法可以分为距离矢量算法和链路状态算法两大类，它们各有各的特点。其中采用距离矢量算法的路由协议包括 RIP、增强内部网关路由协议（Enhanced Interior Gateway Routing Protocol，EIGRP）、内部网关路由协议（Interior Gateway Routing Protocol，IGRP）等，而采用链路状态算法的路由协议包括 OSPF 协议、IS-IS 协议等。下面分别介绍这两种算法。

（1）距离矢量算法。距离矢量算法的基本原理就是相邻路由器之间互相交换整个路由表。路由器在与"邻居"路由器的路由表对比基础之上建立自己的路由表，然后，将自己的路由表再传递到它的相邻路由器。就这样一级一级地传递下去，直到全网同步，其过程如图 5-20、图 5-21、图 5-22 所示。

首先图中的 3 个路由器会在各自的路由表里记录下与自己直接相连的网络（即直连路由），如图 5-20 所示。之后相邻的路由器会定期将自己的路由表交给"邻居"，通过与自身的路由表进行比较，各路由器会在各自的路由表中增加新发现的路由表项或根据较优的路由信息修改原来路由表项，其结果如图 5-21 所示。

路由器A

路由表		
1.0.0.0	S1/1	0
2.0.0.0	S0/0	0

路由器B

路由表		
2.0.0.0	S0/0	0
3.0.0.0	S1/1	0

路由器C

路由表		
3.0.0.0	S1/1	0
4.0.0.0	S0/0	0

图 5-20　直连路由表

路由器A

路由表		
1.0.0.0	S1/1	0
2.0.0.0	S0/0	0
3.0.0.0	S0/0	1

路由器B

路由表		
2.0.0.0	S0/0	0
3.0.0.0	S1/1	0
1.0.0.0	S0/0	1
4.0.0.0	S1/1	1

路由器C

路由表		
3.0.0.0	S1/1	0
4.0.0.0	S0/0	0
2.0.0.0	S1/1	1

图 5-21　第一次交换路由表后各路由器得到的结果

经过第二次交换路由表后，各路由器会得到新的结果，从而在各自路由表中添加新的路由表项，其结果如图 5-22 所示。在所有路由信息都获取到之后，这种传递路由表的活动仍然继续，这样即便网络中的拓扑结构发生了变化，也能够及时反映到各路由器的路由表中，从而保持网络的连通性。

路由器A

路由表		
1.0.0.0	S1/1	0
2.0.0.0	S0/0	0
3.0.0.0	S0/0	1
4.0.0.0	S0/0	2

路由器B

路由表		
2.0.0.0	S0/0	0
3.0.0.0	S1/1	0
1.0.0.0	S0/0	1
4.0.0.0	S1/1	1

路由器C

路由表		
3.0.0.0	S1/1	0
4.0.0.0	S0/0	0
2.0.0.0	S1/1	1
1.0.0.0	S1/1	2

图 5-22　第二次交换路由表后各路由器得到的结果

虽然距离矢量算法能够满足动态路由协议的要求，但是读者也会发现，如果网络的规模较大，所有路由器要获得所有的路由信息需要花费很长的时间，也就是说距离矢量算法的收敛速度较慢，因此这种算法不适合大规模的网络。

同时这种算法还有一个重要的问题就是，会产生路由环路。所谓路由环路是指由多个路由器中的路由表项之间形成的一个环路，IP 报文会在这个环路中不断被循环传递，直至 TTL 变为 0 而被丢弃。路由环路会造成很大的网络资源浪费，而且影响网络的连通性，因此无论是在配置静态路由中，还是在动态路由协议中都是要尽量避免的。但是路由环路问题却是距离矢量算法无法避免的，这是由距离矢量算法的原理决定的。其产生过程如图 5-23、图 5-24、图 5-25 所示。

假如在运行中，1.0.0.0 这个网络出现故障，不能运行了，则其在路由器 A 的路由表中会被删除，但是这个消息其他路由器并不知道，其结果如图 5-23 所示。

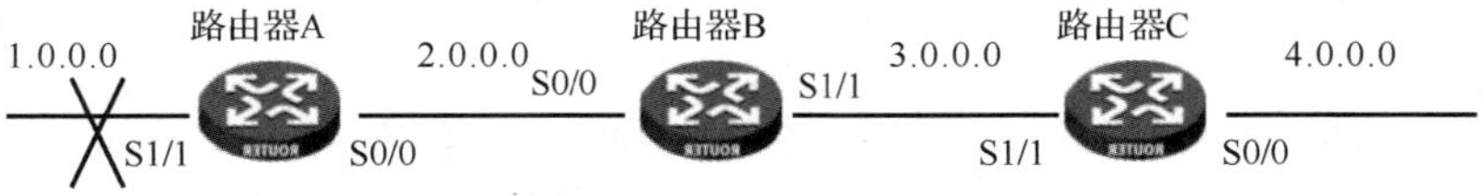

图 5-23　网络 1.0.0.0 链路出现故障后的情况

当路由器 A 从路由器 B 中得到其路由表时，路由器 A 会发现其中有一个自己没有的新路由信息，因此会将其添加到自己的路由表中，同时由于路由器 B 到 1.0.0.0 的网络开销是 1，因此路由器 A 会认为通过路由器 B 仍可以到达 1.0.0.0 网络，而且网络开销是 2，其结果如图 5-24 所示。

图 5-24　路由器 A 反相学习后得到了错误的路由

当路由器 A 将这个新路由表交给路由器 B 时，路由器 B 会发现，原来从 S0/0 口"学"到的关于 1.0.0.0 网络的路由表项发生了变化，开销成了 2，因此需要将自己对应项的开销加 1，即变成 3。同样，当这个消息传递到路由器 C 时，路由器 C 会依据同样的理由将开销改为 4，其结果如图 5-25 所示。

图 5-25　路由器互相学习后将错误路由的开销不断增大

更加严重的是，当路由器 B 的路由表再交给路由器 A 时，路由器 A 发现从 S0/0 接口学到的 1.0.0.0 网络的路由信息已发生改变，开销变成了 3，因此要将自己对应项的开销增加为 4。如此，路由器 B 和路由器 C 也会做同样的修改，直至该路由表项的开销值溢出为止。同时在这个过程中，所有的路由器都会认为 1.0.0.0 网络是可达的，从而使网络中出现环路。

针对该算法产生环路的问题，专门设计了以下解决的方法。

① 定义最大路由权值。即允许上文所述的路由表项开销增加，但是最大只能增加到 16，也就是说如果一个路由表项的开销为 16，就认为该目的网络不可达。该方法可以解决无限循环计数问题，但没有解决慢收敛问题。

② 水平分割。该方法的原理就是不把从对方学到的路由表项再告诉对方。根据该原理，路由器 B 不会将关于 1.0.0.0 网络的内容告诉路由器 A，这样就不会产生上述问题。因此，在物理链路没有环路的情况下，水平分割可以很好地解决路由环路问题。

③ 毒性逆转。该方法的原理是当路由器的同一个接口收到一个由自身曾经发出的路由信息时，就将那条路由标识为不可达。其效果与水平分割的一样。

④ 路由保持。该方法的原理是让路由器对链路损坏的路由不是简单地删除，而是将该路由表示为无限大，同时启动一个计时器，将该路由保持一段时间，以便网络内的其他路由器能够发现，从而防止错误路由的传播。

⑤ 触发更新。该方法的原理是当路由器检测到链路有问题时立即进行问题路由更新，并迅速将该信息传播到整个网络中，从而加速收敛，避免产生环路。

距离矢量算法的典型代表是 RIP（Routing Information Protocol，路由信息协议）。RIP 是 Internet 中常用的路由协议，路由器根据距离选择路由，路由器收集所有可到达目的地的不同路径，并且保存有关到达每个目的地的最少站点数的路径信息，除到达目的地的最佳路径外，任何其他信息均予以丢弃。同时路由器也把所收集的路由信息用 RIP 通知相邻的其他路由器。这样，正确的路由信息逐渐扩散到全网。RIP 有两个不同的版本，即 RIPv1 和 RIPv2。

RIP 使用非常广泛，它简单、可靠、便于配置。但是 RIP 只适用于小型的同构网络，因为它允许的最大站点数为 15，任何超过 15 个站点的目的地均被标记为不可达，而且 RIP 每隔 30s 一次的路由信息广播是造成网络广播风暴的重要原因之一。

（2）链路状态算法。链路状态算法不同于距离矢量算法，执行这种算法的路由器并不是简单地和邻居学习路由，而是通过网络收集同区域内所有路由器的链路状态信息，形成链路状态数据库，根据该数据库生成网络拓扑结构，每个路由器再根据拓扑结构计算出路由。

图 5-26 所示为一个由 4 台路由器组成的网络，连线上的数字表示的是该连接的花费。图中的每一台路由器都根据自己周围的网络拓扑结构生成一条 LSA（链路状态广播），并通过协议报文将这条 LSA 发送到整个网络中，这样每台路由器都能够获得网络内其他路由器的 LSA，路由器将收集的所有 LSA 组成一个 LSDB（链路状态数据库），如图 5-27 所示。很明显，所有路由器的这个数据库都是一样的。同时，还可以发现 LSDB 其实就是整个网络的"地图"，描述了整个网络的拓扑结构。这时，每台路由器所要做的工作就是根据这张地图构建从自己出发到所有网络的最近的路，其方法就是以自己为根，构造一棵最短路径树（如图 5-28 所示），使用的典型算法就是 Dijkstra（迪杰斯特拉）算法。关于这个算法的细节，读者可以参考数据结构相关书籍。

在得到了最短路径树后，各路由器根据这棵树构建自己的路由表。显然，各自所得的路由表是不同的。这种算法的实现首先要得到整个网络的拓扑，再根据网络拓扑计算路由，因此这种方法对路由器的硬件要求较高，但这种方法计算准确，一般不会产生路由环路。另外，由于路由的传送不是通过路由器顺序传送的，所以网络动荡时，收敛速度快。综上所述，链路状态算法更适合大型网络的要求，因此在 Internet 中得到了大量应用。

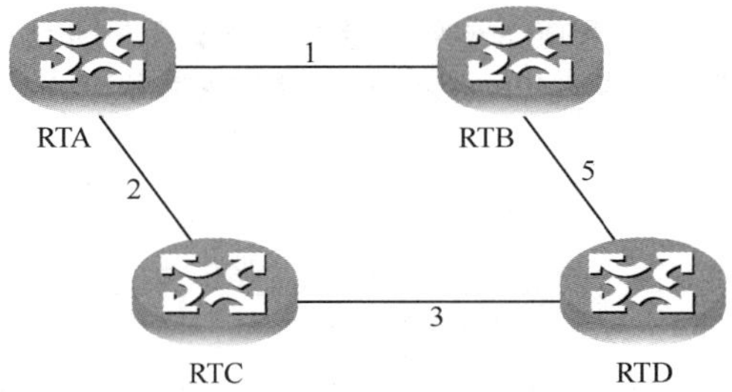

图 5-26　一个自治系统的示例

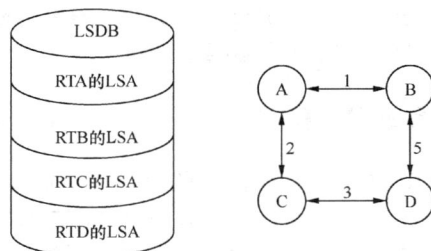

图 5-27　路由器的链路状态数据库及
根据 LSDB 生成的网络拓扑图

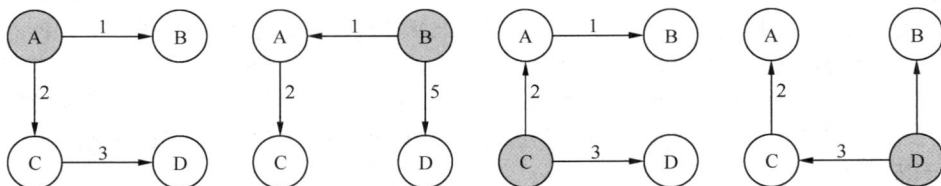

图 5-28　各个路由器根据网络拓扑图生成的最短路径树

链路状态算法的典型代表是 OSPF（Open Shortest Path First，开放最短通路优先）协议。在实现中，OSPF 协议将一个自治系统再划分为区域，相应地有两种类型的路由选择方式：当源和目的地在同一区域时，采用区内路由选择；当源和目的地在不同区域时，则采用区间路由选择。这就大大减少了网络开销，并增强了网络的稳定性。当一个区域内的路由器出现故障时并不影响自治系统内其他区域路由器的正常工作，这也给网络的管理、维护带来方便。

5. 关于路由的 Metric

路由算法使用了许多不同的 Metric 以确定最佳路径。复杂的路由算法可以基于多个 Metric 选择路由，并把它们结合成一个复合的 Metric。常用的 Metric 包括路径长度、可靠性、延迟、带宽、负载和通信代价等。

（1）路径长度是非常常用的路由 Metric。一些路由协议允许网管给每个网络链接人工赋以代价值，这种情况下，路由长度是所经过各个链接的代价总和。其他路由协议定义了跳数，即分组在从源到目的地路途中必须经过的网络设备，如路由器的个数。

（2）可靠性。在路由算法中可靠性指网络链接的可依赖性（通常以误码率描述）。有些网络链接的失效可能比其他的失效更多，链路失效后，一些网络链接可能比其他的更易或更快修复。任何可靠性因素都可以在给可靠率赋值时计算在内，通常是由网管给网络链接赋以 Metric 值。

（3）路由延迟。路由延迟指分组从源通过网络到达目的地所花费的时间。很多因素会影响延迟，包括中间的网络链接的带宽、经过的每个路由器的端口队列、所有中间网络链接的拥塞程度以及物理距离。因为延迟是多个重要变量的混合体，所以它是一个比较常用且有效的 Metric。

（4）带宽。带宽指链接可用的流通容量。在其他所有条件都相等时，10Mbit/s 的以太网链接比 64kbit/s 的专线更可取。虽然带宽是链接可获得的最大吞吐量，但是通过具有较大带宽的链接路由不一定比经过较慢链接的更好。例如，如果一条快速链路很忙，分组到达目的地所花费的时间可能要很长。

（5）负载。负载指网络资源，如路由器的繁忙程度。负载可以用很多方面来计算，包括 CPU 使用情况和每秒处理分组数。持续地监视这些参数本身也是很耗费资源的。

（6）通信代价。通信代价是另一种重要的 Metric，尤其是有一些公司可能关心运作费用甚于性能，即使线路延迟可能较长，他们也愿意通过自己的线路发送数据而不采用昂贵的公用线路。

因此，不同的路由协议采用不同的 Metric。比如 RIP 采用跳数来做判断的依据，跳数即中间经过的路由器个数，而 OSPF 协议则采用更多的 Metric 来判断路由的好坏。明显地，根据更多的情况判断路由的好坏要比只根据跳数来判断强得多，所以在路由表中 OSPF 协议的优先级比 RIP 要高。

5.5.3　RIP

RIP 是互联网早期产生的内部网关协议，如上文所述 RIP 是距离矢量算法具有代表性的路由协议之一。RIP 的实现比较简单，对路由器的性能要求不高。本节介绍 RIP 的一些细节。

RIP 先后发展出了 3 个版本，其中在 IPv4 基础上的有 RIPv1 和 RIPv2 两个版本。RIPv1 发布较早，是一种按照 IP 地址分类思想进行设计的路由协议，没有子网的概念，因此发送的报文中不包含子网掩码，也就无法支持可变长子网掩码（Variable Length Subnet Mask，VLSM），且信息的传递只支持广播方式。这些特点造成了 RIPv1 在存在子网划分的网络环境中存在很多问题，为此设计了 RIPv2。RIPv2是一种无类路由协议，支持子网掩码，因此可以支持 VLSM，同时支持明文验证和 MD5 密文验证。这些改进大大提高了 RIPv2 的适应能力，使其在今天的网络中仍然大量使用。RIP 的实现依靠 UDP 支持，对应端口号是 520，因此 RIPv2 的信息传递选择使用组播方式，可以更加节省网络资源。

1．RIP 的启动

在 RIP 启动前，路由表中只记录直连路由。启动后，RIP 会从参与协议的各个接口向邻居发送请求报文（Request Message），邻居收到请求报文后，会以响应报文（Response Message）回应，此后双方均会按照自己的定时器时刻向对方发送响应报文，也就意味着请求报文只在启动的那一刻发送一次。

2．RIP 路由更新

RIP 的响应报文携带了发送者的全部路由信息，接收者会根据接收到的路由信息更新本地路由表，更新的规则如下。

（1）对于路由表中已经存在的路由信息，如果发送响应报文的 RIP 邻居相同，则不论度量值是增大还是减小，都要更新。如果相同，则仅刷新老化定时器。

（2）对于路由表中已经存在的路由信息，如果发送响应报文的 RIP 邻居不同，只有度量值小于当前值时，才更新该路由信息。

（3）对于路由表中不存在的路由信息，如果度量值小于规定的最大值（16），则在路由表中增加一条该路由信息。

3．路由表的维护

路由器中往往会存在多个路由表，其中包括路由总表、各种不同的路由协议生成的协议路由表、管理员手动配置的静态路由表等。路由器会根据优先级原则和最优路由原则从所有不同的路由表中抽取最佳路由放置到路由总表中，实际进行报文转发时依据的就是路由总表。各个协议则需要不断维护自己的协议路由表。维护过程中会采用不同的参量和算法，比如 RIP 就定义了 3 个重要的定时器。

（1）Update 定时器，定义了路由器发送路由更新报文的时间间隔，默认间隔为 30s。

（2）Timeout 定时器，定义了路由条目的老化时间，默认值为 180s。如果在老化时间内没有收到邻居发送的关于某条路由的更新报文，则该路由条目的度量值将会被置为不可达（16），并将其从路由表中撤出。

（3）Garbage-Collect 定时器，定义了一条路由条目在度量值变为 16 开始到它从路由表中被彻底删除的时间，默认为 120s。如果这个时间内仍然没有收到更新报文，则将该路由从路由表中彻底删除。

RIP 路由由于采用的是距离矢量算法，天然具有形成路由环路的可能，因此在实施 RIP 的过程中，需要采用一些手段防止路由环路的产生或减少路由环路对正常网络通信的影响。相关的手段在前文已经介绍，这里不赘述。

5.5.4　OSPF 协议

RIP 存在无法避免的缺陷，尽管采取了水平分割、毒性逆转等方法来减少或避免环路的发生，但是其最大跳数为 15，对大型网络来讲，仍然难以胜任，且存在收敛速度慢的问题，对于网络拓扑变化的响应也就比较慢。因此，随着互联网的发展，性能更强、能够适应更大规模网络的路由协议的需求就更加强烈了，于是基于链路状态算法的 OSPF 协议应运而生。

与距离矢量算法只考虑静态的跳数不同，链路状态算法使用 Dijkstra 的最短路径优先算法进行路由的计算和选择。这种路由协议是根据网络中链路或接口的动态变化的状态（IP 地址、掩码、带宽、利用率、延迟等）来认识网络的情况的。每个路由器都会将其已知的链路状态向区域内的其他路由器通告，从而使得区域内的路由器获得相同的链路状态数据库，每个路由器以此为依据，采用最短路径优先算法计算和选择路由，算法本身保证了不会出现路由环路的问题。

为了减少对网络中其他设备的干扰，OSPF 协议在有组播发送能力的数据链路层上以组播地址发送协议包。为此 OSPF 协议将协议包封装在 IP 报文中，IP 报文中对应的协议号是 89。由于 IP 是不可靠、无连接的协议，因此 OSPF 协议传输协议包的可靠性必须由 OSPF 协议本身来保证。为了减少对网络资源的消耗，OSPF 协议还采用了增量更新的机制来进行全区域路由同步。

总体来讲 OSPF 协议比 RIP 具有更好的扩展性、快速收敛性和安全可靠性。但是我们同时也需要知道，OSPF 协议采用的链路状态算法会消耗更多的路由器内存和 CPU 处理能力，在超大型网络中，OSPF 协议的机制会产生非常大的路由表，导致查表速度降低，从而影响网络速率。因此，OSPF 协议适用于配备了性能较好的路由器中小型企业网络中。

1. OSPF 协议工作过程

OSPF 协议的工作过程分为比较明显的 4 个阶段。

（1）寻找邻居

运行 OSPF 协议的路由器会周期性地在参与该协议运行的所有接口上，以组播地址 224.0.0.5 为目的地址发送 Hello 包。Hello 包中包含始发路由器的一些信息，比如路由器标识符、发送接口所属区域的标识符、发送接口的 IP 地址及掩码、DR（Designated Router，指定路由器）、路由器优先级等。当两台路由器共享一条公共链路时，在成功收到了对方的 Hello 包并完成参数协商之后，它们就可以成为邻居了。OSPF 协议共有 8 种状态机，分别是：Down、Attempt、Init、2-way、Exstart、Exchange、Loading、Full。其中与邻居状态变化有关的有 3 种，如图 5-29 所示。

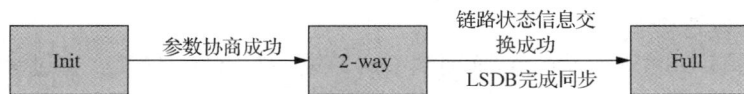

图 5-29　OSPF 协议邻居状态的转变过程

一台路由器可能有多个邻居，也可以同时是多个路由器的邻居，因此路由器中会设置邻居表，用来记录邻居状态和维护邻居路由器的一些必要信息。为了识别每台邻居路由器，OSPF 协议定义了路由器 ID（Router ID）。由于 Loopback 接口是逻辑接口，不会存在掉电等故障，因此通常管理员会使用 Loopback 接口的 IP 地址来作为路由器 ID。如果没有专门配置路由器 ID，OSPF 协议会使用路由器接口中最小的那个接口的 IP 地址作为路由器 ID。通常路由器会使用自己的接口 IP 地址作为邻居地址与其他路由器建立邻居关系，但是在整个网络中的其他路由器只会使用路由器 ID 来标识这台路由器。

（2）邻接关系的建立

在 OSPF 协议网络中，为了交换路由信息，邻居设备之间首先要建立邻接关系，邻居（Neighbors）关系和邻接（Adjacencies）关系是两个不同的概念。

邻居关系：OSPF 协议设备启动后，会通过 OSPF 协议接口向外发送 Hello 报文，收到 Hello 报文的 OSPF 协议设备会检查报文中所定义的参数，如果双方一致就会形成邻居关系，两端设备互为邻居。

邻接关系：形成邻居关系后，如果两端设备成功交换 DD（Data Description，数据库描述）报文和 LSA，才建立邻接关系。

对于点到点直连的路由器来讲，邻接关系的建立比较直接。如果路由器处于一种广播型网络中，则会面临比较复杂的局面，如图 5-30（a）所示。因为大家共用同一个链路，理论上都是邻居，路由器需要与广播型网络中的每一个路由器都建立邻接关系，这会消耗路由器的很多资源。因此在广播型网络中，需要使用 DR 机制来完成对整个广播型网络邻居及邻接关系的维护，形成图 5-30（b）所示的邻接关系。路由器只与 DR 和 BDR（Backup Designated Router，备份指定路由器）建立邻接关系。

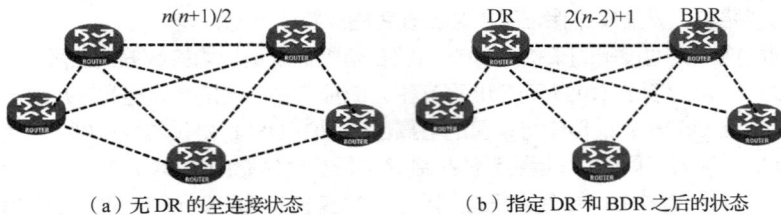

（a）无 DR 的全连接状态　　　　　　　　（b）指定 DR 和 BDR 之后的状态

图 5-30　广播型网络的邻接关系

究竟由谁来担任 DR 和 BDR，这需要经历路由器之间的选举过程。初始阶段，OSPF 协议路由器发送的 Hello 包中会将 DR 与 BDR 标识为 0.0.0.0，并将自身申请成为 DR 的标识以及自身的优先级作为选举的参数放在包中。收到 Hello 包的路由器会将所有具备 DR 和 BDR 选举资格的路由器（优先级不为 0）列出，形成 BDR、DR、DR other（指除 DR、BDR 之外的路由器协议）三个子集。完成后，如果在 BDR 这个子集中，存在一个或者多个路由器，则按照优先级高低，优先级最高的路由器成为 BDR，若优先级相同，则参考路由器 ID 进行 BDR 选举，路由器 ID 大的成为 BDR。如果 BDR 子集为空，则从所有邻居（已经达到 2-way 状态）中挑选优先级最高的作为 BDR，如果优先级相同则比较路由器 ID，大的为 BDR。选举完 BDR，将开始选举 DR。从 DR 子集中按照优先级选择 DR，优先级大的为 DR。若优先级相同，则路由器 ID 大的成为 DR。

由上述过程可见路由器优先级对于选举的重要性，一旦选举完成，其他路由器即便有更高的优先级，也不能代替现存的 DR 和 BDR，除非 DR 或 BDR 出现问题，将导致重新选举。

（3）链路状态信息传递

建立邻接关系的 OSPF 协议路由器之间通过 LSA 来进行链路信息的交互。通过得到的 LSA，区域内的路由器可以实现链路状态信息的同步，同步之后的路由器就会形成相同的 LSDB。实现交互就需要使用相关的报文，OSPF 协议报文的形式分为 5 种。

① Hello 报文：用于发现与维持邻居，后期还可用来进行广播以及 NBMA（Non-Broadcast Multiple Access，非广播多路访问）网络中 DR 以及 BDR 的选取；根据网络结构的不同，Hello 报文的工作方式也不同。

② DD 报文：描述本地 LSDB 的情况。

③ LSR（Link State Request，链路状态请求）报文：向对端请求本端没有或者对端更新的 LSA。

④ LSU（Link State Update，链路状态更新）报文：向对方更新 LSA。

⑤ Link State Acknowledgement LSAck（链路状态确认）报文：收到 LSU 后进行确认。

路由器之间使用以上报文交互的过程如图 5-31 所示。通过 4 次握手完成链路状态的同步。其中更新报文默认为 30min 发送一次，以节省网络资源，此外触发更新也会发送更新报文。

图 5-31　正常的 OSPF 协议报文交互过程（单向）

由于 OSPF 协议报文是由 IP 报文直接承载的，因此 OSPF 协议设计了超时重传机制，避免由于 IP 报文丢失而造成的问题。同时为了避免网络时延过大造成的报文重复，OSPF 协议为每个报文编写了从小到大的序列号，路由器收到重复包时，只接收序列号小的包。

通过以上措施，使得 OSPF 协议可以消耗较少的网络资源，保证了信息交互的可靠性，同时还可以提高收敛速度。

（4）路由计算

区域内 OSPF 协议路由器同步完成后，就可以依据 LSDB 进行路由计算。其过程在链路状态算法部分已经说明，这里不赘述。

2. OSPF 协议的分区域管理

OSPF 协议使用的算法比较复杂，必然会占用路由器较多的内存和 CPU 处理时间。如果网络规模过大，则路由器要处理的信息量显然更多。为了减少这些不利影响，OSPF 协议采用了分区域管理的方法。OSPF 协议将一个大的自治系统分为多个小的区域（Area），路由器只需要与其所在区域内的路由器建立邻接关系和同步链路状态数据库即可。

OSPF 协议区域划分的示例如图 5-32 所示。为了区分每个区域，每个区域都有一个 32 位的区域标识符（Area ID），区域标识符可以用一个十进制表示，也可以用一串点分十进制数字表示。但是最终都是按照 32 位二进制串来处理的。

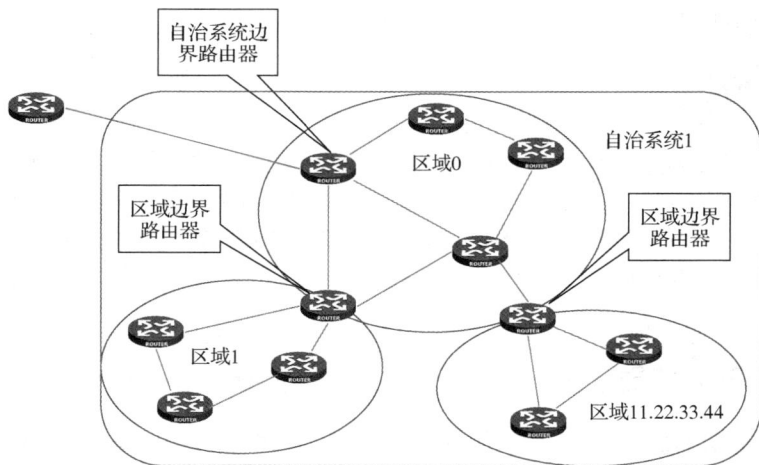

图 5-32　OSPF 协议区域划分示例

划分区域后，OSPF 协议路由器被划分为 3 种角色：区域内路由器、区域边界路由器和自治系统边界路由器，同时 OSPF 协议自治系统内的通信也被划分为 3 种类型。

（1）区域内通信：同一区域内路由器之间的通信。

（2）区域间通信：不同区域路由器之间的通信。

（3）自治系统外部通信：OSPF 协议区域内路由器与另一个自治系统内的路由器之间的通信。

为了有效管理不同区域之间的通信，有一个区域需要负责汇总不同区域的信息，从而成为整个自治系统的通信枢纽，该区域被称为骨干区域，通常用 0 来表示，故称为区域 0。所有非骨干区域必须与骨干区域相连，非骨干区域之间不能直接交换数据包，都需要在通过骨干区域中转，它们之间的路由信息传递也需要骨干区域来完成。

3. OSPF 协议的 LSA 类型

在区域划分的基础上，OSPF 协议提供了多种类型的 LSA 来更加精细地描绘网络中不同位置的链路状态，通过这些不同的 LSA 来完成 LSDB 的同步，并做出路由选择。这里简要介绍比较常用的几种 LSA。

（1）第一类 LSA：路由器 LSA（Router LSA），是每个 OSPF 协议路由器都会产生的，用于描述直连链路的 LSA。

（2）第二类 LSA：网络 LSA（Network LSA），是广播型网络中由 DR 发布的一组路由器的 LSA。

（3）第三类 LSA：网络汇总 LSA（Network Summary LSA），是由区域边界路由器生成的所连接区域的 LSA 汇总信息，一般情况下的传播区域是除了来源区域外的其他所有自治系统内区域。

（4）第四类 LSA：自治系统边界路由器（Autonomous System Boundary Router ASBR）汇总 LSA（ASBR Summary LSA），是由第五类 LSA 触发产生的，由区域边界路由器宣告的到达自治系统外路径的 LSA。

（5）第五类 LSA：自治系统外部 LSA（Autonomous System External LSA），是由自治系统边界路由器传递自治系统外部路由信息产生的 LSA。

（6）第六类 LSA：NSSA 外部 LSA（NSSA External LSA），如果自治系统边界路由器不得不放置在 Stub 区域，则需要将自治系统外路由信息采用此类 LSA 跨过 Stub 区域传递到自治系统内。通常这类区域被称为 NSSA（Not-So-Stubby Area）区域。Stub 区域、Totally Stub 区域以及 NSSA 区域是 OSPF 协议自治系统的边缘区域，是为了减少 LSA 的数量、减轻路由器压力而设置的特殊区域，其中会禁止第四类和第五类 LSA 的传递，Totally Stub 区域甚至禁止第三类 LSA 的传递。限于篇幅，对于这些特殊区域的知识，读者可以查阅资料了解，这里不赘述。

5.6　IPv6

互联网从产生到现在已经经过了 50 多年的发展，TCP/IP 作为标准协议也已经度过了 30 多年的时间，当今互联网发展的现状和 30 多年前已经大为不同，各种不同的需求如雨后春笋般不断产生。而 30 多年前设计的 IPv4 已经尽显"疲态"，难以满足新的互联网应用的需求。为此，在 1992 年就开始了下一代互联网的设计，其中的核心就是 IPv6。本节将以 IPv6 为核心，介绍下一代互联网中所使用的各种不同的技术及协议。

5.6.1　IPv4 的局限性

互联网的高速发展证明了 IPv4 的成功，它也经受住了如此大量计算机联网的考验，但是由于历史的原因，当初的设计者并没有想到互联网会发展到今天的态势。从今天和未来一段时间的角度来看 IPv4 时，IPv4 所固有的一些问题就很明显了。

（1）IPv4 地址枯竭

IPv4 地址长为 32 位，因此 IPv4 的地址空间具有多于 40 亿的地址，但是，IPv4 地址采用了非常不合理、低效率的分配方法，这导致互联网应用较早的国家和地区获得了大量的 A 类和 B 类网络，而发展中国家则没有足够的 IP 地址可用。

很多家用电器、工业设备、交通工具等纳入互联网的范围，这更增加了对地址的需求。更为重要的是在 2011 年初，IPv4 地址已经分配完毕。当时 APNIC 就在反复重申，转向 IPv6 是维持互联网持续增长的唯一方式。APNIC 呼吁所有互联网行业的成员都向部署 IPv6 发展。

（2）互联网骨干路由器路由表的压力过大

IPv4 地址的设计采用的是扁平结构，只有网络 ID 和主机 ID 部分，而且网络 ID 没有考虑地址规划的层次性和地址块的可聚合性，后来才从主机 ID 部分拿出部分来进行子网划分，解决了局部的问题，但是整个互联网骨干路由器不得不维护非常大的 BGP 路由表。尽管后来又设计了无类别域间路由选择（Classless Inter-Domain Routing，CIDR）来解决这个问题，但是 CIDR 并不能解决所有问题。

（3）性能问题

IPv4 数据包首部的长度是可变的，因此中间路由器要花费资源来判断首部的长度。为弥补 IPv4 地址不足而设计的 NAT 技术破坏了端到端的应用模型，导致网络性能受到影响，也破坏了端到端的网络安全。

（4）IP 安全性不足

由于对设计的认识不足，导致 IPv4 在设计之初并没有考虑安全的问题，地址中所有的 32 位被用来表示地址信息。在其后的使用中，发现了大量的安全问题，为了弥补 IPv4 在安全方面的不足，又设计了互联网络层安全协议（Internet Protocol Security，IPSec）、安全套接字层（Secure Socket Layer，SSL）等协议。由于是分开设计的，所以在使用中就难免出现有些地方使用，而有些地方不使用的情况，安全问题仍然难以解决。

（5）地址配置与使用不够简便

所有用过 IPv4 地址的用户都清楚，如果想连接互联网，必须有一个 IP 地址。然而 IP 地址的知识不是每个用户都掌握的，对很多不具备网络知识的用户而言 IP 地址是相当玄妙的。为了方便用户使用，设计了 DHCP 服务，解决了很多用户的问题。然而互联网的发展纳入了更多的智能终端，这些设备希望能够自动完成 IP 地址的配置，而 DHCP 对这些设备来讲太奢侈了，并不利于这些设备的实现。因此自动完成地址配置就成了下一代互联网设计的要求。

（6）QoS 不能满足需求

与安全性问题类似，IPv4 设计之初也没有考虑 QoS 的问题。后来为了满足用户对互联网服务质量的要求，设计了相关的 QoS 协议，但是实现起来并不方便，也难以满足要求。在新的地址设计中也要考虑这个方面的需求。

5.6.2 IPv6 的发展

随着互联网的发展，IPv4 表现出了越来越多的局限性，已经难以满足互联网进一步的发展需求，人们需要一个新的协议来替代 IPv4。这个新的协议应该不仅能够满足地址空间的需求，而且可以满足诸如安全、自动配置等更多需求。为此，从 20 世纪 90 年代初，IETF 就开始下一代互联网协议（IP next generation，IPng）的制定工作，并公布了新协议要实现的主要目标。

1. 发展历程

目标确定后，就需要开始进行相关的推进工作。首先进行协议的制定，这其中有几个重要的进展，如下。

1992 年，IETF 成立 IPng 工作组。

1994 年，IPng 工作组提出 IPv6 的推荐版本。

1995 年，IPng 工作组完成 IPv6 的协议文本。

1999 年，完成 IETF 要求的协议审定和测试，IPv6 的协议文本成为标准草案。

在协议制定完成并进行测试后，下一步就是进行实验性的网络建设，以便对协议进行完善。各个主要国家和有影响力的厂商均加入了这个实验，以图在未来互联网的发展中占尽先机，其中重要的进展如下。

1996 年，成立国际性的 IPv6 试验床——6bone。

1999 年，来自北美、欧洲和亚洲的 20 多家全球最大的电信厂商和 IT 厂商发起成立 IPv6 论坛，专门从事宣传和推广 IPv6 的工作。

1999 年 7 月 14 日，ICANN（互联网名称与数字地址分配机构）发布 IPv6 地址分配的政策。

2004 年 10 月，中国的 CERNET、BII、CHINA TELECOM、CNNIC 等单位先后取得 IPv6 地址。

2009 年 6 月，6bone 网络技术已经支持了 39 个国家的 260 个组织机构。

从 2011 年开始，主要用在个人计算机和服务器系统上的操作系统基本上都支持高质量 IPv6 配置产品。

2012 年 6 月 6 日，国际互联网协会举行世界 IPv6 启动纪念日，这一天，全球 IPv6 网络正式启动。

2017 年 11 月 26 日，中共中央办公厅、国务院办公厅印发《推进互联网协议第六版（IPv6）规模部署行动计划》。

2020 年 7 月，我国 IPv6 活跃用户数约为 3.62 亿，占比达 40.01%。三大基础电信企业加快改造进度，为全国长期演进技术（Long Term Evolution，LTE）用户和固定宽带接入用户分配 IPv6 地址。

2021 年，国家"十四五"规划纲要明确提出"全面推进互联网协议第六版（IPv6）商用部署"。

2. 相关组织

在 IPv6 的发展中，国际互联网组织发挥了重要的作用，到目前为止，国际上主要由 IETF 负责 IPv6 的标准制定工作。在 IETF 中，有两个工作组与制定 IPv6 标准有关：IPng 工作组或称 IPv6 工作组，主要负责 IPv6 有关基础协议的制定；NGtrans（下一代网络演进）工作组，主要负责与下一代网络演进有关的标准制定。

（1）IPng（IPv6）工作组

工作始于 1992 年，从接收最早的下一代互联网协议提案，到 1995 年正式确定 IPv6 基础协议，这是 IPng 制定的第一个协议。该协议的作者即该工作组的两位主席即思科公司的史蒂夫·迪林（Steve Deering），以及 Nokia 公司的 R.欣登（R.Hinden）。IPng 是 IETF 中比较活跃的工作组之一，每次会议都有许多标准的提案需要讨论。到目前为止有 53 项已经成为 RFC，17 项成为互联网草案（Internet Draft）。

（2）NGtrans 工作组

工作组的任务有 4 项：①对 IPv6 演进的方法和工具进行规范；②对 IPv6 演进中如何采用这些方法和工具编制文档；③协调 6bone 试验床、试验地址分配；④协调 IETF 和其他组织的 IPv6 活动。

5.6.3 IPv6 的新特性

与 IPv4 相比，IPv6 具有许多新的特点，如简化的 IP 报头格式、主机地址自动配置、认证和加密以及较强的移动支持能力等。概括起来，IPv6 的优势体现在以下 5 个方面。

（1）地址长度

IPv6 的 128 位地址长度形成了一个巨大的地址空间。在可预见的很长时期内，它能够为所有可以想象出的网络设备提供全球唯一的地址。

（2）移动性

移动 IP 需要为每个设备提供全球唯一的 IP 地址。IPv4 没有足够的地址空间为在 Internet 上运行的每个移动终端分配一个这样的地址。而移动 IPv6 能够通过简单的扩展，满足大规模移动用户的需求。

这样，它就能在全球范围内解决有关网络和访问技术之间的移动性问题。

3GPP 是移动网络的一个标准化组织，IPv6 已经被该组织采纳，其发布的第五版文件中规定在 IP 多媒体核心网中将采用 IPv6。这个核心网将处理所有 3G 网络中的多媒体数据包。

（3）内置的安全特性

IPv6 内置安全机制，并已经标准化，可支持对企业网的无缝远程访问。IPv6 同 IPSec 的机制和服务一致。除了必须提供网络层这一强制性机制外，IPSec 还提供两种服务。其中，鉴别头（Authentication Header，AH）用于保证数据的一致性，而封装安全负载（Encapsulating Security Payload，ESP）用于保证数据的保密性和数据的一致性。在 IPv6 包中，AH 和 ESP 都是扩展报头，可以同时使用，也可以单独使用其中一个。此外，作为 IPSec 的一项重要应用，IPv6 还集成了 VPN 的功能。

（4）服务质量

在服务质量方面，IPv6 较 IPv4 有了很大的改善。从协议的角度看，IPv6 的优点体现在能提供不同水平的服务。这主要是由于 IPv6 报头中增加了字段"业务级别"和"流标记"。有了它们，在传输过程中，中间的各节点就可以识别和分开处理各种 IP 地址流。尽管对这个流标记的准确应用还没有制定出有关标准，但将来它会用于基于服务级别的新计费系统。

另外，在其他方面，IPv6 也有助于改进服务质量。这主要表现在支持"实时在线"连接、防止服务中断以及提高网络性能方面。同时，更好的网络和服务质量也会提高客户的期望值和满意度。

（5）自动配置

IPv6 的另一个基本特性是它支持无状态和有状态两种地址的自动配置方式。无状态地址自动配置方式是获得地址的关键。在这种方式下，需要配置地址的节点使用一种邻居发现机制获得一个局部连接地址。一旦得到这个地址之后，它使用一种即插即用的机制，在没有任何人工干预的情况下，获得全球唯一的 IPv6 地址。而有状态配置机制（如 DHCP）则需要一个额外的服务器，因此也需要很多额外的操作和维护。

5.6.4　IPv6 报文结构

1. 报文结构

IPv4 报文的首部长度范围为 20～60B，其中 20B 是固定长度，其余是变长部分。这种设计对中间路由器来讲是一个负担，因为路由器在处理报文时不得不对首部长度进行计算，然后才能处理，这样就消耗了路由器宝贵的资源。IPv6 报文在设计时考虑了这种情况，将报文首部划分成基本首部和扩展首部两部分，其中基本首部的长度固定，为 40B，扩展首部作为可选部分，按照一定顺序放在基本首部之后。IPv6 首部结构如图 5-33 所示。其中各个字段的含义如下。

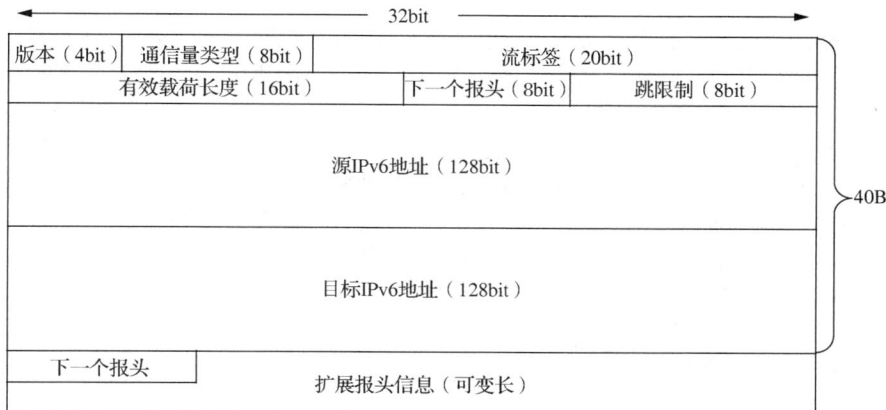

图 5-33　IPv6 首部结构

版本：该字段规定了 IP 报文的版本，值为 6。

流量类型：标识本数据包的类或者优先级，类似于 IPv4 的服务类型字段。该字段长度 8bit。

流标签：标识这个数据包属于源节点和目标节点之间的一个特定序列。这个字段需要 IPv6 的路由器进行特殊处理，对于默认的路由器处理，这个字段为 0，但目的地址与源地址有多个源时，这个值会不同。该字段长度为 20bit。

有效载荷长度：有效载荷长度包括扩展报头和上层 PDU。如果长度大于 65535，这个值为 0。该字段长度为 16bit。

下一个报头：标识紧跟在 IPv6 报头后的第一个扩展报头的类型或者上层 PDU 的协议类型。该字段长度为 8bit。

跳限制：同 TTL 值，当值被减至 0 时，路由器会丢掉本包，并返回 ICMP 信息。该字段长度为 8bit。

源 IPv6 地址：表示 IPv6 发送端的地址，该字段长度为 128bit。

目标 IPv6 地址：表示 IPv6 接收端的地址，该字段长度为 128bit。

2．IPv6 扩展报头

在 IPv4 的报头中包含所有的选项。因此每个中间路由器必须检查这些选项是否存在，如果存在就必须处理。这就会降低路由器转发 IPv4 报文的性能。在 IPv6 中发送和转发选项被移到了扩展报头中，每个中间路由器必须处理的唯一的扩展报头是逐跳选项扩展报头。RFC 2460 建议 IPv6 报头之后的扩展报头以如下顺序排列。

- 逐跳选项报头。
- 目标选项报头（当存在路由报头时，用于中间目标）。
- 路由报头。
- 分片报头。
- 认证报头。
- 封装安全有效载荷报头。
- 目的选项报头（用于最终目标）。

扩展报头按其出现的顺序被处理，除认证报头和封装安全有效载荷报头之外，上面所有的扩展报头都在 RFC 2460 中定义。

在典型的 IPv6 数据包中，并没有那么多扩展报头。在中间路由器或者目标需要一些特殊处理时发送主机才会添加一个或多个扩展报头。

每个扩展报头必须以 64bit（8B）为边界。有固定长度的扩展报头的长度必须是 8B 的整数倍，而可变长的扩展报头中包含一个报头扩展长度字段，在需要的时候必须使用填充位，以确保扩展报头的长度是 8B 的整数倍。

为了了解扩展首部的作用，这里以分片扩展首部为例来说明扩展首部的作用。在 IPv4 中，当报文的大小超过了所要经过的数据链路层 MTU，则该报文在允许分片的情况下将被分片，到达目的端后要进行重组。在 IPv6 中也有同样的问题，但是与 IPv4 的方法不同，为了减小中间路由器的负担，在 IPv6 中不再让路由器来进行分片的操作，而是让发送端的主机来完成，为此主机不仅需要了解所在链路的MTU，还需要了解从发送端到接收端整个路径上的 MTU 情况，要从所有链路的 MTU 中找出一个最小的 MTU，这种 MTU 称为路径 MTU，简称 PMTU。当需要分片时需要按照 PMTU 来进行。

在 IPv6 基本首部中是不包含用于分片的字段的，而是在需要分片时，由源端在基本首部的后面插入一个分片扩展首部，其格式如图 5-34 所示。

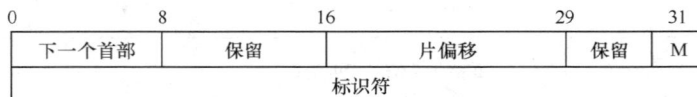

0	8	16	29	31
下一个首部	保留	片偏移	保留	M
标识符				

图 5-34　分片扩展首部的格式

由于 IPv6 分片和重组的操作与 IPv4 相似，IPv6 的分片扩展报头中的相应字段与 IPv4 的相应字段大同小异。说明如下。

下一个首部（8bit）：指明紧接着这个扩展首部的下一个首部，所有扩展首部通过这个字段相连，形成一个链式结构。

片偏移（13bit）：指明本数据报文分片在原来报文中的偏移量，以 8 个字节为单位。

M：M=1 表示后面还有数据报分片，M=0 则表示这已经是最后一片。

标识符（32bit）：由源点产生，用来唯一标识数据报文的 32 位数，以便将来分片重组时作为依据。

5.6.5 IPv6 地址

1. IPv6 地址的表示

IPv6 地址有 3 种格式：首选格式、压缩格式和内嵌 IPv4 地址的 IPv6 地址。

（1）首选格式

由于 128 位地址用二进制表示会很麻烦，即使使用 IPv4 的点分十进制，也仍然太长，不容易使用和记忆，因此，在实际使用中使用"冒号十六进制"的方法来表示，格式如下：

X:X:X:X:X:X:X:X   （一个 X 表示一个 4 位的十六进制数）

例如，如下的一个二进制的 128 位 IPv6 地址：

0010000000000001 0000010000010000 0000000000000000 0000000000000001

0000000000000000 0000000000000000 0000000000000000 0100010111111111

使用如上的表示方法，就可以写成：

2001:0410:0000:0001:0000:0000:0000:45FF

这样写仍然很麻烦，所以设计者进一步缩减其长度，允许将每一段中的前导零省去，但是至少要保证每段有一个数字，这样一来，上面的地址就可以写成：

2001:410:0:1:0:0:0:45FF

（2）压缩格式

为了更便于书写和记忆，当一个或多个连续的段内各位全为 0 时，可以用::（双冒号）来表示，但是一个地址中只能使用一次，上面的地址就可以写成：

2001:410:0:1::45FF

如果写成 2001:410::1::45FF 就错了。

（3）内嵌 IPv4 地址的 IPv6 地址

在 IPv4 向 IPv6 过渡的过程中，这两种地址会不可避免地共存很长时间，为了让 IPv4 的地址能够在 IPv6 网络中表示，特设计了这种地址。其表示方法是：

X:X:X:X:X:X:d.d.d.d   （d 表示 IPv4 地址中的一个十进制数）

在实践中，会用到以下两种内嵌 IPv4 地址的 IPv6 地址。

IPv4 兼容 IPv6 地址：::d.d.d.d。

IPv4 映射 IPv6 地址：::FFFF:d.d.d.d。

用 IPv6 地址表示存在的另外 2 个问题是：前缀如何表示、URL 中的如何表示。

IPv6 的地址前缀类似于 IPv4 中的网络 ID，其表示方法与 IPv4 中的 CIDR 表示方法一样，用"地址/前缀长度"来表示，比如：

2001::1/64

对于 URL 地址，如果要表示一个"IP 地址+端口号"的信息，需要与 IPv4 的方式有所区别，为了避免"："出现歧义，IPv6 地址要用"[ ]"括起来，其形式如下：

http://[2001:1::1DEA]:8080/cn/index.jsp

2. IPv6 地址类型

IPv6 地址的位数为 128，这么长的地址并不只是用来扩充地址数量，根据 IPv6 的设计，其不同的地址将产生不同的应用。总的来讲 IPv6 地址分为如下 3 类，其构成如图 5-35 所示。

- 单播地址。
- 组播地址。
- 任播地址。

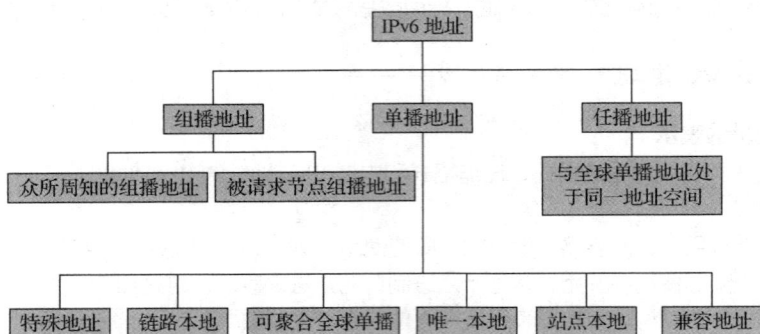

图 5-35　IPv6 地址的构成

（1）单播地址

IPv6 单播地址只能分配给一个节点上的一个接口。根据其作用范围的不同，又分为多种类型，分别是链路本地地址、站点本地地址、可聚合全球单播地址等，此外还有一些特殊地址、兼容地址等。

IPv6 单播地址的结构与 IPv4 地址基本类似，同样由网络 ID 和主机 ID 部分构成，所不同的是其名称。其结构如图 5-36 所示。

N bit	128−N bit
网络前缀	接口 ID

图 5-36　IPv6 单播地址的结构

① 链路本地地址。这种地址的应用范围受限，只能在连接到同一本地链路的节点之间使用。该地址在 IPv6 邻居节点之间的通信协议中广泛使用。其结构如图 5-37 所示。

10 bit	54 bit	64 bit
1111111010	0	接口 ID

图 5-37　链路本地地址的结构

可以看出，链路本地地址由一个特定的前缀和接口 ID 组成，其中的特定前缀用十六进制表示为：FE80::/64，接口 ID 则可以由 EUI-64 地址来填充，形成一个完整的链路本地地址。

当一个节点启动 IPv6 协议栈时，启动节点的每个接口都会自动配置一个链路本地地址。该机制可以使同一个链路上的 IPv6 节点不需要进行任何配置就可以获得一个 IPv6 地址，从而能够进行通信。

② 可聚合全球单播地址。该地址就是通俗意义上的 IPv6 公网地址，其应用范围为整个互联网，是 IPv6 寻址结构最重要的部分，其吸取了 IPv4 当年"慷慨"的教训，具有严格的路由前缀集合，以限制全球骨干路由器路由表的大小。其结构如图 5-38 所示。

n bit	m bit	128−n−m bit
全球可路由前缀	子网 ID	接口 ID

图 5-38　可聚合全球单播地址的结构

- 全球可路由前缀。表示站点得到的前缀值相当于 IPv4 中的网络 ID。该字段由 IANA（互联网数字分配机构）下属的组织分配给 ISP 或其他机构，前 3 位为 001。该字段使用严格的等级结构，以便区分不同地区、不同等级的机构或 ISP，便于路由聚合。

- 子网 ID。表示全球可路由前缀所代表的站点内的子网，相当于 IPv4 中的子网 ID。
- 接口 ID。用于标识链路上不同的接口，并具有唯一性。接口 ID 可以由设备随机生成或手动配置，在以太网中可以使用 EUI-64 格式自动生成。

目前可聚合全球单播 IPv6 地址的 3 个部分的长度已经确定，如图 5-39 所示。

48 bit		16 bit	64 bit
001	全球可路由前缀	子网ID	接口ID

图 5-39　目前已分配的可聚合全球单播地址的结构

该地址目前由 IANA 负责进行分配，具体事务由以下 5 个地方组织来执行：AFRNIC 负责非洲地区，APNIC 负责亚太地区，ARIN 负责北美地区，LACNIC 负责拉美地区，RIPE NCC 负责欧洲、中东及中亚地区。

③ 站点本地地址和唯一本地地址。站点本地地址是另一种应用范围受限的地址，其目的与 IPv4 中的私有地址类似，任何没有申请到可聚合全球单播地址的组织和机构都可以使用，其范围被限制在一个站点中。站点本地地址的前 48bit 是固定的，因此其前缀为 FEC0::/64。与链路本地地址不同，站点本地地址不会自动配置，并且必须通过无状态或有状态的地址配置分配站点本地地址。该地址现已废弃，不再使用。

为了能顶替站点本地地址的作用，又能避免产生像 IPv4 私有地址泄露一样的问题，RFC 4193 提出了唯一本地地址，其结构如图 5-40 所示。

7 bit		40 bit	16 bit	64 bit
1111110	L	全球唯一前缀	子网ID	接口ID

图 5-40　唯一本地地址的结构

- 固定前缀：FC00::/7。
- L：表示地址范围，取 1 表示本地范围，取 0 表示目前保留。
- 全球唯一前缀：随机生成的网络 ID。
- 子网 ID：划分子网时使用。
- 接口 ID：用于标识接口，可以手工配置或采用自动生成方式进行配置。

基于以上划分，唯一本地地址具有以下的一些特性。

- 具有全球唯一前缀（有可能重复，但概率极低）。
- 具有众所周知的前缀，边界路由器可以很容易地过滤。
- 具有私有地址的特性，可以随意使用。
- 当出现泄露时，由于其唯一性，不会对互联网造成影响。
- 在应用中，上层协议将其等同于可聚合全球单播地址，简化协议的设计。

④ 特殊地址。与 IPv4 一样，在 IPv6 应用中也会用到一些特殊地址。目前主要有两类：未指定地址和环回地址。

- 未指定地址：全"0"即未指定地址，表示某个地址不可用，特别是在报文的源地址还未指定时使用，其不能作为目的地址使用。
- 环回地址：即::1，其作用与 IPv4 中的 127.0.0.1 功能相同，只是这次互联网组织没有那么"大方"，只使用了一个地址，其作用范围局限在一个主机节点内。

⑤ 兼容地址。由于互联网需要从 IPv4 过渡到 IPv6 网络，而这个过程又会是比较长期的，因此在 IPv6 标准中还定义了几类兼容 IPv4 标准的单播地址，来满足过渡期的需求。具体内容如下。

- IPv4 兼容地址：用于双栈主机使用 IPv6 进行通信，因此需要将 IPv4 地址表示成 IPv6 的形式。格式为 0:0:0:0:0:0:w.x.y.z，也可以表示为:: w.x.y.z，其中 w.x.y.z 为 IPv4 地址。
- IPv4 映射地址：为了方便 IPv6 网络节点区分 IPv4 网络中的节点，设计了该地址，其格式为 0:0:0:0:0:0:FFFF: w.x.y.z，也可以表示为::FFFF:w.x.y.z。
- 6to4 地址：当 IPv6 网络中的数据包要通过 IPv4 网络传递时，需要将地址表示为该地址类型。
- 6over4 地址：用于 6over4 隧道技术的地址，其格式为[64-bits Prefix]:0:0:wwxx:yyzz。其中 wwxx:yyzz 是十进制 IPv4 地址 w.x.y.z 的 IPv6 格式。
- ISATAP 地址：用于 ISATAP 隧道技术的地址，其格式为[64-bits Prefix]:0:5EFE:w.x.y.z。w.x.y.z 是十进制 IPv4 地址。

⑥ IEEE EUI-64 接口 ID。EUI-64 接口 ID 是 IEEE 定义的一种 64bit 的扩展唯一标识符，其格式如图 5-41 所示。

24bit	40bit
制造商ID	扩展后底板ID

图 5-41　EUI-64 标识符的格式

在 IPv6 网络中，为了能够保证接口 ID 的唯一性，使用了这种标识符的形式。EUI-64 和接口的数据链路层地址有关，在以太网中，IPv6 地址的接口标识符即由 MAC 地址映射转换而来。由于二者的位数分别为 48 和 64，其间差了 16 位，因此在生成过程中采用的方法是将 48 位的 MAC 地址一分为二，在两部分中间插入 FFFE 这样一个十六进制串，为了确保唯一性，还要将 U/L 位设置为"1"。其过程如图 5-42 所示。

```
MAC地址                        0012:3400:ABCD
二进制表示       00000000 00010010 00110100 00000000 10101011 11001101
插入FFFE   00000000 00010010 00110100 11111111 11111110 00000000 10101011 11001101
设置U/L位  00000010 00010010 00110100 11111111 11111110 00000000 10101011 11001101
EUI-64标识:                    0212:34FF:FE00:ABCD
```

图 5-42　EUI-64 标识符的形成过程

（2）组播地址

① 组播地址基本结构。在 IPv6 标准中，取消了广播，代之以组播来实现广播的功能，因此组播在 IPv6 标准中的作用非常重要。所谓组播指的是一个源节点发送单个数据报文，能够被多个特定的节点接收，适用于一对多的通信场合。

在 IPv4 标准中，D 类地址就是组播地址，其最高 4 位为"1110"。在 IPv6 标准中，组播地址也有一个特殊的标志，即前缀 FF::/8。也就是最高的 8 位为"11111111"。图 5-43 所示为组播地址的结构。

8 bit	4 bit	4 bit	112 bit
11111111	标志	范围	组ID

图 5-43　组播地址的结构

各字段的含义如下。

■ 标志字段：有 4 位，目前只用了最后一位。该位取"0"，表示这是 IANA 分配的永久组播地址；该位取"1"，表示这是一个临时组播地址。

■ 范围字段：有 4 位，用来限制组播数据在网络中的传播范围，根据取值不同，所表示的范围如下：

- 0：保留；
- 1：节点本地范围；

- 2：链路本地范围；
- 5：站点本地范围；
- 8：组织本地范围；
- E：全球范围；
- F：保留。

由此可见，如果看到以 FF02 开头的组播地址，可以判断出这是一个链路本地范围的组播地址。

■ 组 ID：长度为 112bit，用来标识组播组。如果都用来标识，则可以表示 2^{112} 个组播组，很显然现在是用不了的，因此目前并没有都用来作为组标识，只是建议使用低 32 位来标识，剩余的 80 位保留下来，全部置 "0"，以备未来应用。实际使用的组播地址的结构如图 5-44 所示。

8 bit	4 bit	4 bit	80 bit	32 bit
11111111	标志	范围	0	组 ID

图 5-44　实际使用的组播地址结构

由于在 IPv6 中，组播 MAC 地址为 33:33:xx:xx:xx:xx:xx:，有 32 位可以用于组 ID，因此，在 IPv6 中每个组 ID 都可以映射到唯一的以太网组播 MAC 地址上，比 IPv4 地址的效果要好。

② 被请求节点组播地址。对于节点和路由器的接口上配置的每个单播和任播地址，都会启动一个对应的被请求节点组播地址。这种组播地址主要用于重复地址检测（Duplicate Address Detect，DAD）和获取邻居节点的数据链路层地址（作用类似于 ARP）。

被请求节点组播地址由前缀 FF02::1:FF00:0000/104 和单播或任播地址的低 24 位组成，如图 5-45 所示。

128 bit							
单播/任播			64 bit				
前缀			接口标识符				
							拷贝
FF02	0000	0000	0000	0000	0000	FF`	
104 bit							24 bit

图 5-45　被请求节点组播地址结构

③ 众所周知的组播地址。与 IPv4 一样，在 IPv6 标准中，也有一些众所周知的组播地址，这些地址具有特别的含义，表 5-7 所示为几个常见的组播地址。

表 5-7　常见的组播地址

组播地址	范围	含义	描述
FF01::1	节点	所有节点	本地接口范围的所有节点
FF01::2	节点	所有路由器	本地接口范围的所有路由器
FF02::1	链路本地	所有节点	本地接口范围的所有节点
FF02::2	链路本地	所有路由器	本地接口范围的所有路由器
FF02::5	链路本地	OSPF 协议路由器	所有 OSPF 协议路由器组播地址
FF02::6	链路本地	OSPF 协议的 DR	所有 OSPF 协议的 DR 组播地址
FF02::9	本地链路	RIP 路由器	所有 RIP 路由器组播地址
FF02::13	本地链路	PIM 路由器	所有 PIM 路由器组播地址
FF05::2	站点	所有路由器	在一个站点范围内的所有路由器

（3）任播地址

单播和多播地址在 IPv4 中已经存在，任播地址是 IPv6 中新的成员，RFC 2723 将 IPv6 地址结构中的任播地址定义为一系列网络接口（通常属于不同的节点）的标识，其地址从单播地址空间中分配。其特点是，发往一个任播地址的分组将被转发到由该地址标识的"最近"的一个网络接口（"最近"的定义基于路由协议中的距离度量）。

单播地址是每个网络接口的唯一标识符，多个接口不能分配相同的单播地址，带有同样目的地址的数据包被发往同一个节点；另一方面，多播地址被分配给一组节点，组中所有成员拥有同样的组播地址，而带有同样地址的数据包同时发给所有成员。类似于多播地址，单一的任播地址被分配给多个节点（任播成员），但和多播机制不同的是：每次仅有一个分配任播地址的成员与发送端通信。一般与任播地址相关的有 3 个节点，当源节点发送一个目的地址为任播地址的数据包时，数据包被发送给 3 个节点中的一个，而不是所有的主机。任播机制的优势在于源节点不需要了解服务节点或目前网络的情况而可以接收特定服务，当一个节点无法工作时，带有任播地址的数据包又被发往其他两个主机节点，从任播成员中选择合适的目的节点取决于任播路由协议。

虽然目前任播技术的定义不是十分清楚，但是终端主机通过路由器是基于包交换决定的。任播技术的概念并不局限于网络层，它也可以在其他层实现（例如：应用层），网络层和应用层的任播技术均有优点和缺点，其应用有待开发。

3. 接口上的 IPv6 地址

节点的一个接口上可以配置多个 IPv6 地址。主机接口上必需的 IPv6 地址如表 5-8 所示。

表 5-8　主机接口上必需的 IPv6 地址

必需的地址	IPv6 标识
每个接口的链路本地地址	FE80::/10
环回地址	::1/128
所有节点的组播地址	FF01::1, FF02::1
分配的可聚合全球单播地址	2000::/3
每个单播/任播地址对应的被请求节点组播地址	FF02::1:FF00::/104
主机所属组的组播地址	FF00::/8

作为运行 IPv6 的路由器，接口上除了具有一个主机所必需的 IPv6 地址外，还需要具有表 5-9 所示的地址，以完成路由功能。

表 5-9　路由器接口必需的 IPv6 地址

必需的地址	IPv6 标识
一个主机所必需的 IPv6 地址	—
所有路由器组播地址	FF01::2, FF02::2, FF05::2
子网—路由器任播地址	UNICAST_PREFIX:0:0:0:0
其他任播配置地址	2000::/3

5.6.6　ICMPv6

在 IPv4 的网络中，为了能够满足诊断、控制和管理的需求，设计了 ICMPv6。利用该协议可以实现 PING、TRACERT 等软件，帮助人们实现对网络通信能力的测试、维护等。在 IPv6 的网络中，同样需要 ICMPv6 发挥它的作用，同时，由于 IPv6 与 IPv4 相比发生了很大的变化，这就需要 ICMPv6 实现更多的功能。事实上，ICMPv6 还要完成邻居发现、无状态地址配置和路径 MTU 发现等任务。因此，ICMPv6 是一个非常重要的协议，通过 ICMPv6 可以了解 IPv6 中很多机制的基础。

1. ICMPv6 基本概念

ICMPv6 报文的结构与 ICMPv4 相比变化不大，其结构如图 5-46 所示。

类型	代码	校验和
消息体		

图 5-46　ICMPv6 报文结构

与 ICMPv4 一样，ICMPv6 的消息分为两类：差错消息和信息消息，其中差错消息的 8 位类型字段的最高位为 0，信息消息的 8 位类型字段的最高位为 1，因此差错消息的类型字段的有效值范围是 0～127，而信息消息的类型字段的有效值范围是 128～255。

差错消息用来报告报文转发过程中出现的错误。常见的错误有目标不可达、报文超长、超时和参数问题等。

信息消息提供诊断功能和附加的主机功能，常见的有组播监听发现、邻居发现、回送请求和回送应答等。ICMPv6 的几种常见消息如表 5-10 所示。

表 5-10　ICMPv6 的几种常见消息

类型值	意义	描述	消息类型
1	目标不可达	通知源地址，不能发送数据	差错
2	报文超长	通知源地址，报文超长无法转发	差错
3	超时	通知源地址，数据包"跃点限制"已过期	差错
4	参数问题	通知源地址，在处理 IPv6 报头或扩展报头时出现错误	差错
128	回送请求	用来确定 IPv6 节点在网络上是否可用	信息
129	回送应答	对"回送请求"的应答	信息

PING 这个软件在 IPv4 网络中应用非常广泛，在 IPv6 网络中同样也被经常使用，其使用方法说明如下。

在 IPv6 中，PING 的使用方法与在 IPv4 中时是一样的，其参数如图 5-47 所示，其中有 IPv4-only 和 IPv6-only 字样，表示这个参数只能用于 IPv4 或 IPv6 场合。当 ping 一台 IPv6 主机时，只要保证双方的主机已经安装了 IPv6 协议栈，并配置了 IPv6 地址，即可像在 IPv4 的情况下一样，用 ping 命令来测试两端的连通性。其操作方式如图 5-48 所示。

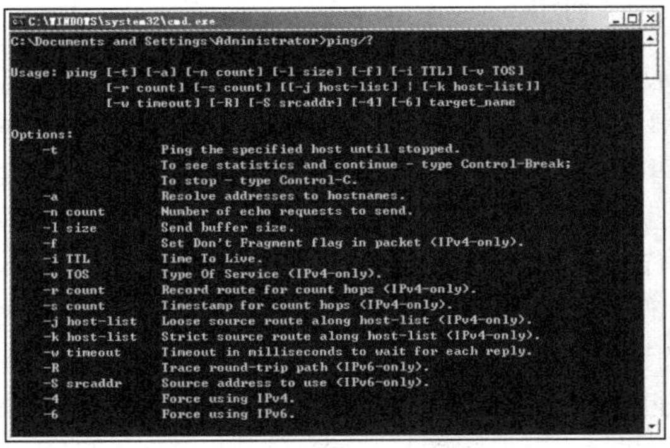

图 5-47　ping 命令的参数

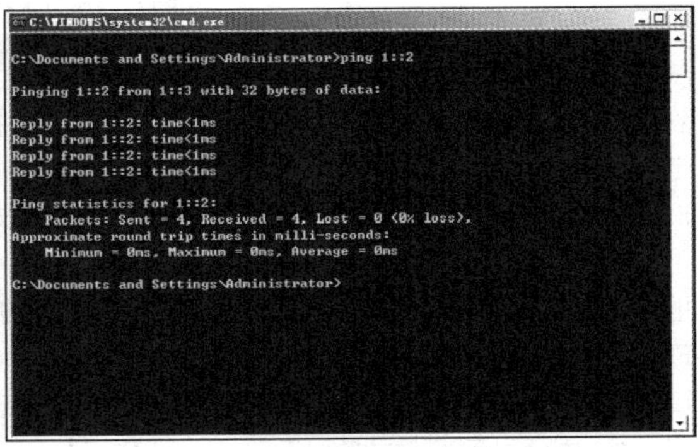

图 5-48　IPv6 网络中 ping 命令的使用

2. ICMPv6 的应用

除了大家熟悉的 PING 和 TRACERT 之外，常见的还有以下几个应用。

（1）替代 ARP。一种用在本地链路区域取代 IPv4 中 ARP 的机制。节点和路由器保留邻居信息。

（2）无状态自动配置。自动配置功能允许节点自己使用路由器在本地链路上公告的前缀配置它们的 IPv6 地址。

（3）DAD。启动时和在无状态自动配置过程中，每一个节点都先验证临时 IPv6 地址的存在性，然后使用它。这个功能也使用新的 ICMPv6 消息。

（4）前缀重新编址。前缀重新编址是当网络的 IPv6 前缀变为一个新前缀时使用的一种机制。

（5）路径 MTU 发现（PMTUD）。源节点检测到目的主机的传送路径上 MTU 值最小的机制。

其中替代 ARP（在 IPv6 中，ARP 被去掉了）、无状态自动配置和路由器重定向（路由器向一个 IPv6 节点发送 ICMPv6 消息，通知它在相同的本地链路上存在一个更好的到达目的网络的路由器地址）都属于邻居发现协议（Neighbor DisCovery Protocol，NDP）使用的机制，前缀重新编址则是为了方便实施网络重新规划而设计的机制。为了便于理解 ICMPv6 的作用，这里简单介绍几个应用的原理。

（1）PMTUD。PMTUD 的主要目的是发现路径上的 MTU，当数据包发向目的地时为避免中间路由器分段。源节点可以使用发现的最小 MTU 与目的节点通信。当数据包比数据链路层 MTU 大时，分段可能在中途的路由中发生。而 IPv6 中的分段不是在中间路由器上进行的。仅当 PMTU 比传送的数据包小时源节点才可以自己对数据包分段。发送数据包前，源节点先用 PMTUD 机制发现传输路径中的最小 MTU，根据结果，源节点对数据进行分段处理后再发送。这样中间路由器就不用再参与分段了，这样的好处是降低了中间路由器的开销。

其最小 PMTU 检测的过程如图 5-49 所示。

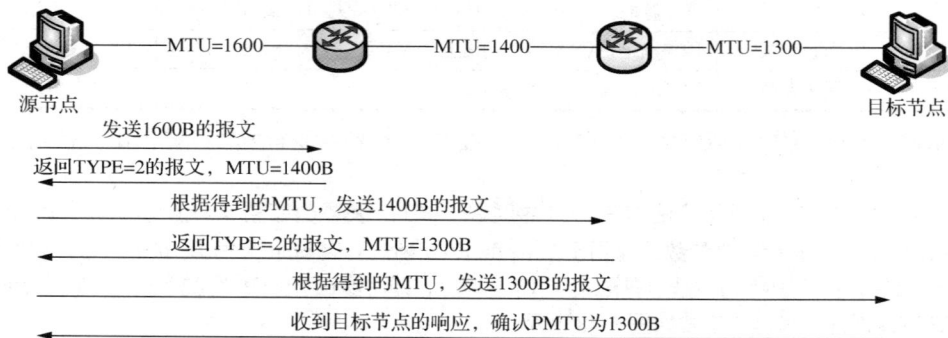

图 5-49　PMTU 检测的过程

（2）邻居公告和请求。假设有两个节点 A 和 B，使用地址 FEC0::1:0:0:1:A 的节点 A 要传送数据包到相同本地链路上的、使用 IPv6 地址 FEC0::1:0:0:1:B 的目的节点 B。但节点 A 不知道节点 B 的数据链路层地址。节点 A 发送类型为 135 的 ICMPv6 消息（邻居请求）到本地链路，它的本地站点地址 FEC0::1:0:0:1:A 作为 IPv6 源地址，与 FEC0::1:0:0:1:B 对应的被请求节点组播地址 FF02::1:FF01:B 作为目的地址，发送节点 A 的源数据链路层地址 00:50:3E:E4:4C:00 作为 ICMPv6 消息的数据（被请求节点组播地址与本地站点地址是有对应关系的），这个帧的目的数据链路层地址 33:33:FF:01:00:0B 是 IPv6 目的地址 FF02::1:FF01:B 的组播映射。监听本地链路上组播地址的节点 B 获取这个邻居请求消息，因为目的 IPv6 地址 FF02::1:FF01:B 代表它的 IPv6 地址 FEC0::1:0:0:1:B 对应的被请求节点组播地址，节点 B 发送一个邻居公告消息应答，用它的本地站点地址 FEC0::1:0:0:1:B 作为 IPv6 源地址，本地站点地址 FEC0::1:0:0:1:A 作为目的 IPv6 地址，并在消息中包含它的数据链路层地址。这样，在接收到邻居请求和邻居公告消息后，节点 A 和节点 B 互相知道了对方的数据链路层地址，就可以在本地链路上通信了。

（3）无状态自动配置。是 IPv6 最有吸引力和最有用的新特性之一，它允许本地链路上的节点根据路由器在本地链路上公告的信息自己配置单播 IPv6 地址。这涉及 3 个机制：前缀公告、DAD 和前缀重新编址。

① 前缀公告。路由器周期性地发送路由器公告消息（即 ICMPv6 类型值为 134），用它的本地链路地址作为源地址，所有节点的多播地址 FF02::1 作为目的 IPv6 地址。监听本地链路多播地址 FF02::1 的节点得到路由器公告消息后，就可以自己配置它们的 IPv6 地址了。

② DAD。DAD 用邻居请求消息（即 ICMPv6 类型值为 135）和请求节点的多播地址完成这个任务。这个操作要求节点在本地链路上发送邻居请求消息，用未指定地址 "::" 作为源 IPv6 地址，用临时单播地址的请求节点多播地址作为目的 IPv6 地址。如果在此过程中发现了一个重复地址，这个临时地址就不能配置给接口，否则，这个临时地址就配置到接口。

例如。一个节点 A 想在它的接口上配置临时地址 2001:250:C00:1::1。节点 A 发送一个邻居请求消息，用未指定地址 "::" 作为源 IPv6 地址，用临时单播地址 2001:250:C00::1 的被请求节点组播地址 FF02::1:FF01:1 作为目的地址。只要这个邻居请求被发送到本地链路上，如果一个节点对这个请求进行应答，就说明这个临时单播 IPv6 地址已被另外一个节点使用。在没有应答的情况下，这个地址就分配给它的接口了。

③ 前缀重新编址。前缀重新编址允许从以前的网络前缀平稳地过渡到新的前缀。要得到前缀重新编址的好处需要站点内的所有节点使用无状态自动配置。这个机制使用与前缀公告机制相同的 ICMPv6 消息和多播地址。首先，站点中所有的路由器继续公告当前的前缀，但是有效和首选生存期被减小到接近于 0 的一个值，然后，路由器开始在本地链路公告新的前缀。因此，在每个本地链路上至少有两个前缀共存。节点收到这些路由器公告消息后，节点发现当前前缀的生存期很短，从而被停止使用，但同时也得到了新的前缀，从而完成网络前缀的平稳过渡。

5.6.7 过渡技术

IPv4 是当前互联网的基础，IPv6 作为新生协议，要想取代 IPv4 还需要经历一个比较长的时期才能完成。可以预计从 IPv4 发展到 IPv6 大致会经过 3 个时期。

（1）IPv6 孤岛跨过 IPv4 网络互联。

（2）IPv6 网络与 IPv4 网络旗鼓相当。

（3）IPv4 孤岛跨过 IPv6 网络互联。

在这个过渡期内，人们必须解决两个问题，才能够实现 IPv4 网络与 IPv6 网络的互联。这两个问题是：①如何让 IPv6 孤岛跨过 IPv4 网络互联；②如何让 IPv6 网络内的主机与 IPv4 网络内的主机实现互访。

过渡技术有很多种，大致可以分为 3 类：双协议栈技术、隧道技术和网络地址转换/协议转换技术。解决的主要是上面的两个问题，本部分从这两个问题来简要介绍过渡期内常采用的相关技术。

1. IPv6 孤岛跨 IPv4 网络实现互联

要实现 IPv6 孤岛跨过 IPv4 网络互联，可以采用的方法有很多，主要是隧道技术。所谓隧道就是将一种协议报文封装在另一种协议报文中，这样，一种协议就可以通过另一种协议的封装进行通信。这里就几个主要的隧道技术进行介绍。

（1）GRE 隧道

顾名思义，这种隧道技术就是利用标准的 GRE（Generic Routing Encapsulation，通用路由封装）隧道技术来实现的。GRE 隧道是两点之间的链路，把 IPv6 作为乘客协议放置于 GRE 隧道中进行传递，其原理如图 5-50 所示，其中边缘路由器隧道口的 IPv6 地址为手动配置的全局 IPv6 地址。IPv6 孤岛的数据报文到达边缘路由器时，边缘路由器可以按照配置的静态路由将对应的报文封装在 GRE 报文中，通过 IPv4 网络，将其传送到另一边的边缘路由器，这个路由器再进行解封装过程，获得 IPv6 数据报文，然后在 IPv6 网络中正常传送到目的地。

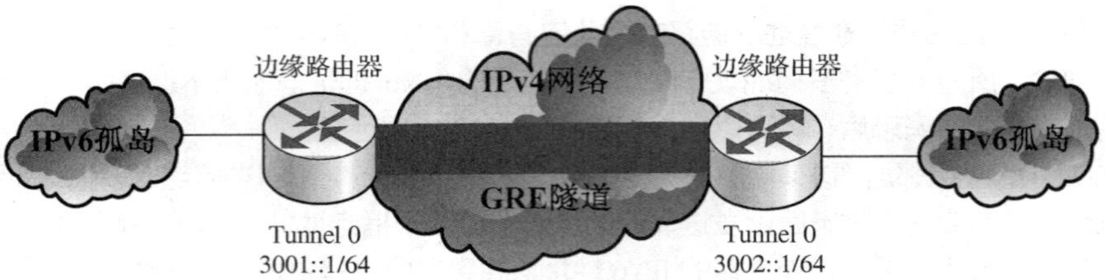

图 5-50　GRE 隧道原理

GRE 隧道是基于成熟的 GRE 技术实现的，其通用性好，也易于理解。但 GRE 隧道是一种手动隧道技术，如果站点数量多，管理员的工作就很复杂了。因此用户希望能有自动隧道技术来减轻管理员的负担。

（2）IPv4 兼容 IPv6 自动隧道

所谓自动隧道，就是不用管理员参与，路由器自动进行配置的隧道技术。一个隧道需要一个起点和一个终点。当起点定义好后，让路由器自动找到终点，不就可以自动形成一个隧道了吗？但问题是路由器怎么知道隧道的终点是什么。要解决这个问题就需要在目的地址的结构上做一些工作了。隧道技术就是根据这个思想提出来的。在这种自动隧道技术中使用了一种特殊的 IPv6 地址，即 IPv4 兼容 IPv6 地址，在这种地址中，前缀是 0:0:0:0:0:0，最后的 32 位是 IPv4 地址，路由器就是利用最后的 32 位地址来形成隧道终点的，这时管理员只需要指定隧道起点即可。其原理如图 5-51 所示。

图 5-51　IPv4 兼容 IPv6 隧道原理

虽然隧道可以自动生成了，但是这种方法有一个很明显的缺陷，就是所有参与自动隧道的 IPv6 主机都要使用 IPv4 兼容 IPv6 地址，而且由于前缀相同，意味着所有主机都要处于同一个 IPv6 网段中，这就限制了这种技术的使用范围。为了解决这个问题，有人提出了 6to4 隧道技术，下面就来了解 6to4 隧道技术的情况。

（3）6to4 隧道

这种隧道技术可以把多个孤立的 IPv6 网络连接起来，其工作方式和上文的隧道类似，但要使用一种特殊的地址：6to4 地址。它的写法是 2002:a.b.c.d:YYYY:xxxx:xxxx:xxxx:xxxx，其中 a.b.c.d 是 IPv4 地址，YYYY 是由用户自己定义的，用户可以使用这 16 位来表示不同的网络，这样一来，边缘路由器就可以接一组前缀不同的网络了。6to4 隧道原理如图 5-52 所示。

图 5-52　6to4 隧道原理

为了让 6to4 网络中的主机能够和纯 IPv6 网络中的主机进行通信，在这种隧道技术中设置了 6to4 中继路由器。中继路由器负责在 6to4 和纯 IPv6 网络之间传输报文和通告路由，其实现的原理如图 5-53 所示。

从上文可见 6to4 隧道较好地解决了多个孤立 IPv6 网络之间的通信问题，而且能够让 6to4 网络与纯 IPv6 网络之间实现互通，因此 6to4 隧道是一种非常好的隧道技术，但必须使用 6to4 地址。

图 5-53　6to4 中继路由器的原理

（4）ISATAP 隧道

ISATAP 隧道不仅是一种隧道技术，而且这种隧道技术还解决了 IPv4 网络中双栈主机的地址自动配置问题，在 ISATAP 隧道的两端设备之间可以运行 ND 协议。与其他隧道技术类似，ISATAP 隧道也要使用一种特定的地址形式，其接口 ID 部分必须如下：

```
::0:5EFE:a.b.c.d
```

其中 0:5EFE 是 IANA 规定的格式，a.b.c.d 是单播 IPv4 地址。ISATAP 地址的前 64 位是主机通过向 ISATAP 路由器发送请求，使用 NDP 自动获得的。ISATAP 自动隧道原理如图 5-54 所示。

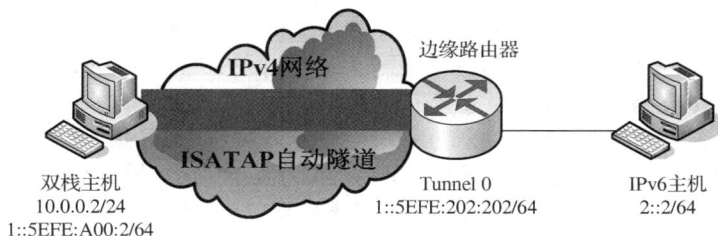

图 5-54　ISATAP 隧道原理

ISATAP 隧道的特点主要是把 IPv4 网络看作一个下层链路，NDP 通过 IPv4 网络承载，实现了跨 IPv4 网络的 IPv6 地址自动配置，这样分散在 IPv4 网络中的双栈主机就有机会获得自动生成的全局 IPv6 地址，从而能够与 IPv6 网络中的主机进行通信。

除了上文所述的几种隧道技术以外，还有很多隧道技术。其中 6PE 隧道技术在 ISP 的网络中获得了大量的使用，其实现的基础是使用多协议标记交换（Multi-Protocol Label Switching，MPLS）技术，由于其比较复杂，这里不再讲述，感兴趣的读者可以参考相关的资料来了解详细的细节。

2. IPv6 与 IPv4 网络之间的互通

IPv6 网络在发展过程中，必然要实现与 IPv4 网络的互通，否则目前大量的互联网资源无法为 IPv6 主机提供服务，会限制 IPv6 技术的发展。IPv6 与 IPv4 网络之间互通的方法也有很多种，这里主要介绍常见的双栈技术和 NAP-PT 技术。

（1）双栈技术

顾名思义，双栈技术就是主机同时实现 IPv4 和 IPv6 两个协议栈，具备同时访问 IPv4 网络和 IPv6 网络的能力。但是有两个主要问题必须考虑，一个是双栈节点的地址配置问题，另一个是如何通过 DNS 获得通信对端的地址。

双栈节点的地址配置要求节点必须支持双栈，必须同时配置 IPv4 和 IPv6 地址，两个地址之间不必有关联，但是如果节点是支持自动隧道的双栈节点，必须配置两个地址之间的映射关系。

对于通过 DNS 获取通信对端的地址，要求 DNS 服务器必须具有这样的功能，即要求 DNS 服务器既能解析 IPv4 地址，也能解析 IPv6 地址。IPv4 的解析已经不是问题，对于 IPv6 地址，定义了新的记录类型即 A6 和 AAAA，解决了 IPv6 地址解析的问题。

双栈技术使主机具有双网通信的能力，但是由于每个 IPv6 节点都要有一个 IPv4 地址，这样不能避免 IPv4 地址耗尽的问题，所以双栈技术总体来讲只能是一个临时的过渡技术。

（2）NAT-PT 技术

当双栈技术面临的问题几乎不能解决的时候，可以尝试 NAT-PT 技术。所不同的是原来 NAT-PT 实现的是公网地址和私有地址之间的转换，现在是用 NAT-PT 来实现 IPv4 和 IPv6 首部之间的转换，也就是说 IPv4 网络中的主机用 IPv4 地址来表示 IPv6 网络中的主机，反之亦然，即 IPv6 网络中的主机也可用 IPv6 地址来表示 IPv4 网络中的主机。NAT-PT 技术分为以下 3 种：静态 NAT-PT；动态 NAT-PT；结合 DNS ALG 的动态 NAT-PT。

① 静态 NAT-PT。静态 NAT-PT 是由 NAT-PT 网关静态配置 IPv6 和 IPv4 地址绑定关系的技术，其实现原理如图 5-55 所示。在 IPv4 主机和 IPv6 主机通信过程中，报文经过 NAT-PT 网关时，网关根据静态配置的绑定关系进行转换。

静态 NAT-PT 的原理很简单，但是由于要让 IPv6 地址与 IPv4 地址一一对应，所以当地址很多时，管理员的工作量比较大，而且要消耗大量的 IPv4 地址。

② 动态 NAT-PT。动态地址映射可以避免静态映射的缺点。其实现的原理如图 5-56 所示，NAT-PT 网关向 IPv6 网络中通告一个 96 位的前缀（Prefix），该前缀再加上一个 32 位的 IPv4 地址构成一个在 IPv6 网络中表示的 IPv4 主机。在 IPv6 网络中，凡是目的地址是这个前缀的报文都会被路由到 NAT-PT 网关，由网关将其转换成 IPv4 地址。对于源地址，IPv6 主机的地址在报文通过网关时要从地址池中找一个未被使用的 IPv4 地址来代替，而且网关要记录下二者之间的映射关系，从而完成 IPv6 地址到 IPv4 地址的转换，让 IPv6 网络中的报文能够接着在 IPv4 网络中传递。

动态 NAT-PT 弥补了静态 NAT-PT 的缺点，而且由于其采用了上层协议映射的方法，可以用一个 IPv4 地址支持大量的 IPv6 地址的转换，避免了 IPv4 地址不足的问题。但是这种转换只能由 IPv6 一侧先发起，如果让 IPv4 一侧先发起，由于 IPv4 主机并不知道 IPv6 主机的 IPv4 地址，所以是行不通的。

图 5-55 静态 NAT-PT 原理

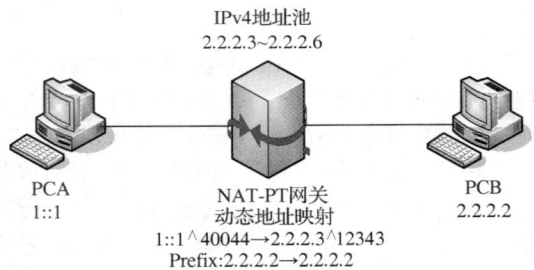

图 5-56 动态 NAT-PT 原理

③ 结合 DNS ALG 的动态 NAT-PT。通过与 DNS 的结合实现结合 DNS ALG 的动态 NAT-PT 能够让双方都具备可以主动发起连接的自由。其实现的原理如图 5-57 所示。这里以 PCB 主动发起为例来简要解释。

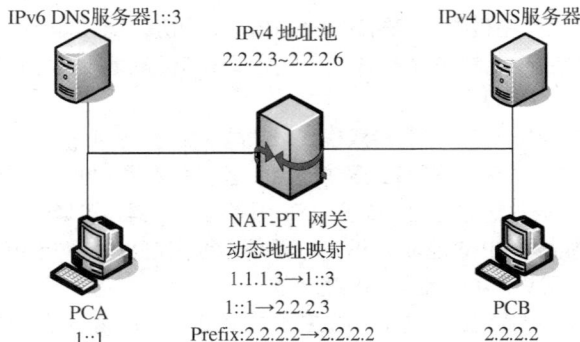

图 5-57 结合 DNS ALG 的动态 NAT-PT 原理

假如 PCB 想要和 PCA 进行通信，PCB 目前只知道 PCA 的域名，PCB 就可以向 IPv6 网络中的 DNS 服务器请求解析 PCA 的名字，此时 PCB 只知道 IPv6 网络中的 DNS 服务器的地址是 1.1.1.3（此映射在 NAT-PT 中已经配置）。因此报文的源地址就是 2.2.2.2，目的地址就是 1.1.1.3。

该请求被 NAT-PT 网关收到后，NAT-PT 网关会进行转换：2.2.2.2→Prefix:2.2.2.2（这里的 Prefix 是在 NAT-PT 网关中配置的代表 IPv4 网络的 IPv6 网络前缀），1.1.1.3→1::3。同时要将 IPv4 的 A 类 DNS 请求改为 IPv6 的 AAAA 或 A6 类请求，并发送到 IPv6 DNS 服务器。

服务器解析后向 PCB 回应。报文的源地址是 1::3，目的地址 Prefix:2.2.2.2。这个报文会被路由到 NAT-PT 网关。

NAT-PT 网关收到后要进行转换，首先把 AAAA 或 A6 类型转换成 A 类型，并从地址池中找到 2.2.2.3，替换报文中的 1::1，并记录下这个映射关系。然后把报文转给 PCB。

PCB 此时认为 PCA 的地址就是 2.2.2.3，就以此地址为目的地址发起到 PCA 的连接。当该报文到达 NAP-PT 网关时，网关会从映射记录中查到所做的映射，进行转换后，在 IPv6 网络中进行传递。当 PCA 反馈时，再进行一次上述转换即可。

由此可以看出，结合 DNS ALG 的动态 NAT-PT 实现了 IPv6 和 IPv4 网络的互通。但是需要明确，这种技术与 NAT-PT 的缺点是一样的，由于其改变了报文首部，因此对于很多应用会无法适用，而且这种技术破坏了端到端的安全。

5.7 实训

路由器工作在 OSI 参考模型的第三层，不同于二层交换机的是，其必须通过相应的配置才能使用。本节以路由器及配置技术为主线，详细介绍路由器的相关概念和路由器的路由协议配置方法，对规划、组建和管理局域网、园区网具有工程指导价值。

5.7.1 路由器的基本配置

1. 实训目的
① 熟悉路由器命令视图配置方法。
② 掌握路由器基本配置命令。

2. 实训内容
① 了解路由器配置中使用的命令视图以及对应命令。
② 掌握路由器接口 IP 地址的配置方法。
③ 掌握不同链路参数配置的方法。
④ 掌握路由器当前配置的保存方法，以及通过 TFTP 实现配置文件的上传与下载。

3. 实训设备
采用华为模拟器 eNSP 完成配置，网络拓扑参考图 5-59 所示网络结构。

4. 实训步骤
（1）准备知识
路由器在配置和使用上要比交换机难，读者在学习时可牢记以下要点。
要点 1：路由器在使用时必须进行相关的配置才能起到相应的作用，即先配置后使用，不同于集线器。
要点 2：路由器的配置涉及的内容比较多，常用的主要有基本配置、静态路由、动态路由协议、广域网协议、远程访问等。
要点 3：路由器的最小配置是基本配置、链路连接配置、路由配置。
要点 4：用户应根据网络的具体情况和需求，先进行规划和设计，经分析确认后，有选择地依次对网络中的每个路由器进行相应的配置。

下面以华为路由器为例，由浅入深地介绍路由器的各种典型配置。（采用 eNSP 模拟软件。）

（2）路由器配置基础

① 路由器的配置方式。

• 超级终端方式。该方式主要用于路由器的初始配置，路由器不需要 IP 地址。基本方法是：计算机通过 COM1/COM2 口和路由器的 Console 口连接，在计算机上启用"超级终端"程序，设置同交换机部分。

• Telnet 方式。该方式配置要求路由器必须配置了 IP 地址，并启动了 Telnet 服务，之后使用计算机通过 Telnet 命令连接。

② 路由器的工作视图。在命令行状态下，主要有以下几种工作视图。

• 用户视图，主要用于查看路由器的基本信息，只能执行少数命令，不能对路由器进行配置。提示符为：<Huawei>。进入方式为：Telnet 或 Console。

• 系统视图，主要用于查看、测试、配置路由器全局性参数，不能对接口、路由协议进行配置。提示符为：[Huawei]。进入方式为：<Huawei> system-view。

• 全局模式下的子视图，包括接口、路由协议等不同的视图。其进入模式提示符如下。

```
[Huawei]interface G0/0/0    //进入接口模式
[Huawei-GigabitEthernet0/0/0]         //接口模式提示符
[Huawei]rip 1    //进入路由协议模式
[Huawei-rip-1]    //路由协议模式
```

③ 命令行的使用及常用命令。

■ "？"、"Tab"的使用。输入"？"得到系统或命令的帮助；"Tab"为补充命令。

■ 命令行操作组合键的使用。

• 【Ctrl】+【P】：恢复上一条命令组合健。

• 【Ctrl】+【N】：恢复下一条命令组合健。

• 【Ctrl】+【B】：左移光标组合健。

• 【Ctrl】+【F】：右移光标组合健。

■ 改变命令状态的命令。常见改变命令状态的命令如表 5-11 所示。

表 5-11　常见的改变命令状态的命令

任务	命令	任务	命令
进入系统视图	system-view	进入端口设置状态	interface type slot/number
进入全局设置状态	config terminal	进入路由设置状态	命令格式：路由协议名称 Process ID
退出一层视图	quit	终止命令执行	Ctrl+c
一键退到用户视图	Ctrl+z		

■ 查看命令。常见的查看命令如表 5-12 所示。

表 5-12　常见的查看命令

任务	命令	任务	命令
查看版本及引导信息	display version	查看开机设置	display startup
查看路由器存储	<Huawei>dir	显示端口信息	display interface type slot/number
查看当前设置	display current-configuration	显示路由信息	display ip route

■ 网络命令。常见的网络命令如表 5-13 所示。

表 5-13　网络命令

任务	命令
登录远程主机	telnet hostname|*IP* address
网络侦测	ping hostname|*IP* address
路由跟踪	Tracert hostname|*IP* address

（3）路由器的基本配置实例

路由器的基本配置一般包括如下内容：路由器命名、配置口令及加密、配置相关的接口、配置保存与加载等。它是用户在使用路由器时必须进行的配置，是后续其他配置的基础。

在设计路由器各种配置时，为便于举例说明，本节以图 5-58 所示网络拓扑为工程背景，如有不同时另行说明。使用 eNSP 模拟器进行配置时，使用 PC 代表网络，可以参考图 5-59，注意具体接口以实际情况为准。模拟器中比较合适的路由器是 AR2220，实例中均以该路由器为例设置。由于该路由器是模块化路由器，默认没有串口模块，故实际实验时，读者需要右键单击路由器，选择配置命令，在路由器接口模拟图中找到串口模块，并将模块拖动到对应槽位即可，如图 5-60 所示。

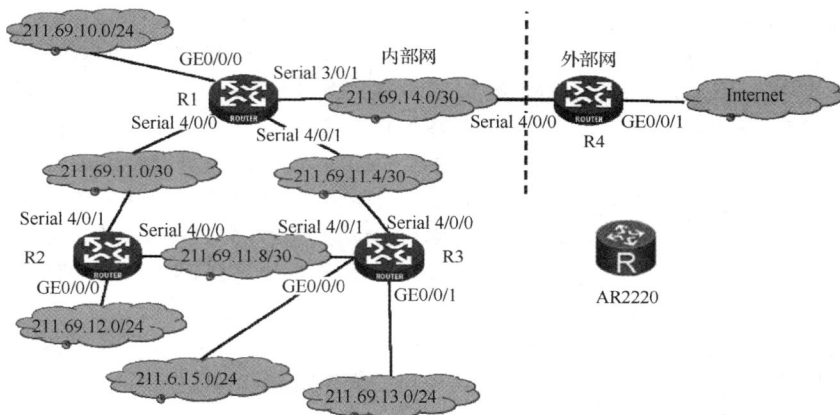

图 5-58　路由器配置网络拓扑结构

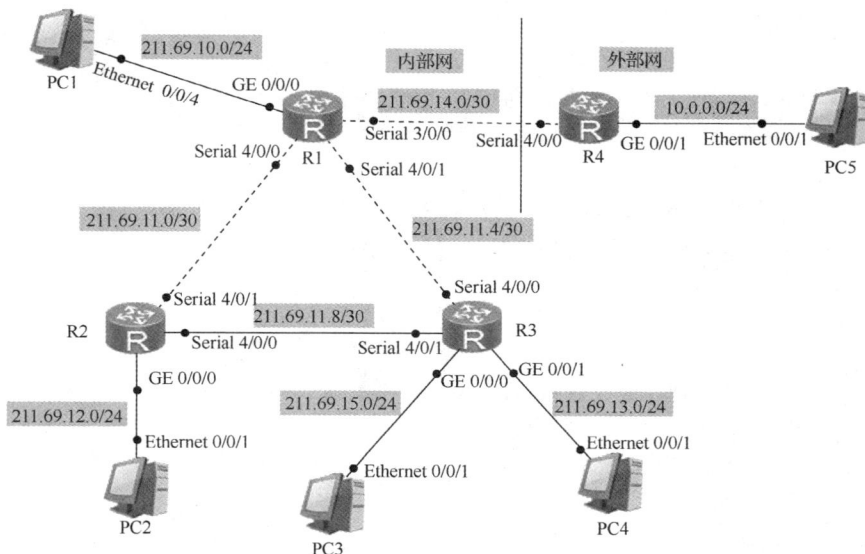

图 5-59　eNSP 模拟器中的路由器配置网络结构

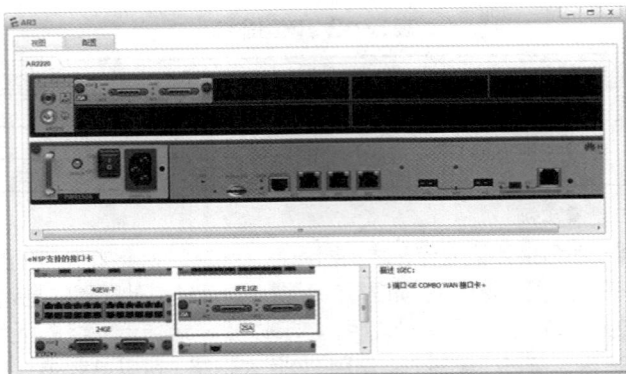

图 5-60 路由器配置串口模块

网络结构说明如下。

该结构模型由 R1、R2、R3 这 3 个路由器通过以太网接口电缆将 211.69.10.0/24、211.69.12.0/24、211.69.13.0/24、211.69.15.0/24 这 4 个 C 类网段互联起来，而 211.69.11.0/30、211.69.11.4/30、211.69.11.8/30、211.69.14.0/30 这 4 个子网，每个子网内只有 2 个 IP 地址，用作路由器之间互联的端口，其接口采用串口模块。

R1：其自带 2 个 1000Mbit/s 的以太网接口，其中 GE0/0/0 接口连接了 211.69.10.0/24 网段；另需配置 2 个 2 端口-同异步 WAN 接口卡，通过 DTE/DCE 电缆分别与 R2、R3 和 R4 路由器连接。

R2：其自带 2 个 1000Mbit/s 的以太网接口，其中 GE0/0/0 接口连接 211.69.12.0/24 这个 C 类网段；另需配置 1 个 2 端口-同异步 WAN 接口卡，通过 DTE/DCE 电缆分别与 R1、R3 路由器连接。

R3：其自带 2 个 1000Mbit/s 的以太网接口，其中 GE0/0/1 连接 211.69.13.0/24 这个 C 类网段；GE0/0/0 连接 211.69.15.0/24 这个网段，另需配置 1 个 2 端口-同异步 WAN 接口卡，通过 DTE/DCE 电缆分别与 R1、R2 路由器连接。

R4：作为外网 ISP 的接入路由器，其自带 2 个 1000Mbit/s 以太网接口，另需配置 1 个 2 端口-同异步 WAN 接口卡，通过以太网口连接 211.69.14.0/30，通过串口连接 R1 路由器。

各路由器接口的 IP 地址如下。

R1 上各端口的 IP 地址。

```
Serial4/0/1 端口的 IP 地址：211.69.11.5/30
Serial4/0/0 端口的 IP 地址：211.69.11.1/30
GE0/0/0 端口的 IP 地址：211.69.10.1/24
Serial3/0/0 端口的 IP 地址：211.69.14.1/30
```

R2 上各端口的 IP 地址。

```
Serial4/0/1 端口的 IP 地址：211.69.11.2/30
Serial4/0/0 端口的 IP 地址：211.69.11.9/30
GE0/0/0 端口的 IP 地址：211.69.12.1/24
```

R3 上各端口的 IP 地址。

```
Serial4/0/1 端口的 IP 地址：211.69.11.10/30
Serial4/0/0 端口的 IP 地址：211.69.11.6/30
GE0/0/1 端口的 IP 地址：211.69.13.1/24
GE0/0/0 接口的 IP 地址：211.69.15.1/24
```

R4 上各端口的 IP 地址。

```
Serial4/0/0 端口的 IP 地址：211.69.14.2/30
GE0/0/1 接口的 IP 地址：10.0.0.1/24
```

① 路由器的命名。

路由器的名字被称作主机名（Hostname），它会在系统提示符中显示，在集中配置一个多路由器环境的网络中，路由器的统一命名会给管理与配置网络中的路由器带来极大的方便。

路由器的系统默认名字是 Huawei。命名需要在全局配置模式下完成，方法如下。

```
<Huawei>system-view    //进入全局配置模式
[Huawei]sysname R1    //命名为 "R1"
```

② 配置接口。

对于以太网口的基本配置，主要包括 IP 地址、速率、双工模式等。对于串口的基本配置，主要包括 IP 地址、封装协议、速率等，串口的其他配置会在后面有关内容中介绍。

配置接口的命令格式如下所示。

```
[Huawei]interface type port-number
```

其中，"type"为接口类型，如 "GigabitEthernet" "Serial" "LoopBack"等；"port-number"为接口号，包含槽位号（Slot Number）、适配器号（Adaptor Number）、接口号（Interface Number）3 个部分，比如 GE0/0/0 代表的是 0 号槽位的 0 号适配器的 0 号接口。

以太网的基本配置。

```
[Huawei] interface GigabitEthernet 0/0/0
[Huawei-GigabitEthernet0/0/0]#ip add 20.0.0.1 255.0.0.0  //配置 IP 地址
Router(config-if)#speed 1000    //配置速率为 1000Mbit/s
Router(config-if)#duplex full    //配置为全双工模式
```

串口的基本配置。

```
[Huawei] interface Serial4/0/0
[Huawei -Serial4/0/0]ip add 30.0.0.1 255.0.0.0  //配置 IP 地址
Router(config-if)# link-protocol ppp   //封装 PPP
```

接口的关闭和开启。

```
[Huawei-GigabitEthernet0/0/0]shutdown  //关闭接口
[Huawei-GigabitEthernet0/0/0]undo shutdown   //开启接口
```

③ 配置保存及导入。

保存当前配置。

```
<Huawei>save [文件名]//将当前配置保存到设备中，文件名可选
```

指定启动时使用的配置文件。

```
<Huawei>startup saved-configuration [文件名] //设置下次启动时使用的配置文件
```

将当前配置保存到 TFTP 计算机上。

```
<Huawei>tftp 192.168.0.100 put vrpcfg.zip //将文件 vrpcfg.zip 导出到 192.168.0.100 主机
```

将 TFTP 上的配置文件导入当前配置。

```
<Huawei>tftp 192.168.0.100 get vrpcfg.zip //将文件 vrpcfg.zip 从 192.168.0.100 主机导入
```

5.7.2 静态及默认路由配置

1. 实训目的

① 熟悉静态路由理论根据。

② 掌握静态路由的基本配置命令与配置方法。

2. 实训内容

① 掌握静态路由配置命令。

② 完成静态路由配置，实现网络互通。

3. 实训设备

采用华为模拟器 eNSP 完成配置，网络拓扑参考图 5-58 所示网络拓扑结构。

4. 实训步骤

（1）配置静态路由

静态路由是手动配置的，当网络拓扑结构发生改变而需要更新路由时，网络管理员就必须手动更新静态路由信息。当某个网络只能通过一条路由出去时，使用静态路由即可。网络配置静态路由避免了动态路由更新所带来的系统和带宽开销。

> **注意** 路由配置时一定要注意源和目标路由的"有去有回"原则。

"ip route-static" 命令用来设定一条静态路由，语法如下。

```
ip route-static network mask {address|interface} [inherit-cost] [tag] [preference]
```

- network：目标网络或子网地址。
- mask：子网掩码。
- address：下一跳的 IP 地址或相邻路由器的端口地址。
- interface-cost：使静态路由继承直连路由的开销值。
- tag：特定路由标志。
- preference：路由的优先级。

静态路由的配置。

如图 5-58 所示，要求内部网之间通过静态路由实现内网各网段 211.69.10.0/24、211.69.12.0/24、211.69.13.0/24 的相互通信。

R1 的配置。

```
[R1]ip route-static 211.69.12.0 24 211.69.11.2
[R1]ip route-static 211.69.11.8 30 211.69.11.2
[R1]ip route-static 211.69.15.0 24 211.69.11.6
[R1]ip route-static 211.69.13.0 24 211.69.11.6
[R1]ip route-static 10.0.0.0 24 211.69.14.2
```

R2 的配置。

```
[R2]ip route-static 211.69.10.0 24 211.69.11.1
[R2]ip route-static 211.69.15.0 24 211.69.11.10
[R2]ip route-static 211.69.13.0 24 211.69.11.10
[R2]ip route-static 211.69.14.0 24 211.69.11.1
[R2]ip route-static 211.69.11.4 30 211.69.11.1
[R1]ip route-static 10.0.0.0 24 211.69.11.1
```

R3 的配置。

```
[R3]ip route-static 211.69.10.0 24 211.69.11.5
[R3]ip route-static 211.69.11.0 30 211.69.11.5
[R3]ip route-static 211.69.12.0 24 211.69.11.9
[R3]ip route-static 211.69.14.0 30 211.69.11.5
[R3]ip route-static 10.0.0.0 24 211.69.11.5
```

（2）配置默认路由

默认路由也是由用户手动配置的，它作为到达目的网络的路由未知时所选择的路径。也就是当路由表中没有明确列出到达某一目的网络的下一跳时，则将选择默认路由所指定的下一跳地址（默认路由的优先级最低）。

实际上，路由器不可能知道到达所有网络的路由，如图 5-59 中的 R1、R2、R3 路由器，不可能知道内网访问 Internet 时所有路由的目的网络地址，因此，如果想让内网用户能够访问 Internet，必须再配置一条默认路由。

R1 的配置。

```
[R1]ip route-static 0.0.0.0 0.0.0.0 211.69.14.2
```

R2 的配置。

```
[R2]ip route-static 0.0.0.0 0.0.0.0 211.69.11.1
```

R3 的配置。

```
[R3]ip route-static 0.0.0.0 0.0.0.0 211.69.11.5
```

R4 的配置。

```
[R4]ip route-static 0.0.0.0 0.0.0.0 211.69.14.1
```

（3）不同路由的优先级

当一台路由器上配置多种路由和路由协议时，就有了路由优先级的概念。当到达同一目标网络有多条路径选择时，按优先级最高的执行包的路径转发。不同的厂商对路由协议优先级的定义不同，并且支持的路由协议种类也不同，如表 5-14 所示。

表 5-14　思科/华为路由器的优先级对比

思科路由器		华为路由器	
路由类型	优先级	路由类型	优先级
DIRECT	0	DIRECT	0
STATIC	1	STATIC	10
OSPF	110	OSPF	60
RIP	120	RIP	100
未知	255	未知	255

5.7.3　动态路由协议配置

1. 实训目的

① 熟悉路由协议的基本原理。

② 掌握动态路由协议的配置命令及配置方法。

2. 实训内容

① 了解动态路由协议的相关知识及对应命令。

② 完成 RIP 的配置，实现网络互通。

③ 完成 OSPF 协议的配置，实现网络互通。

3. 实训设备

采用华为模拟器 eNSP 完成配置，RIP 配置的网络拓扑参考图 5-58 所示，OSPF 协议配置的网络拓扑参考图 5-61 所示网络结构。

4. 实训步骤

（1）RIP 配置

路由信息协议（RIP）是一种应用较早、使用广泛的内部网关协议。RIP 适用于小型网络，是典型的距离向量算法协议。RIP 路由选择只是基于两点间的"跳数"（Hops），经过一个路由器认为是一跳，当从源端到目的端存在多条路径时，以距离最短的路径为路由。RIP 有 3 个时钟，分别是路由更新时钟（每 30s）、路由无效时钟（每 180s）、路由取消时钟（每 120s）。

RIP 并没有任何链接质量的概念，低速的串行链路被认为与高速的光纤链路是相同的。因为 RIP 是以最小的跳数来选择路由，所以当在 1000Mbit/s 的光纤链路、100Mbit/s 的以太网、9600bit/s 的串行链路 3 个路由中选择时，RIP 很可能会选择后者。RIP 也没有链路流量等级的概念。例如，对于两条以太网链路，其中一个很"忙"，另一个根本没有数据流，RIP 可能会选择忙的那条链路。

RIP-1 版本的最大跳数是 15，RIP-2 版本的最大跳数是 128，大于 15 或 128 则认为不可到达。然而，在大型网络系统中，跳数很可能超过规定值，使用 RIP 是很不现实的。另外，RIP 每隔 30s 才进行信息更新，因此，在大型网络中，坏的链路信息可能要花费很长时间才能传播过来，路由信息花费的稳定时间可能更长，并且在这段时间内可能产生路由环路。

要求图 5-58 所示内网 R1、R2、R3 路由器启用路由协议 RIP-2。注意，在实验时为保证 RIP 路由的有效性，必须删除静态路由，删除静态路由命令：undo ip route-static all。可以保留默认路由。

R1 配置的主要内容如下。

```
[R1] router rip 1              //启用 RIP
[R1-rip-1] version 2           //使用 RIP-2
[R1-rip-1] network 211.69.10.0  //宣告所连 211.69.10.0 网段
[R1-rip-1] network 211.69.14.0  //宣告所连 211.69.14.0 子网
[R1-rip-1] network 211.69.11.0  //宣告所连 211.69.11.0 子网
```

其他路由器的主要配置：对于 R2，将所连 211.69.12.0、211.69.11.0 网段宣告出来即可；对于 R3，将所连 211.69.13.0、211.69.15.0、211.69.11.0 网段宣告出来即可。

RIP 配置完成后，可使用"display ip route"显示 IP 路由选择表。

以图 5-58 所示 R1 为例说明路由表的基本内容。

```
Route Flags: R - relay, D - download to fib
------------------------------------------------------------------------------
Routing Tables: Public
        Destinations : 25        Routes : 25

Destination/Mask    Proto   Pre Cost    Flags   NextHop         Interface

        0.0.0.0/0   Static  110 0       RD      211.69.14.2     Serial3/0/0
      127.0.0.0/8   Direct  0   0       D       127.0.0.1       InLoopBack0
      127.0.0.1/32  Direct  0   0       D       127.0.0.1       InLoopBack0
127.255.255.255/32  Direct  0   0       D       127.0.0.1       InLoopBack0
    211.59.11.4/30  Direct  0   0       D       211.59.11.5     Serial4/0/1
    211.59.11.5/32  Direct  0   0       D       127.0.0.1       Serial4/0/1
    211.59.11.7/32  Direct  0   0       D       127.0.0.1       Serial4/0/1
    211.69.10.0/24  Direct  0   0       D       211.69.10.1     GigabitEthernet
0/0/0
    211.69.10.1/32  Direct  0   0       D       127.0.0.1       GigabitEthernet
0/0/0
  211.69.10.255/32  Direct  0   0       D       127.0.0.1       GigabitEthernet
0/0/0
```

```
    211.69.11.0/30   Direct   0    0        D        211.69.11.1    Serial4/0/0
    211.69.11.1/32   Direct   0    0        D        127.0.0.1      Serial4/0/0
    211.69.11.2/32   Direct   0    0        D        211.69.11.2    Serial4/0/0
    211.69.11.3/32   Direct   0    0        D        127.0.0.1      Serial4/0/0
    211.69.11.4/30   RIP      100  2        D        211.69.11.2    Serial4/0/0
    211.69.11.6/32   Direct   0    0        D        211.69.11.6    Serial4/0/1
    211.69.11.8/30   RIP      100  1        D        211.69.11.2    Serial4/0/0
    211.69.12.0/24   RIP      100  1        D        211.69.11.2    Serial4/0/0
    211.69.13.0/24   RIP      100  2        D        211.69.11.2    Serial4/0/0
    211.69.14.0/30   Direct   0    0        D        211.69.14.1    Serial3/0/0
    211.69.14.1/32   Direct   0    0        D        127.0.0.1      Serial3/0/0
    211.69.14.2/32   Direct   0    0        D        211.69.14.2    Serial3/0/0
    211.69.14.3/32   Direct   0    0        D        127.0.0.1      Serial3/0/0
    211.69.15.0/24   RIP      100  2        D        211.69.11.2    Serial4/0/0
255.255.255.255/32   Direct   0    0        D        127.0.0.1      InLoopBack0
```

> **说明**
> ① Direct：表示该路由器的直连网络。
> ② RIP：经 RIP 学习的路由，优先级为 100，后面的字段为跳数。
> ③ Static：表示静态路由，这里设置了一条静态默认路由，优先级设置为 110。

（2）OSPF 协议配置

OSPF 路由协议是由 IETF IGP 工作小组于 1987 年开发的一种链路状态路由协议。同一时期，RIP 已成为最主要的协议，但它随着网络规模的增长，逐渐暴露出一些问题。OSPF 协议能够适应大型全局 IP 网络的扩展，而基于距离矢量的 IP 路由协议（如 RIP）则不能适应这种网络。OSPF 协议的特性包括支持 VLSM、快速收敛、低网络利用、高级路由选择及可用组播传送报文等。

OSPF 协议是被设计为适于一个自治系统的链接状态协议。链接状态协议通过在 OSPF 协议区域内各路由器中维持一个相同的拓扑结构数据库来工作。路由器将每条网络链接信息发送给它所有的相邻路由器，从而更新它们的拓扑结构数据库，并传播这些信息到其他路由器，具体内容参考本章 OSPF 协议部分。

小型网络上基本的 OSPF 协议配置并不复杂。但当把 OSPF 协议应用于大规模网络时，它就会变得很复杂，需要考虑区域设计、冗余、认证等多种因素。与 RIP 相比，OSPF 协议配置中主要增加的是 OSPF 协议的区域设置。每个区域都有一个区域号，当网络中存在多个区域时，必须存在 0 区域。0 区域是骨干区域，所有其他区域都通过直接或虚链路连接到骨干区域上。为了优化操作，各区域所包含的路由器不应超过 70 个。

> **注意** 同一网段不能被划为两个不同的 OSPF 协议区域。

① 单区域的 OSPF 协议配置。

以图 5-61 所示的 R1、R2、R3 为例说明 OSPF 协议配置的主要内容。

R1 的配置。

```
[R1]ospf 100     //启用 OSPF 路由协议，定义 OSPF 协议进程 ID 号为 100
[R1-ospf-100]area 0 //进入区域 0 视图
```

```
[R1-ospf-100-area-0.0.0.0]network 211.69.10.0 0.0.0.255    //宣告直连网段及所在区域为 0
[R1-ospf-100-area-0.0.0.0]network 211.69.11.0 0.0.0.3      //宣告直连网段及所在区域为 0
[R1-ospf-100-area-0.0.0.0]network 211.69.11.4 0.0.0.3      //宣告直连网段及所在区域为 0
[R1-ospf-100-area-0.0.0.0]network 211.69.14.0 0.0.0.3      //宣告直连网段及所在区域为 0
```

对于 R2，将所连 211.69.12.0、211.69.11.0、211.69.11.8 网段宣告出来并定义区域为 0 即可；对于 R3，将所连 211.69.13.0、211.69.11.4、211.69.11.8、211.69.15.0 网段宣告出来并定义区域为 0 即可。注意，R1、R2、R3 的区域 ID 号必须相同，才能相互交换路由信息；另外，网段后应是子网掩码的反码（通配符）。

② 多区域的 OSPF 协议配置。

以图 5-62 所示的 R1、R2、R3、R4 为例说明 OSPF 协议配置的主要内容。其中各路由器相关接口的 IP 地址如表 5-15 所示。

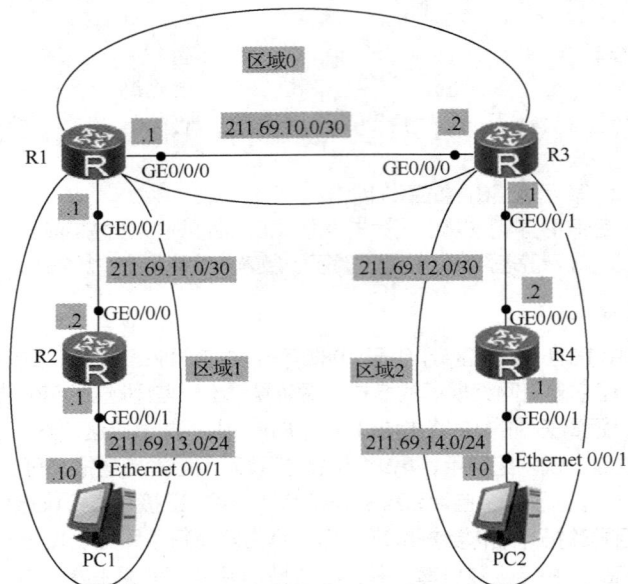

图 5-61　eNSP 模拟软件 OSPF 协议配置的网络结构

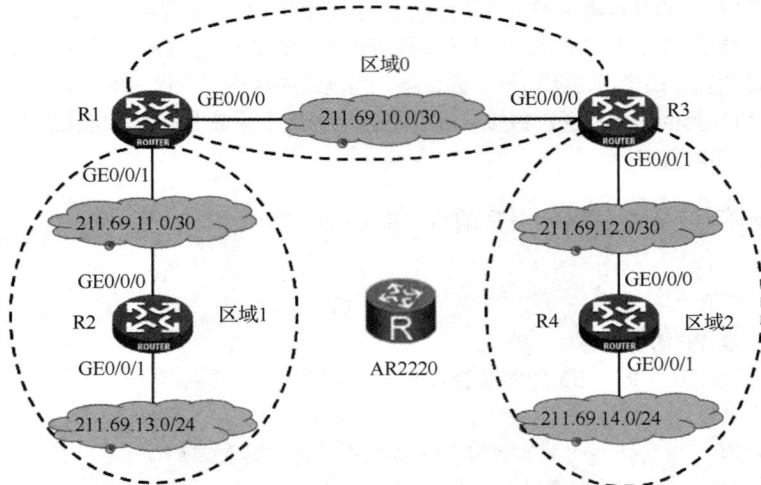

图 5-62　多区域的 OSPF 协议配置的网络结构

表 5-15 路由器相关接口的 IP 地址

路由器名称	接口名称	IP 地址	子网掩码
R1	GE0/0/0	211.69.10.1	255.255.255.252
	GE0/0/1	211.69.11.1	255.255.255.252
R2	GE0/0/0	211.69.11.2	255.255.255.252
	GE0/0/1	211.69.13.1	255.255.255.0
R3	GE0/0/0	211.69.10.2	255.255.255.252
	GE0/0/1	211.69.12.1	255.255.255.252
R4	GE0/0/0	211.69.12.2	255.255.255.252
	GE0/0/1	211.69.14.1	255.255.255.0

R1 的主要配置。

```
[R1]ospf 100    //启用 OSPF 路由协议,定义 OSPF 协议进程 ID 号为 100
[R1-ospf-100]area 0 //进入区域 0 视图
[R1-ospf-100-area-0.0.0.0]network 211.69.10.0 0.0.0.3 //宣告网段为区域 0
[R1-ospf-100-area-0.0.0.0]area 1 //进入区域 1 视图
[R1-ospf-100-area-0.0.0.1]network 211.69.11.0 0.0.0.3 //宣告网段为区域 1
```

R2 的主要配置。

```
[R2]ospf 200 //启用 OSPF 路由协议,定义 OSPF 协议进程 ID 号为 200
[R2-ospf-100]area 1 //进入区域 1 视图
[R2-ospf-100-area-0.0.0.1]network 211.69.11.0 0.0.0.3 //宣告网段为区域 1
[R2-ospf-100-area-0.0.0.1]network 211.69.13.0 0.0.0.255 //宣告网段为区域 1
```

R3 的主要配置。

```
[R3]ospf 300 //启用 OSPF 路由协议,定义 OSPF 协议进程 ID 号为 300
[R3-ospf-300]area 0 //进入区域 0 视图
[R3-ospf-300-area-0.0.0.0]network 211.69.10.0 0.0.0.3 //宣告网段为区域 0
[R3-ospf-300-area-0.0.0.0]area 2 //进入区域 2 视图
[R3-ospf-300-area-0.0.0.2]network 211.69.12.0 0.0.0.3 //宣告网段为区域 2
```

R4 的主要配置。

```
[R4]ospf 400 //启用 OSPF 路由协议,定义 OSPF 协议进程 ID 号为 400
[R4-ospf-400]area 2 //进入区域 2 视图
[R4-ospf-400-area-0.0.0.2]network 211.69.12.0 0.0.0.3 //宣告网段为区域 2
[R4-ospf-400-area-0.0.0.2]network 211.69.14.0 0.0.0.255 //宣告网段为区域 2
```

注意 同一网段不能划为两个不同的区域。

以 R1 为例,可以得到路由表如下。其中"OSPF"对应的就是通过 OSPF 协议获得的路由信息,其优先级为 10。

```
Route Flags: R - relay, D - download to fib
------------------------------------------------------------------------------

Routing Tables: Public
        Destinations : 13        Routes : 13
```

Destination/Mask	Proto	Pre	Cost	Flags	NextHop	Interface
127.0.0.0/8	Direct	0	0	D	127.0.0.1	InLoopBack0
127.0.0.1/32	Direct	0	0	D	127.0.0.1	InLoopBack0
127.255.255.255/32	Direct	0	0	D	127.0.0.1	InLoopBack0
211.69.10.0/30	Direct	0	0	D	211.69.10.1	GigabitEthernet 0/0/0
211.69.10.1/32	Direct	0	0	D	127.0.0.1	GigabitEthernet 0/0/0
211.69.10.3/32	Direct	0	0	D	127.0.0.1	GigabitEthernet 0/0/0
211.69.11.0/30	Direct	0	0	D	211.69.11.1	GigabitEthernet 0/0/1
211.69.11.1/32	Direct	0	0	D	127.0.0.1	GigabitEthernet 0/0/1
211.69.11.3/32	Direct	0	0	D	127.0.0.1	GigabitEthernet 0/0/1
211.69.12.0/30	OSPF	10	2	D	211.69.10.2	GigabitEthernet 0/0/0
211.69.13.0/24	OSPF	10	2	D	211.69.11.2	GigabitEthernet 0/0/1
211.69.14.0/24	OSPF	10	3	D	211.69.10.2	GigabitEthernet 0/0/0
255.255.255.255/32	Direct	0	0	D	127.0.0.1	InLoopBack0

本章小结

本章从 IP 入手，分别介绍了 IPv4 与 IPv6 以及子网划分；通过对 DHCP 的分析，介绍了有状态地址自动配置的方法；通过对路由算法以及代表性路由协议的分析，介绍了路由形成的过程。最终从总体上解释了知识引入部分的疑问。最后以实训实例的方式，介绍了使用华为相关设备配置路由器的方法。

习题

1. IPv4 中 IP 地址的长度是多少位？
2. 描述 IP 地址的分类情况。
3. 什么是子网掩码？C 类地址的默认子网掩码是什么？
4. 某单位分配到一个 IP 地址，其网络号为 200.7.7.0，现在该单位共有 5 个不同的部门，每个部门最多 30 台主机，要求进行子网划分，给出子网掩码并给每一个部门分配一个子网号码，最后算出每个地点主机号码的最小值和最大值。
5. 常见的动态路由算法可以分为哪两大类？
6. 与 IPv6 标准制定有关的国际组织是哪些？
7. 简述 IPv6 报文首部与 IPv4 报文首部的不同。

8. 简述 IPv6 报文首部中下一个报头的作用。

9. IPv6 扩展报头都有哪些？

10. IPv6 地址的表示有哪 3 种格式？

11. 2001:0321:5300:0000:0000:0000:0010:2AF0 的压缩格式是什么？

12. 简述 IPv6 地址的分类。

13. IPv6 中的特殊地址有哪些？

14. IPv6 中的兼容地址有哪些？

15. 把 MAC 地址 0210:A40A:3B4D 改写成 EUI-64 地址。

16. 列举几个常见的组播地址，并描述它们的使用范围。

17. 简述 ICMPv6 的几个常见应用。

18. 简述 PMTU 检测的过程。

19. 简述过渡期的几种隧道技术。

20. 简述 NAP-PT 技术。

第6章
传输层协议原理与技术

情景引入

当我们在使用计算机和手机时，IP 地址只有一个，却往往同时打开了很多应用，但是从来没有出现 A 的数据"跑"到 B 那里的情况，这是怎么实现的呢？我们在网上看视频、打游戏的时候，这些数据都是从服务器传递出来的，如果访问的人非常多，服务器会不会崩溃呢？我们在家里上网的时候，往往会有好几个设备同时上网，但是运营商提供给我们的只有一个公有 IP 地址，这么多设备怎么实现同时上网呢？学完这一章，大家应该就能找到答案了。

学习目标

【知识目标】
1. 学习传输层的相关概念。
2. 学习 NAT 与 VPN 的原理。
3. 学习 NAT 实现方法。

【技能目标】
1. 掌握利用 TCP 和 UDP 进行问题分析的技能。
2. 具备科学分析能力。

【素养目标】
1. 培养探究科学规律的精神。
2. 培养认真、严谨的品质。
3. 培养专业务实的作风。

6.1 TCP 与 UDP 概述

互联网上的应用大致可以分为两类，一是对可靠性要求居于首位的应用，比如电子邮件、Web 服务、文件传输等，这些应用不能容忍传输中出现信息的错误；二是对反应速度要求居于首位的应用，比如语音聊天、视频电话、视频点播等，这些应用如果经常卡顿，对用户来讲是不能忍受的。因此互联网提供了两类服务，一个是面向连接的可靠服务，另一个是无连接的不可靠服务。

互联网网络层的 IP 是一种只提供尽最大努力交付的数据报服务，即不可靠、无连接服务。如果需要可靠性，则需要在 IP 之上再设计一套协议。比如前文所述 OSPF 协议，就是在 IP 之上，自己设计了序列号、超时重发等一套保证可靠性的设计。那么如果需要反应快、对可靠性要求不高的应用是不是就可以直接使用 IP 来处理了？答案是否定的。

由于在计算机中运行的进程是动态的，且可能存在多个同时运行的进程，因此在 IP 地址解决了互联网上主机定位问题的基础上，还需要解决当分组到达目的主机时，究竟应该将分组交给哪个进程的问题。这个问题仅依靠 IP 地址本身是不能解决的，这时就需要传输层的帮助。从传输层的角度看，通信的端点并不是主机，而是主机中的进程。即端到端通信其实是不同主机上的应用进程之间的通信，其实现如图 6-1 所示。

由于以上原因，在互联网体系结构中设置了传输层，来解决以上的问题。因此，要实现端到端的通信，就需要采用传输层的两个协议，一个是提供面向连接、可靠服务的 TCP，另一个是提供无连接、不可靠服务的 UDP。

为了分辨端到端进程间的通信，在传输层使用了协议端口号的概念，简称端口。这样，只要把需要传送的报文交到目的主机的一个合适的端口，其余的由传输层来完成就行了，这样的设计为软件开发人员提供了很大的便利。

传输层的端口号共有 16 位，即共有 65536 个不同的端口号。端口号只有本地意义，在不同的计算机中，相同的端口号并没有关联。因此，如果让两个计算机中的进程互相通信，不仅需要知道对方的 IP 地址，还需要知道对方的端口号。通常使用的端口号可分为以下两大类。

（1）服务器端使用的端口号。

首先是知名端口号，数值范围为 0～1023。这些端口是整个 Internet 中大家所熟知的端口号，可以从 IANA 官网中查到，IANA 把这些端口分配给了 TCP/IP 体系中的一些重要的应用程序，如 21（FTP）、23（Telnet）、25（SMTP）、80（HTTP）、53（DNS）等。其次是登记端口号，包括 1024～49151。IANA 负责一些专用服务进行登记，大多数用户对于这些端口并不熟知。

（2）客户端使用的端口号。

数值范围为 49152～65535 的端口号是留给客户端进程使用的。当服务器端进程收到客户端进程的报文时，就知道了客户端的端口号，就可以把数据发送到客户进程。

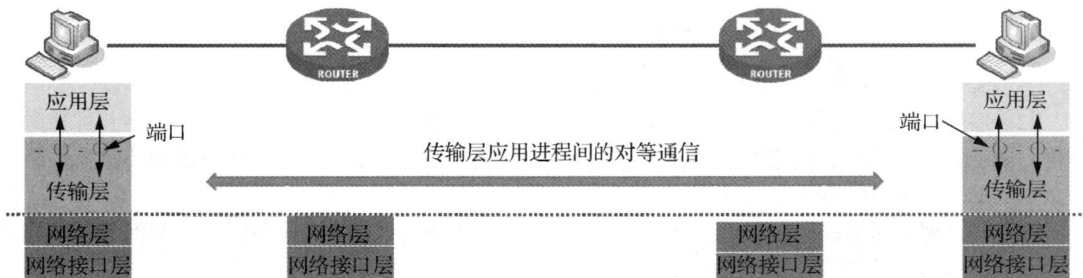

图 6-1　传输层通信实现模拟

6.2 TCP

如果应用层协议需要可靠的传输服务，就需要 TCP 的支持。由于要提供可靠性，而 TCP 又是在不可靠、无连接的 IP 基础上实现的，因此设计 TCP 时就要考虑且不限于以下几个问题。

（1）如果数据发送过程中出现了误码怎么办？

（2）如果数据发送过程中出现丢失怎么办？

（3）如果数据到达目的地的先后顺序与发送时不一致，如何保证有序？

（4）如果网络发送拥塞，如何提前发现并尽量避免？

为此 TCP 设计了一套相对复杂的机制和算法来处理以上问题，本节将具体介绍其设计的一些思路和算法。总体来讲 TCP 具有以下 5 个特点。

（1）TCP 是面向连接的协议。即应用程序要使用 TCP，需要先建立连接，传送数据完成后，需要释放连接。

（2）TCP 是点对点协议。即每条 TCP 连接只能有两个端点，因此每条 TCP 连接只能是点对点的（即只能是一对一）。

（3）TCP 提供可靠传输服务。即 TCP 连接可以实现数据的无差错、不丢失、不重复及按序到达的传输。

（4）TCP 提供全双工通信。TCP 连接的两端都有接收缓冲区和发送缓冲区，因此可以实现全双工通信。

（5）TCP 是面向字节流的协议。与 UDP 不同，TCP 将应用程序交下来的数据仅看作一连串的无结构的字节流，TCP 并不关心字节流的含义，只保证接收方收到的字节流与发送方发出的字节流一致。

6.2.1　TCP 报文分段的格式

为了实现面向连接的可靠传输，TCP 的报文分段格式比较复杂。下面介绍 TCP 的报文分段格式及各字段的含义。TCP 的分段格式如图 6-2 所示。

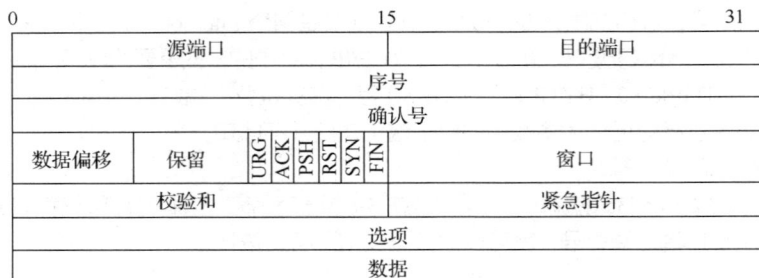

图 6-2　TCP 的报文分段格式

（1）源端口和目的端口。这两个字段分别写入源端口号和目的端口号。

（2）序号。TCP 是面向字节流的，因此在一个 TCP 连接中传输的字节流的每一个字节都按顺序编号。要传输的字节流的起始序号必须在连接建立时设置。首部中的序号字段值指的是本报文段所发送数据的第一个字节的序号。

（3）确认号。该字段存放期望收到对方下一个报文段的第一个数据字节的序号。其实也就明确地告诉对方该序号以前的数据已经正确接收，因此叫确认号。

（4）数据偏移。表示数据开始的地方离 TCP 段的起始处有多远。实际上就是 TCP 段首部的长度。由于首部长度不固定，因此数据偏移字段是必要的。数据偏移以 32bit 为长度单位，也就是 4 个字节，因此 TCP 首部的最大长度是 60 个字节。

（5）保留。该字段保留为今后使用，目前应置 0。

（6）控制位。这里 6 个连续的位是用来做控制的。控制位说明其他字段含有的有意义的数据或说明某种控制功能。ACK 和 URG 说明确认和紧急数据指针字段是否含有有意义的数据；FIN 指出这是最后的 TCP 数据段，用于连接中止过程；PSH 用于"强迫"TCP 提早发送缓冲区中的数据，而不用等待缓冲区填满；RST 用于发送实体指示接收实体，中断传输连接，进行连接重启；SYN 用于建立初始连接，允许双方实体同步初始序列号。

（7）窗口。该字段指的是发送本报文段的一方的接收窗口。通过窗口值告诉对方，从本报文段首部中的确认号开始，接收方目前允许对方发送的数据量。

（8）校验和。校验和字段检验的范围包括首部和数据两部分。

（9）紧急指针。该字段在 URG 置位时才有意义，它指出本报文段中紧急数据的字节数（紧急数据结束后就是正常数据）。

（10）选项。该字段长度可变，最长可达 40B，用于实现一些特殊功能。

（11）数据。用于存放应用层数据。

6.2.2 TCP 连接的建立和释放

TCP 是一个面向连接的、可靠的传输控制协议，在每次数据传输之前需要建立连接，当连接建立成功后才开始传输数据，数据传输完成后要释放连接，这个过程与打电话类似。由于 TCP 使用的网络层 IP 是一个不可靠的、无连接的协议，为了确保连接的建立和释放都是可靠的，TCP 使用"三次握手"的方式来建立连接，其过程如图 6-3 所示。其中的序列号只是作为例子使用，并不意味着每次连接都是从序列号 1 开始。

首先由主机 A 向主机 B 发起连接请求，将分段的序列号设为 n，同时 SYN 置位。主机 B 收到连接请求后，发送序列号为 m 的包，同时将 SYN 和 ACK 置位，并将确认号字段置为 $n+1$，以示序列号为 n 的数据已经收到，等待接收序列号为 $n+1$ 的数据。当主机 A 收到连接确认后，需要对该确认进行再次确认，为此，主机 A 会发送序列号为 $n+1$、确认号为 $m+1$ 的分段，主机 B 收到后就表明 TCP 连接已经建立。

连接建立后就可以进行数据传输了。当数据传输完毕，该连接需要释放，其过程如图 6-4 所示。主机 A 在数据传输完毕后，发起连接释放，将 FIN 置位，发送序列号为 n 的报文段，n 的值等于前面已传送过的数据的最后一个字节的序号加 1。主机 B 收到后，将 ACK 置位，发送确认号为 $n+1$ 的报文段，该报文段自己的顺序号为主机 B 前面已经传送的数据的最后一个字节的序号加 1。至此从 A 到 B 这个方向的连接就释放了。但应注意这时的 TCP 连接处于半关闭状态，也就是说，从 B 到 A 这个方向的连接并没有关闭，这个状态可能会持续一些时间。当这个方向的数据也传送完毕时会采取与上文类似的过程释放连接，只是这次是由主机 B 首先发起的。

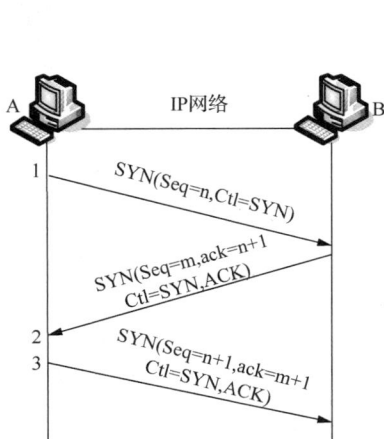

图 6-3 TCP 连接建立的三次握手过程

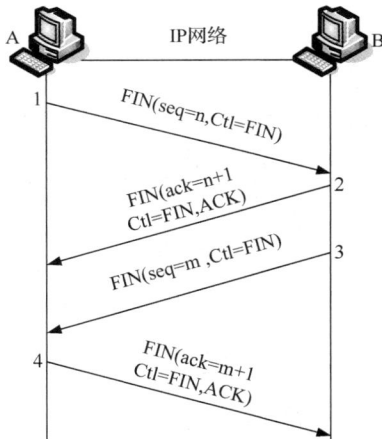

图 6-4 TCP 连接释放的四次握手过程

6.2.3 TCP 可靠传输技术

在 TCP 连接建立之后，为了保证数据传输的可靠性，TCP 设计了几个机制，分别处理数据传输过程中可能面临的几个问题。

（1）如何保证数据传输的正确性

为了保证数据传输的正确性，TCP 要求对传输的数据都进行确认，即传输确认机制。为了保证确认的正常进行，TCP 中对每一个分段都设置了 32 位的编号，称为序列号。每一个分段都以从起始号递增的顺序进行编号。TCP 通过序号和确认号来确保数据传输的可靠性，每一次传输数据时都会标明该段的序号，以便于对方确认。

在 TCP 中，确认并不意味着要明确说明哪些分段已经收到，而是采用期望值的方法来告诉对方该期望值以前的分段已经正确接收。如果收到分段后，自己没有分段要马上发送回去，TCP 通常采用延时几分之一秒后再做确认，而不是收到一个确认一个，这样可以减少确认的次数，提高确认的效率。TCP 的实际操作是连续发送多个数据段之后，接收方采用捎带确认的方法，即在发送到对方的 TCP 分段中包含确认号，确认号是正确接收的好几段数据序号的下一个序号，如图 6-5 所示。

由于数据可能需要重新传输，因此此发送方在收到确认之前，已经发送的数据仍然保留在缓冲区中。通过这个机制，可以保证数据已经被对方收到了。

（2）如何保证数据不重复

传输确认机制可以保证得到确认的数据都是发送成功的数据，其依据就是对方返回的确认信息。但是网络通信中延迟是经常发生的事情，甚至在 IP 负责 TCP 数据传送的过程中出现数据丢失也是可能的。

如果丢失的数据是确认信息，就会导致后续的数据由于没有收到前面数据的确认信息而无法传送，因此 TCP 设置了超时重传机制。TCP 会根据前期数据的发送和收到确认信息的情况估算一个在双方之间的往返时间（Round-Trip Time，RTT）。如果超过这个时间没有收到确认信息，则认为确认信息丢失，将前一个数据重新发送。

如果 M 分段在传输中出错，则确认 M 之前的序号，从而使发送方明白，需要将 M 分段及之后的分段重新传送。如果只是进行简单的这样处理，此时接收方会发现错误分段之后的分段已经接收过了，且没有错误，因此发送方的重传只是将错误分段重传，对于已经接收且没有错误的分段，接收方采用确认号为最后序号加 1 的方式确认已经正确接收的数据，其过程如图 6-6 所示。

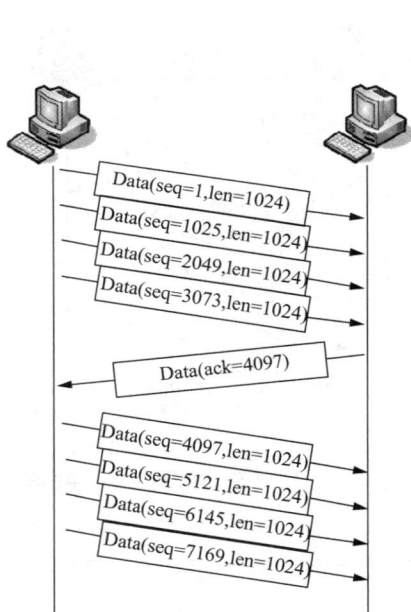

图 6-5 TCP 的确认机制　　　　图 6-6 TCP 的重传机制

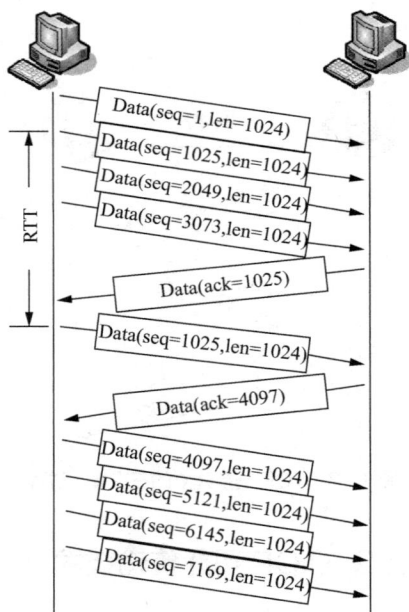

6.2.4 TCP 流量控制

TCP 连接建立后，通信双方就可以进行全双工通信了。一般来说，总是希望数据传输能够更快一些，但是如果发送方把数据发送地过快，接收方可能来不及处理，就会造成数据的丢失。所谓流量控制，就是控制发送方的发送速率，要让接收方来得及处理。TCP 采用滑动窗口机制来实现流量控制的功能，其过程如图 6-7 所示。

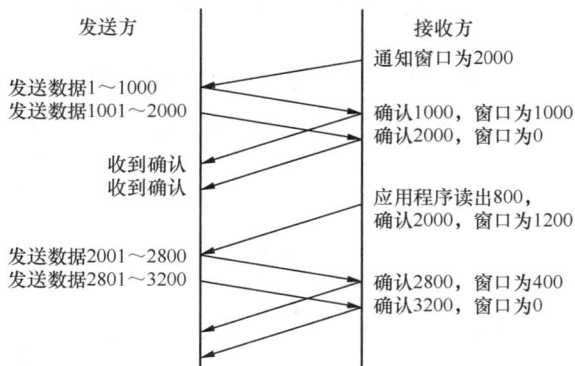

图 6-7 滑动窗口示意

发送方与接收方进行数据传送时，都会在数据中附带自己的窗口值。窗口可以近似理解为双方的接收缓冲区，如果数据量超过这个值，则会发生数据丢失。通过窗口值可以让对方按照接收能力发送数据，避免了由于缓冲区容量不足导致的数据丢失，同时也减少了数据重发导致的浪费。

6.2.5　TCP 的拥塞控制

利用滑动窗口技术可以实现流量控制，这种控制针对的是发送方和接收方，当拥塞发生在链路中时，这种方法是无法处理的。1999 年公布的 Internet 建议标准 RFC 2581 中定义了拥塞控制的 4 种算法，分别是慢启动、拥塞避免、快重传和快恢复。之后的 RFC 2582 和 RFC 3390 中对这些算法进行了改进。通过这几种算法可以理解 TCP 的拥塞控制。

（1）慢启动

在这个算法中，除了发送方和接收方的滑动窗口外，还为发送方添加了一个拥塞窗口，拥塞窗口用来描述网络的通行能力。当发送方与另一个网络的主机建立 TCP 连接时，拥塞窗口被初始化为 1 个报文段，每收到一个 ACK，拥塞窗口就增加 1 个报文段。过程如图 6-8 左侧所示。发送方取拥塞窗口和接收方窗口中的最小值作为发送上限，开始时发送 1 个报文段，然后等待 ACK。当收到 ACK 时，拥塞窗口从 1 增加为 2，即可以发送 2 个报文段。当再次收到这 2 个报文段的 ACK 时，拥塞窗口就增加到 4。这是一种指数增加的关系，实际上起步慢，后面会越来越快，因此称为慢启动，又称慢开始。

（2）拥塞避免

慢启动本质上是一种试探性的发送过程，在发现网络能够承受的基础上，不断增加发送量。为了防止增加过快，导致网络快速发生拥塞，该算法设置了慢启动门限。达到门限后，改变增加的策略，从指数增加变为线性增加。这种增加可以在网络拥塞前充分利用网络带宽，直到某些中间节点开始丢弃分组为止。这一过程称为拥塞避免。虽然名为拥塞避免，其实并不能避免，只是将拥塞的发生往后推迟而已。

（3）快重传与快恢复

将慢启动与拥塞避免结合使用，可以使通信双方尽量地充分利用网络带宽。一旦发生拥塞，按照慢启动的算法，就要将拥塞窗口直接设置为 1，一切重新开始，同时将慢启动门限设定为发生拥塞时窗口值的一半，如图 6-8 右侧下方虚线部分所示。这种方法在某些情况下属于反应过度，比如收到对方的 3 个重复 ACK 这种情况，说明网络拥塞并没有那么严重，因此快重传算法被提出。

快重传算法首先要求接收方每收到一个失序的报文段就立即发出重复 ACK（为的是使发送方及早知道有报文段没有到达对方）而不要等到自己发送数据时才捎带 ACK。快重传算法规定，发送方只要一连收到 3 个重复 ACK 就应当立即重传对方尚未收到的报文段，而不必继续等待为其设置的重传计时器到期。

同时，使用快恢复算法，即拥塞窗口不是像慢启动一样直接恢复到 1 并重新开始，而是将拥塞窗口减小到发生拥塞时的一半，采用线性增加的拥塞避免方式进行数据的发送，如图 6-8 右侧实线部分所示。

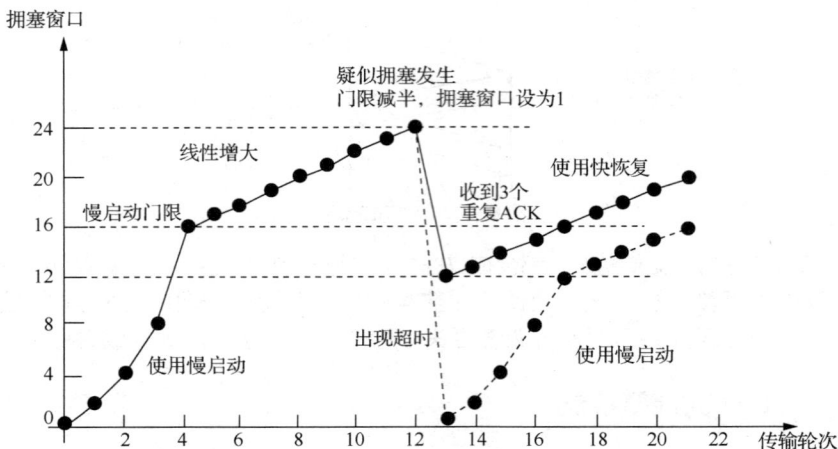

图 6-8　TCP 的拥塞控制策略

6.3　UDP

TCP 的复杂性决定了使用该协议支撑的应用层协议运行起来会相对较慢，且 TCP 只能实现一对一的通信，对于组播这种典型的一对多应用，TCP 显然是无法支持的。而互联网中的很多应用对于快速反应、一对多能力的要求又是现实存在的。因此在传输层除了面向连接的 TCP 之外，还需要一种无连接的协议为另一类应用服务。UDP 就是被设计用来为这类应用层协议服务的，由于不需要提供可靠性，因此 UDP 的设计很简单。由于协议很简单，因此 UDP 的报文结构也很简单，如图 6-9 所示。

源端口号（16bit）		目的端口号（16bit）	
数据报长度（16bit）		校验和（16bit）	
数据			

图 6-9　UDP 的报文分段结构

如前文所述，源端口号和目的端口号表示的是该分段是由哪一个进程创建的。通常使用的 UDP 端口号有 53（DNS）、69（TFTP）、161（SNMP）等。

数据报的长度是指包括报头和数据部分在内的总的字节数。因为报头长度固定，所以该域主要用来计算数据部分的字节数。数据报的最大长度根据操作环境的不同而不同。理论上，最大长度可以达到 65535bit。但是，考虑到 IP 报文的分片与重组需要消耗大量的时间和资源，因此这个值通常不会太大，以便于 IP 的处理。

校验和域是用来保证数据安全的。校验和首先在发送方通过特殊算法计算得出，传递到接收方后，还需要重新计算。如果中途被第三方篡改或出现错误，两次计算的结果就会不相符。

本质上 UDP 只是在 IP 封装的基础上加了端口号信息，以满足端到端通信的需求。这样设计使得

UDP 具有以下 3 个特点。

（1）无连接。即发送数据前不需要建立连接，减少了开销和时延。

（2）不可靠。即不保证可靠传输，只是尽力交付。

（3）面向报文。即 UDP 会原样接收上层交付的报文，而不会做任何拆分或合并等处理。

由于处理步骤少，UDP 处理数据时反应会比较快，因此 UDP 适合用于小数据量、大批次传输的应用，如 SNMP。由于 UDP 不用建立连接，因此 UDP 可以用于点对点、点对多点、多点对多点等应用，比如视频流等服务。另外，由于 UDP 无须建立连接，所以一些对实时性要求高的应用也考虑采用 UDP 实现。

6.4 VPN 与 NAT 技术

为防止 IP 地址短缺并保证机构的网络安全，一个机构申请的 IP 地址数目往往小于本机构所拥有的主机数量。实际上，很多情况下机构内部的主机还是需要进行互相通信的，如果机构内部的通信也采用 TCP/IP，那么从原则上讲，机构内部使用的主机 IP 地址可以由机构自行分配。也就是说，如果这些通信仅限于机构内部，那么机构是没有必要向 Internet 管理机构申请全球唯一的 IP 地址的，只要机构内部不发生地址冲突即可。但是，任意选择地址作为机构内部使用的地址有可能在某些情况下发生混乱。比如，机构内的一台主机需要连接 Internet，那么这时该主机的 IP 地址可能和 Internet 上的 IP 地址重合，导致地址的二义性。

为了解决这个问题，Internet 管理机构指明了一些专用地址。这些地址只能用于一个机构内部的通信，而不能用于和 Internet 上的主机通信。在 Internet 上的所有路由器，对目的地址是专用地址的数据报一律不转发。专用地址包括以下地址。

（1）10.0.0.0 到 10.255.255.255。

（2）172.16.0.0 到 172.31.255.255。

（3）192.168.0.0 到 192.168.255.255。

由于这些地址只能用于机构内部，因此在不同的机构内部采用同样的地址是不会发生 IP 地址重合问题的，因此这些地址叫作私有地址，又叫作可重用地址。

6.4.1 VPN 技术

有时一个很大的机构有许多部门，分布在一些相距很远的地点，每一个地点都有自己的专用网，采用的是私有地址。假如这些部门之间需要通信，可以采用两种方案。一种是向电信公司申请专线，这种方法的好处是简单、方便，但是租金昂贵。另一种是利用公用的 Internet 作为采用私有地址的专用通信的载体，这种专用网又称为虚拟专用网（VPN）。

VPN 实质上是通过一个公用网络（通常是 Internet）建立一个临时的、安全的连接，是一条穿过公用网络的安全、稳定的"隧道"，是对机构内部网的扩展，实现采用私有地址的用户之间跨公网的通信。VPN 可以帮助远程用户、分支机构、商业伙伴及供应商同机构的内部网建立可靠的安全连接，并保证数据的安全传输。通过将数据流转移到低成本的公用网络上，一个机构的 VPN 解决方案将大幅度地减少花费在城域网和远程网络连接上的费用。同时，这将简化网络的设计和管理，加速连接新的用户和网站。另外，VPN 还可以保护现有的网络投资。随着用户的商业服务不断升级，机构的 VPN 解决方案可以使用户将精力集中到自己的业务上，而不是网络上。

为了保证通过公用网络传输的机构内部网络信息的安全，VPN 至少应能提供如下功能。

（1）加密数据，以保证通过公网传输的信息即使被他人截获也不会泄露。

（2）信息认证和身份认证，保证信息的完整性、合法性，并能鉴别用户的身份。

（3）提供访问控制，不同的用户有不同的访问权限。

1. VPN 的分类

根据 VPN 所起的作用，可以将 VPN 分为 3 类：VPDN、Intranet VPN 和 Extranet VPN。

（1）VPDN（Virtual Private Dial Network，虚拟专有拨号网络）。VPDN 指在远程用户或移动雇员和机构内部网之间建立的 VPN。实现的过程如下：用户拨号网络服务提供商的网络访问服务器（Network Access Server，NAS），发出 PPP 连接请求，NAS 收到呼叫后，在用户和 NAS 之间建立 PPP 链路，然后 NAS 对用户进行身份验证，确定是合法用户就启动 VPDN 功能，与机构内部网连接，从而访问其内部资源。

（2）Intranet VPN。Intranet VPN 是在机构远程分支部门的 LAN 和机构总部 LAN 之间建立的 VPN。通过 Intranet 这一公共网络将机构在各地分支部门的 LAN 连到公司总部的 LAN，以便公司内部进行资源共享、文件传递等，可节省 DDN 等专线所带来的高额费用。

（3）Extranet VPN。Extranet VPN 是在合作伙伴的 LAN 和机构的 LAN 之间建立的 VPN。由于不同机构网络环境的差异性及用户的多样性，机构的网络管理员还应该设置特定的访问控制列表（Access Control List，ACL），根据访问者的身份、网络地址等参数来确定其相应的访问权限，开放部分资源而非全部资源给外联网的用户。

2. VPN 的实现

VPN 区别于一般网络互联的关键在于隧道的建立，数据包经过加密后，按隧道协议进行封装、传送以确保安全性。一般来说，在数据链路层实现数据封装的协议叫作第二层隧道协议，常用的有 PPTP、L2TP 等；在网络层实现数据封装的协议叫作第三层隧道协议，如 IPSec。另外，SOCKS v5 协议则在 TCP 层实现数据安全。

（1）PPTP（Point-to-Point Tunneling Protocol，点到点隧道协议）/L2TP（Layer 2 Tunneling Protocol，第二层隧道协议）。1996 年，微软和 Ascend 等在 PPP 的基础上开发了 PPTP，它集成于 Windows NT Server4.0 中，Windows NT Workstation 和 Windows 9.x 也提供相应的客户端软件。PPP 支持多种网络协议，可把 IP、IPX、AppleTalk 或 NetBEUI 的数据包封装在 PPP 包中，再将整个报文封装在 PPTP 包中，最后，再嵌入 IP 报文或帧中继或 ATM 中进行传输。PPTP 提供流量控制，减少拥塞发生的可能性，减少由包丢弃而引发包重传的数量。PPTP 的加密方法采用微软点对点加密（Microsoft Point-to-Point Encryption，MPPE）算法，可以选用较弱的 40 位密钥或强度较大的 128 位密钥。

1996 年，思科提出 L2F（Layer 2 Forwarding，第二层转发）隧道协议，它也支持多协议，但其主要用于思科的路由器和拨号访问服务器。1997 年底，微软和思科公司把 PPTP 和 L2F 的优点结合在一起，形成了 L2TP。L2TP 支持多协议，利用公共网络封装 PPP 帧，可以实现和企业原有非 IP 网的兼容，还继承了 PPTP 的流量控制，支持 MP（Multilink Protocol，多链路协议），可把多个物理通道捆绑为单一逻辑信道。L2TP 使用 PPP 可靠性发送（RFC 1663）实现数据包的可靠发送。L2TP 隧道在两端的 VPN 服务器之间采用 CHAP 来验证对方的身份。L2TP 受到许多大公司的支持。

第二层隧道协议（这里并不单指 L2TP）具有简单、易行的优点，但是可扩展性不好。更重要的是，该协议没有提供内在的安全机制，不能支持企业和企业的外部客户以及供应商之间会话的保密性需求，因此不支持用来连接企业内部网和企业的外部客户及供应商的企业外部网的概念。外部网需要对隧道进行加密并需要相应的密钥管理机制。

（2）GRE VPN。GRE 协议是对某些网络层协议（如 IP 和 IPX）的数据报进行封装，使这些被封装的数据报能够在另一个网络层协议（如 IP）中传输的技术。

GRE 通常用来作为 VPN 的第三层隧道协议，在协议层之间采用了一种被称为 tunnel（隧道）的技术。隧道是一个虚拟的点对点的连接，在实际中可以看成仅支持点对点连接的虚拟接口，这个接口提供了一条通路，使封装的数据报能够在这个通路上传输，并且在一个隧道的两端分别对数据报进行封装及解封装。

GRE 协议将私有网络中 IP 报文重新打包成 GRE 报文，然后在隧道的发送端用公网 IP 地址将 GRE 报文封装进新的 IP 报文，如图 6-10 所示。这样就可以将私有网络的报文作为载荷在公网中传输，到达隧道接收端后，由隧道接收端路由器进行解封装，去掉公网 IP 头和 GRE 头，将私有网络 IP 包在私有网络中进行传输，达到不同地域私有网络之间通信的目的。隧道接口的报文格式如图 6-11 所示。

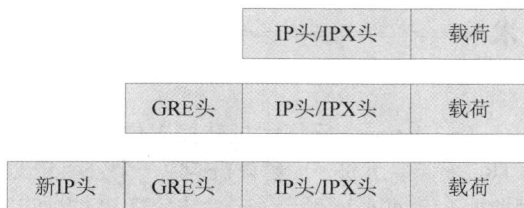

图 6-10 GRE VPN 报文封装过程

图 6-11 隧道接口的报文格式

在实际使用中，需要在路由器的公网接口配置公网地址，同时在两端路由器建立隧道，并为隧道接口配置 IP 地址，以图 6-12 中 Router A 为例，将 S2/0 接口作为公网接口，其 IP 地址为 1.1.1.1/24。在该路由器上需要构造 GRE 隧道，为本端隧道接口配置 IP 地址 10.1.2.1/24，并指明隧道的源地址和目的地址分别为 10.1.2.1/24 和 10.1.2.2/24，最后指明到对端公网地址（2.2.2.2/24）的下一跳地址为 10.1.2.2/24。在 Router B 进行类似的设置即可完成 GRE VPN 的配置，实现 GRE VPN。

图 6-12 GRE 隧道示例

GRE VPN 在第三层实现了 VPN，但是 GRE VPN 的安全性不足，要想得到更加安全、高效的 VPN，可以采用 IPsec VPN。

（3）IPSec VPN。在使用 TCP/IP 的 Internet 协议体系结构中，IP 层是一个附加安全措施的很好的场所。这是因为 IP 层处于整个协议体系的中间点，它既能捕获所有从高层来的报文，也能捕获所有从低层来的报文。从 IP 层的定义来看，在这一层附加安全措施是与低层协议无关的，可对高层协议和应用进程实现透明。许多 Internet 应用可以从 IP 层提供的安全服务中得益。IETF 已制定了安全协议标准 IPSec 和 IKMP（Internet Key Management Protocol，密钥管理协议），用来提供 IP 层安全服务。目前已有多种产品支持 IPSec。IPSec 和一些 IKMP 为组建 VPN 提供了另一条很好的途径。

在 IPSec 中，定义了两个特殊的报头，它们分别是 AH 和 ESP。AH 用在没有 IP 报文加密机制的条件下提供多个主机或网关之间通信的数据完整性保护和鉴别功能。在缺少加密措施的情况下，AH 在 Internet 中被广泛使用。而 ESP 用来为在多个主机或网关之间通信的 IP 报文提供完整性保护、鉴别和加密功能。

IPSec 可以在网络主机内实现，也可在位于内部网和外部网的边界上实现访问控制功能的防火墙中实现。利用 IPSec 构筑的 VPN 可以在企业网络的各站点间提供安全 IP 隧道，使企业的敏感数据不被偷窥和篡改。

由于 Internet 最初的设计不保证网络 QoS，所以现有的 VPN 解决方案必须和一些 QoS 解决方案结合在一起，才能给用户提供高性能的 VPN。为此 IETF 提出支持 QoS 解决方案的资源预留协议

（Resource Reservation Protocol，RSVP）。RSVP 将保证在数据流经过的各个节点预留相应的网络资源，具有 RSVP 功能的路由器能实时地调整网络的能力以适应不同的 QoS 需求。IPv6 也提供了处理 QoS 业务的能力。随着 QoS 在技术上越来越成熟，VPN 可以通过 QoS 保证来获得越来越好的 Internet 服务，享受到和真正的专用网络一样的应用感受。

6.4.2　NAT 技术

1. NAT 概述

NAT（Network Address Translation，网络地址转换）是一个 Internet 工程任务组（Internet Engineering Task Force，IETR）标准，允许一个整体机构以一个公用 IP 地址出现在 Internet 上。顾名思义，它是一种把内部专有地址（IP 地址）"翻译"成合法公有 IP 地址的技术。

简单地说，NAT 就是在内部网络中使用专有地址，而当内部节点要与外部网络进行通信时，就在网关（可以理解为出口）处将私有地址替换成公有地址并记录，该记录称为映射表。从而使私网中使用专有地址的主机使用公有地址的"马甲"访问互联网。互联网上的主机以该公有地址作为目的地址，完成数据发送。当数据到达网关时，网关根据映射关系记录完成公有地址到专有地址的转换，使数据能够在私网中顺利到达目的主机，从而使主机即使使用私有地址，也可以在 Internet 上正常使用。

NAT 可以使多台计算机共享 Internet 连接，这一功能很好地解决了公有 IP 地址紧缺的问题。通过这种方法，用户可以只申请一个合法 IP 地址，就把整个局域网中的计算机接入 Internet。同时，NAT 屏蔽了内部网络，所有内部网络计算机对于公共网络是不可见的，而内部网络计算机用户通常不会意识到 NAT 的存在，从而为内网主机提供了一定的保护功能。NAT 工作过程示意如图 6-13 所示。

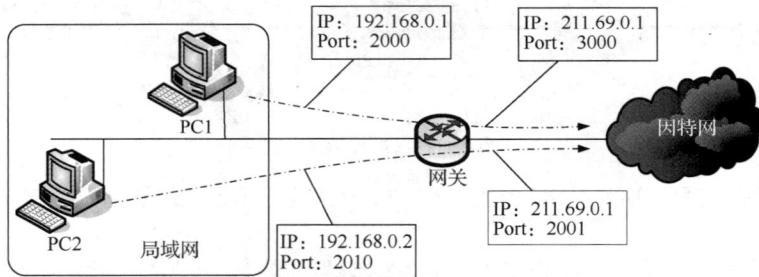

图 6-13　NAT 工作过程示意

2. NAT 技术类型

NAT 技术主要有 3 种类型：静态 NAT（Static NAT）、动态地址 NAT（Pooled NAT）、网络地址和端口转换（Network Address and Port Translation，NAPT）。

（1）静态 NAT

静态 NAT 设置起来最为简单也最容易实现，本质上就是将内部网络中的每个主机都在网关处被永久映射成外部网络中的某个公有地址。从而使每个使用专有地址的计算机都可以访问公网。但是该方法显然没有解决 IPv4 地址不足的问题。

（2）动态地址 NAT

动态地址 NAT 则是在网关定义了一系列的公有地址，构成一个地址池，平时采用动态分配的方法完成私有地址与地址池中某个公有地址的映射。即公有地址不再像静态 NAT 一样固定分配给对应主机，而是分配给有连接互联网需求的计算机，可以实现使用少量公有地址为更多计算机服务的目的。但是当连接互联网主机数量超过地址池中可用公有地址数量时，则会出现无法满足需求的情况。

（3）NAPT

根据传输层协议的工作原理，1 个 IP 地址对应 TCP 和 UDP 的 13 万多个端口号。NAPT 充分利用端口号的映射，实现了同一个公有地址为更多主机服务的目的。即在完成私有地址与公有地址映射的同时，还要记录端口号的映射关系。这样一来，1 个公有地址就有 13 万多个端口号可以实现端口号映射，也就是说一个公有地址结合端口号就可以实现 13 万多个不同映射，从而可以同时把多个内部地址映射到外部网络的一个 IP 地址的不同端口上，满足更多主机访问互联网的需求。

在 Internet 中使用 NAPT 时，所有不同的信息流看起来好像来源于同一个 IP 地址。这个优点在小型办公室（SOHO）内非常实用，通过从 ISP 处申请的一个 IP 地址，可将多个连接通过 NAPT 接入 Internet。实际上，许多 SOHO 远程访问设备支持基于 PPP 的动态 IP 地址。这样，ISP 甚至只需要支持 NAPT，就可以做到多个内部 IP 地址共用一个外部 IP 地址访问 Internet，虽然这样会导致信道的一定拥塞，但考虑到 ISP 节省的上网费用和易管理的特点，用 NAPT 还是很值得的。因此，在实际使用中，NAPT 的使用是较多的。

在使用 NAPT 实现私有地址连接互联网的同时，也会遇到一些问题。比如 NAPT 是由内网主机主动发起的，而互联网上的主机并不知道这种转换关系，因此如果互联网上的主机想主动访问内网主机则无法实现。假设内网存在服务器，希望外网能够访问，但是使用的又是专有地址，需要 NAPT 支持，就会出现外网主机无法访问的问题。此时可以将静态 NAT 与 NAPT 结合，为服务器配置静态映射，将一个公有地址和端口号与服务器的专有地址及端口号实现静态绑定，从而达到外网访问内网服务器的目的。

在家庭连接互联网时，ISP 往往会给使用 DHCP 服务的家庭用户分配公有 IP 地址，再结合 NAPT 为家庭的多个设备联网提供服务。这种服务模式面临的一个问题是公有地址不是固定的，这会造成原有的映射因为 DHCP 切换公有地址而出现数据返回失败，从而影响用户连接互联网。为此，ISP 在 NAPT 基础上设计了 Easy IP 方案。在实现 NAPT 时，只与设备的硬件接口绑定，从而避免了地址切换可能导致的问题。

总的来讲，NAT 技术实现了在 IPv4 地址不足的情况下，仍然满足大量主机连接互联网的需求。但是，正如 IPv6 技术中分析的那样，NAT 技术把原来互联网上端到端的通信打断了，使得有状态的服务无法实现，影响了一部分互联网应用的实现，而且影响了一部分网络安全的功能。

本章小结

在传输层 TCP 和 UDP 的支撑下，分别满足了互联网上面向连接和无连接服务的需求。在此基础上，诞生了 VPN 和 NAPT 等不同技术，解决了由于 IPv4 地址不足导致的很多问题，推动了互联网的不断发展。

习题

1. 比较 TCP 和 UDP 的特点。
2. 简述 TCP 建立连接时使用的三次握手方式。
3. 简述 VPN 的 3 种类型。
4. 简述 TCP 慢启动的过程。
5. 简述 TCP 拆除连接的四次握手过程。
6. 简述 NAT 的 3 种技术类型。

第7章
交换式以太网技术

情景引入

　　交换机是局域网的核心设备，它在局域网通信中到底起到什么作用？为什么交换式以太网比传统以太网速度更快、性能更好？在实际使用中，有时候根本不用配置交换机就可以组建局域网并正常通信，有时候则需要对交换机进行配置以实现更多功能，交换机到底该怎么用？学完本章，读者就能找到答案了。

学习目标

【知识目标】

1. 学习交换机工作原理。
2. 学习生成树协议。
3. 学习虚拟局域网技术。
4. 学习链路聚合技术。

【技能目标】

1. 掌握交换机工作原理及基本配置。
2. 掌握生成树协议原理及应用。
3. 掌握虚拟局域网技术应用。
4. 具备根据应用需求恰当选取协议并配置和维护局域网的能力。

【素养目标】

1. 具有应对计算机科学与技术快速变迁的能力。
2. 培养探究科学规律的精神。
3. 培养专业务实的作风。

//// 7.1 交换机工作原理

7.1.1 交换式以太网概述

　　在传统的共享式以太网中，因为网络中各个节点共享总线，使得任一时刻在传输介质上只能有一个数据包传输，其他想同时发送数据的节点只能退避等待，否则就会造成冲突，这就造成了等待时间较长的问题。共享式以太网在实际应用中会存在以下问题。

　　（1）多个节点共享传输介质，当网络负载较重（节点多）时，冲突和重发事件的大量发生，使网络的信息传输效率变得很低，导致网络性能急剧下降。

　　（2）随着 C/S 体系结构的发展，客户端需要更多地与服务器交换信息，导致网络的通信信息成倍地增加，共享式网络所提供的网络带宽难以满足不断增长的数据传输需求。

　　（3）随着多媒体信息的广泛使用，特别是多媒体信息的实时传输，需要占用大量的网络带宽，共享式局域网难以给予充分的网络带宽支持。

典型的交换式局域网是交换式以太网（Switched Ethernet），它的核心部件是以太网交换机（Ethernet Switch）。以太网交换机可以有多个端口，每个端口可以单独与一个节点连接，也可以与一个共享介质式的以太网集线器连接。以 10Mit/s 以太网交换机为例，如果一个端口只连接一个节点，那么这个节点就可以独占 10Mbit/s 的带宽，这类端口通常被称为"专用 10Mbit/s 的端口"；如果一个端口连接一个 10Mbit/s 的以太网，那么这个端口将被以太网中的多个节点共享，这类端口就被称为"共享 10Mbit/s 的端口"。图 7-1 所示为典型的交换式以太网结构。交换式以太网从根本上改变了"共享介质"的工作方式，它通过以太网交换机支持交换机端口节点之间的多个并发连接，实现多节点之间数据的并发传输。因此，交换式以太网可以增加网络带宽，改善局域网的性能与服务质量。

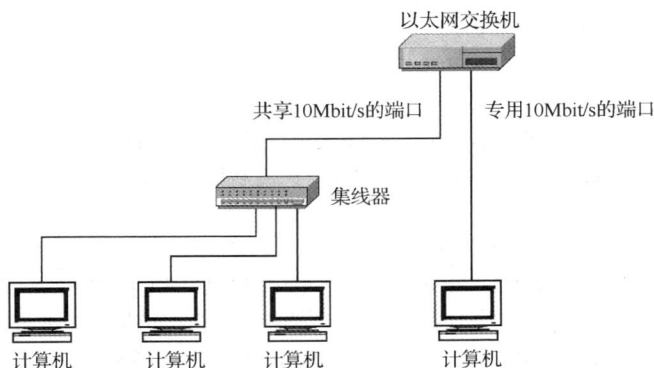

图 7-1 典型的交换式以太网结构

与共享式以太网相比，交换式以太网具有以下优点。

（1）端口独占带宽。以太网交换机的每个端口既可以连接站点，也可以连接一个网段，该站点或网段均独占该端口的带宽。

（2）具有较高的系统带宽。一个交换机的总带宽等于该交换机所有端口带宽的总和。

（3）网络的逻辑分段和安全功能。交换机的每个端口都是一个独立的网段，均属于不同的冲突域，既可隔离随意的广播，又具有一定的安全性。因此，共享式以太网的广播域等于冲突域，而交换式以太网的广播域大于冲突域。

7.1.2 交换机的转发方式

交换机的转发方式主要有以下 3 种。

（1）存储转发方式。存储转发方式要求交换机在接收到全部数据包后再决定如何转发。这样一来，交换机可以在转发之前检查数据包的完整性和正确性。其优点是没有残缺帧（碎片）和错误帧的转发，可靠性高；另外，其还支持不同速度的端口之间的数据交换。其缺点是转发速率比直接交换的低。

（2）直接交换方式。交换机一旦解读到帧的目的地址，就开始向目的端口发送数据包。通常，交换机在接收到帧的前 6 个字节时，就已经知道目的地址，从而可以决定向哪个端口转发这个数据包。直接交换方式的优点是转发速率高、时延小及网络整体吞吐率高等。其缺点是交换机在没有完全接收并检查帧的正确性之前就已经开始数据转发，浪费了宝贵的网络带宽；另外，其不提供数据缓存，因此，不支持不同速率端口之间的数据交换。

（3）改进的直接交换方式。改进的直接交换方式是直接交换方式和存储转发方式的一种折中方案。根据以太网的帧结构可以知道，一个正常的以太网的帧长度至少是 64B，长度小于 64B 的帧是错误的，称为帧碎片。改进的直接交换方式中，交换机读取并检测帧的长度，当满足 64B 要求时就转发出去。

这种方式与直接交换方式相比有一定的差错检测能力（主要是帧碎片的检测），和存储转发方式相比，时延又较小，所以说它是一种折中方案。

7.1.3　以太网交换机工作过程

交换机与集线器的最大区别就是能做到端口到端口的转发。比如接收到一个数据帧以后，交换机会根据数据帧头中的目的 MAC 地址将其发送到适当的端口，而集线器则不然，它把接收到的数据帧向所有端口广播转发。交换机之所以能做到根据 MAC 地址选择端口，完全依赖内部的一个重要数据结构——MAC 地址表。交换机接收到一个数据帧，依靠该数据帧的目的 MAC 地址来查找 MAC 地址表，查找的结果为一个或一组端口，根据查找的结果，把数据包送到相应端口的发送队列。

MAC 地址表包含下面几项内容。

（1）MAC 地址。

（2）一个或一组端口号。

（3）如果交换机上划分了虚拟局域网（VLAN），还包括 VLAN ID。

交换机根据接收到的数据帧的目的 MAC 地址，来查找该表格，根据找到的端口号，把数据帧发送出去。

这个表格可以通过以下两种途径生成。

（1）手动配置加入。通过配置命令的形式告诉交换机 MAC 地址和端口的对应关系。

（2）交换机动态学习获得。交换机通过查看接收的每个数据帧来学习生成该表。

手动生成该表很简单，不过配置起来会占用大量的时间，所以通常情况下是通过交换机动态学习获得的。下面分析一下交换机是如何获得这个 MAC 地址表的，首先提出交换机转发数据帧的如下基本规则。

- 交换机查找 MAC 地址表，如果查找到结果，根据查找结果进行转发。

- 如果交换机在 MAC 地址表中查找不到结果，则根据配置进行处理，通常情况下的处理方式是向所有的端口发送该数据帧，在发送数据帧的同时，学习一条 MAC 地址表项。

开始的时候，交换机的 MAC 地址表是空的，如图 7-2 所示。当交换机接收到第 1 个数据帧的时候，查找 MAC 地址表失败，于是向所有端口转发该数据帧，在转发数据帧的同时，交换机把接收到的数据帧的源 MAC 地址和接收端口进行关联，形成一项记录，填写到 MAC 地址表中，这就是学习的过程，如图 7-3 所示。

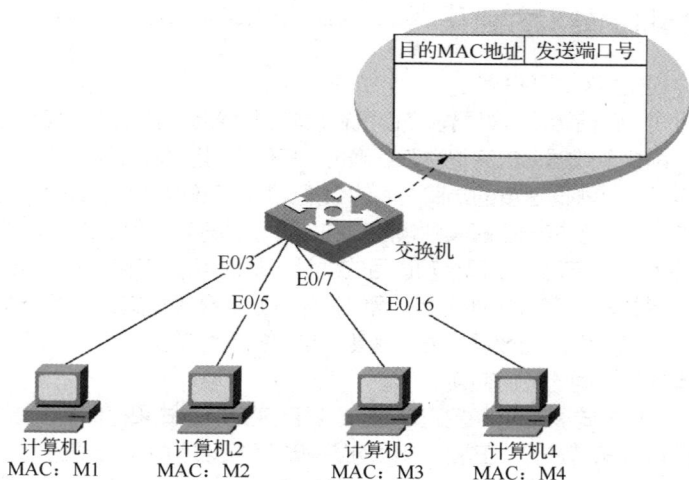

图 7-2　交换机 MAC 地址表为空

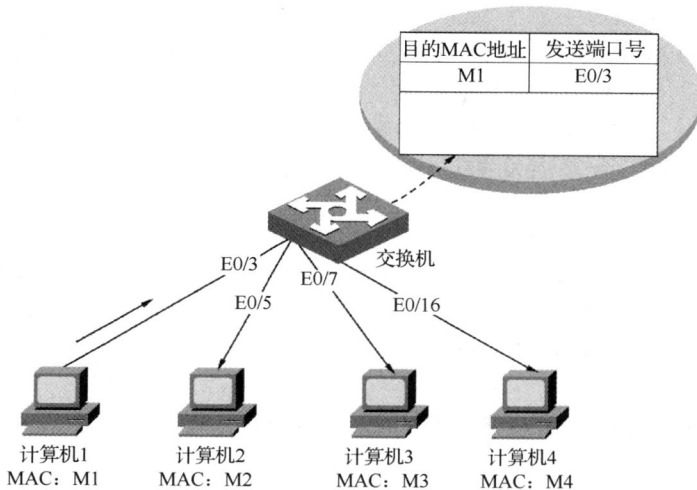

目的MAC地址	发送端口号
M1	E0/3

图 7-3　交换机的地址学习过程

学习过程持续一段时间之后，交换机基本上把所有端口与相应端口下终端设备的 MAC 地址都学习了，于是进入稳定的转发状态。这时，对于接收到的数据帧，总能在 MAC 地址表中查找到结果，而且数据帧的发送是点对点的，达到了理想的状态，如图 7-4 所示。

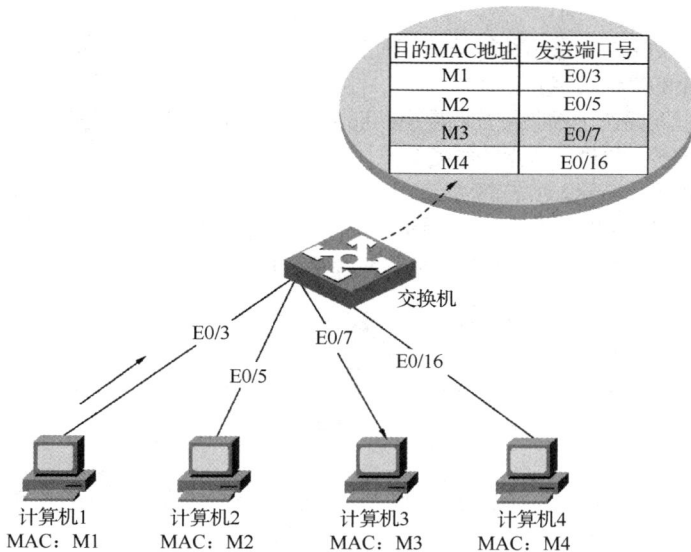

目的MAC地址	发送端口号
M1	E0/3
M2	E0/5
M3	E0/7
M4	E0/16

图 7-4　交换机的点对点转发

交换机还为每个 MAC 地址表项提供了一个定时器，该定时器从一个初始值开始递减，每当使用一次该表项（接收到一个数据帧，查找 MAC 地址表后用该项转发），定时器将被重新设置。如果长时间没有使用该 MAC 地址表的转发项，则定时器递减到 0，该 MAC 地址表项将被删除。

7.2　生成树协议

以太网交换机可以按照水平或树形的结构进行级联，但是不能形成环路。这是因为用以太网交换机构成的网络属于同一广播域，如果出现环路，数据则会无休止地在网中循环，形成广播风暴，造成整个网络瘫痪。

在一些可靠性要求较高的网络中，采用物理环路的冗余备份是常用的方法，所以，保证网络不出现环路是不现实的。IEEE 提供了一个很好的解决办法，那就是 802.1D 协议标准中规定的生成树协议（Spanning Tree Protocol，STP）。生成树协议能够通过阻断网络中存在的冗余链路来消除网络可能存在的路径环路，并且在当前活动路径发生故障时，激活被阻断的冗余备份链路来恢复网络的连通性，保障业务的不间断服务。

1. 生成树计算

生成树协议在交换机之间传递配置消息，配置消息包含足够的信息以完成生成树的计算。配置消息主要包括以下几个重要信息。

（1）根桥 ID：由根桥的优先级和 MAC 地址组成。生成树协议通过比较配置消息中的根桥 ID 最终决定谁是根桥。

（2）根路径开销：到根桥的最小路径开销。根桥的根路径开销为 0，非根桥的根路径开销为到达根桥的最短路径上所有路径开销的和。

（3）指定桥 ID：生成或转发配置消息的桥 ID，由桥的优先级和 MAC 地址组成。

（4）指定端口 ID：发送配置消息的端口 ID，由端口的优先级和端口索引组成。

生成树计算时主要完成以下工作。

（1）从网络中的所有网桥中选出一个作为根桥。在进行根桥 ID 比较时，先比较优先级，优先级小者为优；在优先级相等的情况下，再用 MAC 地址来进行比较，MAC 地址小者为优。根桥上的所有端口为指定端口。

（2）计算本网桥到根桥的最短路径开销。根路径开销最小的那个端口为根端口，该端口到根桥的路径是此网桥到根桥的最佳路径。

（3）为每个物理网段选出根路径开销最小的那个网桥作为指定桥，该指定桥到该物理网段的端口作为指定端口，负责所在物理网段上的数据转发。

（4）既不是根端口也不是指定端口的端口就置于阻塞状态，不转发普通以太网数据帧，避免形成环路。

在配置消息的比较过程中，始终遵循值越小优先级越高的原则。图 7-5 所示为一个配置消息处理的实例。图 7-6 所示为生成树协议运行前后网络拓扑的变化。

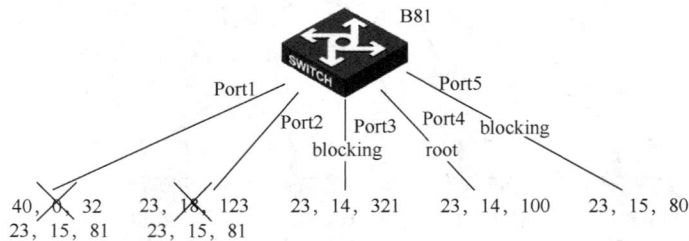

图 7-5　配置消息处理实例

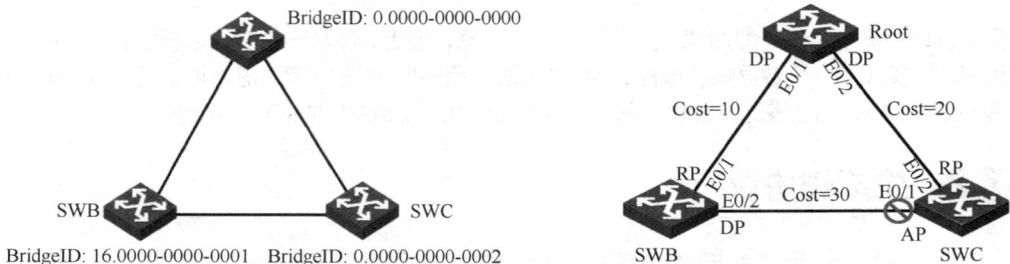

图 7-6　生成树协议运行前后网络拓扑变化

2. 端口状态

为了使配置消息在网络中有充分的时间传播，避免由于配置消息丢失而造成的生成树计算错误，导致环路的可能，生成树协议为端口设定了 5 种状态：Disabled、Blocking、Listening、Learning 和 Forwarding。其中 Listening 和 Learning 是不稳定的中间状态，端口的状态迁移如图 7-7 所示。

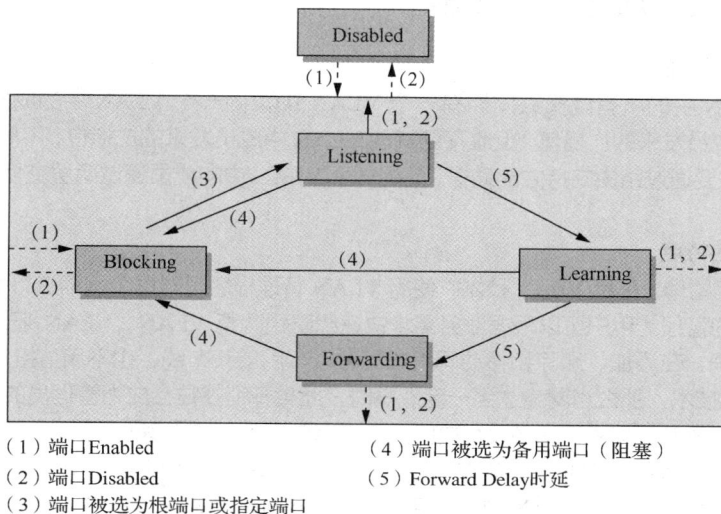

（1）端口 Enabled   （4）端口被选为备用端口（阻塞）
（2）端口 Disabled   （5）Forward Delay 时延
（3）端口被选为根端口或指定端口

图 7-7　端口的状态迁移

在实际应用中，生成树协议也有很多不足之处。最主要的缺点之一是当网络拓扑发生变化时，收敛速度慢，需要几十秒的时间才能恢复连通性，这对有些用户来说无法忍受。为了在拓扑变化后网络能尽快恢复连通性，在生成树协议的基础上又发展出快速生成树协议（Rapid Spanning Tree Protocol，RSTP）。RSTP 和生成树协议的基本思想一致，具备生成树协议的所有功能。RSTP 通过使根端口快速进入转发状态、采用握手机制和设置边缘端口等方法，提供了更快的收敛速度，能更好地为用户服务。

7.3　虚拟局域网

7.3.1　VLAN 技术的产生

虚拟局域网（Virtual Local Area Network，VLAN），是一种通过将 LAN 内的设备逻辑地而不是物理地划分成一个个网段从而实现虚拟工作组的新兴技术。IEEE 于 1999 年颁布了用于标准化 VLAN 实现方案的 802.1Q 协议标准草案。

VLAN 技术允许网络管理者将一个物理的 LAN 逻辑地划分成不同的广播域，每一个 VLAN 都包含一组有着相同需求的计算机工作站，与物理上形成的 LAN 有着相同的属性。但由于它采用的是逻辑的而不是物理的划分，所以同一个 VLAN 内的各个工作站无须被放置在同一个物理空间内，即这些工作站不一定属于同一个物理 LAN 网段。一个 VLAN 内部的广播和单播流量都不会转发到其他 VLAN 中，从而有助于控制流量、减少设备投资、简化网络管理、提高网络的安全性。VLAN 是为解决以太网的广播问题和安全性问题而提出的一种协议，它在以太网帧的基础上增加了 VLAN 头，用 VLAN ID 把用户划分为更小的工作组，限制不同工作组间的用户互访，每个工作组就是一个 VLAN。

一般来说，构造 VLAN 有以下 3 个基本条件。

（1）具有实现 VLAN 划分功能的两层交换机。

（2）不同交换机上相同 VLAN 之间的通信。

（3）不同 VLAN 之间的路由。

7.3.2　VLAN 的特征和特点

1. VLAN 的特征

同一个 VLAN 中的所有成员共同拥有一个 VLAN ID；同一个 VLAN 中的成员均能收到同一个 VLAN 中的其他成员发来的广播包，但收不到其他 VLAN 中成员发来的广播包；不同 VLAN 成员之间不可直接通信，需要通过路由支持才能通信，而同一个 VLAN 中的成员通过两层交换机可以直接通信，不需路由支持。

2. VLAN 的特点

（1）增强网络管理。采用 VLAN 技术，使用 VLAN 管理程序可对整个网络进行集中管理，能够更容易地实现网络的管理。用户可以根据业务需求快速组建和调整 VLAN。VLAN 还能减少因网络成员变化所带来的开销。在添加、删除和移动网络成员时，不用重新布线，也不用直接对成员进行配置。若采用传统 LAN 技术，那么当网络达到一定规模时，此类开销往往会成为管理员的沉重负担。

（2）控制广播风暴。网络管理必须解决因大量广播信息带来的带宽消耗问题。VLAN 作为一种网络分段技术，可将广播风暴限制在一个 VLAN 内部，避免影响其他网段。与传统 LAN 相比，VLAN 能够更加有效地利用带宽。在 VLAN 中，网络被逻辑地分割成广播域，由 VLAN 成员所发送的信息帧或数据包仅在 VLAN 内的成员之间传送，而不向网上的所有工作站发送。这样可减少主干网的流量，提高网络速度。

（3）提高网络的安全性。共享式 LAN 上的广播必然会产生安全性问题，因为网络上的所有用户都能监测到流经的信息，用户只要插入任一活动端口就可访问网段上的广播包。采用 VLAN 提供的安全机制，可以限制特定用户的访问，控制广播组的大小和位置，甚至锁定网络成员的 MAC 地址。这样，就限制了未经安全许可的用户和网络成员对网络的使用。

7.3.3　VLAN 的划分方法

VLAN 有以下 5 种不同的划分方法。

（1）按交换机端口划分。基于端口的划分是最简单、有效的 VLAN 划分方法之一，它按照局域网交换机端口来划分 VLAN 成员。基于端口的 VLAN 又分为在单交换机端口和多交换机端口定义 VLAN 两种情况。单交换机端口划分的结构如图 7-8（a）所示，图中局域网交换机端口 1、4 和 5 组成 VLAN1，端口 2、3 和 6 组成 VLAN2。VLAN 也可以跨越多个交换机，多交换机端口划分的结构如图 7-8（b）所示，交换机 1 的 2、3、6 端口和交换机 2 的 1、5、6 端口组成 VLAN1，交换机 1 的 1、4、5 端口和交换机 2 的 2、3、4 端口组成 VLAN2。

按交换机端口划分 VLAN 的缺点是，当用户从一个端口移动到另一个不属于同一 VLAN 的端口时，网络管理者必须对 VLAN 成员重新进行配置。

（2）按 MAC 地址划分。这种方法使用节点的 MAC 地址来划分 VLAN。该划分方法的优点是，由于节点的 MAC 地址是与硬件相关的地址，所以，用节点的 MAC 地址划分的 VLAN，允许节点移动到网络的其他物理网段。由于节点的 MAC 地址不变，所以该节点将自动保持原来的 VLAN 成员地位。从这个角度看，基于 MAC 地址划分的 VLAN 可以视为基于用户的 VLAN。

按 MAC 地址划分 VLAN 的缺点是，要求所有用户在初始阶段必须配置到至少一个 VLAN 中，初始配置通过人工完成，随后就可以自动跟踪用户。但是在较大规模的网络中，初始化时把上千个用户配置到某个 VLAN 中显然是很麻烦的。

（a）单交换机端口划分的结构

（b）多交换机端口划分的结构

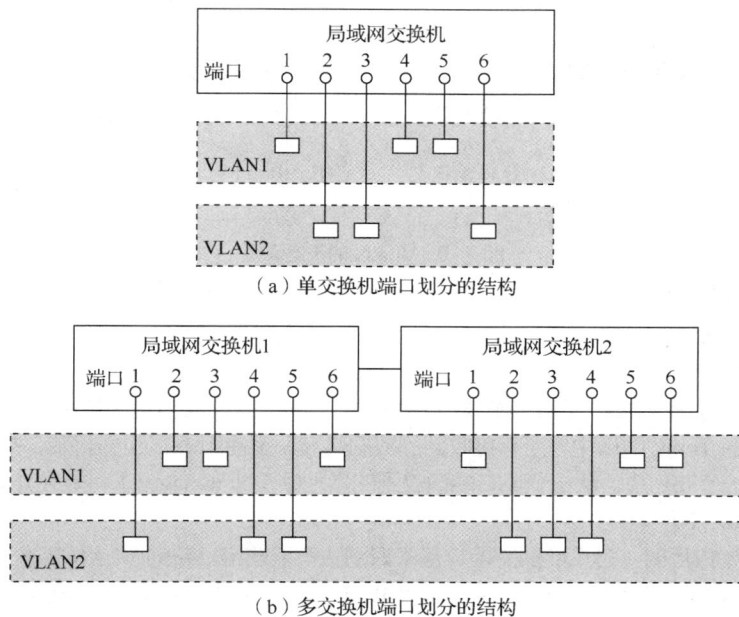

图 7-8　按交换机端口划分 VLAN

（3）按网络层地址划分。这种方法使用节点的网络层地址划分 VLAN。例如，用 IP 地址来划分 VLAN。这种方法具有自己的优点。首先，它允许按照协议类型来组成 VLAN，这有利于组成基于服务或应用的 VLAN；其次，用户可以随意移动工作节点而无须重新配置网络地址，这对于 TCP/IP 的用户是特别有利的。

与用 MAC 地址划分或用端口地址划分的方法相比，用网络层地址划分 VLAN 的方法的缺点是性能比较差，检查网络层地址要比检查 MAC 地址花费更多的时间，因此用网络层地址划分 VLAN 的速度会比较慢。

（4）按网络层协议划分。VLAN 按网络层协议来划分，可分为 IP、IPX、DECnet、AppleTalk、Banyan 等。这种按网络层协议来划分的 VLAN，可使广播域跨越多个局域网交换机。这对于希望针对具体应用和服务来组织用户的网络管理员是非常具有吸引力的，而且，用户可以在网络内部自由移动，但其 VLAN 成员身份仍然保留不变。这种方法的不足之处在于，使广播域跨越多个局域网交换机，容易造成某些 VLAN 站点数目较多，产生大量的广播包，使局域网交换机的效率降低。

（5）按策略划分。基于策略划分的 VLAN 能实现多种分配方法，包括按交换机端口、MAC 地址、网络层地址、网络层协议划分等。网络管理人员可根据自己的管理模式和本单位的需求来决定选择使用哪种划分方法的 VLAN。

7.3.4　VLAN 的干道传输

所谓的 VLAN 干道传输，是用来在不同的交换机之间进行连接，以保证跨越多个交换机建立的同一个 VLAN 的成员能够相互通信。其中，交换机之间级联用的端口称为主干道端口。我们把交换机之间直接相连的链路称为 Trunk 链路，把交换机与终端计算机直接相连的链路称为 Access 链路。两个交换机通过干道（Trunk）端口互连，使得处于不同交换机但具有相同 VLAN 定义的主机可以互相通信。如图 7-9 所示，两台交换机通过各自的 1 端口级联起来构成主干道，用来在两台交换机之间传输各 VLAN 的数据。

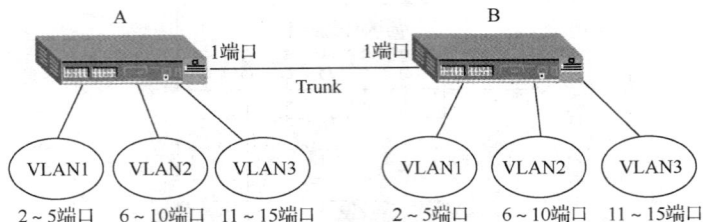

图 7-9　VLAN 的干道传输

在 VLAN 的干道传输中，有两种 VLAN 中继协议可供选择：ISL（Inter-Switch Link，交换机间链路）协议和 IEEE 802.1q。

1. ISL 协议

这是思科专用的一种协议，用于连接多个交换机，当数据在交换机之间传递时负责保持 VLAN 信息。在一个 ISL 的 Trunk 端口中，所有接收到的数据包被期望使用 ISL 头部封装，并且所有被传输和发送的包都带有一个 ISL 头。从一个 ISL 端口收到的本地帧（Non-tagged）将被丢弃。

2. IEEE 802.1q

在 VLAN 初始应用时，各厂商的交换机互不识别，不能兼容。新的 VLAN 标准 IEEE 802.1q 成立后，使不同厂商的设备可在网络中同时使用，符合 IEEE 802.1q 标准的交换机之间可以互通。IEEE 802.1q 标准定义了一种新的帧格式，它在标准的以太网帧的源地址后面增加了 4 个字节的帧标记（Tag Header），其中包含 2 个字节的标签协议标记符（TPID）字段和 2 个字节的标签控制信息（TCI）字段，如图 7-10 所示。

（a）原以太网帧格式

（b）带 IEEE 802.1q 标记的以太网帧

图 7-10　以太网帧格式

（1）TPID 字段。这是 IEEE 802.1q 定义的新的字段类型，表明这是一个加了 IEEE 802.1q 标记的帧，TPID 的取值为固定的 0x8100。

（2）TCI 字段。其包含的是帧的控制信息，它包含下面的一些元素。

① Priority：占 3 位，指明帧的优先级，共有 8 种优先级。

② CFI：占 1 位，CFI 值为 0 说明是以太网格式，1 为非以太网格式（令牌环等）。

③ VLAN ID：占 12 位，指明 VLAN 的 ID 号，取值范围为 0～4095，每个支持 IEEE 802.1q 协议的交换机发送出来的数据包都会包含这个域，以指明自己属于哪一个 VLAN。

3. 干道的作用

在设置了 Trunk 后，Trunk 链路不属于任何 VLAN。Trunk 链路在交换机之间起着 VLAN 管道的作用，交换机会将该 Trunk 端口以外，并且和该 Trunk 端口处于同一个 VLAN 中的其他端口的负载，自动分配到该 Trunk 中的其他各个端口。因为，同一个 VLAN 中的端口之间会相互转发数据报，而位于 Trunk 中的 Trunk 端口被当作一个端口来看待，如果 VLAN 中的其他非 Trunk 端口的负载不分配到各个 Trunk 端口，则有些数据报可能随机发往该 Trunk 端口，从而导致数据帧顺序的混乱。由于 Trunk 端口被作为一个逻辑端口，因此在设置了 Trunk 后，该 Trunk 将自动加入它的成员端口所属的 VLAN，而其成员端口则自动从 VLAN 中删除。

在 Trunk 链路上传输不同 VLAN 的数据时，有两种方法识别不同 VLAN 的数据：帧过滤法和帧标记法。帧过滤法是根据交换机的过滤表检查帧的详细信息。每一个交换机要维护复杂的过滤表，同时对通过 Trunk 的每一个帧进行详细的检查，这会增加网络延迟时间，目前在 VLAN 中这种方法已经不再使用了。现在使用的是帧标记法，数据帧在 Trunk 上传输的时候，交换机在帧头的信息中加标记来指定相应的 VLAN ID。当数据帧通过中继以后，去掉标记同时把帧发送到相应的 VLAN 端口。帧标记法被 IEEE 选定为标准化的中继机制。

当网络中不同 VLAN 间进行相互通信，需要路由的支持时，既可采用路由器，也可采用三层交换机来完成。

除了 Access 和 Trunk 链路类型端口外，交换机还支持第三种链路类型端口，称为 Hybrid 链路类型端口。Hybrid 端口的工作机制比 Trunk 端口和 Access 端口的更为丰富、灵活，Hybrid 端口可以接收和发送多个 VLAN 的数据帧，同时还能够指定对任何的 VLAN 帧进行剥离标签操作。在有些情况下，我们可以使用 Hybrid 端口灵活控制哪些 VLAN 的数据帧允许通过，并且指定哪些 VLAN 的数据帧被剥离标签。

7.4 链路聚合技术

以太网的链路概念与以太网接口的概念相对应，如果一个链路两端的接口是以太网端口，那么这个链路就称为以太网链路。在组建局域网的过程中，除了关于连通性的基本要求以外，还希望网络具有高带宽、高可靠性等。链路聚合技术就是在局域网中常用的高带宽和高可靠性技术。

根据扩展链路带宽的需求，通过链路聚合，使得多条物理以太网链路形成一条逻辑的聚合链路，数据通过逻辑的聚合链路进行传输。链路聚合端口是一个逻辑端口，参与聚合的各个端口称为成员端口，它们是物理端口。链路聚合端口可以作为普通的以太网端口来使用，它与普通以太网端口的差别就是转发数据的时候需要从成员端口中选择一个或多个端口来进行实际的数据转发。

链路聚合具有以下两个优点。

（1）提高链路带宽。数据通过聚合链路传输时，实际上数据流是分散在多条物理链路上的，既实现了多个端口间的流量负载分担，也有效提高了交换机间的链路带宽。

（2）增强链路可靠性。聚合端口可以实时监控同一聚合组内的各个成员端口的状态，从而实现成员端口之间的彼此备份。如果检测到某个端口出现故障，聚合端口会及时地把数据流从其他端口传输。

事实上，链路聚合技术除了应用在交换机之间，还可以应用在交换机与路由器之间、路由器与路由器之间、交换机与服务器之间、服务器与服务器之间等。从网络应用角度来看，服务器地位很重要，必须保证服务器与其他设备之间的连接具有非常高的可靠性。因此，服务器上经常需要用到链路聚合技术。

为了使链路聚合端口正常工作，要求本端链路聚合端口中的所有成员端口对应的对端接口属于同一设备，并且加入同一链路聚合端口。建立链路聚合有手动方式（Manual Mode）和动态聚合方式（LACP Mode）两种。

（1）手动方式，也称静态聚合。在此种方式下，双方设备不需要启用聚合协议，不进行聚合组中成员端口状态的交互，只会按照管理员的配置进行链路聚合。

（2）动态聚合方式，也称 LACP 方式。此方式下，双方系统使用链路聚合控制协议（Link Aggregation Control Protocol，LACP）来协商链路信息，交互聚合端口中各成员端口的状态。

如果一方设备不支持 LACP，或者双方设备所支持的聚合协议不兼容，则可以使用手动方式实现链路聚合。

华为链路聚合技术支持基于报文的 IP 地址或 MAC 地址进行负载分担，可以配置不同的模式将数据流分担到不同的成员端口上。

常见的负载分担模式有基于源 IP 地址、目的 IP 地址、源 MAC 地址和目的 MAC 地址进行负载分担等。实际业务中用户要根据业务流量特征配置合适的负载分担模式。如果选择的负载分担模式和实际业务流量特征不符合，可能会导致流量分担不均衡，有的链路负载很高，有的链路很空闲。如果报文的 IP 地址变化频繁，选择基于 IP 地址的模式更有利于流量在各物理链路间合理地分担负载。若报文的 MAC 地址变化较频繁，而 IP 地址较固定，则选择基于 MAC 地址的负载分担模式更合适。

7.5 实训

7.5.1 双绞线制作与测试

1. 实训目的和内容
① 掌握使用双绞线作为传输介质的网络连接方法。
② 掌握非屏蔽双绞线平行线与交叉线的制作，了解它们的区别和适用环境。
③ 掌握制作双绞线所用的工具和测试仪器的使用方法。

2. 实训主要设备
① 每组 1～3 台计算机（有网卡）。
② 每组非屏蔽双绞线 2 段，压线钳 1 把；每人 2 个 RJ-45 接头。
③ 每组双绞线测试工具 1 个。

3. 实训主要步骤
分别制作平行线和交叉线各 1 根，并用双绞线测试仪对制作的线进行测试。

（1）平行线制作

① 剥线。将双绞线端头伸入剥线刀口，使线头触及前挡板，然后适度握紧压线钳同时慢慢旋转双绞线，让刀口划开双绞线的保护胶皮，将双绞线的外皮除去 2～3cm，注意掌握力度，不要将线剪断。

② 理线。将两两缠绕的铜导线分开，按照布线标准重新排列。由于做的是平行线，两端线序一样。我们按照 EIA/TIA 568-B 的标准整理好线序，将裸露的双绞线用剪刀或斜口钳剪下只剩约 14mm 的长度，注意把线头部剪齐。

③ 插线。将剪好的双绞线用一只手捏紧、不动。线序保证从左到右，另一只手拿 RJ-45 接头，将弹片朝下，然后将排序好的双绞线 8 根线缆平行插进 RJ-45 接头的 8 个凹槽内，并确保线缆至 RJ-45 接头顶部，不要将双绞线裸露在外面。将双绞线的每一根线依序放入 RJ-45 接头的引脚内，确保每根线在 RJ-45 接头内正确且线缆和金属触点相接触。

④ 压线。确定双绞线的每根线已经正确放置之后，就可以用压线钳压紧 RJ-45 接头，注意用力尽量均匀。

⑤ 重复步骤①～④，再制作另一端的 RJ-45 接头。

⑥ 将做好的双绞线用双绞线测试仪进行测试，如果测试仪的 4 个指示灯按从上到下的顺序循环呈现绿灯，则说明连线制作正确；如果 4 个指示灯中有的呈现绿灯，有的呈现红灯，则说明双绞线线序出现问题；如果 4 个指示灯中有的呈现绿灯，有的不亮，则说明双绞线存在接触不良的问题。

（2）交叉线制作

交叉线的制作步骤与平行线的制作步骤类似，只是双绞线的一端应采用 EIA/TIA 568-A 标准，另一端则采用 EIA/TIA 568-B 标准。

7.5.2 生成树协议配置

1. 实训目的和内容
① 熟悉生成树协议的作用，了解生成树协议计算过程。

② 熟悉生成树协议的常用配置命令。

③ 掌握查看生成树和接口状态信息的方法。

2. 实训主要设备

① 计算机。

② 华为模拟器软件 eNSP。

③ 虚拟机软件 VirtualBox。

3. 实训主要步骤

（1）生成树协议基本配置

① stp   disable 命令：禁用生成树协议。

华为交换机的生成树协议默认已经启用。如果交换机之间的连接没有环路，可禁用生成树协议。交换机开机后，端口将很快进入转发状态，不再进行生成树计算。

② stp   enable 命令：启用生成树协议。

（2）配置优化生成树协议

默认情况下，交换机的优先级是相同的，均为 32768。此时，生成树协议根据 MAC 地址来选择根桥，MAC 地址最小的为根桥。但实际上，网络管理员会事先指定性能较好、距离网络中心较近的交换机为根桥。我们可以通过更改交换机的优先级来指定根桥。优先级数值越小，优先级越高。网桥优先级取值范围为 0～61440，取值必须是 4096 的倍数。

① stp priority ?命令：查看网桥优先级取值范围。

② stp priority 0 命令：直接将网桥优先级设为最小值，即将其设为根桥。

例如：stp priority 4096 代表将网桥优先级设为 4096。

（3）生成树协议信息显示

① display stp 命令：查看生成树协议全局状态信息，包括生成树协议模式、根桥 ID 及其优先级等信息。

② display stp brief 命令：查看生成树协议摘要信息，包括生成树协议中各端口的角色和状态。

如图 7-11 所示，运用以上命令进行生成树协议配置，并观察配置结果。

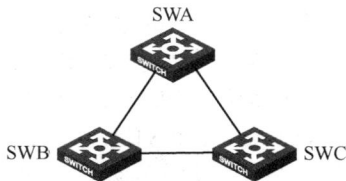

图 7-11   生成树协议配置拓扑图

7.5.3   VLAN 配置

1. 实训目的和内容

① 掌握 VLAN 技术的原理和作用。

② 掌握按交换机端口划分 VLAN 的配置方法。

③ 用 ping 命令测试相同和不同 VLAN 间的通信情况。

2. 实训主要设备

① 计算机。

② 华为模拟器软件 eNSP。

③ 虚拟机软件 VirtualBox。

3. 实训主要步骤

（1）创建 VLAN

默认情况下，交换机上只有 VLAN1，所有的端口都属于 VLAN1 且是 Access 链路类型端口。若想在交换机上创建新的 VLAN，可以使用如下命令。

```
vlan vlan-id
```

例如：vlan 10 代表新创建 VLAN10。

（2）向 VLAN 中添加端口

① 在 VLAN 视图下，运行以下命令，将指定端口加入 VLAN。

```
port interface
```

例如：port interface Ethernet0/0/2 代表将 Ethernet0/0/2 端口加入相应 VLAN。

② 进入端口视图，将端口模式设置为 Access 端口，再声明端口所属 VLAN，命令如下。

```
port link-type access
port default vlan vlan-id
```

例如：port default vlan 5 代表将当前端口加入 VLAN5。

（3）Trunk 端口配置

交换机之间相连的是 VLAN 干道，干道上的端口类型为 Trunk 类型，并且该 Trunk 端口能够允许多个 VLAN 的数据帧通过，配置命令如下。

① 在端口视图下指定端口类型为 Trunk，命令如下。

```
port link-type trunk
```

② 在端口视图下，指定允许通过的 VLAN，命令如下。

```
port trunk allow-pass vlan vlan-id-list
```

例如：port trunk allow-pass vlan 1 2 3 代表允许通过的 VLAN 为 VLAN1、VLAN2 和 VLAN3。
　　　 port trunk allow-pass vlan all 代表允许所有的 VLAN 通过。

（4）查看 VLAN 配置信息

① display vlan 命令：查看交换机当前启用的 VLAN。

② display vlan vlan-id 命令：查看某个具体 VLAN 的信息及其包含的端口。

③ display interface interface-list 命令：查看具体某个端口的信息，包含其 VLAN 配置信息。

例如：display interface Ethernet0/0/5 代表查看 Ethernet0/0/5 端口的信息。

（5）用 ping 命令测试 VLAN 间通信情况，理解 VLAN 划分广播域的作用。

如图 7-12 所示，参照以上实训步骤，运用以上命令进行跨交换机 VLAN 配置，将 PCA 和 PCC 划分到同一 VLAN，将 PCB 和 PCD 划分到同一 VLAN，实现同一 VLAN 能 ping 通，不同 VLAN 无法 ping 通。完成 VLAN 规划及配置，并验证最终配置结果。

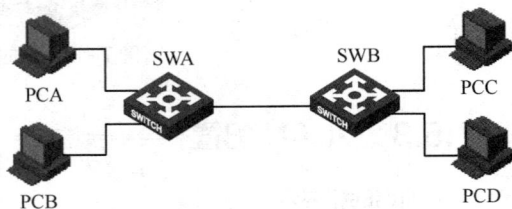

图 7-12　VLAN 配置拓扑图

7.5.4　链路聚合配置

1. 实训目的和内容

① 熟悉链路聚合的作用。

② 掌握手动方式的链路聚合配置。

③ 查看链路聚合端口配置信息。

2. 实训主要设备

① 计算机。

② 华为模拟器软件 eNSP。

③ 虚拟机软件 VirtualBox。

3. 实训主要步骤

（1）手动方式的链路聚合配置

① interface **Eth-Trunk** number 命令：创建编号为 number 的链路聚合端口，注意链路聚合两端交换机配置的端口编号要一致。

② mode manual load-balance 命令：配置链路聚合方式为手动方式

③ trunkport interface-list 命令：把物理端口加入链路聚合端口。

例如以下命令。

```
interface Eth-Trunk 1
mode manual load-balance
trunkport Ethernet 0/0/1 to 0/0/3
```

以上配置代表创建编号为 1 的链路聚合端口，并将 Ethernet 0/0/1、Ethernet 0/0/2 和 Ethernet 0/0/3 这 3 个物理端口加入链路聚合端口，链路聚合方式为手动方式。链路聚合另一端的交换机做同样的配置即可。

（2）查看链路聚合端口配置信息

使用如下命令。

```
display eth-trunk
```

如果后面加上 number 信息，就是查看具体指定的链路聚合端口的配置信息。

如图 7-13 所示，参照以上实训步骤，在两台交换机之间进行链路聚合配置，并查看链路聚合端口配置信息。可以尝试和前面学习过的 VLAN 配置结合起来，进行 VLAN 划分，最终实现相同 VLAN 的主机互通，不同 VLAN 间主机隔离。

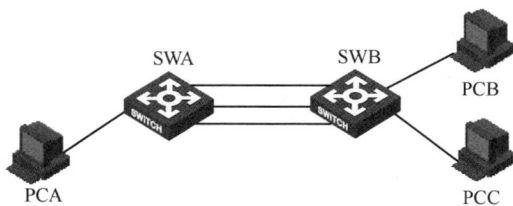

图 7-13　链路聚合配置拓扑图

本章小结

交换机是交换式局域网的核心设备，负责在主机之间快速转发数据帧。交换机工作在数据链路层，能够根据数据帧中的源 MAC 地址自动构建 MAC 地址表，实现帧的单点转发，提高效率；对于未知帧，则采取类似广播的转发方式。

VLAN 技术的出现，主要是为了解决交换机无法隔离、限制广播的问题。VLAN 技术可以把一个物理局域网划分成多个 VLAN，即分割为多个广播域。

生成树协议是通过在逻辑上阻断环路，以避免环路带来的广播风暴。通过在交换机间交互生成树协议配置消息，选举出根桥，阻断冗余端口对数据的转发，从而形成树状结构，消除环路的影响，并保留冗余路径的备份功能。

　　链路聚合技术可以实现链路备份，增加链路带宽及数据的负载。链路聚合按照聚合方式的不同分为手动方式和动态聚合方式。常见的负载分担模式有基于源 IP 地址、目的 IP 地址、源 MAC 地址和目的 MAC 地址进行负载分担等。实际业务中用户要根据业务流量特征配置合适的负载分担模式。

习题

1. 交换机的转发方式有哪些？它们的特点是什么？
2. 简述交换机 MAC 地址表的形成过程。
3. 简述交换式以太网的特点。
4. 什么叫 VLAN？构造 VLAN 的 3 个基本条件是什么？
5. 简述 VLAN 划分的方法及特点。
6. 什么是 VLAN 的干道传输？干道的作用是什么？
7. 用 VLAN 干道传输的中继协议有哪些？
8. IEEE 802.1q 标记的以太网帧格式和原以太网帧格式的区别是什么？
9. 简述链路聚合技术的概念及作用。

第8章
计算机网络应用

情景引入

计算机网络的基本功能是资源共享。随着通信技术的发展和多媒体技术的广泛应用，Internet 的功能越来越强大，其用途也更加多样化，常用的功能有电子邮件的收发、文件的下载和上传、万维网的信息浏览等。Internet 提供的这些功能给我们的日常生活带来了极大的便利，那么它们的实现原理是什么呢？

本章将介绍常见的 Internet 的应用层服务：DNS、WWW、FTP、SMTP 和 P2P，通过学习应用层的相关协议，读者可理解电子邮件服务、WWW 服务、FTP 服务的工作原理。

学习目标

【知识目标】
1. 学习常见的 Internet 接入方式。
2. 学习 DNS、WWW、FTP 和电子邮件等常用应用层服务的基本原理。
3. 学习 P2P 技术的网络拓扑结构及应用。

【技能目标】
1. 能够配置 DNS 的服务器和客户端。
2. 能够搭建 WWW 服务器和 FTP 服务器。

【素养目标】
1. 培养探究科学规律的精神。
2. 培养自主学习和动手实践的能力。

8.1 网络应用概述

8.1.1 网络应用与应用层协议

在过去的几十年中，人们已经发明了许多非常富有创造性的和奇妙的应用。例如，HTML、文件传输、电子邮件、网络新闻、远程存取、视频点播（Video on Demand）、QQ、微信等，这些叫作网络应用（Networking Application）。这些网络应用需要通过相应的应用层协议（Application-Layer Protocol）来支持，例如 HTTP、FTP、SMTP 和 Telnet 等。这些应用层协议的主要内容如下。

（1）消息的内容，例如请求消息和响应消息。

（2）各种消息类型的语法结构，也就是消息中的字段（Field）以及如何描述消息中的字段。

（3）域的语义，也就是字段所包含的信息的含义。

（4）确定通信程序何时发送消息和接收消息的规则。

应用层协议的特点：每个应用层协议都是为了解决某一类应用问题，而问题又往往是通过位于不同主机中的多个应用进程之间的通信和协同工作来解决的。应用层的具体内容就是规定应用进程在通信时所遵循的协议。

应用层的许多协议都是基于客户-服务器模式。客户（Client）和服务器（Server）是通信中所涉及的两个应用进程。客户-服务器模式所描述的是应用进程之间服务和被服务的关系，客户是服务请求方，服务器是服务提供方。

8.1.2 Internet 应用简介

1. DNS 服务

域名系统（Domain Name System，DNS）DNS 在 Internet 中，使用 IP 地址来确定计算机的地址，但在应用层，为了便于用户记忆各种网络应用，连接在 Internet 上的主机不仅要有 IP 地址，还要有便于用户记忆的主机名字，也就是域名。一个域名必须对应一个 IP 地址。是一个具有树状层次结构的分布式数据库系统，域名与 IP 地址的对应关系存储在整个 Internet 中的各个 DNS 服务器中。将域名转换为对应的 IP 地址的过程称为域名解析，DNS 服务能够把域名解析为 IP 地址。

2. WWW 服务

WWW 也称为 Web、3W 等。20 世纪 90 年代初，WWW 发源于瑞士日内瓦的欧洲粒子物理研究中心（CERN），是一种 Internet 信息浏览技术。它是一个分布式的超媒体系统，是超文本（Hypertext）结构与多媒体的结合体，包括图形、图像、声音、动画等信息。

WWW 系统由 Web 服务器、浏览器及通信协议 3 部分组成。从本质上讲 WWW 还是客户-服务器模式，但 WWW 体系结构提供了一个灵活且强有力的模型，在客户端使用浏览器，访问 Web 服务器，两者之间传递信息使用超文本传送协议（HTTP），信息的描述采用超文本标记语言（HTML）。

3. 电子邮件服务

电子邮件又称电子信箱，是一种用电子手段提供信息交换的通信方式，是 Internet 上使用最广泛的服务之一，使用电子邮件可以方便、快速和经济地传递各种形式的邮件，电子邮件有文字、图像、声音等多种形式。电子邮件系统中有两个重要的协议，即简单邮件传输协议（SMTP）和邮局协议（POP3）。SMTP 是邮件服务器之间传递邮件的协议，另外，客户端向邮件服务器发送电子邮件也使用 SMTP。SMTP 是基于 TCP 连接到的，端口号是 25。用户如果希望从邮件服务器下载邮件，则需要使用 POP3。使用 POP3 接收邮件分为 4 个阶段：连接阶段、用户验证阶段、邮件操作阶段和连接释放阶段。

4. FTP 服务

文件传送协议（File Transfer Protocol，FTP）也是 Internet 中使用广泛的服务，它的作用就是把文件从一台计算机传输到另一台计算机。FTP 采用客户-服务器模式，承载在 TCP 之上，拥有丰富的命令集。在进行文件传输时，客户端与 FTP 服务器之间需要建立两个连接：一是 TCP 数据连接，用于传送数据；二是控制连接，用于传送控制信息（命令和响应），这种将控制信息和数据分开传送的思想，大大提高了 FTP 的效率。

5. Telnet 协议

Telnet 协议是 TCP/IP 协议族中的一员，是 Internet 远程登录服务的标准协议和主要方式。它为用户提供了在本地计算机上完成远程主机工作的能力，应用 Telnet 协议能够把本地用户所使用的计算机变成远程服务器的一个终端。Telnet 协议的工作方式为客户-服务器模式，用户在本地主机上运行 Telnet 客户端，就可以登录远端的 Telnet 服务器。在本地输入的命令可以在服务器上运行，服务器把结果返回本地，如同直接在服务器控制台上操作，这样就可以在本地远程操作和控制服务器。

6. 即时通信

即时通信指能够即时发送和接收互联网消息等业务。它的基本特征就是信息的即时传递和用户的交互性，并可将音/视频通信、文件传输及网络聊天等业务集成为一体，为人们开辟一条新型的沟通途径即时通信逐渐成为继电子邮件之后最受欢迎的在线通信方式和交流方式之一。基于 ICQ 技术的聊天软件也非常多，如 QQ、微信、钉钉等。

7. 流媒体

流媒体就是指采用流式传输技术在网络上连续实时播放的媒体格式，如音频、视频或多媒体文件。通过流式传输技术，把连续的影像和声音信息经过压缩处理后放上网站服务器，由视频服务器向用户计算机顺序或实时地传送各个压缩包，让用户一边下载一边观看、收听。视频直播可以将实时信号通过直播形式传送到每一个请求的客户端，而视频点播改变了过去收看节目的被动方式，实现了节目的按需收看和任意播放。常用的流媒体直播与点播软件有暴风影音、腾讯视频、优酷等。

总之，随着 Internet 的发展，在 Internet 上实现的服务越来越多，为人们的生活和工作提供了更多的方便。

8.2 常见的 Internet 接入方式

Internet 作为一个全球性的网络，连接着数十亿的主机。在这个网络中，主干网很重要，但是作为连接千家万户的接入线路，对接入 Internet 的用户来说更重要。如果接入线路部分没解决好，那么 Internet 的发展就会受到直接影响。

接入 Internet 的技术分为两大类：有线传输接入和无线传输接入。其中有线传输接入包括基于 PSTN 的拨号接入方式、xDSL（x Digital Subscriber Line，x 数字用户线）接入、HFC（Hybrid Fiber Coaxtal，混合光纤同轴电缆）接入、光纤接入网等。目前按照国情来看，使用最广泛的依然是 xDSL 技术，但 xDSL 技术正逐渐被更为先进的光纤接入技术取代。无线传输接入让我们的上网方式更灵活，其接入技术包括无线宽带接入技术、Wi-Fi 和蓝牙等。在这里主要介绍几种常用的 Internet 接入方式。

8.2.1 基于 PSTN 的拨号接入方式

由于接入费用低廉，基于 PSTN 的拨号接入方式曾经是使用最普遍的一种接入方式，现在仍然在商场的 POS 和线路备份中使用。作为用户只要有一根电话线和一个调制解调器就可以拨号上网了。下面来详细分析一下拨号接入的过程。

通过 PSTN 接入 Internet 的过程如图 8-1 所示，其中的 AAA 服务器（验证、授权和计费服务器）和 NAS（接入服务器）是关键。通过 PSTN 接入 Internet 首先要通过调制解调器呼叫 169，呼叫信息通过 PSTN 被传送到所连接的电话交换机上。电话交换机从呼叫号码可以分析出是要打电话还是要上网，由于 169 是一个 ISP 号码，所以电话交换机会将这个呼叫信息转发到相应的 NAS。NAS 中有很多调制解调器，收到呼叫信息后，NAS 会选择一个空闲的调制解调器与用户端的调制解调器协商传输的具体参数。参数协商完成后，NAS 会要求输入用户名和密码，这时计算机上就会出现相应界面，用户名和密码经过 CHAP 加密后，传递给 NAS，之后交给 AAA 服务器。AAA 服务器保存了所有合法用户的用户名和密码。如果经过核对，结果正常，AAA 服务器会通知 NAS 接受连接请求，这时用户会得到一个未被使用的 IP 地址以及一条未被使用的通道，这样就可以自由地进入 Internet 了。当然通过 PSTN 连接 Internet 会受到 PSTN 固有的带宽限制，这种方式理论上的最高速率只有 56kbit/s，但实际上这个值是很难达到的。

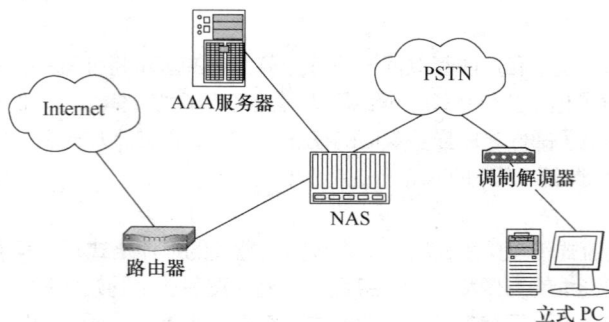

图8-1　通过 PSTN 接入 Internet

8.2.2　光纤接入网

随着互联网的飞速发展，新应用层出不穷，对带宽的需求不断增多，传统的电缆介质已经很难满足要求，同时光网络成本不断降低，三网融合及国家新经济构成的需求等新情况均促使光纤接入成为未来一段时间我国网络建设领域的主要内容。

光纤接入网（OAN）从系统分配上分为有源光网络（Active Optical Network，AON）和无源光网络（Passive Optical Network，PON）两类。AON 又可分为基于 SDH 的 AON 和基于准同步数字系列（Plesiochronous Digital Hierarchy，PDH）的 AON，PON 可分为窄带 PON 和宽带 PON。

PON 技术是一种无源光网络技术。所谓无源指的是通信过程的中间设备不需要电源，实际上 PON 技术的中间设备是分光器。分光器是一种无源器件，又称光分路器，它们不需要外部能量，只要有输入光即可。分光器由入射和出射狭缝、反射镜和色散元件组成，其作用是将所需要的共振吸收线分离出来。它的功能是分发下行数据和集中上行数据。分光器带有一个上行光接口和若干下行光接口。从上行光接口过来的光信号被分配到所有下行光接口传输出去，从下行光接口过来的光信号被分配到唯一的上行光接口传输出去。只是光信号从上行光接口转到下行光接口的时候，光信号强度/光功率将下降，从下行光接口转到上行光接口的时候，同样如此。各个下行光接口出来的光信号强度可以相同，也可以不同。PON 的中间设备是无源的，因此 PON 技术组建的光网络的可维护性和成本更低，使用的范围更广泛。

由于以太网在局域网领域的统治地位，PON 技术自然而然就考虑了借助以太网技术进行发展的路线，为此产生了基于以太网技术的 EPON 技术，并成为当前光纤入户的主要技术。

由于光纤接入网使用的传输介质是光纤，因此根据深入用户群的程度，光纤接入网可分为 FTTC（光纤到路边）、FTTZ（光纤到小区）、FTTB（光纤到大楼）、FTTO（光纤到办公室）和 FTTH（光纤到户），它们统称为 FTTx。FTTx 不是具体的接入技术，而是光纤在接入网中的推进程度或使用策略。目前我国已经开始大规模推广光纤到户，即 FTTH。

总体来讲，光纤接入网是目前电信网中发展最为快速的接入网技术之一，除了重点解决电话等窄带业务的有效接入问题外，同时还可以解决数据业务、多媒体图像等宽带业务的接入问题，是固网发展的一个重要方向。

8.2.3　无线宽带接入技术

无线宽带接入技术面向的是固网和移动通信网络相互融合的新市场，它可提供与宽带有线固定接入并行的无线宽带接入业务，支持漫游和移动应用。无线宽带接入与宽带有线固定接入使用共同的核心网、业务支持和 AAA 系统，其速率可达几百千位每秒甚至几十兆位每秒，终端主要是笔记本计算机、掌上电脑（Personal Digital Assistant，PDA）和智能手机。

总体来讲无线宽带接入技术主要有两个技术体系：一个是移动宽带接入技术，以 3G、高速下行分组接入（High Speed Downlink Packet Access，HSDPA）、高速上行链路分组接入（High Speed Uplink Packet Access，HSUPA）、LTE、空中接口演进（Air Interface Evolution，AIE）、4G 等为代表；另一个是宽带无线接入技术，以多通道多点分布服务（Multichannel Multipoint Distribution Service，MMDS）、Wi-Fi、WiBro、WiMAX、McWiLL 等技术为代表。下面简要介绍这两个体系。

（1）移动宽带接入技术。移动数据业务使用的基本是专网，是智能手机上网的重要方式，目前的主流技术是大家常说的 4G。4G 是集 3G 与 WLAN 于一体，能够快速且高质量地传输数据、音频、视频和图像等数据的移动接入技术。4G 能够以 100Mbit/s 以上的传输速率下载，并能够满足几乎所有用户对无线服务的要求。

（2）宽带无线接入技术。宽带无线接入（Broadband Wireless Access，BWA）技术目前还没有通用的定义，一般是指把高效率的无线技术应用于宽带接入网络中，以无线方式向用户提供宽带接入的技术。IEEE 802 标准化委员会负责制定宽带无限接入技术的各种技术规范，根据覆盖范围将宽带无线接入技术划分为：无线个域网即 WPAN（IEEE 802.15.3 定义的 UWB）、无线局域网即 WLAN（IEEE 802.11 定义的 Wi-Fi）、无线城域网即 WMAN（IEEE 802.16 定义的 WiMAX）、无线广域网即 WWAN（IEEE 802.20）。其中比较具有代表性的是 Wi-Fi 和 WiMAX 技术，Wi-Fi 已经有了大规模的应用，关于 Wi-Fi 的详细内容见本书的第 9 章。

如今互联网的内容和应用已经成为生活和工作中不可缺少的一部分。或许随身多媒体服务、信息服务才是人们的最终需求，追求随时随地的信息服务和快乐体验也许是人们的本能，而通信的永远在线并非必需。这为随时随地提供互联网接入的无线宽带接入技术赢得了发展机会。

8.3 DNS 服务

8.3.1 DNS 结构

TCP/IP 作为 Internet 的主要协议对 Internet 的发展起到了很大的推动作用。为了便于计算机处理，IP 地址以二进制数的形式表示，虽然可以用点分十进制来表示 IP 地址，但是这种地址对人们来说并不适合记忆，世界上几乎没有哪个人可以很容易地记住大量的 IP 地址和对应设备的情况。为此，需要引入一种适合人们记忆和使用的通用地址，这就是域名。域名和 IP 地址一样，用来标识 Internet 上的主机和路由器，用户可以很方便地记忆和理解域名。

域名的管理是通过 DNS 来进行的，DNS 是一个具有树状层次结构的分布式数据库系统，使用层次结构的命名树作为主机的名字。DNS 结构中最大的域是根域，向下可以划分为顶级域、二级域、三级域、四级域等，与之对应的域名是根域名、顶级域名、二级域名、三级域名、四级域名等，不同等级的域名之间使用点号分隔，级别最低的域名写在最左边，级别最高的顶级域名写在最右边。每一级的域名都由英文字母和数字组成，不超过 63 个字符，不区分大小写字母，完整的域名不超过 255 个字符。比如域名 www.baidu.com，二级域名 baidu 是机构的名字，顶级域名 com 表示商业组织，www 表示二级域名中的主机，这个域名指的是百度网站。

顶级域名分为国家/地区顶级域名（national Top-Level Domain，nTLD）、通用顶级域名（generic Top-Level Domain，gTLD）和反向域 arpa（用于 IP 地址反向解析域名），如表 8-1 所示。顶级域的管理权分派给指定的子管理机构，各子管理机构可以对其管理的域进一步划分成二级域，并将二级域的管理权进行指定。依此类推，就可以得到一个树状层次结构，如图 8-2 所示。由于管理机构是得到授权的，所以最终的域名都得到 NIC 的承认，也就意味着都可以通过 DNS 进行解析。

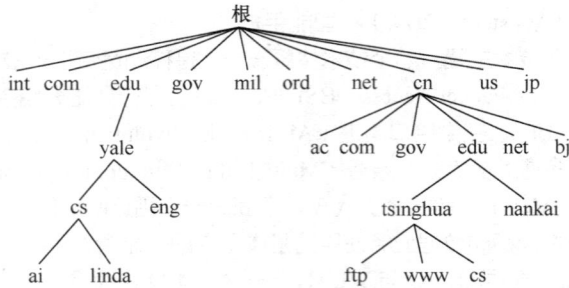

图 8-2　域名结构

表 8-1　Internet 顶级域名

顶级域名	分配对象	顶级域名	分配对象
cn	中国	us	美国
uk	英国	com	商业组织
net	网络支持中心	org	非营利组织
int	国际组织	edu	美国教育机构
gov	美国政府部门	mil	美国军事部门

8.3.2　域名服务器

　　域名与 IP 地址的对应关系存储在整个 Internet 中的各个 DNS 服务器中。DNS 服务器在层次结构上分为根域名服务器、顶级域名服务器、权限域名服务器和本地域名服务器。

　　（1）根域名服务器：是最高层次的域名服务器，用来管理顶级域名，并不对域名进行解析，而是返回该域名所属顶级域名的顶级域名服务器的 IP 地址。在因特网上有 13 个 IPv4 根域名服务器和 25 个 IPv6 根域名服务器，其中 IPv4 根域名服务器的名字用一个英文字母（从 a 到 m）命名，每个根域名服务器都要知道所有的顶级域名服务器的域名及其 IP 地址。当本地域名服务器对某个域名无法解析时，首先求助于根域名服务器，路由器会把查询请求报告转发到离 DNS 客户端最近的一个根域名服务器。

　　（2）顶级域名服务器：负责管理在该顶级域名服务器注册的所有二级域名，当收到 DNS 查询请求时，就会给出相应的回答，可能是最终结果，也可能是下一步要查找的域名服务器的 IP 地址。

　　（3）权限域名服务器：负责管理某个区的域名，一个域名服务器所负责管辖的（或有权限的）范围叫作区，每一个区设置相应的权限域名服务器，用来保存该区中所有主机的域名到 IP 地址的映射，每一个主机的域名都必须在某个权限域名服务器处注册登记。

　　（4）本地域名服务器：不属于上述域名服务器的等级结构。当一个主机发出 DNS 查询请求时，这个查询请求报文就发送给本地域名服务器。每一个 ISP，或一个大学，甚至一个大学里的学院，都可以配置本地域名服务器，保存本地所有网络主机域名到 IP 地址的映射，完成本地所有的域名解析，为用户直接提供域名解析服务。本地域名服务器离用户较近，一般不超过几个路由器的距离，也有可能在同一个局域网内。

　　为了提高域名服务器的可靠性，DNS 服务器把数据复制到几个域名服务器中来保存，其中一个是主域名服务器，其他的是辅助域名服务器。当主域名服务器出故障时，辅助域名服务器可以保证 DNS 的查询工作不会中断。主域名服务器定期地把数据复制到辅助域名服务器中，而更改数据只能在主域名服务器中进行。

8.3.3　域名解析过程

将域名转换为对应的 IP 地址的过程称为域名解析过程。在域名解析过程中，DNS 客户端上的用户程序调用 DNS 解析器向 DNS 服务器发出请求，DNS 服务器调用安装在其上的 DNS 解析器完成域名解析。DNS 客户端使用 TCP 或 UDP 作为传输层协议，DNS 服务器使用端口号 53 监听客户端发出的 DNS 查询请求。大多数情况下，DNS 客户端与 DNS 服务器之间采用 UDP 传输报文。另外，当辅助域名服务器向主域名服务器执行区域传送时，采用 TCP 传输数据。

DNS 解析器会根据用户提供的目标计算机的域名，从右至左依次查询相关的 DNS 服务器。查询分为两类：递归查询和迭代查询。

（1）递归查询：主机对本地域名服务器的查询一般都是采用递归查询。如果主机所询问的本地域名服务器不知道被查询域名的 IP 地址，那么本地域名服务器就以 DNS 客户机的身份，向根域名服务器发出查询请求，替主机继续查询，直至找到答案或返回错误信息。

（2）迭代查询：一般 DNS 服务器之间的查询请求属于迭代查询。当根域名服务器收到本地域名服务器发出的查询请求时，要么给出所要查询的 IP 地址，要么告诉本地域名服务器下一步应当向哪一个域名服务器进行查询。然后让本地域名服务器继续进行后续的查询。根域名服务器通常是把自己知道的顶级域名服务器的 IP 地址告诉本地域名服务器，让本地域名服务器再向顶级域名服务器查询。顶级域名服务器在收到本地域名服务器的查询请求后，要么给出所要查询的 IP 地址，要么告诉本地服务器下一步应当向哪一个权限域名服务器进行查询。最终本地域名服务器把解析的 IP 地址或错误信息发送给主机。

例如用户要访问河南工学院校园网 www.hait.edu.cn，DNS 客户端需要通过 DNS 解析器进程向 DNS 服务器发出查询请求，具体过程如图 8-3 所示。

（1）DNS 客户端向本地域名服务器发送请求，查询 www.hait.edu.cn 主机的 IP 地址。

（2）本地域名服务器检查其数据库，如果数据库中没有域名为 www.hait.edu.cn 的主机，将此查询请求发送给根域名服务器。

（3）根域名服务器检查其数据库，发现没有该主机记录，但是根域名服务器知道能够解析该域名的 cn 域名服务器的地址，于是将 cn 域名服务器的地址返回给本地域名服务器。

（4）本地域名服务器向 cn 域名服务器查询 www.hait.edu.cn 主机的 IP 地址。

（5）cn 域名服务器查询其数据库，发现没有该主机记录，但是 cn 域名服务器知道能够解析该域名的 edu.cn 域名服务器的地址，将 edu.cn 域名服务器的地址发送给本地域名服务器。

（6）本地域名服务器再向 edu.cn 域名服务器查询 www.hait.edu.cn 主机的 IP 地址。

（7）edu.cn 域名服务器查询其数据库，发现没有该主机记录，但是 edu.cn 域名服务器知道能够解析该域名的 hait.edu.cn 域名服务器的 IP 地址，将 hait. edu.cn 域名服务器的 IP 地址返回给本地域名服务器。

（8）本地域名服务器向 hait.edu.cn 域名服务器发送查询 www.hait.edu.cn 主机的 IP 地址请求。

（9）hait.edu.cn 域名服务器查询其数据库，发现有该主机记录，于是将 www.hait.edu.cn 所对应的 IP 地址发送给本地域名服务器。

（10）最后本地域名服务器将 www.hait.edu.cn 所对应的 IP 地址返回给 DNS 客户端。至此，整个解析过程完成。

为了提高 DNS 的查询效率，在域名服务器中广泛使用了高速缓存，用来存放最近查询过的域名以及从何处获得名字映射信息的记录。为保持高速缓存中的内容正确，域名服务器应为每项内容设置计时器，并处理超过合理时间的项。同时，为了减轻本地域名服务器的压力，用户主机会在启动时从本地域名服务器中下载域名和 IP 地址的全部数据库，维护并存放最近使用的域名的高速缓存，只有在缓存中找不到域名时才向域名服务器查询。

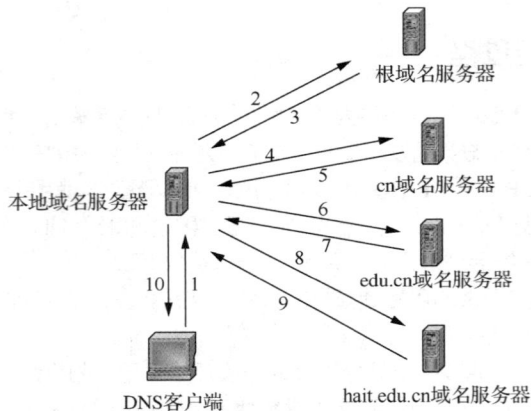

图 8-3　域名解析过程

8.4　WWW 服务

8.4.1　WWW 的工作模式

万维网（WWW）简称 Web，是 Internet 技术发展的重要里程碑，也是目前应用最广的一种互联网应用，我们上网都要用到这种服务。WWW 系统的结构采用了客户-服务器模式，信息资源以 Web 页面的形式存储在 Web 服务器中。由于 WWW 服务使用超文本标记语言（HTML）来描述页面内容，因此可以很方便地从一个页面的某处链接到另一个页面。

WWW 是存储在 Internet 计算机中、数量巨大的文档的集合，在客户端，用户通过浏览器（Browser）查找包含文字、图像、声音和动画等多媒体信息。Web 服务器是一个支持交互式访问的分布式超媒体（Hypermedia）系统，在这个系统中，信息被作为一个文档集存储起来。

WWW 服务的工作过程是：客户端用户在本地计算机上运行浏览器程序，根据想要获得的信息来源在浏览器的地址栏里输入 WWW 地址，浏览器会向 Web 服务器发出请求信息，而 Web 服务器一直在端口号为 80 的 TCP 端口上监听用户的连接请求，当 Web 服务器收到请求后，将进行数据处理，并将处理结果发回客户端，由浏览器对其进行解释，最终将图、文、声等并茂的画面呈现给用户。

8.4.2　与 WWW 服务相关的术语

1. HTML

超文本标记语言（Hyper text Markup Language，HTML），是构成 Web 页面的主要工具，是一种用来制作超文本文档的简单标记语言。用 HTML 编写的超文本文档称为 HTML 文档，它能独立于各种操作系统平台。HTML 定义了许多用于排版的标记，比如超链接标记<a>，通过链接文本或图形转到另一个页面，或者转到当前页面中的某一个锚点，把各种标签嵌入页面，就构成了 HTML 文档，其扩展名是.htm 或者是.html。

2. URL

统一资源定位符（Uniform Resource Locator，URL）用于在因特网上进行资源的定位，其基本格式为：<protocol>://<domain name>/<path/folder>/<file>。

例如在"https://new.qq.com/omn/20220505/20220505A0******.html"这个 URL 中，https 代表使用的协议，new.qq.com 为 Web 站点的域名，/omn/20220505/为文件路径，20220505A0******.html 则为相

应的 HTML 文档。

3. HTTP 和 HTTPS

超文本传送协议（Hyper text Transfer Protocol，HTTP）是因特网上应用最为广泛的一种网络传输协议，所有的 WWW 文件都必须遵守这个标准。它是基于 TCP/IP 来传递数据的。HTTP 采用客户-服务器架构，浏览器作为 HTTP 客户端，通过 URL 向 HTTP 服务器端（Web 服务器）发送请求，Web 服务器接收到请求后进行数据处理，然后向 HTTP 客户端发送响应信息。HTTP 客户端向 Web 服务器请求服务时，只需传送请求方法和路径，常用的请求方法有 GET 和 POST，常用的 Web 服务器软件有 Apache、IIS 和 Tomcat 等。

由于 HTTP 传输的数据都是未加密的，因此使用 HTTP 传输隐私信息非常不安全。为了保证这些隐私数据能加密传输，采用 SSL 协议用于对 HTTP 传输的数据进行加密，从而诞生了超文本传输安全协议（Hypertext Transfer Protocol Secure，HTTPS）。简单来说，HTTPS 是由 SSL+HTTP 构建的可进行加密传输、身份认证的网络协议，要比 HTTP 安全，HTTPS 的默认端口号是 443。

8.5 FTP 服务

8.5.1 FTP 介绍

文件传输协议（File Transfer Protocol，FTP）是 Internet 上广泛使用的文件传送协议，用于在远端服务器和本地主机之间传输文件，并且能保证传输的可靠性。FTP 能够提供交互式的文件访问，支持对登录服务器的用户名和口令进行验证，允许客户指明文件的类型，可以设置文件的存取权限（文件的上传和下载）等。

FTP 采用客户-服务器模式，使用 TCP 提供可靠的传输服务。一个 FTP 服务器进程可以同时为多个客户进程提供服务，FTP 服务器进程由一个守护进程和多个从属进程组成，守护进程负责接受新的请求，从属进程负责处理单个请求。

FTP 进行文件传输时，需要在客户端和服务器之间建立两个 TCP 连接：TCP 控制连接和 TCP 数据连接。FTP 控制连接主要用来传输客户端和服务器之间的 FTP 命令以及命令的响应，控制连接在整个会话期间一直保持打开。FTP 数据连接用来传输文件数据。服务器的控制进程在接收到 FTP 客户端发送来的文件传输请求后，就创建数据连接，在传送完毕后关闭数据连接并结束运行。

FTP 工作的基本原理如图 8-4 所示。

（1）FTP 服务器运行守护进程，打开 TCP 端口号 21 作为监听端口，等待客户端的 FTP 请求。

（2）客户端通过用户界面运行 FTP 命令，随机选择一个 TCP 端口作为控制连接的源端口，主动发起对 FTP 服务器端口 21 的 TCP 连接，请求 FTP 服务器为其服务。

（3）守护进程收到客户端的 FTP 请求后，派生出控制进程与客户端的控制进程进行交互，建立控制连接，控制连接在整个会话期间一直保持打开。

（4）当有数据要传输时，FTP 客户端通过控制进程告知 FTP 服务器来与自己的另一个临时端口建立 TCP 连接，双方各派生出一个数据传输进程，建立数据连接。

（5）数据传输完，断开数据连接，结束数据传输进程。

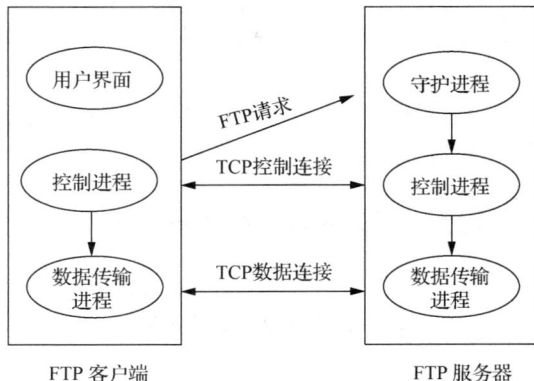

图 8-4 FTP 工作的基本原理

（6）当客户端结束会话时，由客户端向服务器端请求关闭控制连接，双方拆除控制连接，结束文件传输。

8.5.2　FTP 的文件传输模式

FTP 的任务是从一台计算机将文件传送到另一台计算机，它与这两台计算机所处的位置、连接的方式、甚至是否使用相同的操作系统都无关。假设两台计算机通过 FTP 对话，并且能访问 Internet，就可以用 FTP 命令来传输文件。

FTP 的文件传输模式主要有两种：ASCII 传输模式和二进制数据传输模式。

ASCII 传输模式是默认的文件传输模式，主要特点是：

（1）本地文件转换成标准的 ASCII 再传输；

（2）适用于传输文本文件。

二进制数据传输模式也称为图像文件传输模式，主要特点是：

（1）文件按照比特流的方式进行传输；

（2）适用于传送程序文件。

8.5.3　FTP 的数据传输模式

在 FTP 的数据连接过程中有两种数据传输模式：主动模式（Active Mode）也称 PORT 模式和被动模式（Passive Mode）也称 PASV 模式。

1. 主动模式

首先由客户端发起 FTP 请求，与 FTP 服务器建立 TCP 控制连接。当需要传输文件时，客户端通过控制连接向 FTP 服务器发送 PROT 命令，PROT 命令携带的参数包含客户端的 IP 地址和用于传输数据的临时端口号。FTP 服务器主动发起 TCP 数据连接请求，经过三次握手，使用 TCP 端口 20 与客户端提供的临时端口建立数据传输通道，完成数据传输。

当客户端在防火墙内部访问防火墙之外的 FTP 服务器时，主动模式可能会遇到问题，因为防火墙并不知道客户端提供的临时端口安全起见，防火墙会阻止外部主机对内部随机端口的访问。

2. 被动模式

首先也是建立控制连接，其方式和主动模式一样。当需要传输文件时，客户端通过控制连接向 FTP 服务器发送 PASV 命令，告诉 FTP 服务器进入被动模式，FTP 服务器通过控制连接进行应答，应答报文包含 FTP 服务器的 IP 地址和一个临时端口信息。客户端随机选择一个临时端口作为源端口，主动向 FTP 服务器发起 TCP 数据连接请求，经过三次握手，建立数据连接。

在被动模式下，控制连接和数据连接都由客户端发起，不存在主动模式下防火墙会阻止外部发起的连接的问题。

8.6　电子邮件服务

8.6.1　电子邮件的概念

电子邮件（E-mail）是因特网上用户使用最多的一种应用。电子邮件系统可以把邮件发送到收件人使用的邮件服务器上，并放在收件人邮箱中，收件人可到自己使用的邮件服务器读取邮件。使用电子邮件不仅可以传输各种格式的文本信息，还可以传输图像、音频、视频等信息。

电子邮件系统主要包括用户代理、邮件服务器、邮件发送协议和邮件读取协议。用户代理是用户与电子邮件系统的接口，向用户提供一个友好的接口来发送和接收邮件。邮件服务器采用客户-服务器模式工作，它的功能是发送和接收邮件，同时还要向发信人报告邮件传送的情况（已交付、被拒绝、丢失等）。

邮件服务器需要使用两个不同的协议。

（1）SMTP 用于发送邮件。

（2）POP3 用于接收邮件。

电子邮件地址的格式：电子邮件系统规定电子邮件地址的格式如图 8-5 所示，分隔符 "@" 读作 "at"，表示 "在" 的意思。例如，电子邮件地址 zhangsan@163.com。

图 8-5　电子邮件地址的格式

8.6.2　电子邮件的发送和接收过程

电子邮件的发送和接收过程如图 8-6 所示。

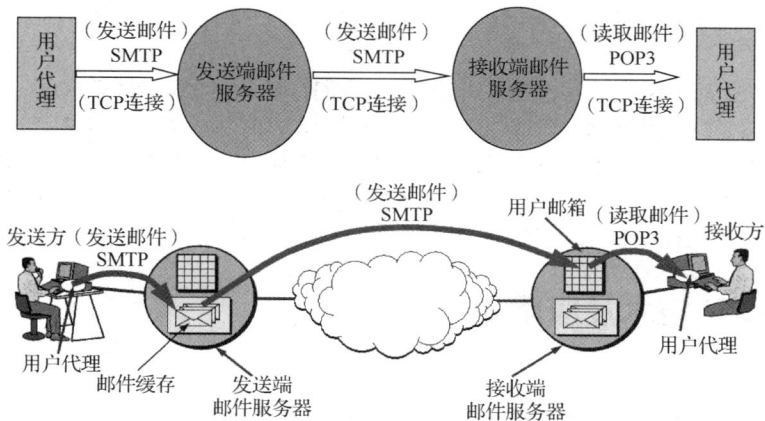

图 8-6　电子邮件的发送和接收过程

（1）发送方调用用户代理来编辑要发送的邮件，用户代理使用 SMTP 把邮件传送给发送端邮件服务器。SMTP 协议是基于 TCP 连接的，端口是 25。

（2）发送端邮件服务器将邮件放入邮件缓存队列中，等待发送。

（3）运行在发送端邮件服务器的 SMTP 客户进程，发现在邮件缓存中有待发送的邮件，就向运行在接收端邮件服务器的 SMTP 服务器进程发起 TCP 连接，建立请求。

（4）TCP 连接建立后，SMTP 客户进程开始向接收端邮件服务器的 SMTP 服务器进程发送邮件。当发送完所有的待发送邮件，SMTP 客户进程断开 TCP 连接。

（5）运行在接收端邮件服务器中的 SMTP 服务器进程收到邮件后，将邮件放入接收方的用户邮箱中，等待接收方在方便时进行读取。

（6）接收方在打算收信时，调用用户代理，使用 POP3 将自己的邮件从接收端邮件服务器的用户邮箱中取回（如果邮箱中有来信的话）。

8.6.3　SMTP

简单邮件传送协议（Simple Mail Transfer Protocol，SMTP）是一种提供可靠且有效的电子邮件传输的协议，主要用于传输系统之间的邮件信息并提供与来信有关的通知。

（1）SMTP 运行在 TCP 之上，使用公开端口 25。

（2）SMTP 使用简单的命令传输邮件，规定了 14 条命令和 21 种响应信息，每条命令都是由 4 个字母组成的，每一种响应信息一般只有一行。

（3）SMTP 使用客户-服务器工作模式，发送邮件的 SMTP 进程是 SMTP 客户端，接收邮件的 SMTP 进程是 SMTP 服务器。

8.6.4　POP3 和 IMAP

当用户要从邮件服务器中读取邮件时，可以使用邮局协议（Post Office Protocol3，POP3）或因特网邮件访问协议（Internet Message Access Protocol，IMAP），它取决于邮件服务器支持的协议类型。

1. POP3

邮局协议（POP3）是一个简单的邮件读取协议，POP3 运行在 TCP 之上，端口号是 110，使用客户-服务器模式。接收邮件的用户主机运行 POP3 客户程序，使用 TCP 连接到 POP3 服务器，再进行用户认证、邮件列表查询、邮件下载等操作，操作完成之后，客户端与服务器再断开 TCP 连接。

2. IMAP

IMAP 与 POP3 都采用客户-服务器模式工作，但它们有很大的差别。对于 POP3，POP3 服务器是具有存储转发功能的中间服务器。在邮件交付给用户之后，POP3 服务器就不再保存这些邮件。

当用户计算机上的 IMAP 客户程序打开 IMAP 服务器的邮箱时，用户就可以看到邮件的首部。如果用户需要打开某个邮件，则可以将该邮件传送到用户的计算机上。在用户未发出删除邮件的命令前，IMAP 服务器邮箱中的邮件会一直保存。

8.7　P2P 技术及应用

8.7.1　P2P 技术介绍

对等网络（Peer-to-Peer，P2P），是运行在 Internet 之上的分布式网络，是面向业务的网络。在 P2P 中，所有计算机都处于对等地位，每台计算机既能充当客户端，又能作为服务器向其他计算机提供资源与服务；每个节点既是资源的生产者，也是资源的消费者。在 P2P 中每个节点所拥有的权利和义务都是对等的。

P2P 的先驱是 Napster，它是由波士顿东北大学的肖恩·范宁（Shawn Fanning）于 1999 年开发的一个软件，用于在网上搜索并下载音乐。与传统的提供音乐下载的网站不同，Napster 网络中的服务器并不提供 MP3 格式文件的下载，只存放所有文件的元数据信息，如文件的标题和一些简单的描述信息，以及拥有该文件的节点的 IP 地址，所以 Napster 网络中的服务器被称为目录服务器。用户需要下载某个音乐文件时，向目录服务器提交搜索请求，目录服务器返回符合搜索要求的所有文件的存储地址，用户根据地址从共享此文件的节点处进行下载。

P2P 是一种分布式的动态网络，节点可以动态地加入或退出网络，整个网络的拓扑结构始终处于动态变化之中。根据拓扑结构的关系 P2P 可分为 4 种：集中式 P2P、全分布式结构化 P2P、全分布式非结构化 P2P 和混合式 P2P。

（1）集中式 P2P

集中式 P2P 由一个目录服务器和若干个对等节点组成，目录服务器用来管理和组织对等节点信息，包括用户上传的文件索引和存放位置的信息，以及拥有此文件节点自身的信息。当用户需要某个文件时，首先连接目录服务器，目录服务器随后进行检索并返回该文件的用户信息。最后由请求者连接文件所有者的节点主机，与此节点主机建立连接以传输文件。典型的应用是 Napster。集中式 P2P 的优点是维护简单、资源发现效率高，但是目录服务器的瘫痪容易导致整个网络的崩溃，可靠性和安全性较低。

（2）全分布式结构化 P2P

全分布式结构化 P2P 采用分布式哈希表（Distributed Hash Table，DHT）技术来组织网络中的节点。DHT 将关键值（Key）的集合分散到 P2P 的节点上，网络中的节点共同形成并维护一个巨大的哈希表，每个节点被分配一个属于自己的哈希块，并管理该哈希块，典型的应用有 Pastry、Tapestry、Chord 和 CAN 等。DHT 结构有着良好的扩展性、健壮性和自组织能力。由于采用了确定性拓扑结构，因此这种 P2P 能支持精确关键词匹配查询，但是维护机制较复杂，不能支持内容和语义等复杂查询。

（3）全分布式非结构化 P2P

全分布式非结构化 P2P 采用完全随机图的组织方式，节点度数服从幂次法则，典型的应用是 Gnutella。全分布式非结构化 P2P 的扩展性和容错性较好，支持复杂查询，但是它采用应用层的广播协议，消息量过大，网络负担过重。

（4）混合式 P2P

混合式 P2P 也称为半分布式 P2P，它是集中式 P2P 和分布式 P2P 二者优点的有机结合。节点按能力不同分为普通节点和超级节点。超级节点和邻近的若干普通节点组成集中式 P2P，整个网络再通过分布式 P2P 将超级节点连接起来，典型的应用是 KaZaA。

混合式 P2P 的优点是能减少搜索时的网络时延和所需的网络带宽，超级节点负责监控所有普通节点的行为，确保一些恶意的攻击行为在网络局部得到控制，缺点是对超级节点的依赖性大，容易受到集中攻击。

8.7.2　P2P 技术应用

随着 P2P 技术的不断发展，P2P 技术被广泛应用于计算机网络的各个领域，如文件共享、分布式计算、流媒体直播与点播、实时通信等方面。

1. 文件共享

在 P2P 中，每个对等节点都可以把自己的文件共享出来，当其他的对等节点搜索到该文件时，两个对等节点就能建立连接并进行文件传输。利用 P2P 技术来进行文件下载的系统有 eDonkey、eMule、BT 和迅雷等。

2. 分布式计算

基于 P2P 的分布式计算通过众多计算机来完成超级计算机的功能，具有很强的数据处理能力。分布式计算可以在多台计算机上平衡计算机负载，把程序放在最适合运行它的计算机上。SETI@home 项目就是利用分布于世界各地的个人计算机来搜索外星文明迹象。

3. 流媒体直播与点播

基于 P2P 的流媒体服务系统把请求同一媒体流的客户端组成一个 P2P，流媒体服务器向这个 P2P 中的少数节点发送数据，这些节点把得到的数据共享给其余节点。这种方式能够减少流媒体服务器的负担，提高每个用户的视频质量。基于 P2P 的流媒体服务系统有 AnySee、PPLive 和 PPStream 等。

4. 实时通信

基于 P2P 的实时通信系统不依赖于服务器的性能，节点之间能直接进行数据通信，服务器仅用来控制用户的认证信息和帮助完成节点之间的初始连接。基于 P2P 的实时通信系统有 QQ、Skype 和 ICQ 等。

✎本章小结

应用层是 TCP/IP 模型的最高层，是用户应用程序与网络的接口。应用进程通过应用层协议为用户提供最终服务。所谓应用进程是指为用户解决某一类应用问题时在网络环境中相互通信的进程。每个应用层协议都是为了解决某一类应用问题，而问题又往往是通过位于不同主机中的多个应用进程之间的通信和协同工作来解决的。应用层的许多协议基于客户-服务器模式，客户和服务器是指通信中所涉及的两个应用进程，客户-服务器模式所描述的是进程之间服务和被服务的关系，客户是服务请求方，服务器是服务提供方。Internet 中常用的应用层协议包括 HTTP、FTP、SMTP 和 DNS 等，这些协议的功能和使用是掌握 Internet 应用的基础。

✎习题

1. 简述域名的解析过程。
2. 简述 WWW 服务的工作过程。
3. 简述 FTP 工作的基本原理。
4. 简述 E-mail 服务用到的协议。
5. 简述 P2P 的拓扑结构分类。

第9章
无线局域网技术

情景引入

在公司或在家中，我们的多台设备有同时上网的需求，这些设备包括台式机、笔记本电脑、手机、平板等。我们该如何搭建网络才能解决这些设备的上网需求呢？对于台式机、笔记本电脑等拥有有线网卡的设备，可以通过网线连接交换机或路由器来实现，手机、平板等设备却只能通过无线网络来连接。

随着 Internet 的飞速发展，智能化设备的推陈出新，从传统的布线网络发展到无线网络，作为无线网络之一的无线局域网（Wireless Local Area Network，WLAN），实现了人们进行移动办公的梦想，创造了一个丰富多彩的"自由天空"。本章将主要介绍 WLAN 的基本概念、基本技术和方法。

学习目标

【知识目标】

1. 学习 WLAN 的概念及其协议标准。
2. 学习 WLAN 的网络拓扑结构。
3. 学习 WLAN 的常见设备。
4. 学习 WLAN 的组建与应用。
5. 学习 WLAN 安全与防范。

【技能目标】

1. 掌握规划 WLAN 的技能。
2. 具备根据不同应用场景选择 WLAN 设备的能力。
3. 掌握 WLAN 安全防范配置方法。

【素养目标】

1. 培养团队合作精神。
2. 培养吃苦耐劳的意志品质。
3. 培养专业务实的作风。

9.1 WLAN 的概念及其协议标准

9.1.1 WLAN 的概念

WLAN 是利用无线通信技术在一定的局部范围内建立的网络，是计算机网络与无线通信技术结合的产物。它以无线多址信道作为传输介质，提供传统有线局域网的功能，使用户能够真正地实现随时、随地、随意的宽带网络接入。

9.1.2 WLAN 的特点

WLAN 开始是作为有线局域网的延伸而存在的，各团体、企事业单位广泛地采用了 WLAN 技术来构建其办公网络；但随着应用的进一步发展，WLAN 正逐渐从传统意义上的局域网发展成为"公共无线局域网"，以及 Internet 的宽带接入手段。WLAN 具有易安装、易扩展、易管理、易维护、高移动性、保密性强、抗干扰等特点。

9.1.3 WLAN 的标准

局域网标准的协议结构主要包括物理层和数据链路层，有线局域网和 WLAN 的不同主要体现在这两层，因此，WLAN 标准主要是针对物理层和介质访问控制层（MAC 层）涉及所使用的无线频率范围、空中接口通信协议等技术规范与技术标准。

1. IEEE 802.11X 标准

（1）IEEE 802.11。1990 年 IEEE 802 标准化委员会成立 IEEE 802.11 WLAN 标准工作组。IEEE 802.11——别名无线保真（Wireless Fidelity，Wi-Fi），是在 1997 年 6 月由大量的局域网以及计算机方面的专家审定通过的标准。该标准定义了物理层和 MAC 层协议。物理层协议定义了数据传输的信号特征和调制，定义了两个射频（Radio Frequency，RF）传输方法和一个红外线传输方法，RF 传输标准是跳频扩频和直接序列扩频，工作在 2.4000GHz～2.4835GHz 频段。而 WLAN 由于其传输介质及具有移动性的特点，采用了与有线局域网有所区别的 MAC 层协议。

IEEE 802.11 是 IEEE 最初制定的 WLAN 标准，主要用于解决办公室局域网和校园网中用户与用户终端的无线接入，业务主要限于数据访问，传输速率最高只能达到 2Mbit/s。由于它在传输速率和传输距离上都不能满足人们的需求，所以 IEEE 802.11 标准后被 IEEE 802.11b 所取代。

（2）IEEE 802.11b。1999 年 9 月，IEEE 802.11b 被正式批准。该标准规定 WLAN 工作频段为 2.4000GHz～2.4835GHz，数据传输速率达到 11Mbit/s，使用范围在室外为 300m，在办公环境中最长为 100m。该标准是对 IEEE 802.11 的补充，采用补码键控（Complementary Code Keying，CCK）调制技术，并且采用点对点模式（Ad-hoc）和基本模式（Infrastructure）两种运作模式，在数据传输速率方面可以根据实际情况在 11Mbit/s、5.5Mbit/s、2Mbit/s、1Mbit/s 这些不同速率间自动切换，它改变了 WLAN 设计状况，扩大了 WLAN 的应用领域。

IEEE 802.11b 已被多数厂商采用，其推出的产品广泛应用于办公室、家庭、宾馆、车站、机场等众多场合，但是之后许多 WLAN 新标准的出现，如 IEEE 802.11a/g/n/ac 成为更受业界关注的标准。

（3）IEEE 802.11a。1999 年，IEEE 802.11a 标准制定完成，该标准规定 WLAN 工作频段为 5.15GHz～5.825GHz，数据传输速率达到 54Mbit/s，传输距离控制在 10m～100m。该标准也是对 IEEE 802.11 的补充，物理层采用正交频分复用（Orthogonal Frequency Division Multiplexing，OFDM）的独特扩频技术，采用正交相移键控（Quadrature Phase Shift Keying，QFSK）调制方式，可提供 25Mbit/s 的无线 ATM 接口和 10Mbit/s 的以太网无线帧结构接口，支持多种业务如话音、数据和图像等，可以接入多个用户，每个用户可带多个用户终端。

IEEE 802.11a 标准是 IEEE 802.11b 的后续标准，其设计初衷是取代 IEEE 802.11b 标准。然而，工作于 2.4GHz 频段是不需要执照的，该频段属于工业、科学和医疗频段（Industrial Scientific Medical band，ISM），是公开的频段。工作于 5.15GHz～5.825GHz 频段需要执照，因此一些公司更加看好更新混合标准——IEEE 802.11g。

（4）IEEE 802.11g。2003 年 6 月，IEEE 推出 IEEE 802.11g 认证标准，该标准拥有 IEEE 802.11a 的传输速率，安全性较 IEEE 802.11b 更好，采用两种调制方式，含 IEEE 802.11a 中采用的 OFDM 与 IEEE

802.11b 中采用的 CCK，可与 IEEE 802.11a 和 IEEE 802.11b 兼容。

（5）IEEE 802.11n。2009 年 9 月，正式通过该标准，通过对 IEEE 802.11 物理层和 MAC 层的技术改进，无线通信在吞吐量和可靠性方面都获得了显著的提高，传输速率可达到 300Mbit/s，其核心技术为 MIMO（Multiple-Input Multiple-Output，多输入多输出）+OFDM 技术，同时 IEEE 802.11n 可以工作在双频模式，包含 2.4GHz 和 5GHz 两个工作频段，可以与 IEEE 802.11a/b/g 标准兼容，但采用此标准的设备正逐步被采用 IEEE 802.11ac 标准的设备所取代。

（6）IEEE 802.11ac。此标准草案发布于 2011 年，正式版本发布于 2014 年 1 月。IEEE 802.11ac 是一个 IEEE 802.11 的 WLAN 通信标准，它通过 5GHz 频段进行通信。它能够提供最少 1Gbit/s 带宽进行多站式 WLAN 通信。由于多数的 IEEE 802.11n 设备是为 2.4GHz 频段设计的，而 2.4GHz 本身的可用信道较少，同时还有其他工作于 2.4GHz 频段的设备（例如蓝牙、微波炉、无线监视摄像机等）的干扰，即使其连接传输速率能达到 300Mbit/s，但是在实际网络环境中，由于互相的信道冲突等原因，其实际吞吐量并不高，因此用户体验差。IEEE 802.11ac 专门为 5GHz 频段设计，其特有的射频特点，能够将现有的 WLAN 的性能吞吐量提高到与有线吉比特网络相媲美的程度。

IEEE 802.11ac 作为 IEEE 无线技术的新标准，它借鉴了 IEEE 802.11n 的各种优点并进一步优化，除了明显的高吞吐量的特点外，它不仅可以很好地兼容 IEEE 802.11a/n 的设备，同时还提升了多项用户体验，是目前市场的主流标准。

2. 其他 WLAN 技术

目前使用较广泛的无线通信技术有蓝牙（Bluetooth）、红外线数据协会（Infrared Data，IrDA）红外通信，同时还有一些具有发展潜力的近距无线技术标准，如超宽带（UWB）、ZigBee、WiMAX、近场通信（Near Field Communication，NFC）、NB-IoT、WiMedia、通用分组无线服务（General Packet Radio Service，GPRS）、增强型数据速率 GSM 演进技术（Enhanced Data Rate for GSM Evolution，EDGE）等。它们都有其立足的特点：或基于传输速率、距离、耗电量的特殊要求，或着眼于功能的扩充性，或符合某些单一应用的特别要求，或建立竞争技术的差异化等。但是没有一种技术可以完美到足以满足所有的需求。

（1）蓝牙技术。蓝牙技术是使用 2.4GHz 频段传输的一种短距离、低成本的无线接入技术，主要应用于近距离的语音和数据传输业务。蓝牙设备的工作频段选用全世界范围内都可自由使用的 2.4GHz 频段，其数据传输速率为 1Mbit/s。蓝牙系统具有足够强的抗干扰能力，设备简单、性能优越。根据其发射功率的不同，蓝牙设备之间的有效通信距离范围为 10～100m。

随着近年来个人通信的发展，蓝牙技术得到广泛的推广应用，目前最新的蓝牙技术标准速率达到 24Mbit/s，广泛应用于手机、耳机、笔记本计算机、PDA 等个人电子消费品中。

（2）超宽带（Ultra-Wideband，UWB）。UWB 是一种新兴的高速短距离通信技术，在短距离（10m 左右）数据传输中有很大的优势，最高传输速率可达 1Gbit/s。UWB 技术覆盖的频谱范围很宽，发射功率非常低。一般要求 UWB 信号的传输范围为 10m 以内，其传输速率可达 500Mbit/s，是实现个人通信和 WLAN 的一种理想调制技术，完全可以满足短距离家庭娱乐应用需求，直接传输宽带视频数码流。

（3）ZigBee（基于 IEEE 802.15.4 协议）。ZigBee 是一种新兴的短距离、低功率、低速率的无线接入技术。其工作在 2.4GHz 频段，传输速率为 250kibt/s～10Mbit/s，传输距离为 10m～75m，技术和蓝牙技术接近，但大多时候处于睡眠模式，适用于不需实时传输或连续更新的场合。ZigBee 采用基本的主从结构配合静态的星形网络，因此更适用于使用频率低、传输速率低的设备。由于其激活时延短（仅 15ms）、低功耗等特点，将成为未来自动监控、遥控领域的新技术。

（4）WiMAX 技术。全球微波互联接入 WiMAX（Worldwide Interoperability for Microwave Access，WiMAX）。的另一个名字是 IEEE 802.16。WiMAX 是一项新兴的宽带无线接入技术，能提供面向互联网的高速连接，数据传输距离最远可达 50km。WiMAX 还具有 QoS 保障、传输速率高、业务丰富多样等优点。WiMAX 的技术起点较高，采用了代表未来通信技术发展方向的 OFDM/OFDMA、AAS、MIMO 等先进技术，WiMAX 是一种为企业和家庭用户提供"最后一公里"的宽带无线连接方案。

（5）IrDA 红外通信（Infrared Data）红外通信一般采用红外波段内的近红外线，波长为 0.75μm～25μm。由于波长短，对障碍物的衍射能力差，所以更适合应用在需要短距离无线的点对点场合。1996 年，IrDA 发布了 IrDA 1.1 标准，即 FIR（Fast InfraRed），传输速率可达 4Mbit/s，继 FIR 之后，IrDA 又发布了传输速率高达 16Mbit/s 的 VFIR（Very Fast InfraRed）技术。目前其应用已相当成熟，其规范协议主要有：物理层规范、连接建立协议和连接管理协议等。IrDA 以其低价和广泛的兼容性，得到了广泛应用。

（6）HomeRF。HomeRF 工作组是由美国家用射频委员会于 1997 年成立的，其主要工作任务是为家庭用户建立具有互操作性的话音和数据通信网。作为无线技术方案，它代替需要铺设昂贵传输线的有线家庭网络，为网络中的设备（如笔记本计算机）和 Internet 应用提供了漫游功能。但是，HomeRF 占据了与 IEEE 802.11X 和 Bluetooth 相同的 2.4GHz 频段，所以在应用范围上有很大的局限性，在家庭网络中使用得更多。

（7）窄带物联网。窄带物联网（Narrow Band Internet of Things，NB-IoT）基于蜂窝，是"万物互联网络"的一个重要分支，NB-IoT 聚焦于低功耗广覆盖（Low Power Wide Area，LPWA）物联网市场，是一种可在全球范围内广泛应用的新兴技术。因为 NB-IoT 自身具备的低功耗、广覆盖、低成本、大容量等优势，使其可以广泛应用于多种垂直行业，如远程抄表、资产跟踪、智能停车、智慧农业等。

3. 中国 WLAN 规范

中华人民共和国工业和信息化部（简称工业和信息化部）制定了 WLAN 的行业配套标准，包括《无线局域网工程设计规范》和《无线局域网工程验收规范》。该标准涉及的技术标准包括 IEEE 802.11X 系列（IEEE 802.11、IEEE 802.11a、IEEE 802.11b、IEEE 802.11g、IEEE 802.11h、IEEE 802.11i）。工业和信息化部通信计量中心承担了相关标准的制定工作，并联合设备制造商和国内运营商进行了大量的试验工作，同时，工业和信息化部通信计量中心和一些相关公司联合建成了 WLAN 的试验平台，以对 WLAN 系统设备的各项性能指标、兼容性和安全可靠性等方面进行全方位的测评。

9.1.4 WLAN 的关键技术

WLAN 标准 IEEE 802.11 的 MAC 层和 IEEE 802.3 协议的 MAC 层非常相似，都是在一个共享媒体之上支持多个用户共享资源，由发送者在发送数据前先验证网络的可用性。在 IEEE 802.3 协议中，采用 CSMA/CD 协议来完成介质访问控制，这个协议解决了在以太网上的各个工作站如何在线缆上进行数据传输的问题，利用它可以检测和避免当两个或两个以上的网络设备需要进行数据传输时在网络上发生的冲突。在 IEEE 802.11 中，冲突的检测存在一定的困难，这是由于要检测冲突，设备必须能够一边接收数据信号一边传送数据信号，这在无线系统中是无法办到的。

鉴于这个差异，在 IEEE 802.11 中对 CSMA/CD 进行了一些调整，采用了新的协议 CSMA/CA（Carrier Sense Multiple Access with Collision Avoidance，带冲突避免的载波感应多路访问），发送包的同时不能检测到信道上有无冲突，只能尽量"避免"。CSMA/CA 利用 ACK 信号来避免冲突的发生，也就是说，只有当客户端收到网络上返回的 ACK 信号后才确认发送的数据已经到达正确目的站。

CSMA/CA 协议及其退避算法。

CSMA/CA 协议规定，站点在进行通信之前，必须先监听信道状态。

（1）若检测到信道空闲，则再等待一个 DIFS（Distributed Inter-Frame Space，分配的帧间空隙）后，如果这段时间内信道一直是空闲的，就开始发送 Data 帧，并等待确认。

（2）目的站若正确收到此帧，则再等待一个 SIFS（Short Inter-Frame Space，短的帧间空隙）后，就向源站发送确认帧 ACK。当发送站收到 ACK 帧就表示本次传输过程完成。

（3）另外，在站点发送 Data 帧时，其他所有的站点都已经设置好了 NAV（Network Allocation Vector，网络分配向量），在这整个通信过程完成前其他站点只能执行 CSMA/CA 的退避算法，并随机选择一个退避时间，推迟发送。

退避时间的选择方法如下。

为了减小各个站点选择相同的退避时间的概率，IEEE 802.11 标准规定，第 i 次退避的退避时间是在时隙个数 $\{0, 1, \cdots, 2^{2+i}-1\}$ 中随机地选择一个，并把 $2^{2+i}-1$ 称为 CW（Contention Window，竞争窗口）。由此可见，退避时间就等于所选择的时隙个数乘以时隙时间，是时隙时间的整数倍。当发生第一次退避，也就是 $i=1$ 时，退避的时隙个数是在区间 $\{0,1,\cdots,7\}$ 中随机地选择一个；当发生第二次退避，也就是 $i=2$ 时，退避的时隙个数是在区间 $\{0,1,\cdots,15\}$ 中随机地选择一个。以此类推，当时隙个数达到 255，也就是进行到第 6 次退避时，CW 不再增大。也就是说，CW 的值只能是 $\{7,15,31,63,127,255\}$ 中的一个。一般地，把 CW_{min} 称为最小竞争窗口，$CW_{min}=7$；把 CW_{max} 称为最大竞争窗口，$CW_{max}=255$；$CW_{min} \leqslant CW \leqslant CW_{max}$。

（4）站点选择好退避时间就等效于设定好了一个退避计时器（Back Off Timer）。于是在计时器减小到 0 之前，站点会每经历一个时隙时间就检测一次信道状态。若检测到信道忙，则暂停倒计时；若检测到信道空闲，就表示先前的通信过程已完成，这时其他站点设置的 NAV 时间也就结束了。再经过一个 DIFS，竞争窗口到来，退避计时器就从暂停处重新开始倒计时，在每个时隙的起始时刻减 1，一旦退避计时器的时间减小到 0 就代表可以进行通信了，开始发送整个数据帧。在竞争窗口期间，由于可能不止一个站点要执行退避算法，因此争用信道的情况比较复杂。CSMA/CA 协议的退避机制如图 9-1 所示。

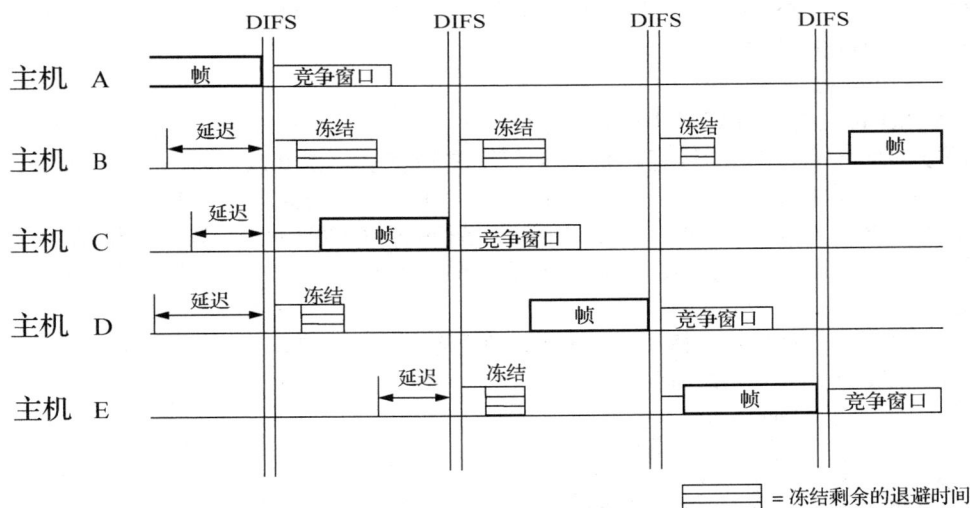

图 9-1　CSMA/CA 协议的退避机制

以上就是 CSMA/CA 协议及其退避算法的全部内容，情况很复杂，现做如下归纳。

（1）如果站点最初要进行通信（而不是通信冲突后再进行重传），且发现信道是空闲的，在等待一个 DIFS 后，就开始通信。

（2）如果站点最初要进行通信，但发现信道忙，或者站点一次通信完成后要继续通信的，再或者站点通信冲突要重传的，则站点执行 CSMA/CA 的退避算法，各自进行第 i 次退避。只要发现信道忙，就暂停倒计时；只要信道空闲，就继续倒计时。

（3）站点退避计时器时间只要减少到 0（这个时候信道一定是空闲的），就立即开始通信并等待确认。

（4）发送站若收到确认信息，就表示通信过程顺利完成。这时如果要继续通信，就从步骤（2）开始。

（5）若发送站没有收到确认信息，就要重传此帧。因此也要从步骤（2）开始，直到收到确认信息。除非重传次数已经超过上限值，超过时只能放弃重传。

需要说明的是，当一个站点最初想要建立通信连接，并且发现信道是空闲的时，那就直接开始通信，而不需要退避。除此以外的任何情形都要执行退避算法。

CSMA/CA 通过这种方式来提供无线的共享访问，这种显式的 ACK 机制在处理无线问题时非常有效。然而对于 IEEE 802.11，这种方式增加了额外的负担，所以和类似的以太网相比，IEEE 802.11 网络总在性能上稍逊一筹。

9.2 WLAN 的网络拓扑结构

BSS（Basic Service Set，基本服务集），是无线网络中的一个术语，用于描述在一个 IEEE 802.11 WLAN 中的一组相互通信的移动设备。一个 BSS 可以包含无线接入点（Access Point，AP），也可以不包含无线 AP。

基本服务集有两种类型：一种是独立模式的基本服务集，由若干个移动台组成，称为 Ad-Hoc 结构；另一种是基础设施模式的基本服务集，包含一个无线 AP 和若干个移动台，称为 Infrastructure 结构。

1. Ad-Hoc 结构

Ad-Hoc 结构就相当于有线网络中的多机直接通过无线网卡互连，信号是直接在两个通信端点对点传输的，Ad-Hoc 允许无线终端在无线网络的覆盖区域内移动，并利用无线信道上的 CSMA/CA 机制来自动建立点到点的对等连接，这种网络中节点自主对等工作，对小型的无线网络来说，是一种方便的连接方式。Ad-Hoc 结构如图 9-2 所示。

2. Infrastructure 结构

Infrastructure 结构与有线网络中的星形交换模式类似，也属于集中式结构类型。Infrastructure 的组网方式是无线网络规模扩充或无线和有线网络并存时的通信方式，是 IEEE 802.11b 最常用的方式之一。此时，需要无线 AP 的支持，其中的无线 AP 相当于有线网络中的交换机，起着集中连接和数据交换的作用。无线 AP 负责监管一个小区，并作为移动终端和主干网之间的桥接设备。当无线网络节点增多时，网络存取速度会随着范围扩大和节点的增加而变慢，此时添加无线 AP 可以有效控制和管理频宽与频段。

无线 AP 和无线网卡还可针对具体的网络环境调整网络连接速率，以发挥相应网络环境下的最佳连接性能。Infrastructure 结构如图 9-3 所示。

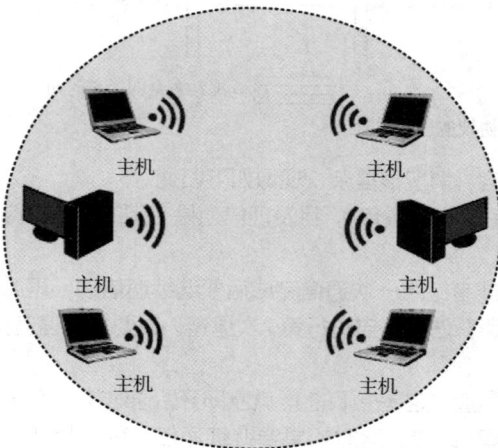

图 9-2　Ad-Hoc 结构

图 9-3　Infrastructure 结构

理论上一个 IEEE 802.11b 的 AP 最多可连接 72 个无线节点，实际应用中考虑到更高的连接需求，建议无线节点设置在 10 个以内。

9.3 WLAN 的常见设备

WLAN 的工作流程是通过计算机的无线网卡→无线天线→无线 AP→无线交换机（无线网桥、无线路由器等）→Internet。

1. 无线网卡

无线网卡的作用类似于以太网中的网卡，作为 WLAN 的接口，实现与 WLAN 的连接。无线网卡根据接口类型的不同，主要分为 3 种，即 PCMCIA（Personal Computer Memory Card International Association，个人计算机存储卡国际协会）无线网卡、PCI（Peripheral Component Interconnect，外国组件互联）无线网卡和 USB（Universal Serial Bus，通用串行总线）无线网卡。

PCMCIA 无线网卡仅适用于笔记本计算机，支持热插拔，可以非常方便地实现移动无线接入，如图 9-4 所示。PCI 无线网卡适用于普通的台式计算机。其实 PCI 无线网卡只是在 PCI 转接卡上插入一块普通的 PCMCIA 无线网卡，如图 9-5 所示。

图 9-4　PCMCIA 无线网卡　　　　　　图 9-5　PCI 无线网卡

USB 接口无线网卡适用于笔记本计算机和台式计算机，支持热插拔，如果网卡外置无线天线，那么，USB 接口无线网卡就是一个比较好的选择，如图 9-6 所示。

图 9-6　USB 接口无线网卡

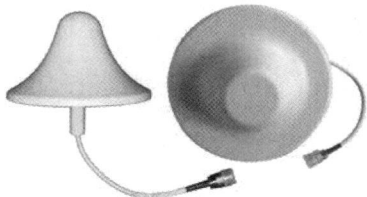

2. 无线天线

当计算机与无线 AP 或其他计算机相距较远时，随着信号的减弱，会出现传输速率明显下降，或者根本无法实现与无线 AP 或其他计算机之间通信的现象。此时，就必须借助无线天线对所接收或发送的信号进行增益（放大）。

无线天线有多种类型，常见的有两种。一种是室内天线，优点是方便灵活，缺点是增益小、传输距离短，如图 9-7 所示。一种是室外天线。室外天线的类型比较多，一种是棒状的室外全向天线，如图 9-8 所示，一种是锅状的室外定向天线，如图 9-9 所示。室外天线的优点是传输距离远，比较适合远距离传输。

图 9-7　室内吸顶天线　　　　图 9-8　室外全向天线　　　　图 9-9　室外定向天线

3. 无线 AP

无线 AP 是用于无线网络的无线交换机，也是无线网络的核心，如图 9-10 所示。无线 AP 是移动计算机用户进入有线网络的接入点，主要用于宽带家庭、大楼内部以及园区内部，典型距离覆盖几十米至上百米，目前主要技术为 IEEE 802.11 系列技术。

图 9-10　无线 AP

4. 无线网桥

无线网桥可以用于连接两个或多个独立的网段，这些独立的网段通常位于不同的建筑内，相距几百米到几十千米，它可以广泛应用在不同建筑物间的互联。同时，根据协议的不同，无线网桥可以分为 2.4GHz 频段的 IEEE 802.11b 或 IEEE 802.11g，以及采用 5.8GHz 频段的 IEEE 802.11a 无线网桥。无线网桥有 3 种工作方式：点对点连接、中继连接，点对多点连接、特别适用于城市中的远距离通信，结构分别如图 9-11、图 9-12、图 9-13 所示。

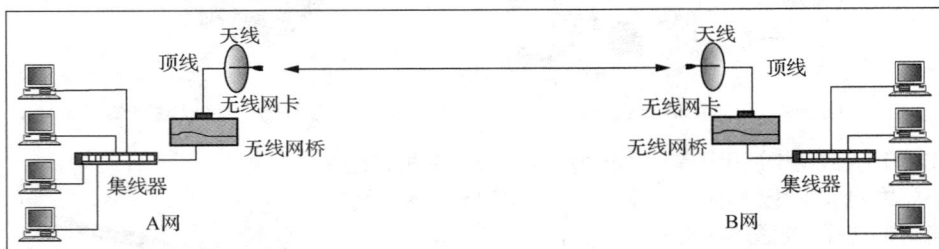

图 9-11　点对点连接

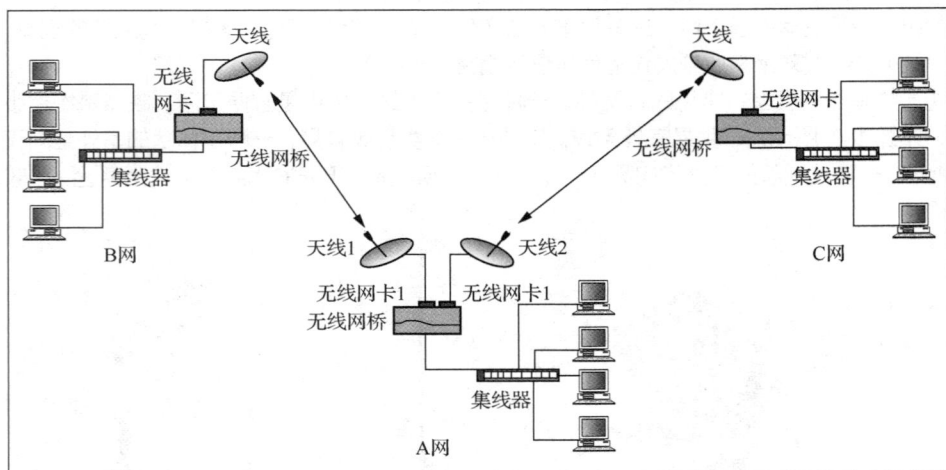

图 9-12　中继连接

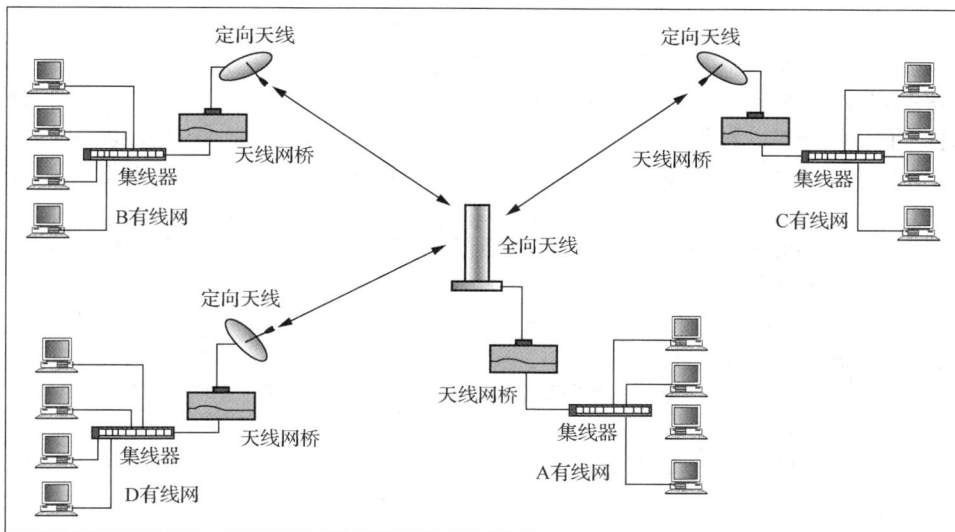

图 9-13　点对多点连接

无线网桥通常用于室外，主要用于连接两个网络，使用无线网桥不可能只使用一个，必需两个以上，而无线 AP 可以单独使用。无线网桥具有功率大、传输距离远（最大可达约 50km）、抗干扰能力强等优点，不自带天线，一般配备抛物面天线以实现长距离的点对点连接。

5. 无线路由器

无线路由器（Wireless Router）好比是将单纯性无线 AP 和宽带路由器合二为一的扩展型产品，它不仅具备单纯性无线 AP 的所有功能如支持 DHCP 客户端、支持 VPN、防火墙、支持 WEP（Wired Equivalent Privacy，有线等效加密）等，而且包括 NAT 功能。其可支持局域网用户的网络连接共享，可实现家庭无线网络中的 Internet 连接共享，实现 ADSL（Asymmetric Digital Subscriber Line，非对称数字用户线）和小区宽带的无线共享接入。无线路由器如图 9-14 所示。

图 9-14　无线路由器

近年来随着智能终端的广泛普及，无线路由器也在蓬勃地发展。目前市面上的设备也各具特色。纵观现有包括智能路由器在内的各种家用路由器设备，其功能大致可以分为 3 个层次。第一个层次是最基本的网络功能，例如 WLAN 及有线接入、支持 PPPoE（Point-to-Point Protocol over Ethernet，以太网上的点对点协议）拨号、支持 DHCP 及 NAT、接入加密及控制等，普通家用路由器大多只提供这一层次的功能；第二个层次是在普通路由器上提供一些扩展功能，例如网络存储、离线下载、蹭网检测、应用加速等；第三个层次是在路由器上提供应用平台，用户可以自行下载并安装所需的应用，具有更强的灵活性和可扩展性。

9.4　WLAN 的组建与应用

9.4.1　无线设备的选购

WLAN 由无线网卡和无线接入点构成。WLAN 是指不需要网线就可以通过无线方式发送和接收数据的局域网，通过安装无线路由器或无线 AP，在终端安装无线网卡就可以实现无线连接。

要组建一个 WLAN，需要的硬件设备有无线网卡和无线接入点。

（1）无线网卡选购注意事项

要组建一个 WLAN，除了需要配备计算机外，还需要选购无线网卡。对于台式计算机，可以选择 PCI 或 USB 接口的无线网卡；对于笔记本计算机，则可以选择内置的 Mini PCI，以及外置的 PCMCIA 和 USB 接口的无线网卡。为了能实现多台计算机共享上网，最好准备无线 AP 或无线路由器，并实现网络接入，例如，ADSL、小区宽带、Cable Modem 等。在选购无线网卡的时候，需要注意以下事项。

① 接口类型。按接口类型分，无线网卡主要分为 PCI、USB、PCMCIA 这 3 种，PCI 无线网卡主要用于台式计算机，PCMCIA 接口无线网卡主要用于笔记本计算机，USB 接口无线网卡可以用于台式计算机也可以用于笔记本计算机。

其中，PCI 无线网卡可以和台式计算机的主板 PCI 插槽连接，安装相对麻烦；USB 接口无线网卡具有即插即用、安装方便、高速传输等特点，只要配备 USB 接口就可以安装使用；而 PCMCIA 接口无线网卡主要针对笔记本计算机设计，具有和 USB 相同的特点。在选购无线网卡时，应该根据实际情况来选择合适的无线网卡。

② 传输速率。传输速率作为衡量无线网卡性能的一个重要指标。目前，无线网卡支持的最大传输速率可以达到吉比特级别，支持 IEEE 802.11ac 标准，兼容 IEEE 802.11n 标准，例如，TP-LINK、NETGEAR、华硕等。

在选购时，普通家庭用户，选择支持 IEEE 802.11n 的 300Mbit/s 的无线网卡即可；而办公或商业用户，则需要选择支持 IEEE 802.11ac 的吉比特无线网卡。

③ 认证标准。目前，无线网卡采用的网络标准主要是 IEEE 802.11n，支持 300Mbit/s 的速率，兼容 IEEE 802.11a/b/g 标准，还有部分支持 IEEE 802.11ac 标准，传输速率可达吉比特，其和支持 IEEE 802.11n 的无线网卡产品相比，主要差别在价格。在选购时一定要注意，产品是否支持 Wi-Fi 认证的标准，只有通过该认证的标准产品才可以和其他的同类无线产品组成 WLAN。

④ 兼容性。目前，支持 IEEE 802.11a/b/g 标准的无线设备基本已被淘汰，支持 IEEE 802.11n 和 IEEE 802.11ac 标准的无线设备是当前的市场主流，因为这两个标准同时支持 2.4GHz 和 5GHz 频段，所以相关产品互联时的兼容性可以得到充分保证。

⑤ 传输距离。传输距离同样是衡量无线网卡性能的重要指标，传输距离越大说明其灵活性越强。目前，一般的无线网卡室内传输距离可以达到 30～100m，室外可以达到 100～300m。在选购时，注意产品的传输距离不低于该标准值即可。此外，无线网卡传输距离的远近还会受到环境的影响，比如墙壁、无线信号干扰等。

⑥ 安全性。因为 WLAN 在进行数据传输时是完全暴露在半空中的，而且信号覆盖范围广，如果安全性不好，合法用户的数据就很容易被非法用户截获和破解。目前不同的厂商所提供的数据加密技术和安全解决方案不尽相同，一般采取 WAP（Wireless Application Protocol，无线应用协议）和 WEP 等加密技术，WAP 加密性能比 WEP 强，不过兼容性不好。目前，一般的无线网卡都支持 64/128 位的 WEP，部分产品可以达到 256 位。

（2）无线路由器选购注意事项

无线路由器主要用于网络信号的接入或转发。在选购无线路由器时，需要注意以下事项。

① 端口数目、速率。无线路由器产品一般内置交换机，包括至少 1 个 WAN 端口以及多个 LAN 端口。WAN 端口用于和宽带网进行连接，LAN 端口用于和局域网内的网络设备或计算机进行连接，这样可以组建有线、无线混合网。在端口的传输速率方面，一般应该为 100Mbit/s/1000Mbit/s 自适应 RJ-45 端口，每一端口都应该具备 MDI/MDIX 自动跳线功能。

② 网络标准。与无线网卡所支持的标准一样，无线路由器一般支持 IEEE 802.11n 和 IEEE 802.11ac 标准，理论上分别可以实现 300Mbit/s 和吉比特级别的无线网络传输速率。家庭或小型办公网络用户一般选择支持 IEEE 802.11ac 标准的产品即可。除此之外，还必须要支持 IEEE 802.3 以及 IEEE 802.3u 网

络标准。

③ 网络接入。对于家庭用户，常见的 Internet 宽带接入方式有 ADSL、Cable Modem、小区宽带等。所以在选购无线路由器时要注意它所支持的网络接入方式。例如，使用 ADSL 上网的用户选择的产品必须支持 ADSL 接入（即 PPPoE 拨号），对于小区宽带用户，必须要支持以太网接入。

④ 防火墙。为了保证网络的安全，无线路由器最好还应该内置防火墙功能。防火墙功能一般包括 LAN 防火墙和 WAN 防火墙，前者可以采用 IP 地址限制、MAC 地址过滤等手段来限制 LAN 内计算机访问 Internet；后者可以采用网址过滤、数据包过滤等简单手段来阻止黑客攻击，以保护网络传输安全。

⑤ 高级功能。选购无线路由器时，还需要注意它所支持的高级功能。例如，支持的 NAT 功能可以将 LAN 内部的 IP 地址转换为可以在 Internet 上使用的合法 IP 地址；通过 DHCP 服务器功能可以自动为 WLAN 中的任何一台计算机自动分配 IP 地址；通过 DDNS（动态 DNS）功能可以将动态 IP 地址解析为一个固定的域名，以便 Internet 用户对 LAN 服务器的访问；通过虚拟服务器功能可以实现在 Internet 中访问 LAN 中的服务器。此外，为了让 LAN 中的路由器之间以及不同局域网段中的计算机之间进行通信，选购的无线路由器还必须支持动态/静态路由功能。

除了上面介绍的注意事项外，在选购无线路由器产品时，还需要注意无线路由器的管理功能。它至少应该支持 Web 浏览器的管理方式；无线传输的距离，至少应该达到室内 100m，室外 300m；至少应该支持 64/128 位 WEP。

9.4.2 组建办公 WLAN

组建办公 WLAN 与组建家庭 WLAN 类似，不过，因为通常办公网络中拥有的计算机较多，所以对所实现的功能以及网络规划等方面要求也比较高。

下面，以拥有 8 台计算机的小型办公网络为例，其中包括 3 个办公室：经理办公室（2 台）、财务室（1 台）以及工作室（5 台）；Internet 接入采用以太网接入（传输速率为 100Mbit/s）。

（1）确定网络拓扑结构

考虑到经理办公室和财务室等重要部门网络的稳定性需求，准备采用交换机和无线路由器有线连接的方式。这样，除了配备无线路由器外，还需要准备 1 台交换机、至少 4 根网线，用于连接交换机和无线路由器、服务器、经理用笔记本计算机以及财务室计算机；还需要为工作室的每台笔记本计算机配备 1 块无线网卡，考虑到 USB 无线网卡即插即用、安装方便、高速传输、需供电等特点，全部采用 USB 无线网卡与笔记本计算机连接，办公室 WLAN 网络拓扑结构如图 9-15 所示。

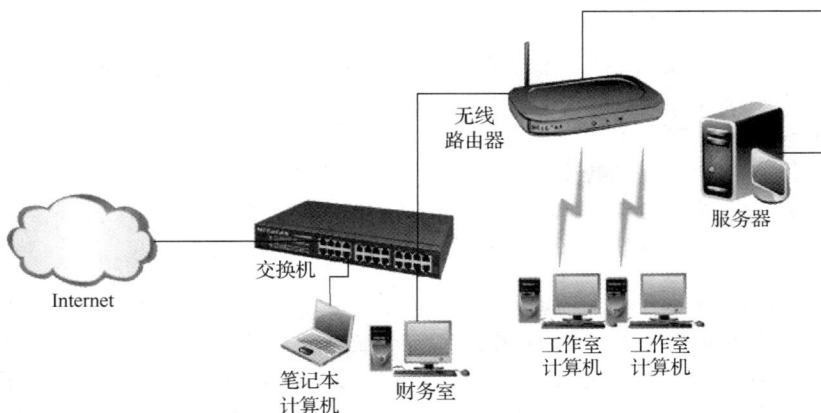

图 9-15 办公室 WLAN 网络拓扑结构

（2）安装网络设备

在工作室中，首先需要给每台笔记本计算机（假设全部安装的 Windows 10 操作系统）安装 USB 无线网卡。

将 USB 无线网卡和笔记本计算机的 USB 接口连接，Windows 10 会自动提示发现新硬件，并安装相应驱动程序。接着打开"网络连接"对话框就可以看到自动创建的"自动无线网络连接"。而且在系统"设备管理器"对话框的"网络适配器"项中可以看到已经安装的 USB 无线网卡。

接着，将交换机的 UpLink 端口和进入办公网络的 Internet 接入口用网线连接，此外选择一个端口（UpLink 旁边的端口除外）与无线路由器的 WAN 端口连接，其他端口分别用网线和财务室计算机、经理用笔记本计算机连接。因为该无线路由器本身集成 5 口交换机，除了提供一个 100Mbit/s/1000Mbit/s 自适应 WAN 端口外，还提供 4 个 100Mbit/s/1000Mbit/s 自适应 LAN 端口，选择其中的一个端口和服务器连接，并通过服务器对该无线路由器进行管理。

最后，分别接通交换机、无线路由器电源，该无线网络就可以正常工作了。

（3）设置网络环境

在安装完网络设备后，还需要对无线 AP 或无线路由器以及安装了无线网卡的计算机进行相应的网络设置。

① 设置无线路由器

通过无线路由器组建的 WLAN 中，除了进行常见的基本设置、DHCP 设置，还需要进行 WAN 连接类型以及访问控制等内容的设置。

首先，对无线路由器进行基本设置。

当连接到无线网络后，在 LAN 的任何一台计算机中打开 IE 浏览器，在地址框中输入 192.168.1.1，再输入登录用户名和密码（用户名默认为 admin，密码为 admin），单击"确定"按钮打开路由器设置页面。在左侧窗口单击"基本设置"链接，在右侧的窗口中除了可以设置 IP 地址、是否允许无线设置、SSID（Service Set Identifier，服务集标识符）名称、频道、WEP 外，还可以为 WAN 口设置连接类型，包括自动获取 IP、静态 IP、PPPoE、RAS（Remote Access Service，远程访问服务）、PPTP 等。例如，使用以太网方式接入 Internet，可以选择静态 IP，然后输入 WAN 口 IP 地址、子网掩码、缺省网关、DNS 服务器地址等内容。最后单击"应用"按钮完成设置。

在上述设置页面中，为了省去为办公网络中的每台计算机设置 IP 地址的操作，可以单击左侧窗口中的"DHCP 设置"链接，在右侧窗口中的"动态 IP 地址"选项组中选择"允许"选项来启用 DHCP 服务器。为了限制当前网络用户数目，还可以设定用户数，例如，更改为 6（默认为 50）。最后单击"应用"按钮。

完成上面介绍的基本设置后，还需要为网络环境设置访问控制。

在办公网络中，为了能有效地促进员工工作，提高工作效率，可以通过无线路由器提供的访问控制功能来限制员工对网络的访问。常见的操作包括 IP 访问控制、URL 访问控制等。

首先，在路由器管理页面左侧单击"访问控制"链接，接着在右侧的窗口中可以分别对 IP 访问、URL 访问进行设置，在 IP 访问设置页面输入希望禁止的 IP 地址和端口号，例如，要禁止 IP 地址为 192.168.1.100 到 192.168.1.102 的计算机使用 QQ，那么可以在"协议"列表中选择"UDP"选项，在"局域网 IP 范围"框中输入"192.168.1.100～192.168.1.102"，在"禁止端口范围"框中分别输入"4000"、"8000"。最后单击"应用"按钮。

> **提示** 　　上面的设置是因为 QQ 聊天软件使用的协议是 UDP，使用的端口是 4000（客户端）和 8000（服务器端）端口。如果不确定是哪种协议的端口，可以在"协议"列表中选择"所有"选项，端口的范围为 0～65535；要禁止某个端口，例如，禁止 FTP 端口，可以在范围中输入 21～21。对于"冲击波"病毒使用的 RPC（Remote Procedure Call，远程过程调用）服务端口可以输入 135～135。

如果要设置 URL 访问控制功能，可以在访问控制页面中单击"URL 访问设置"链接，在打开的页面中单击"URL 访问限制"选项中的"允许"选项。接着，在"网站访问权限"选项中选择访问的权限，可以设置"允许访问"或"禁止访问"。例如，要禁止访问 http://www.xxxx.com 这样的网站，就可以在"限制访问网站"框中输入 http://www.xxxx.com。最后单击"应用"按钮即可。

② 客户端设置

在办公 WLAN 中，客户端设置的方法与家庭 WLAN 中的客户端设置方法大致相同，要注意工作室中的所有计算机需要设定相同的访问方式，例如，同为"仅访问点（结构）网络"或同为"任何可用的网络（首选访问点）"。此外，还要将每台计算机的工作组名称设置为相同的名称。

9.5　WLAN 的安全与防范

随着 WLAN 的发展，其安全问题开始慢慢显现出来，任何在网络覆盖范围内的用户都可以获取 WLAN 的数据，向目标发起攻击，这在一定程度上影响到 WLAN 在专业领域的推广和发展。

究其原因，这与 WLAN 先天的设计有关，例如 IEEE 802.11b 和 IEEE 802.11g 标准使用了可以共享的 2.4GHz 工作频段，WEP 技术的"薄弱"，易被 DoS（Denial of Service，拒绝服务）攻击和干扰等。

下面，了解常见的 WLAN 安全问题以及相应的安全防范措施。

（1）WLAN 安全问题

WLAN 中常见的安全问题主要有以下几种。

① 2.4GHz 信号覆盖范围。目前，用于 WLAN 的 IEEE 802.11n 以及 IEEE 802.11ac 标准都使用 2.4GHz 的无线电波进行网络通信，没有使用授权的限制。而且通常无线产品的覆盖范围为 100m～300m，还可以穿透墙壁。所以，任何人都可以通过一台安装了无线网卡的计算机在无线覆盖范围内进行监听，网络数据很容易泄露，特别在公司内部很容易发生这种情况。

② WEP 还不够强。虽然常见的 IEEE 802.11b 和 IEEE 802.11g 标准使用了 WEP，但也是不安全的。因为，WEP 一般采用 40 位（10 个数字）的密钥，因此采用了 WEP 的无线网卡和无线 AP 之间的连接很容易被破解。更严重的安全隐患在于默认情况下通过 Windows 10 创建的无线网络连接以及无线路由器禁用 WEP。

③ DoS 攻击与干扰。在有线局域网中可以通过防火墙阻止 DoS 攻击，但是攻击者可以通过 WLAN 绕过防火墙，对公司或其他网络实施攻击。虽然 WLAN 使用了扩频技术，但是恶意攻击者还可以通过干扰器来进行信号干扰，而且干扰源不容易被查出。

此外，还可以利用 WLAN 认证技术的缺陷来进行地址欺骗、会话拦截等。

（2）安全防范措施

针对使用 WLAN 过程中遇到的各种常见安全问题，可以采取下面常见的安全防范措施。

① 给 WLAN 改名

SSID 值作为无线 AP 或无线路由器区别其他同类设备的标识符，WLAN 内的用户只要知道该值，在没有设置密钥的情况下都可以顺利连接到该网络，这样数据很容易被截获。所以在设置时，为了安全考虑尽量不要使用默认的 SSID 值，可取个不容易被猜到的名字。同样是在上文提到的 TP-LINK 路由器中，可以在设置页面的"基本设置"中更改。

② 加密无线网络

在 WLAN 中，为了保证网络连接的安全性，通常可以采用 WEP 技术。目前，该加密技术一般可以提供 64/128 位长度的密钥机制，有的产品甚至支持 256 位的密钥机制。

要启用 WEP 功能，首先可以打开无线路由器的"基本设置"页面，默认情况 WEP 是处于禁用状态的。接着，在 WEP 处选择"开启"选项，单击"WEP 密钥设置"按钮，在密钥设置页面中，可以创建 64 位或 128 位的密钥。例如，要创建一个 64 位的密钥，那么可以单击"创建"按钮来创建 4 个密钥，记下这些密钥，单击"应用"按钮。

> **提示**　为了保证创建的密码更安全，还可以输入密码短语（由数字和字母组成）。在使用 WEP 密钥功能时，一定要保证无线网络中的所有计算机和网络设备使用相同的加密方法和密钥，否则无法接入。

这样，在无线网络客户端如果不设置密钥就不能连接该无线网络，具体的设置方法如下。

例如，在 Windows 10 系统中，首先用鼠标右键单击任务栏无线连接图标，选择"状态"命令打开无线网络连接状态对话框。接着，单击"属性"按钮，在出现的属性对话框中单击"无线网络配置"选项卡，在"首选网络"选项组中选择搜索到的无线网络连接，单击"属性"按钮，在打开的属性窗口中去掉"自动为我提供此密钥"选项，选中"数据加密（WEP 启用）"选项，在"网络密钥"框中输入在无线路由器中创建的密钥。单击"确定"按钮即可，这样将自动连接到带有密钥的无线局域网。

③ 禁止 SSID 广播

为了方便 WLAN 中的计算机容易搜索到无线网络，默认情况下无线路由器或无线 AP 都启用 SSID 广播功能。通过该功能虽然可以方便网内用户搜索到指定的无线网络，但是在无线网络覆盖范围内的用户，都可以通过 SSID 广播得到无线网络的 SSID 值，这使安全隐患大大增加。为此，可以打开无线路由器或无线 AP，禁用 SSID 广播功能。

以 TP-LINK 无线路由器为例，要禁止 SSID 广播，可以打开"基本设置"页面，在"无线设置"选项组中的"SSID 广播"选项中选择"禁止"，单击"应用"按钮即可。这样，无线网络覆盖范围内的用户都不能看到该网络的 SSID 值。

④ 启用 IEEE 802.1x 验证

IEEE 802.1x 验证技术也可以用于 WLAN，以增强网络安全。比如当无线客户端与无线 AP 连接后，通过 IEEE 802.1x 验证技术就可以决定是否使用无线 AP 的服务，如果认证通过，无线 AP 会为用户打开开放服务的端口，否则将不允许用户上网。

在 Windows 10 中要为无线网卡启用 IEEE 802.1x 验证的方法很简单。首先，打开无线网络连接的属性对话框，单击"身份验证"选项卡，并选择"启用使用 IEEE 802.1x 的网络访问控制"选项，单击"确定"按钮即可。

⑤ 启用 MAC 地址过滤

因为 WLAN 中的每台计算机都有唯一的物理地址，那么可以通过无线 AP 或无线路由器来建立 MAC 地址表，对连接到 WLAN 的用户进行验证，以减少非法用户的接入。

打开无线路由器的设置页面，单击左侧窗口中的"无线设置"链接，之后会在右侧页面中可以看到"终端 MAC 地址过滤"选项，选择"允许"选项表示加入 MAC 地址过滤列表中的计算机将不能访问 Internet，选择"禁止"选项表示允许访问 Internet。

为了添加过滤 MAC 地址，可以单击"有效 MAC 地址表"按钮来查看到 WLAN 中的有效 MAC 地址表，包括客户主机名、IP 地址、MAC 地址等信息。为了保证安全性，单击"更新过滤列表"按钮，然后可以在打开的页面中选择无线 MAC 项所在组号，比如 1～10，在终端（1～10）后的 MAC 地址中输入 MAC 地址，注意不要用"-"隔开，直接输入数字、字母即可。例如，0040F4A9FE16，并选中"过滤"选项，最后单击"应用"按钮即可将其加入 MAC 过滤地址列表中，用同样的方法最多可以创建 32 个 MAC 过滤地址。

⑥ 启用 Windows 防火墙功能。Windows 10 在无线网络方面提供了强大的支持，在完善无线网络

连接图标、状态窗口、设置窗口等的同时，还在"控制面板"中增加了 Windows 防火墙，通过"防火墙"功能可以保证无线网络的安全。

本章小结

本章介绍了无线局域网的概念及特点，从 IEEE 802.11X、蓝牙、HomeRF、中国无线局域网规范等方面介绍了无线局域网标准，同时介绍了无线局域网结构及常见设备，并对无线局域网的组建和应用进行了阐述，最后对无线局域网的安全问题进行了探讨。

习题

1. 无线局域网定义。
2. 简答无线局域网主要标准有哪些。
3. 试从工作频率、传输速率、传输距离方面对 IEEE 802.11、IEEE 802.11b、IEEE 802.11a、IEEE 802.11g、IEEE 802.11n、IEEE 802.11ac 进行比较。
4. 无线局域网技术在哪些领域被应用？
5. 常见的无线局域网设备有哪些？
6. 简答目前无线局域网所采用的拓扑结构有哪几类。
7. 简答无线天线通常有哪些类型。
8. 简答无线路由器主要有哪些产品特性。
9. 简答服务区标识符（SSID）匹配的工作原理。
10. 简答现有的无线局域网安全技术有哪些。

第10章
网络安全

情景引入

随着"大数据时代"的到来，越来越多人的学习、工作和生活离不开计算机网络，随之出现的是各类网络安全问题。部分人出于各种目的，对网络进行破坏，使正常的网络受到各种安全威胁。大家在上网过程中，该如何应对这些问题？通过本章的学习，读者能够对网络安全有个总体上的认识，在如木马的检测、计算机网络病毒防治、数据加解密、防火墙安全防范等方面有较为深入的了解，通过理论和实际操作相结合，掌握加解密软件和防火墙软件的使用，由浅入深并系统地学习网络安全相关知识。

学习目标

【知识目标】

1. 学习计算机网络安全基本概念。
2. 学习数据加解密基本原理。
3. 学习网络防火墙安全防护实现方法。

【技能目标】

1. 掌握分析网络面临的各种安全问题的技能。
2. 具备使用安全软件的能力。

【素养目标】

1. 培养探究科学规律的精神。
2. 培养不怕困难、勇攀高峰的意志品质。
3. 培养严谨细致的作风。

10.1 网络安全简介

10.1.1 网络安全的定义

网络安全是一门涉及计算机科学、网络技术、通信技术、密码技术、信息安全技术、应用数学、数论、信息论等多种学科的综合学科。网络安全是指网络系统的硬件、软件及其系统中的数据受到保护，不受偶然的或者恶意的原因而遭到破坏、更改、泄露，保证系统连续、可靠、正常地运行，网络服务不中断。

网络安全从其本质来讲就是网络上的信息安全。从广义角度来说，凡是涉及网络上信息的保密性、完整性、可用性、真实性和可控性的相关技术和理论都是网络安全的研究领域。

10.1.2 网络面临的安全威胁

计算机网络上的通信面临以下 4 种威胁。

（1）截获（Interception）。攻击者从网络上窃听他人的通信内容。

（2）中断（Interruption）。攻击者有意中断他人在网络上的通信。

（3）篡改（Modification）。攻击者故意篡改网络上传送的报文。

（4）伪造（Fabrication）。攻击者伪造信息在网络上传送。

上述 4 种威胁可划分为两大类，即被动攻击和主动攻击。在上述情况中，截获信息的攻击称为被动攻击，而中断、篡改和伪造信息等拒绝用户使用资源的攻击称为主动攻击，如图 10-1 所示。

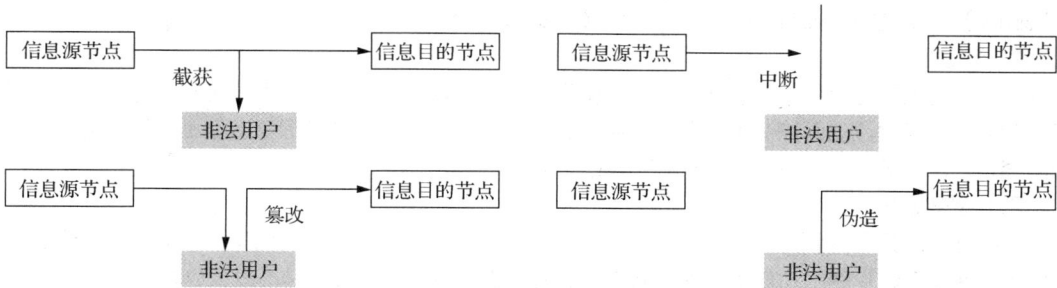

图 10-1　网络的被动攻击和主动攻击

被动攻击又称为通信量分析（Traffic Analysis）。在被动攻击中，攻击者不干扰信息流，只是观察和分析某一个协议数据单元（PDU）。即使这些数据对攻击者来说是不易理解的，攻击者也可通过观察 PDU 的协议控制信息部分，了解正在通信的协议实体的地址和身份，研究 PDU 的长度和传输的频度，以便了解所交换数据的性质。

主动攻击是指攻击者对某个连接中通过的 PDU 进行各种处理，如有选择地更改、删除、延迟这些 PDU，也包括记录和复制它们；也包括重放攻击，即将以前录下的 PDU 插入这个连接，甚至将合成的或伪造的 PDU 送入连接中。

所有的主动攻击都是上述各种方法的某种组合。主动攻击从类型上可以划分为以下 4 种。

（1）更改报文流。包括对通过连接的 PDU 的真实性、完整性和有序性的攻击。

（2）拒绝报文服务。DoS 攻击是指通过消耗被攻击者主机的资源，使被攻击者没有能力为正常用户提供服务访问系统资源。此攻击中攻击者通常采用控制大量傀儡机的方式，在同一时间内向被攻击者主机发送大量伪造的流量数据包，目的是消耗被攻击者主机的系统资源并大幅提高被攻击者所处网络的带宽，从而使目标主机瘫痪。这种攻击由有组织的、分布式的或远程控制的"僵尸"网络发起。分布式拒绝服务（Distrbuted Denial of Service，DDoS）攻击指结合多个计算机设备发送大量连续攻击，这种攻击是来自多个系统进行的恶意攻击，使得计算机或网络资源无法向其已建立的用户提供服务。

（3）伪造连接初始化。攻击者重放以前已被记录的合法连接初始化序列，或者伪造身份来企图建立连接。

（4）恶意程序攻击。恶意程序种类繁多，对网络安全威胁较大的主要有以下几种。

① 计算机病毒（Computer Virus）。一种会"传染"其他程序的程序，"传染"是通过修改其他程序来把自身或其变种复制来完成的。

② 计算机蠕虫（Computer Worm）。一种通过网络的通信功能将自身从一个节点发送到另一个节点并启动运行的程序。

③ 特洛伊木马（Trojan Horse）。一种程序，它执行的功能超出所声称的功能。如一个编译程序除了执行编译任务之外，还把用户的源程序偷偷地复制下来，这种编译程序就是一种特洛伊木马。计算机病毒有时也以特洛伊木马的形式出现。

④ 逻辑炸弹（Logic Bomb）。一种当运行环境满足某种特定条件时执行其他特殊功能的程序。如一个编辑程序，平时运行得很好，但当系统时间为 13 日且为星期五时，它会删去系统中的所有文件，

这种程序就是一种逻辑炸弹。

对于主动攻击，可以采取适当措施加以检测，如使用加密技术、身份认证技术等。但对于被动攻击，其检测难度较大。

10.1.3　计算机网络及信息安全的目标

网络安全的目标，实际上也就是网络安全的基本要素，即机密性（Confidentiality）、完整性（Integrity）、可用性（Availability）、可控性（Controllability）与不可否认性（Non-Repudiation）。

1．机密性

机密性是指保证信息不能被非授权用户访问，即非授权用户得到信息也无法知晓信息内容，因而不能使用。通常通过访问控制阻止非授权用户获得机密信息，还通过加密变换阻止非授权用户获知信息内容，以确保信息不暴露给未授权的实体或者进程。

2．完整性

完整性是指只有得到允许的人才能修改实体或者进程，并且能够判别出实体或者进程是否已被修改。一般通过访问控制阻止篡改行为，同时通过消息摘要算法来检验信息是否被篡改。

3．可用性

可用性是信息资源服务功能和性能可靠性的度量，涉及物理、网络、系统、数据、应用和用户等多方面的因素，是对信息网络总体可靠性的要求。即授权用户根据需要可以随时访问所需信息，攻击者不能占用所有资源而阻碍授权者的工作。访问控制机制可阻止非授权用户进入网络，使静态信息可见、动态信息可操作。

4．可控性

可控性主要指对危害国家信息（包括利用加密的非法通信活动）的监视审计，控制授权范围内的信息流向及行为方式。授权机制可以控制信息传播的范围、内容，必要时能恢复密钥，实现网络资源可控和信息可控。

5．不可否认性

不可否认性是对出现的安全问题提供调查的依据和手段。使用审计、监控、防抵赖等安全机制，使得攻击者、破坏者、抵赖者"逃不脱"，并进一步对网络出现的安全问题提供调查的依据和手段，实现信息安全的可审查性，一般通过数字签名等技术来实现不可否认性。

10.2　网络安全基础知识

10.2.1　黑客入侵攻击的一般过程

随着网络应用的普及，黑客发起的网络攻击也越来越多，攻击的方式和手段不断更新，研究黑客入侵过程，是为了做好网络安全的防范工作。

黑客入侵攻击的一般过程如下所述。

（1）确定攻击的目标。黑客在攻击前首先需要确定被攻击对象，以及将要给对方造成什么样的后果，是破坏对方计算机使其不能正常工作，还是入侵对方计算机达到控制对方的目的。

（2）收集被攻击对象的有关信息。黑客在获取了目标机及其所在网络的类型后，还需进一步获取有关信息，如目标机的 IP 地址、操作系统类型和版本、系统管理人员的邮件地址等，根据这些信息进行分析，可发现被攻击方系统中可能存在的漏洞。

（3）利用适当的工具进行扫描。收集或编写适当的工具，并在对操作系统分析的基础上，对工具进行评估，判断有哪些漏洞和区域没有覆盖到。然后在尽可能短的时间内对目标进行扫描。完成扫描后，可以对所获数据进行分析，发现安全漏洞，如 FTP 漏洞、NFS（Network File System，网络文件系统）输出到未授权程序中、不受限制的服务器访问、不受限制的调制解调器、Sendmail 的漏洞以及 NIS（Network Information Service，网络信息服务）口令文件访问等。

（4）建立模拟环境，进行模拟攻击。根据之前所获得的信息，建立模拟环境，然后对模拟目标机进行一系列攻击，测试对方可能做出的反应。通过检查被攻击方的日志，可以了解攻击过程中留下的"痕迹"。这样攻击者就可以知道需要删除哪些文件来毁灭其入侵证据了。

（5）实施攻击。根据已知的漏洞实施攻击。通过猜测程序可对截获的用户账号和口令进行破译；利用破译程序可对截获的系统密码文件进行破译；利用网络和系统本身的薄弱环节和安全漏洞可实施电子引诱（如安装特洛伊木马）等。黑客们或修改网页进行恶作剧，或破坏系统程序，或用病毒使系统陷入瘫痪，或窃取政治、军事、商业秘密，或进行电子邮件骚扰，或转移资金账户、窃取金钱等。

（6）清除痕迹。为了避免被目标主机的用户察觉，黑客在完成入侵之后，需要清除该目标主机中的系统、应用程序、防火墙等日志文件，待清理完成后再从目标主机中退出。

10.2.2　网络安全涉及的技术

网络安全是一项大的系统工程，其包含的内容比较广泛，涉及有关网络的各个方面，下面进行详细说明。

1. 网络扫描

扫描器对攻击者来说是必不可少的工具，它也是网络管理员在网络安全维护中的重要工具。扫描器的定义比较广泛，不限于一般的端口扫描，也不限于针对漏洞的扫描，它也可以是某种服务、某个协议。端口扫描只是扫描系统中基本的形态和模块。扫描器的主要功能列举如下。

（1）检测主机是否在线。

（2）扫描目标系统开放的端口，有的还可以测试端口的服务信息。

（3）获取目标操作系统的敏感信息。

（4）破解系统口令。

（5）扫描其他系统敏感信息，例如，CGI Scanner、ASP Scanner、从各个主要端口取得服务信息的 Scanner、数据库 Scanner 以及木马 Scanner 等。

一个优秀的扫描器能检测整个系统各个部分的安全性，能获取各种敏感信息，并能试图通过攻击以观察系统反应等。扫描的种类和方法不尽相同，有的扫描方式甚至相当怪异且很难被发觉，但却相当有效。常用的扫描工具有 X-Scan、Nmap 等。

2. 网络监听

网络监听是黑客在局域网中常用的一种技术，它在网络中监听别人的数据包，监听的目的是分析数据包，从而获得一些敏感信息，如账号和密码等。其实网络监听也是网络管理员经常使用的一个工具，主要用来监视网络的流量、状态、数据等信息，比如 Wireshark 就是许多系统管理员手中的必备工具。另外，分析数据包对于防范黑客非常重要，网络监听工具和网络扫描工具一样，是把"双刃剑"，因此要正确地对待它。

网卡收到传输来的数据时，网卡先查看数据头的目的 MAC 地址，通常情况下，网卡只接收和自己地址有关的信息包，像收信一样，只有收信人才会去打开信件，即只有目的 MAC 地址与本地 MAC 地址相同的数据包或者是广播包（多播等），网卡才接收。其他数据包直接被网卡抛弃。

网卡还可以工作在另一种模式，即"混杂"（Promiscuous）模式。此时网卡进行包过滤不同于普通模式，混杂模式不理会数据包头内容，让所有经过的数据包都传递给操作系统去处理，那么它就可以捕获网络上所有经过它的数据帧了，如果一台机器的网卡被配置成这样的模式，它（包括其软件）就是一个嗅探器。常用的嗅探工具有 Wireshark、EtherApe 等。

3. 木马

特洛伊木马（其名称取自希腊神话中的特洛伊木马记，以下简称木马），它是一种基于远程控制的黑客工具（病毒程序）。木马是常见的计算机安全隐患，作为网管要格外重视木马的防御与处理。常见的普通木马一般是 C/S 模式，C/S 之间采用 TCP/UDP 的通信方式，攻击者控制的是相应的客户端程序，服务器端程序是木马程序，木马程序被植入毫不知情的用户的计算机中。以"里应外合"的工作方式，服务器端程序通过打开特定的端口进行监听，这些端口就好像"后门"一样，所以，也有人把木马叫作后门工具。攻击者所掌握的客户端程序向该端口发出连接请求（Connect Request），木马便和它连接起来，攻击者就可以使用控制器进入计算机，通过客户端程序命令达到控制服务器端的目的。这类木马的一般工作模式如图 10-2 所示。

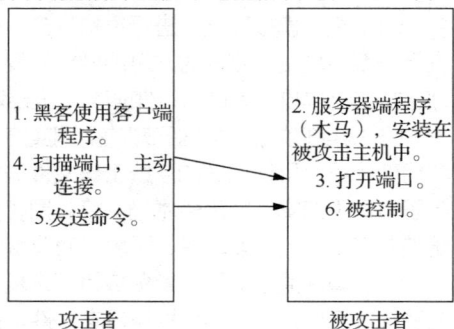

图 10-2　木马工作原理

自木马程序诞生至今，出现了多种类型，现在大多数的木马都不是单一功能的木马，它们往往是很多种功能的集成品，木马有网络游戏类木马、网银类木马、即时通信类木马、网页单击类木马、下载类木马、代理类木马等多种木马形式，常见的木马有"冰河""灰鸽子"等。

4. DoS 攻击

DoS 攻击广义上可以指任何导致网络设备（服务器、防火墙、交换机、路由器等）不能正常提供服务的攻击，现在一般指的是针对服务器的 DoS 攻击。这种攻击可能是网线被拔下，或者网络的交通堵塞等，最终的结果是正常用户不能使用他所需要的服务。

从网络攻击的各种方法和所产生的破坏情况来看，DoS 是一种很简单但又很有效的进攻方式。尤其是对 ISP、电信部门，还有 DNS 服务器、Web 服务器、防火墙等来说，DoS 攻击的影响都是非常大的。

DoS 攻击的目的就是拒绝服务访问，破坏组织的正常运行，最终使部分 Internet 连接和网络系统失效。有些人认为 DoS 攻击是没用的，因为它们不会直接导致系统渗透。但是，黑客使用 DoS 攻击有以下几个目的。

（1）使服务器崩溃并让其他人也无法访问服务器。

（2）黑客为了冒充某个服务器，就对它进行 DoS 攻击，使其瘫痪。

（3）黑客为了启动安装的木马，要求系统重启，DoS 攻击可以用于强制服务器重启。

DoS 攻击的方式有很多种，根据其攻击手法和目的的不同，有两种形式。一种是以消耗目标主机的可用资源为目的，使目标服务器忙于应付大量非法的、无用的连接请求，占用服务器所有的资源，造成服务器对正常的请求无法再做出及时响应，从而形成事实上的服务中断，这也是最常见的 DoS 攻击形式之一。这种攻击主要利用的是网络协议或者是系统的一些特点和漏洞来进行攻击，主要的攻击方法有死亡之 ping、SYN Flood、UDP Flood、ICMP Flood、Land、Teardrop 等。针对漏洞的攻击，目前在网络中有大量的现成工具可以使用。另一种 DoS 攻击是以消耗服务器链路的有效带宽为目的，攻击者通过发送大量有用或无用的数据包，将整条链路的带宽全部占用，从而使合法用户请求无法通过链路到达服务器。例如计算机蠕虫对网络的影响。

具体的攻击方式很多，例如：发送垃圾邮件，向匿名 FTP 上传垃圾文件，把服务器的硬盘塞满；合理利用策略锁定账户，一般服务器都有关于账户锁定的安全策略，某个账户连续 3 次登录失败，那么这个账号将被锁定；破坏者伪装一个账号去错误登录，使得这个账号被锁定，正常的合法用户就不能使用这个账号去登录系统了。DoS 攻击常见的工具有 Autocrat、HULK 等。

5. 网络防病毒技术

由于网络环境下的计算机病毒是网络系统的最大攻击者之一，具有强大的传染性和破坏性，因此，网络防病毒技术已成为网络安全防御技术的重要研究课题。网络防病毒技术可以直观地分为病毒预防技术、病毒检测技术及病毒清除技术。

（1）病毒预防技术。计算机病毒的预防技术是指通过一定的技术手段防止计算机病毒传染和对系统造成破坏。实际上这是一种动态判定技术，即一种行为规则判定技术。也就是说，计算机病毒的预防是采用对病毒的规则进行分类处理的方法，而后在程序运作中但凡有类似的规则出现则认定它是计算机病毒。具体来说,计算机病毒的预防是通过阻止计算机病毒进入系统内存或阻止计算机病毒对磁盘的操作，尤其是写操作，病毒预防技术包括磁盘引导区保护、加密可执行程序、读写控制技术、系统监控技术等。计算机病毒的预防包括对已知病毒的预防和对未知病毒的预防两个部分。目前，对已知病毒的预防可以采用特征判定技术或静态判定技术，而对未知病毒的预防则是一种行为规则的判定技术，即动态判定技术。

（2）病毒检测技术。计算机病毒的检测技术是指通过一定的技术手段判定出特定计算机病毒的一种技术。它有两种：一种是根据计算机病毒的关键字、特征程序段内容、病毒特征及传染方式、文件长度的变化等，在特征分类的基础上建立的病毒检测技术；另一种是不针对具体病毒程序的自身校验技术，即对某个文件或数据段进行检验和计算并保存其结果，以后定期或不定期地以保存的结果对该文件或数据段进行检验，若出现差异，即表示该文件或数据段完整性已遭到破坏，感染了病毒，从而检测到病毒的存在。

（3）病毒清除技术。计算机病毒的清除技术是计算机病毒检测技术发展的必然结果，是计算机病毒传染程序的逆过程。目前，清除病毒大多是在某种病毒出现后，通过对其进行分析研究而研制出来的具有相应"解毒"功能的软件。这类软件技术的发展往往是被动的，具有滞后性。由于计算机软件所要求的精确性，杀毒软件有其局限性，对一些变种病毒的清除无能为力。常见的防病毒软件有卡巴斯基、诺顿、McAfee、小红伞、360 等。

6. 加密解密技术

加密的基本思想是伪装明文以隐蔽其真实内容，即将明文伪装成密文，如图 10-3 所示。伪装明文的操作称为加密，加密时所使用的信息变换规则称为加密算法。由密文恢复出原明文的过程称为解密。解密时所采用的信息变换规则称作解密算法。常见的加密解密工具有 PGP（Pretty Good Privacy，优良保密协议）等，具体的使用方法详见 10.6 节。

图 10-3　加密和解密过程

7. 防火墙技术

保护网络安全的最主要手段之一是构筑防火墙（Firewall）。防火墙是一种网络安全防护系统，是由硬件和软件构成的用来在网络之间执行控制策略的系统。在设计防火墙时，人们认为防火墙保护的内部网络是"可信赖的网络"（Trusted Network），而外部网络是"不可信赖的网络"（Untrusted Network）。设置防火墙的目的是保护内部网络资源不被外部非授权用户使用，防止内部受到外部非法用户的攻击。防火墙安装的位置一定是在内部网络与外部网络之间，其结构如图 10-4 所示。

防火墙的主要功能如下。

（1）检查所有从外部网络进入内部网络的数据包。

（2）检查所有从内部网络流到外部网络的数据包。

（3）执行安全策略，限制所有不符合安全策略要求的分组通过。

（4）具有防攻击能力，可保证自身的安全。

189

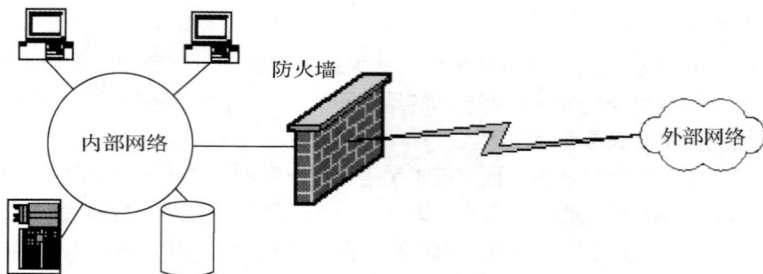

图 10-4　防火墙的结构

　　这种技术通过防火墙事先设置好的安全策略对进出内部网络和外部网络的数据流量进行分析、监测、管理和控制，从而保护内部网络的资源和信息。防火墙可以分为 3 类：包过滤防火墙、应用代理防火墙、状态检测防火墙。常见的代理防火墙工具有 CCproxy 等，具体的使用方法详见 10.6 节。

10.3　密码学基本概念

　　密码学包括密码编码学和密码分析学，密码编码是将明文变成密文和把密文变成明文的技术，密码分析是指在未知加密算法中使用原始密钥的情况下把密码转换成明文的步骤和运算。

10.3.1　密码体制分类

　　当前众多的密码算法大体上可按如下方式分类。
　　（1）对称密码算法和非对称密码算法
　　根据密码算法所使用的加密密钥和解密密钥是否相同，可将密码算法分成对称或非对称密码算法。
　　对称密码算法又称为单密钥算法或隐蔽密钥算法。在这种算法体制下，加密密钥和解密密钥相同，或者一个可从另一个导出；加密过程和解密过程互为逆运算。对称密码算法的保密强度高，但开放性差，需要有可靠的密钥传递渠道。
　　非对称密码算法又称为公开密钥算法。这种算法体制下，加密和解密的密钥是分开的：加密密钥公开，解密密钥不公开，从一个密钥去推导另一个密钥的计算是不可行的。非对称密码算法适用于开放的使用环境，密钥管理相对简单，但工作效率一般低于对称密码算法的。
　　（2）分组密码算法和序列密码算法
　　这是根据密码算法对明文信息的加密方式进行分类的方法。如果经过加密得到的密文仅与给定的密码算法和密钥有关，与被处理的明文数据段在整个明文（或密文）中所处的位置无关，则称为分组密码算法。通常分组密码算法总是以大于等于 64bit 定长的数据块作为加密单位，给定大小相同的明文数据块加密后得到大小相同的密文数据块。对于较大的数据必须首先将它分割成若干等长（分组长度）的分组，然后依次对每一个分组进行加解密运算。公开密钥体制算法通常都采用分组密码算法。
　　如果密文不仅与最初给定的密码算法和密钥有关，同时也与被处理的数据段在明文（或密文）中所处的位置有关的函数，则称为序列密码算法。通常情况下，序列密码算法总是以明文的位作为加密的单位。加密时，将一段类似于噪声的伪随机序列与明文序列模 2 加后作为密文序列，这样即使对于一段全 "0" 或全 "1" 的明文序列，经过序列密码加密后也会变成类似于随机噪声的乱数流。在接收端，用相同的随机序列与密文序列模 2 加便可恢复明文序列。序列密码算法的关键技术是伪随机序列产生器（即伪随机序列产生函数）的设计。

序列密码算法通常属于对称密码算法序列密码大多应用在军队、政府机构，其研究结果在各国处于保密状态，因而公开的文献较少。本书对序列密码就不再进行专门讨论。

10.3.2 常用密码技术简介

1. 分组密码算法

分组密码算法是一种将消息（明文）分成等长的组，在给定密钥的控制下，使各组变换成相应长度的密文组的密码算法。公开密钥体制中 RSA 算法属于分组密码算法，本节仅讨论对称密码体制下的分组密码算法。

20 世纪 40 年代，香农提出交替进行"混合"和"扩散"变换的分组密码设想，但由于受当时科技水平的限制该设想未能实现。随着电子技术的发展和数据保密的需要，特别是计算机网络通信中对数据准确性、完整性和高效率的要求，分组密码的设计思想重新受到重视。20 世纪 60 年代后期，美国 IBM 公司开始研制分组密码，并研究出几种复杂度较高的密码体制。1977 年 1 月，美国国家标准局选用该公司研制的一种分组密码作为商用数据加密标准（Data Encryption Standard，DES），并公开了密码算法，这就是最早的通用分组密码算法，也是目前使用最为广泛的加密算法之一。目前全世界已公开几十种分组密码算法，不少已被实际使用。下面简要介绍几种分组密码算法。

（1）DES 算法

DES 加密算法框架。

首先要生成一套加密密钥，从用户处取得一个 64 位长的密码口令，然后通过等分、移位、选取和迭代形成一套 16 个加密密钥，分别供每一轮运算使用。

DES 加密算法对 64 位的明文分组进行操作，明文分组经过一个初始置换 IP，64 位二进制数据重新排列，重排后的 64 位明文分成左半部分 L_0 和右半部分 R_0，各 32 位长。然后进行 16 轮完全相同的运算（迭代），这些运算被称为函数 f，在每一轮运算过程中数据与相应的密钥 K_i 结合。

在每一轮运算过程中，密钥位移位，然后从密钥的 56 位中选出 48 位。通过扩展置换将数据的右半部分扩展成 48 位，并通过异或操作替代成新的 48 位数据，再将其压缩置换成 32 位。这 4 步运算构成了轮函数 f。然后，通过异或运算，轮函数 f 的输出与左半部分结合，其结果成为下一轮迭代新的右半部分，原来的右半部分成为下一轮迭代的左半部分。将该操作重复 16 次。

经过 16 轮迭代后，左、右半部分合在一起经过一个逆初始置换，就完成了加密过程。

DES 加密算法流程如图 10-5 所示。

DES 解密算法过程。

在了解了加密过程中所有的代替、置换、异或和循环迭代之后，大家也许会认为，DES 解密算法应该是其加密算法的逆运算，与加密算法完全不同。恰恰相反，经过密码学家们精心设计选择的各种操作，DES 算法获得了一个非常有用的性质：其加密和解密使用相同的算法。

DES 加密和解密算法唯一的不同是密钥的次序相反。如果各轮加密密钥分别是 K1,K2,K3,…,K16，那么解密密钥就是 K16,K15,K14,…,K1。

（2）国际数据加密算法

IDEA（International Data Encryption Algorithm，国际数据加密算法）是由瑞士苏黎世联邦理工学院（ETH）的来学嘉和詹姆斯·L.马西（James L.Massey）于 1990 年提出的。原名为"建议的加密标准"（PES），改进后定名为 IDEA。该算法在形式上与 DES 算法类似，也使用循环加密方式，把 64 位的明文加密成 64 位的密文，或反之。所不同的是，IDEA 使用 128 位的密钥，强度高于 DES 算法（穷尽分析需 103 年）；而且 IDEA 的设计倾向软件实现，其计算速度快于 DES 算法。到目前为止，从公开发表的文献看，对 IDEA 尚未找到破译方法。但是 IDEA 存在大量弱密钥，这些弱密钥的存在是否会影响其安全性还不清楚。

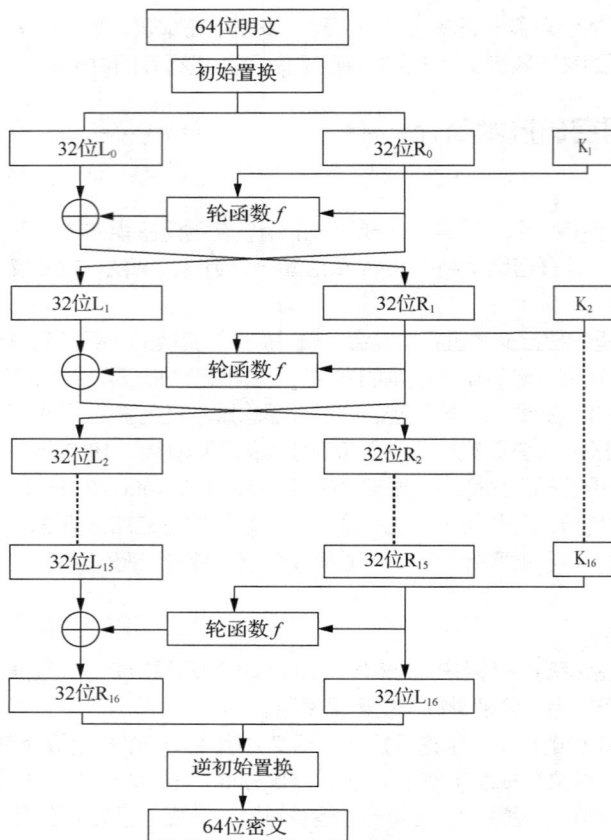

图10-5　DES加密算法流程图

　　IDEA 是多层迭代分组密码。由 8 层变换和最后一个输出变换组成。IDEA 的基本设计思想是"把不同的代数群的运算相混合"，以达到密码输出的混乱。每层变换由 3 种互不相容的群运算交替复合而成。它们是对应比特模 2 加运算、整数模 2^{16} 加运算和整数模 $2^{16}+1$ 乘运算。

　　IDEA 在欧洲使用较多，另外被广泛使用的加密软件 PGP 使用的也是 IDEA。

　　（3）其他分组算法

　　① RC5：是罗纳德·L.里维斯特于 1994 年设计的分组密码，它的特点是分组长度 W、密钥长度 b 和轮数 r 都是可变的，记为 RCS-$W/r/b$。它主要通过数据的循环来实现数据的扩散和混淆，每次循环的次数依赖于输入数据，并且其实现速度非常快。

　　② 高级加密标准算法：高级加密标准（Advanced Encryption Standard，AES）算法是美国国家标准与技术研究院于 2000 年公布的取代 DES 算法的新一代加密标准。AES 算法是从 15 种可候选算法中经过认真评估才最终选定由琼·德门（Joan Daemen）和文森特·里杰曼（Vincent Rijmen）设计的 Rijndael 算法。

　　现在国际上公布的分组密码算法还有很多，如 RC-2、SAFER K-64、CAST、MMB、FEAL、GOST、RC-6 等，这里不再介绍。

　　2. 公开密钥体制算法

　　在前面介绍的密码体制中，加密密钥与解密密钥通常是相同的，或者很容易由其中之一推导出另一个。对于这种体制，加解密双方所用的密钥都需保守秘密，所以称这种体制为秘密密钥（或对称密码）体制。

对称密码体制存在的问题如下。

① 密钥需要定期更换，新的密钥要通过某种秘密渠道分配给使用方，在传递过程中密钥容易泄露。

② 在网络通信中，网络内任两个用户都需使用互不相同的密钥，因而 N 个用户就要使用 $N \times (N-1)/2$ 个密钥，这在大型网络中密钥量太大，难以管理。

③ 无法满足互不相识的人之间的保密谈话（如商业上的订货交易，银行业务等）。

④ 难以解决对数据（包括报文）的签名验证问题。

1976 年，W. 迪菲和 M.E. 赫尔曼发表了"密码学的新方向"一文，提出了公开密钥的思想，公开密钥体制（即非对称密码体制）的加密密钥和解密密钥互不相同，不能互推。即在计算上，不能由加密密钥推出解密密钥，因而加密密钥可以公开，只需对解密密钥保密。

公开密钥体制是这样一种密码体制：其密钥成对互逆，且每对密钥须满足以下条件。

① 用一个密钥加密的内容，可以用另一个密钥解密。

② 已知加解密算法和公开密钥，要解出秘密密钥是很难的，即不能由一个密钥推导出另一个密钥。因此，设计公开密钥体制实质上是构造陷门单向函数。陷门单向函数的含义如下。设 X 为明文，Y 为密文，满足以下两个条件的 f 则称为陷门单向函数：

① 由 X 计算 $Y = f(x)$ 容易，而若已知 Y，反求 X 则很难，即求 $x = f^{-1}(Y)$ 很难；

② 若陷门（参数）已知，则容易由 Y 求 X。

显然，若能构造出陷门单向函数，也就找到了公开密钥体制。由 X 计算 Y 即是公开密钥进行的加密过程，而由 Y 求 X 即是解密过程，而陷门参数正是秘密密钥。不知道秘密密钥即不知陷门，难以由密文 Y 推出明文 X，从而保证由已知的 Y、X 和公开密钥难以推出秘密密钥。所谓安全性，往往建立在著名的数学难题基础上，即要破译该体制，相当于要解一个公认的数学难题。例如，大合数的分解、离散对数的计算、子集和的计算、二次剩余问题等。由数学难题的难解性来保证由 Y 反求 X 和推导陷门信息的困难性。目前，世界上公布的公开密钥体制很多，它们的安全性都是建立在某个数学难题的基础之上的。

非对称密码体制的特点如下。

① 密钥分发简单。由于加密密钥与解密密钥不能互推，这使得加密密钥表可以像电话号码本一样由主管部门发给各个用户。当然，公开密钥表必须是真实可靠、经认证、未经改动的。

② 需要秘密保存的密钥量少。网络中每个成员只需秘密保存自己的解密密钥，N 个成员只需产生 N 对密钥。

③ 互不相识的人之间也能进行保密对话。一方只要用对方的公开密钥加密发出，接收方即用自己的私密密钥解密，而任何第三方即使知道加密密钥也无法对密文进行解密。

④ 可以进行数字签名。发送方用他掌握的秘密密钥进行签名，接收方可用发送方的公开密钥进行验证。

（1）RSA

RSA 是罗恩·里维斯特、安迪·沙米尔（Adi Shamir）和伦·艾德勒曼于 1977 年研制并于 1978 年首次发表的并以他们的名字命名的体制，此体制的安全性建立在大整数分解困难的基础上。在 RSA 中，密钥是变长的（从 512 位到 2048 位）；每个分组也可以是变长的，其中明文块的长度应小于等于加密密钥长度，而密文长度等于解密密钥长度。由于 RSA 涉及大数的计算，无论是硬件实现还是软件实现的效率都比较低，因此它不适用于对长的明文进行加密，常用来对密钥进行加密，即与对称密码体制结合使用。

RSA 是目前国际上公开密钥体制的事实标准，受到广泛的承认，一些国家将其作为公开密钥体制的标准，例如法国和澳大利亚。RSA 曾在美国注册了专利，但美国之外的使用并不受限制，该专利现在已经到期。

（2）ELGamal 算法

ELGamal 在 1984 年提出的这套公钥算法基于离散对数数学难题，该算法也是密码协议中大量使用的一类公钥算法，美国的数字签名标准（Digital Signature Standard，DSS）就是在 ELGamal 签名方案的基础上改进而成的。

（3）椭圆曲线公钥体制

椭圆曲线公钥体制是在 1985 年由尼尔·科布利茨（Neal Koblitz）和 V.S.米勒（V.S. Miller）分别独立提出的。经过十多年的研究和试验，该体制已走向成熟并进入实用。

上面介绍的公钥体制可以说都建立在群运算的基础上，而椭圆曲线公钥体制则建立在椭圆曲线群的基础上。椭圆曲线群由平面上一些点组成，这些点满足某个给定的椭圆方程，再在这些点之间定义特定的加法运算，就构成了椭圆曲线群。椭圆曲线公钥体制的安全性基于求椭圆曲线离散对数的数学难题。

椭圆曲线公钥体制已历经多年的研究和分析，至今还未发现其实质性的弱点，人们对它的安全性逐步建立了信心，与其他公钥体制相比，它的最大优点是：在同等安全性的情况下，其密钥短、计算速度快、耗能少、节省带宽和存储量。椭圆曲线公钥体制特别适用于带宽较窄、存储容量较小、速度要求高的场合，如智能卡和移动电话。

（4）Rabin 算法

Rabin 算法是于 1979 年提出的。它是第一个给出了其安全性等价于大合数分解难度的密码实例。它的加密过程可以看成是 RSA 的一个特例，即取 $e：2$ 的情形，其解密过程是求模大合数 n 的平方根。任何人不知道 n 的分解而要求出模 n 的平方根（即明文）是困难的，而掌握秘密密钥($p，q$)的用户，则容易分别计算模 p（模 q）的两个平方根，再由剩余定理即得模 n 的 4 个平方根，只要在明文中加入可鉴别的参数，就容易验证得到唯一的原明文。

（5）背包公钥密码体制

背包公钥密码体制是拉尔夫·默尔克（Ralph Merkle）和马丁·赫尔曼（Martin Hellman）于 1978 年提出的基于有名的背包问题的密码体制。背包公钥密码体制发表后，不久就被破译了，后来又出现许多改进型，但绝大多数已被证明是不够安全的。由于它是第一个提出的实现公钥思想的加密体制，尽管后来经分析被认为是不安全的，人们还是肯定了它的历史作用。

10.4 防火墙概述

防火墙是指一种将内部网络和外部网络分开的方法，实际上是一种隔离控制技术。采用防火墙在某个机构的网络和不安全的网络之间设置障碍，阻止不安全网络对信息资源的非法访问，也可以阻止保密信息从受保护网络上非法输出。通过限制与网络或某一特定区域的通信，以达到防止非法用户侵犯受保护网络的目的。防火墙是在两个网络通信时执行的一种访问控制尺度，它对两个网络之间传输的数据包和连接方式按照一定的安全策略对其进行检查，来决定网络之间的通信是否被允许。其中被保护的网络称为内部网络，未被保护的网络称为外部网络或公用网络。

应用防火墙时，首先要明确防火墙的缺省策略，是接受还是拒绝。如果缺省策略是接受，那么没有显式拒绝的数据包可以通过防火墙；如果缺省策略是拒绝，那么没有显式接受的数据包不能通过防火墙。显然后者的安全性更高。

防火墙不是一个单独的计算机程序或设备。从理论上讲，防火墙由软件和硬件两部分组成，用来阻止所有网络间不受欢迎的信息交换，而允许那些可接受的通信；从逻辑上讲，防火墙是分离器、限制器、分析器；从物理上讲，防火墙由一组硬件设备（路由器、主计算机或者路由器、主计算机和配有适当软件的网络的多种组合）和适当的软件组成。

1. 防火墙的基本原理

防火墙是指设置在不同网络或网络安全域之间的一系列部件的组合。它是不同网络或网络安全域之间信息的唯一出入口，能根据企业的安全政策控制（允许、拒绝、监测）出入网络的信息流，且其本身具有较强的抗攻击能力。它是提供信息安全服务，实现网络和信息安全的基础设施。从逻辑上讲，防火墙是分离器、限制器，也是分析器，有效地监控着内部网络和 Internet 之间的任何活动，保证内部网络的安全。

防火墙是网络安全的屏障：防火墙能极大地提高内部网络的安全性，并通过过滤不安全的服务来降低风险。由于只有经过精心选择的应用协议才能通过防火墙，所以网络环境变得更安全。同时，防火墙可以保护网络免受基于路由的攻击，防火墙应该可以拒绝所有以上类型的攻击并通知防火墙管理员。

防火墙可以强化网络安全策略：通过以防火墙为中心的安全方案配置，能将所有安全软件口令、加密、身份认证、审计等配置在防火墙上。与将网络安全问题分散到各个主机上相比，防火墙的集中安全管理更经济。

防止内部信息的外泄：利用防火墙对内部网络的划分，可实现内部网络重点网段的隔离，从而限制局部重点或敏感网络安全问题对全局网络造成的影响。另外隐私是内部网络非常关心的问题。一个内部网络中不引人注意的细节可能包含有关安全的线索而引起外部攻击者的兴趣，甚至因此而暴露内部网络的某些安全漏洞。使用防火墙就可以隐蔽那些透漏内部信息的细节，如 Finger、DNS 等服务。

2. 防火墙的技术分类

（1）包过滤技术

包过滤防火墙工作在网络层。对数据包的源及目的 IP 地址具有识别和控制作用，对于传输层，也只能识别数据包是 TCP 还是 UDP 及所用的端口信息。现在的路由器、具有路由功能的交换机以及一些操作系统已经具有包过滤控制的能力。由于只用对数据包的 IP 地址、TCP/UDP 和端口进行分析，包过滤防火墙的处理速度较快，并且易于配置。但包过滤防火墙不能防范黑客攻击，不支持应用层协议，不能处理新的安全威胁。

（2）应用代理网关技术

应用代理网关防火墙能彻底隔断内网与外网的直接通信。内网用户对外网的访问变成防火墙对外网的访问，然后由防火墙转发给内网用户。所有通信都必须经应用层代理软件转发，访问者任何时候都不能与服务器建立直接的 TCP 连接，应用层的协议会话过程必须符合代理的安全策略要求。应用代理网关防火墙的优点是可以检查应用层、传输层和网络层的协议特征，对数据包的检测能力比较强。

（3）状态检测技术

状态检测防火墙摒弃了包过滤防火墙仅考查数据包的 IP 地址等几个参数，不关心数据包连接状态变化的特点，而在防火墙的核心部分建立状态连接表，并将进出网络的数据当成一个个的会话，利用状态表跟踪每一个会话状态。状态监测对每一个包的检查不仅根据规则表，更考虑了数据包是否符合会话所处的状态，因此提供了完整的对传输层的控制能力。

状态检测防火墙的一个挑战就是处理流量，状态检测技术在提高安全防范能力的同时也改进了流量处理速度。几乎任何一款高性能的防火墙，都会采用状态检测技术。

3. 访问控制列表工作原理

ACL（访问控制列表）是一种基于包过滤的流控制技术，在路由器中被广泛采用。它可以有效地在 OSI 参考模型低三层上控制网络用户对网络资源的访问，既可以具体到两台网络设备间的网络应用，也可以按照网段进行大范围的访问控制管理。通过实施 ACL，可以有效地部署企业网络出网策略，也可以用来控制对局域网内部资源的访问能力，保障资源安全，但会增加路由器开销，也会增加管理的复杂度和难度。是否采用 ACL 技术，是管理效益与网络安全之间的一个权衡问题。初期仅在路由器上支持 ACL，近些年来已经扩展到了三层交换机，部分厂商的二层交换机之类也开始提供对 ACL 的支持。

（1）ACL 工作原理

ACL 中包含匹配关系、条件和查询语句，ACL 只是一个框架结构，其目的是对某种访问进行控制，使用包过滤技术，在路由器上读取第三层及第四层包头中的信息如源地址、目的地址、源端口、目的端口等，根据预先定义好的规则对包进行过滤，从而达到访问控制的目的。注意：过滤的依据仅是第三层和第四层包头中的部分信息，如无法识别应用内部的权限级别等。因此，ACL 要和系统级及应用级的访问权限控制结合使用。

ACL 中规定了两种操作，所有的应用都是围绕这两种操作来完成的：允许、拒绝。ACL 主要用于对入站数据、出站数据、被路由器中继的数据进行控制。

（2）ACL 工作过程

① 无论路由器上有没有 ACL，接到数据包后，当数据进入某个入站口时，路由器首先要对其进行检查，看其是否可路由，如果不可路由就丢弃，否则通过查路由选择表发现该路由的详细信息及对应的出接口。

② 假设可路由，则要找出将其送出站的接口，此时路由器检查该出站口有没有被编入 ACL，没有，则直接从该口送出。如果有 ACL，路由将依照从上到下的顺序依次将该数据和 ACL 进行匹配，逐条执行，如果与其中某条 ACL 项匹配，根据该 ACL 项指定的操作对数据进行相应处理（允许或拒绝），并停止继续查询；如果查到 ACL 的末尾也未找到匹配，则调用 ACL 最末尾的一条隐含语句"deny any"将该数据包丢弃。

③ ACL 有两种类型。入站 ACL 和出站 ACL。上文对工作过程的解释是针对出站 ACL 的，它是在数据包进入路由器并进行路由选择找到了出接口后进行的匹配操作；而入站 ACL 是指当数据刚进入路由器接口时进行的匹配操作，减少了查表过程，但并不能说入站 ACL 省略了路由过程就认为它较之出站 ACL 更好，要依照实际情况判断。

（3）主要 ACL 技术

ACL 大致可分为两类：标准 ACL 和扩展 ACL。

① 标准 ACL

标准 ACL 匹配 IP 包中的源地址或源地址中的一部分，可对匹配的包采取拒绝或允许两个操作。编号范围为 2000～2999 的 ACL 是标准 ACL。

② 扩展 ACL

扩展 ACL 比标准 ACL 具有更多的匹配项，包括协议类型、源地址、目的地址、源端口、目的端口、建立连接的和 IP 地址优先级等。编号范围为 3000～3999 的 ACL 是扩展 ACL。

10.5 网络安全技术的典型应用情况

下面通过一个校园网和个人计算机安全防御的实例，来介绍网络安全技术的典型应用情况。

实例一：校园网安全防御。

校园网以服务于教学、科研为宗旨，这决定了其必然是一个管理相对宽松的开放式系统，无法做到像企业网一样进行严格、统一的管理，这使得保障校园网安全成为一个大挑战。

某大学从自身情况出发，其安全方案主要包括以下两个方面。

1. 网络关键路由交换设备的安全配置

根据不同控制策略的要求，对校园网边界路由器、各校区核心交换机、汇聚点交换机以及楼内三层交换机分级配置合理的 ACL，从而保障网络安全。其安全机制如下。

（1）对计算机蠕虫病毒常见传播端口和其他特征的控制，可有效控制计算机蠕虫病毒大面积扩散。

（2）对常见木马端口和系统漏洞开放端口的控制，可有效降低网络攻击并增加扫描的成功率。

（3）对 IP 源地址的检查将使部分攻击者无法冒用合法用户的 IP 地址发动攻击。

（4）对部分 ICMP 报文的控制将有助于降低 Sniffer 攻击的威胁。

在网络安全日常管理维护和出现病毒暴发或其他突发安全威胁时，合理配置 ACL 将有助于快速定位和清除威胁。

2. 采取静态 IP 地址管理模式

某大学长期以来一直采用校园网用户静态 IP 地址管理模式。所有网络用户入网前需要事先从网络中心申请以获取静态 IP 地址。网络中心收到申请后在用户接入的二层交换机上完成一次"用户 MAC 地址—接入交换机端口"的绑定，并在用户楼内三层交换机上实现"用户 IP 地址—MAC 地址"的一一绑定，使用这种方法来确认最终用户，消除 IP 地址盗用等情况。由于网络中心针对校园网中使用的各种不同厂家和类型交换机，都开发了相应的绑定程序，所以所有的绑定管理工作都由程序自动完成，管理人员的工作量并不大。网络中心的网管数据库里存放着全校范围内数千台接入交换机的端口与用户房间端口一一对应的信息数据，以及所有用户的详细使用信息和相关用户 IP 地址—MAC 地址资料，所有这些都为建立可管理的安全的校园网提供了基础。

这种管理模式的好处很多。一旦出现扫描攻击、垃圾邮件等网络安全事件，根据 IP 地址/MAC 地址/端口可以在第一时间内迅速定位来源，从而为下一步采取什么样的处理措施提供了准确的依据。这样一个完整准确的用户信息系统的存在，为构想中的网络自防御体系创造了条件。

（1）中央集中控制病毒。在病毒的防控方面，学校采取中央集中控制管理的模式，统一采购网络版杀毒软件，免费提供给校内用户使用，使得病毒库可以及时、快速地升级。此外，建立一个校内网络安全站点，及时发布安全公告，提供一些安全建议和相关安全工具的下载也是十分必要的。

冲击波病毒暴发以后，校园网络中心开始思考如何应对由于微软操作系统漏洞引起的大规模计算机蠕虫病毒感染。建立了微软软件更新站点（Software Update Service，SUS），给校园网用户提供微软操作系统补丁的快速自动更新。目前校园网络中心又建立了微软 Windows 软件更新站点（Windows Server Update Services，WSUS）和 Linux 系列操作系统的自动更新站点，提供操作系统、微软 Office 应用程序、SQL（Structure Query Language，结构查询语言）数据库的校内快速自动更新服务。因为 WSUS 的数据库里可以存储所有用户的更新信息，所以网络中心可以掌握校内计算机的漏洞分布情况，且对校内各计算机有没有安装补丁一目了然。

（2）积极防范网络攻击。在校园网边界出口部署 IDS（Intrusion Detection System，入侵检测系统），核心路由器上启用 NetFlow、sFlow 等进行监控，对关键网络节点通过端口镜像、分光等方式进一步分析处理网络数据包，通过部署基于 Nessus 的漏洞扫描服务器对校园网计算机进行定期安全扫描。及时查看并分析处理这些监控数据和报表有助于在第一时间内发现异常网络安全事件并及时进行处理，防患于未然。

实践证明，选用合适的软件和分析处理方式将会大幅度提高工作效率。商业软件固然不错，但很多开源软件如 Ethereal、Ntop、Nessus 等在这些方面一样做得很优秀，并且易于用户根据自己的需要进行二次开发。

（3）统一身份认证。对无线网络的安全而言，用户接入认证是非常关键的。网络中心使用校内统一身份认证来限制校外用户未经授权的无线访问。由于 WEP 认证具有天然的弱安全性，网络中心又同时提供基于 IEEE 802.1x 的认证平台进行校内统一身份认证并鼓励用户使用。

实例二：个人计算机安全防御。

由于现在个人计算机所使用的操作系统多数为 Windows，因此，下面将主要介绍基于 Windows 操作系统的安全防范。

（1）杀毒软件不可少。现在不少人对防病毒有误区，就是对待计算机病毒的关键是"杀"，其实对待计算机病毒应当以"防"为主。杀毒软件应拒病毒于计算机门外。应当安装杀毒软件的实时监控程序，应该定期升级所安装的杀毒软件，给所用操作系统"打"相应补丁，升级引擎和病毒特征码。每周要对计算机进行一次全面的杀毒、扫描工作，以便发现并清除隐藏在系统中的病毒。当系统不慎感染上病毒时，应该立即将杀毒软件升级到最新版本，然后对整个硬盘进行扫描操作，清除一切可以查杀的病毒。如果病毒无法清除，或者杀毒软件不能做到对病毒进行清晰的辨认，那么应该将病毒提交给杀毒软件公司，杀毒软件公司一般会在短期内给予用户满意的答复。面对网络攻击时，第一反应应该拔掉网络连接端口，或按下杀毒软件上的断开网络连接按钮。

（2）个人防火墙不可替代。如果有条件，应安装个人防火墙以抵御黑客的袭击。所谓"防火墙"，是指一种将内部网和公众访问网（如 Internet）分开的方法，实际上是一种隔离技术。防火墙是在两个网络通信时执行的一种访问控制尺度，它能允许你"同意"的人和数据进入你的网络，同时将你"不同意"的人和数据拒之门外，最大限度地阻止网络中的黑客来访问你的网络，防止他们更改、复制、毁坏重要信息。

（3）分类设置密码并使密码尽可能地复杂。在不同的场合使用不同的密码。

（4）不下载来路不明的软件及程序，不打开来历不明的邮件及附件。

（5）警惕"网络钓鱼"。目前，网上一些黑客利用"网络钓鱼"手法进行诈骗，如建立假冒网站或发送含有欺诈信息的电子邮件，盗取网上银行、网上证券或其他电子商务用户的账户密码，从而窃取用户资金。公安机关和银行、证券等有关部门提醒网上银行、网上证券和电子商务用户对此提高警惕，防止上当受骗。目前"网络钓鱼"的主要手法有以下几种方式。

① 发送电子邮件，以虚假信息引诱用户中圈套。

② 建立假冒网上银行、网上证券网站，骗取用户账号密码以实施盗窃活动。

③ 利用虚假的电子商务进行诈骗。

④ 利用木马和黑客技术等手段窃取用户信息后实施盗窃活动。

⑤ 利用用户弱口令等漏洞破解、猜测用户账号和密码。

实际上，不法分子在实施网络诈骗等的犯罪活动过程中，经常将以上几种手法交织、配合来进行犯罪，还有的通过手机短信、QQ、MSN 进行各种各样的"网络钓鱼"等不法活动。反网络钓鱼组织（Anti-Phishing Working Group，APWG）最新统计指出，近年来绝大多数的网络欺诈是针对金融机构的。从国内前几年的情况来看大多数钓鱼网站只用来骗取 QQ 密码、游戏点卡或装备，但目前国内的众多银行已经多次被钓鱼网站所模仿。可以下载一些工具来防范网络钓鱼活动，如 Netcraft Toolbar，该软件是 IE 浏览器上的 Toolbar，当用户开启 IE 中的网址时，就会检查其是否属于被拦截的危险网站或嫌疑网站，若属此范围就会停止连接该网站，并显示提示。

（6）防范间谍软件。从一般用户能做到的方法来讲，要避免间谍软件的侵入，可以从下面 3 个途径入手。

① 把浏览器调到较高的安全等级。如将 IE 浏览器的安全等级调到"高"或"中"可有助于防止间谍软件下载。

② 在计算机上安装防止间谍软件的应用程序，时常监察及清除计算机的间谍软件，以阻止软件对外进行未经许可的通信。

③ 对将要在计算机上安装的共享软件进行甄别选择。

（7）只在必要时共享文件夹。

（8）不要随意浏览黑客网站、色情网站。

（9）定期备份重要数据。

10.6　实训

10.6.1　PGP 加密解密系统

PGP 加密软件是美国 Network Associate 公司出产的免费软件，可用它对文件、邮件进行加密。在常用的 WinZip、Word、ARJ、Excel 等软件的加密功能均可被破解时，选择 PGP 对自己的私人文件、邮件进行加密不失为一个好办法。

下面使用 PGP 软件对 Outlook Express 邮件加密并签名后发送给接收方；接收方验证签名并解密邮件。

（1）安装 PGP

运行安装文件，系统自动进入安装向导，主要步骤如下。

① 选择用户类型，首次安装选择"No,I'm a New User"，如图 10-6 所示。

② 确认安装的路径。

③ 选择安装应用组件，如图 10-7 所示。

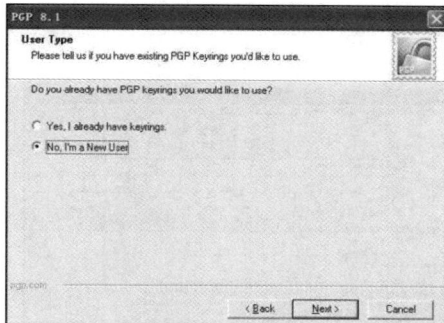

图 10-6　安装 PGP 的选择用户类型

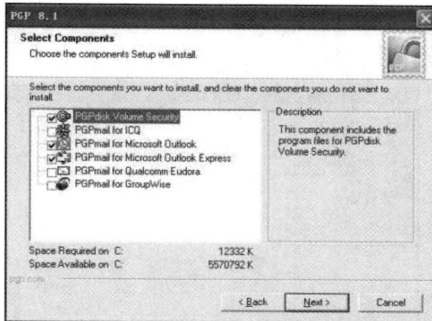

图 10-7　安装 PGP 的选择安装应用组件

④ 安装完毕后，重新启动计算机；重启后，PGP Desktop 已安装在计算机上（桌面任务栏内出现 PGP 图标）。安装向导会继续 PGP Desktop 注册，填写注册码及相关信息，如图 10-8 所示。至此，PGP 软件安装完毕。

（2）生成用户密钥对

打开 Open PGP Desktop，在菜单中选择 PGP Keys，在 PGP 密钥生成向导的提示下，创建用户密钥对，如图 10-9 所示。

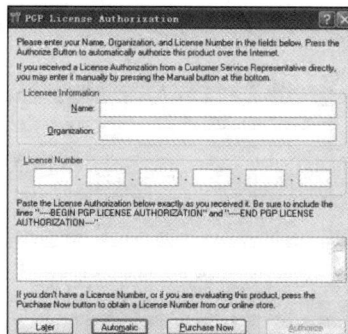

图 10-8　安装 PGP 的填写注册信息

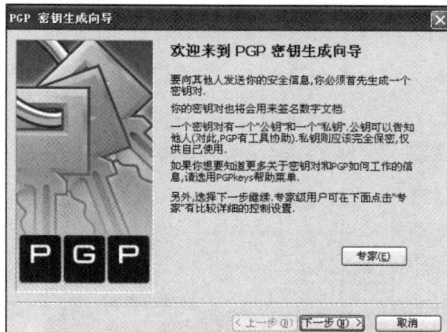

图 10-9　PGP 密钥生成向导

首先输入全名及 E-mail 地址，如图 10-10 所示。

输入用户保护私钥口令，如图 10-11 所示。

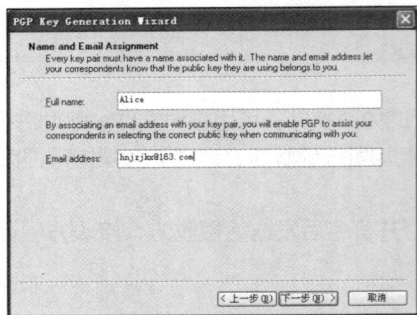

图 10-10　输入全名及 E-mail 地址

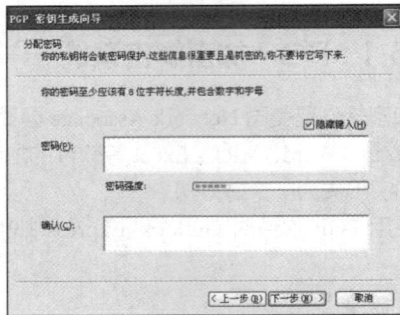

图 10-11　输入用户保护私钥口令

完成用户密钥对的生成，在 PGP Keys 窗口内出现用户密钥对信息。

（3）用 PGP 对 Outlook Express 邮件进行加密操作

打开 Outlook Express，填写好邮件内容后，选择 Outlook 工具栏菜单中的 PGP 加密选项，使用用户公钥加密邮件内容，如图 10-12 所示。

发送加密邮件，如图 10-13 所示。

图 10-12　选择加密邮件

图 10-13　发送加密邮件

（4）接收方用私钥解密邮件

① 收到邮件并打开后，选中加密邮件后选择复制，打开 Open PGP Desktop，在菜单中选择 PGPmail，在 PGPmail 中选择解密/效验，在弹出的"选择文件并解密/效验"对话框中选择剪贴板，将要解密的邮件内容复制到剪贴板中，如图 10-14 所示。

② 输入用户保护私钥口令后，邮件被解密还原，如图 10-15 所示。

图 10-14　解密邮件

图 10-15　输入用户保护私钥口令

10.6.2 防火墙软件的使用

代理防火墙也叫应用层网关（Application Gateway）防火墙。这种防火墙通过一种代理（Proxy）技术参与 TCP 连接的全过程。从内部发出的数据包经过这样的防火墙处理后，就好像源于防火墙外部网卡一样，从而可以起到隐藏内部网结构的作用，代理防火墙的核心技术就是代理服务器技术。

CCProxy 是国内最流行的国产代理服务器软件之一。主要用于局域网内共享 Modem 代理上网、ADSL 代理共享、宽带代理共享、专线代理共享、ISDN（Integrated Services Digital Network，综合业务数字网）代理共享、卫星代理共享、蓝牙代理共享和二级代理等共享代理上网。

CCProxy 可以完成两项大的功能：代理共享上网和客户端代理权限管理。只要局域网内有一台计算机能够上网，其他计算机就可以通过这台计算机上安装的 CCProxy 来代理共享上网，最大限度地减少了硬件费用和上网费用，也保护了内网安全。只需要在服务器上的 CCProxy 代理服务器软件里进行账号设置，就可以方便地管理客户端代理上网的权限。

下面使用 CCProxy 完成共享上网。

使用两台 PC 机，其中一台用作 CCProxy 代理服务器，假设 IP 地址是 192.168.0.1，另一台设置为通过代理访问 Internet 的客户机，假设 IP 地址是 192.168.0.2。

（1）在 192.168.0.1 上安装 CCProxy 代理服务器。首先设置 CCProxy 代理服务器，其主界面如图 10-16 所示。

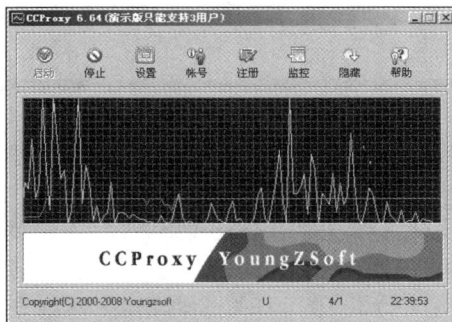

图 10-16　CCProxy 主界面

然后单击图 10-16 所示的"设置"按钮，打开如图 10-17 所示的设置界面，该界面保持默认设置即可，只是各个代理协议所使用的端口需要注意一下，以便在进行客户端设置的时候录入对应的端口。

接着单击"账号"→在"账号管理"对话框中将"允许范围"选择设置为"允许部分"。选择验证类型为"用户/密码+IP 地址"，然后新建用户 User-001，如图 10-18 所示。

图 10-17　CCProxy 设置界面

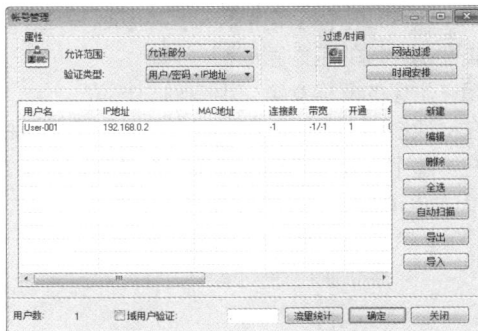

图 10-18　CCProxy 账号管理界面

（2）设置 IE 浏览器代理方法。在菜单的"工具"→"Internet 选项"→"局域网(LAN)设置"中选择"使用代理服务器"，如图 10-19 所示。

单击图 10-19 所示的"高级"按钮，再根据服务器端的参数进行设置，将"代理服务器地址"填写为 CCProxy 代理服务器的 IP 地址例如 192.168.0.1，"端口"填写为 808，端口号要求与 CCProxy 代理服务器中设置的一样，如图 10-20 所示。

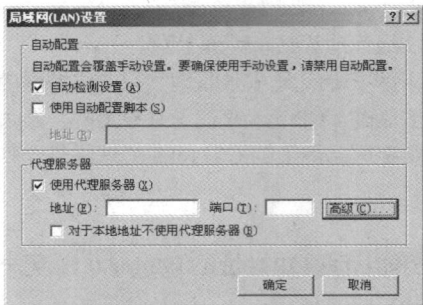

图 10-19　IE 浏览器代理设置　　　　图 10-20　IE 浏览器代理参数设置

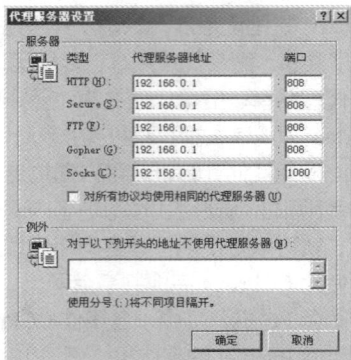

其他应用程序的代理设置，需要根据具体的应用程序来决定，但是基本参数是一样的，这样客户机 192.168.0.2 就可以通过安装了 CCProxy 的代理服务器 192.168.0.1 上网了。

本章小结

本章介绍了计算机网络安全的概念，从目前网络面临的安全问题着手，分析了黑客的入侵攻击过程。为了加强自身系统的安全性，通过网络扫描工具和网络监听工具的使用来对系统进行初步防护。同时介绍了数据加解密和防火墙的工作原理，进一步地保护了系统和网络的安全。通过校园网、个人计算机的网络安全防御方案实例来阐述计算机网络安全技术的具体应用。最后通过实训对加解密系统和网络防火墙系统的工具使用进行了讲解，加深了读者对具体概念的理解。

习题

1. 简述计算机网络安全的定义。
2. 计算机网络及信息安全的目标有哪几方面？
3. 简述黑客入侵攻击的一般过程。
4. 简述对称加密体制结构和常见的加密算法。
5. 简述防火墙的工作原理和分类。
6. 简述常见的网络安全应用有哪些方面？
7. 在构建校园网安全体系时应注意哪几个方面的问题？
8. 在构建个人计算机安全体系时应注意哪几个方面的问题？
9. 简述 PGP 加密系统的使用过程。
10. 简述 CCProxy 代理服务器的使用过程。

第11章
计算机网络新技术

情景引入

随着云计算、大数据、移动互联网、物联网等计算机网络领域新技术的不断发展，需要计算机网络能够更具有弹性、管理更加便利、新业务能够快速部署，采用分布式管理实现的传统计算机网络架构越来越难以适应新的需求。适时出现的 SDN 理念、NFV 技术、OpenStack 框架和 Docker 技术为这些问题的解决提供了一个很好的基础。

由于计算机网络新技术涉及的知识很多，限于篇幅，本章将简要介绍相关的概念和基本原理，要想获得更多信息，读者可以通过专著、互联网等多种途径来详细了解。

学习目标

【知识目标】
1. 学习 SDN、NFV、OpenStack 和 Docker 技术概念。
2. 学习 SDN、NFV、OpenStack 和 Docker 技术原理。
3. 学习 SDN、NFV、OpenStack 和 Docker 技术架构。

【技能目标】
1. 掌握采用 SDN、NFV、OpenStack 和 Docker 等网络新技术来设计、规划新型网络的技能。
2. 具备使用 SDN、NFV、OpenStack 和 Docker 等网络新技术来构建新型网络的能力。
3. 掌握使用计算机网络新技术组建新型网络的方法。

【素养目标】
1. 培养创新精神和爱国主义精神。
2. 培养大国工匠的品质。
3. 培养艰苦奋斗、自力更生的作风。

11.1 SDN 概述

11.1.1 SDN 的定义

关于 SDN 的确切含义，业界争论不断。不同行业的参与者各自从自己的角度出发提出了很多实现的方案。SDN 并不是一个具体的技术，而是一种网络设计的理念，SDN 的本质就是让用户应用可以通过软件编程充分控制网络的行为，让网络软件化，进而敏捷化。按照 ONF 组织的定义，SDN 的分层结构如图 11-1 所示。

一般认为 SDN 应该具备如下特征。
- 控制面与转发面分离（核心属性）。
- 具备开放的可编程接口（核心属性）。

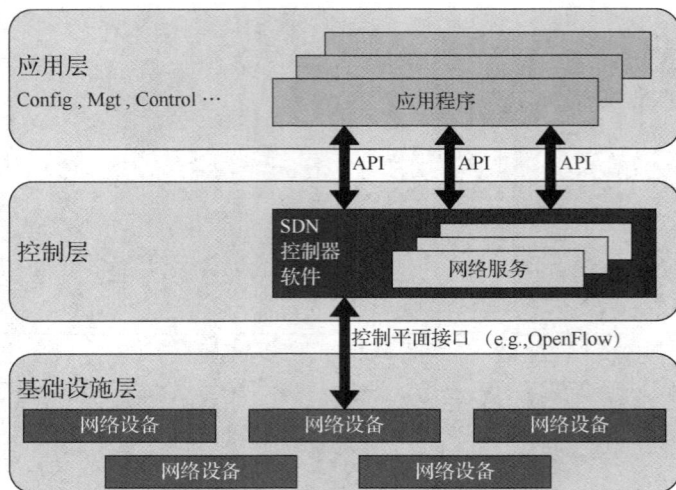

图 11-1　SDN 的分层结构

- 集中化的网络控制。
- 网络业务的自动化应用程序控制。

根据 ONF 对 SDN 架构的详细定义，其构成应如图 11-2 所示。共由 4 个平面组成：数据平面、控制平面、应用平面和配置管理平面。

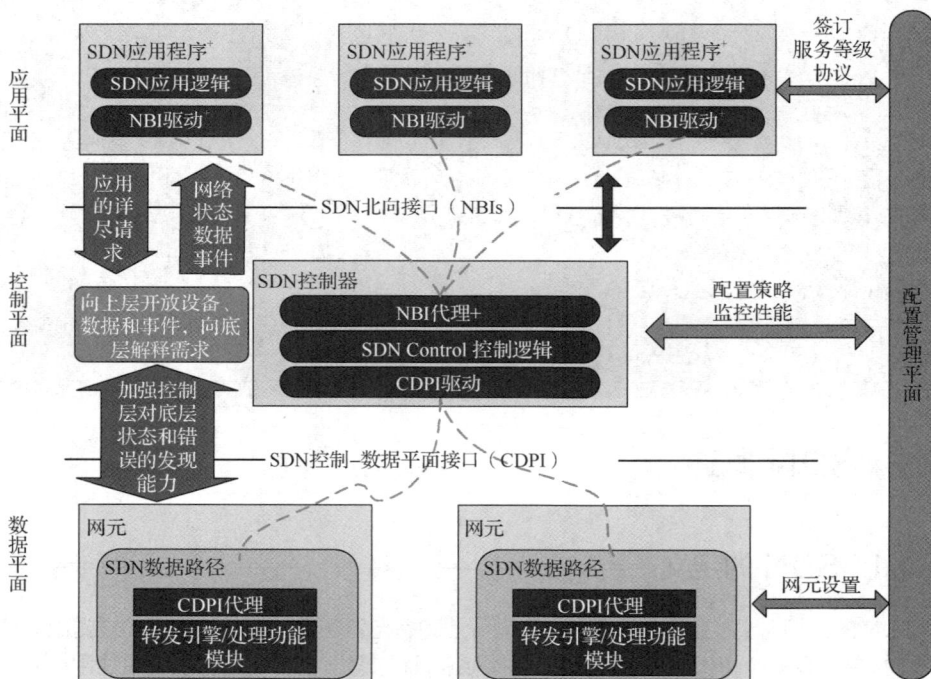

图 11-2　SDN 架构的构成

（1）数据平面。由若干网元构成，每个网元包含一个或多个 SDN 数据路径，每个数据路径对应一个逻辑上的网络设备，这个设备没有控制平面，它的作用就是处理和转发数据，逻辑上代表全部或部分物理资源。一个数据路径由控制数据平面接口（Control-Data-Plane Interface，CDPI）代理、转发引擎和处理功能 3 个部分组成。

（2）控制平面。它是一个逻辑上的实体，主要负责两个任务，一个是将 SDN 应用层的请求转换到 SDN 数据路径，另一个是通过状态、事件等方式向 SDN 应用层提供底层网络的抽象模型。一个 SDN 控制器应包含北向接口代理（Northbound Interface Agent，NBI Agent）、SDN 控制逻辑和控制数据平面接口驱动 3 个部分。图 11-2 所示的 SDN 控制器只是逻辑上的表示，实际实现中，往往采用多个控制器实例组成，这些控制器实例可以处于同一位置，也可以采用分布式的方式，将多个控制器实例分散安排在不同的位置。

（3）应用平面。由若干 SDN 应用（SDN Application）构成，也是受 SDN 用户关注的应用程序，这些应用程序可以通过北向接口与 SDN 控制器进行交互。这样一来，就意味着大量用户可以通过软件将对网络行为的需求提交给控制器，由控制器统一来完成对网络资源的调度。一个 SDN 应用可以包含多个北向接口驱动，以实现不同的目的。同时，SDN 应用也可以对自身的功能进行抽象、封装来对外提供北向接口代理，这样就可以产生更高级的北向接口。

（4）配置管理平面。这个平面指的是一些静态工作，比如对网元的配置、指定 SDN 数据路径的控制器、定义 SDN 控制器和 SDN 应用的控制范围、配置策略监控性能，与应用层签订服务等级协议等。通常这些工作是在以上 3 个平面之外实现的。

总的来讲，SDN 就是软件定义网络，希望应用软件可以参与对网络的控制管理，满足上层业务需求，通过自动化业务部署简化网络运维就是 SDN 的核心诉求。至于控制与转发是否分离并不是关键，但为了满足这种核心诉求，若不分离控制与转发，比较难以做到，至少是不灵活的。所以在 ONF 的理念中希望控制和转发平面是分离的，但是实践中需要结合网络的实际情况来灵活掌握。

11.1.2　SDN 的产生与发展

1. SDN 的产生

为了应对战争而产生的互联网，在诞生之初就希望是一张"打不烂"的网，所以摒弃了集中式处理的方式，采用了分布式处理的思路，之后几十年的技术发展都是在此基础上的不断研究。分布式处理的好处就是不怕因某一点的故障而导致全网中断，但是其缺点也很明显，就是各个节点利用协议获得的信息"各自为战"，缺乏全局调度的能力。随着虚拟化、云计算、大数据等技术的发展，尤其是移动互联网和物联网的接入，导致数据流量爆炸式增长、新业务层出不穷，传统网络的运作方式渐渐难以适应发展，处于互联网内容服务一线的运营商，如 Google、AT&T、阿里巴巴等迫切需要改变现有网络的运作方式，于 2006 年诞生的 SDN（Software Defined Network，软件定义网络）为解决这些问题提供了一个很好的思路。

SDN 诞生于美国 GENI 项目资助的斯坦福大学 Clean Slate 课题，斯坦福大学以 Nick McKeown 教授为首的研究团队中的学生 Martin Casado 提出了 OpenFlow 的概念，用于校园网络的试验创新，后续基于 OpenFlow 给网络带来的可编程特性，SDN 的概念应运而生。SDN 的设计理念起初只是试图通过一个集中式的控制器，让网络管理员可以方便地定义基于网络流的安全控制策略，并将这些安全控制策略应用到各种网络设备中，从而实现对整个网络通信的安全控制。但其给网络带来的可编程特性，却使人们找到了能更加便捷地控制网络行为的途径，于是 SDN 获得了学术界和工业界的广泛认可和大力支持。

2. SDN 的发展

传统网络上，控制平面与转发平面是安放在同一台网络设备中的，但是按照经典 SDN 理念的理解，只有将控制平面与转发平面分离才可能让运营商脱离设备商所生产设备的束缚，自由安排和控制数据流，从而达到提高网络管理水平和快速更新新业务的目的，因此控制器的设计和实现就成为 SDN 的核心工作。从 2009 年正式提出 SDN 理念以来，产生了很多采用不同技术实现的控制器软件，比如 NOX/POX、Beacon、Maestro、OpenDaylight、ONOS、RYU、Floodlight 等。早期的控制器具有更多的实验性质，经过长期的发展，目前控制器领域最活跃的有两个，分别是 OpenDaylight 和 ONOS。主导这两个控制器的组织分别是 ODL（Open Daylight）和 ONF（Open Networking Foundation，开放网络基金会），两个组织各有其产生的背景和不同的愿景。

SDN 一经提出就立刻在业界引起了轩然大波，尤其是一直被网络设备商压制的网络运营商，将其视为能摆脱网络设备商牵制，"翻身做主人"的机会，于是在 2011 年一个以网络用户为主导的非营利性组织 ONF 就此诞生了。ONF 的宗旨是制定 SDN 统一标准，推动 SDN 产业化。ONF 的工作重点是制定唯一的南向接口标准 OpenFlow，制定硬件行为转发标准，并推出一系列 OpenFlow 协议，其中较为稳定、应用较多的是 OpenFlow 1.0 和 OpenFlow 1.3，目前最新的版本是 OpenFlow 1.5。ONF 从用户的角度制定协议，必然可以维护用户的利益，但是也有一些问题。网络设备的研发十分复杂，是系统化工程，需要结合方方面面考虑，需要丰富的实战经验，而这些正是网络运营商所缺乏的，因此直接导致 OpenFlow 协议过于理想化，只能在实验及简单网络环境中应用，无法实现大规模商用。这种情况下 ONF 不得不接受网络设备商的参与，并于 2014 年 12 月 5 日推出了第一个公开发行的控制器：ONOS（每个版本以一种鸟的名字命名）。

2013 年，以网络设备商和网络软件商为主导的另一 SDN 组织 ODL 建立，网络设备商从自身利益出发，也加入了 SDN 大军中。所以并不是网络设备商都不计较利益，不计得失地贡献自己的技术，网络设备商也有自己的考量，SDN 是一股不可逆转的趋势，与其坐等网络用户摆脱自己，不如化被动为主动，积极地参与其中，众多设备商联手研发出统一的控制框架，其中可以嵌入一些服务与应用模块，各大设备商都争相在大框架中融入更多自己的技术，因为贡献越多意味着影响越大，在 ODL 中争得一席之地，才能为以后的发展留下生机。ODL 于 2014 年 9 月 29 日发布了第一个正式版本的控制器：OpenDaylight（Helium 版），目前最新版本为 OpenDaylight 14.0（Silicon 版）。

无论各自的愿景是什么，ODL 与 ONF 有着共同的目的，即推动 SDN 和网络功能虚拟化发展，打造统一开放的 SDN 平台，推动 SDN 产业化。

11.2　SDN 控制器与南向接口技术

按照 SDN 的架构设计，SDN 控制器就是未来网络的核心，起到的作用类似于计算机的操作系统。为此，各类 SDN 的参与者纷纷从自己擅长的角度出发，设计出了各类不同的 SDN 控制器，期望自己的控制器能够获得更大的优势，成为未来 SDN 领域的核心，从而使自身在未来的竞争中取得优势地位。经过市场几年来的不断筛选，目前在 SDN 领域影响比较大的控制器分别是 ODL 主导开发的 OpenDaylight 和 ONF 主导开发的 ONOS。

南向接口是指控制平面和数据转发平面之间的接口，传统网络的南向接口都是在网络设备内部实现的，是由设备商自己开发的私有代码构成的，属于设备商的商业机密，所以外人是不能了解的。但是在 SDN 架构中，南向接口最好是标准化的，因为只有这样软件才可以摆脱硬件的束缚，让管理员可以根据需求控制数据的转发，否则 SDN 的实现还是要受到特定硬件的限制。

SDN 控制器的发展过程是不同组织之间竞争和妥协的过程，各个组织从南向接口开始向上不断按照自身对 SDN 的理解设计不同的协议，希望自己的协议能够成为未来的标准。这个过程发展到今天，争夺的重点已经转移到了北向接口。因此，相对于北向接口，目前南向接口的标准化做得要更好一些，本节主要介绍 SDN 控制器的基本原理及其南向接口。

11.2.1　SDN 控制器

控制器作为 SDN 的核心组成，在网络设备与控制模块之间作为桥梁。它向上提供编程接口使得网络控制模块能够操作底层网络设备；向下则与网络设备交互，掌握全局网络视图。同时负责屏蔽底层

网络设备、网络状态等维护任务，因此，控制器又被称为网络操作系统（Network Operate System，NOS）

SDN 诞生之初主要用于小型网络和实验网络中，所以初期的控制器多为集中式控制器。随着 SDN 的发展，其被部署到了更大规模的网络中，集中式控制器的弊端就渐渐表现了出来，于是研究人员又提出了分布式控制器的方案。这里简要介绍 SDN 控制器的发展过程和当前两种影响比较大的控制器实现的原理。

1. 集中式控制器

集中式控制器的第一个产品是 NOX，其设计思想很自然地来源于计算机结构。早期计算机没有操作系统，所有的硬件控制都需要单独用计算机语言编写控制程序，难度很大。后来出现的操作系统对硬件做了抽象定义，使编程变得更加容易了，甚至可以很容易地写出跨平台的软件。NOX 采用了操作系统的类似思想，通过抽象网络资源控制接口，为其上运行的应用程序提供对网络的编程接口，使应用程序能够直接观察和控制网络。然后利用 OpenFlow 协议将数据交给支持 OpenFlow 协议的交换机，从而实现网络通信的目的。

NOX 作为最早的基于 OpenFlow 的 SDN 控制器，虽然简化了企业网的管理，但是由于它是单线程设计，难以利用高性能的计算平台。因此出现了多线程的控制器，其中一类是对 NOX 的改进，另一类则是从性能和可扩展性等不同角度进行了全新设计。比如从可扩展性角度考虑而设计的 Maestro，更加注重生产环境应用的多线程控制器 Beacon，以及基于 Beacon 内核开发的 Floodlight 等。比较具有影响力的控制器还有 RYU、Trema、MUL、SNA、RouteFlow 等。

2. 分布式控制器

基于 OpenFlow 的 SDN 控制器在最初设计与实现时，为了简化而设计为单个控制器。随着部署 OpenFlow 的商业网络的规模和数量的增加，仅靠单个控制器实现对整个网络的控制已经变得不可行，单个控制器不论是单线程还是多线程，都会成为网络发展的瓶颈。主要原因有 3 个：

- 需要集中式控制器控制的流量规模随着交换机数量的增加而增加；
- 如果网络半径过大，无论控制器放置在哪里，总有一些交换机会遭受较长延迟；
- 受到控制器处理能力的限制，流配置所花费的时间会随着需求增长而明显增加。

为此，需要将控制器设计为分布式控制器，将多个控制器放置在网络的不同位置，多个控制器之间需要协同工作。于是从不同角度出发，科研人员设计了多种不同的分布式控制器。总体上分布式控制器分为两大类：静态分布式控制器和动态分布式控制器。

静态分布式控制器中有几个比较典型的设计，这里简要介绍其中的两种：HyperFlow 和 Kandoo。

（1）HyperFlow

基于 OpenFlow 的第一个分布式控制器 HyperFlow 是一种基于事件的分布式 OpenFlow 控制器，允许网络提供商在其网络上部署任意数量的控制器。出于网络控制的一体性，所有的控制器应该共享一致的网络视图，只响应本地服务请求，无须主动地与任何远程节点通信，因此最小化了流配置时间。

为了获得网络状态视图的一致性，每个控制器中的 HyperFlow 控制应用实例会有选择地发布事件，通过发布/订阅（publish/subscribe）系统改变系统状态。其他控制器重放所有发布的事件并重构网络状态。由于控制器中网络视图的任何改变均是由一个网络事件触发的，单个网络事件可能影响多个应用的状态，所以状态同步的控制流会随着应用的增加而上升，有可能导致分布式控制器反复重构网络状态，而实际上仅有很少一部分网络事件会改变网络视图，例如 PACKET_IN 事件。HyperFlow 采用限制事件数量的方法，尽量避免了这种情况。

为了传播网络事件，HyperFlow 基于 WheelFS 实现了分布式发布/订阅系统。每个运行 HyperFlow 程序的 NOX 控制器订阅控制通道、数据通道以及自身的发布/订阅系统，将事件发布到数据通道，周期性地将控制器通告发送到控制通道。

（2）Kandoo

由于 OpenFlow 网络仅对控制平面编程，频繁而资源耗尽型的事件会给控制平面带来巨大的压力，这种情况限制了 OpenFlow 网络的可扩展性。很多人认为这是 SDN 的固有缺陷，没有办法处理，如果要减轻压力，就必须修改交换机的设计，但是这就意味着需要修改现有的协议标准，事实上这是不可能的。Kandoo 控制器引入了一种新的功能，实现了在不修改交换机的前提下保持 OpenFlow 网络的可扩展性。

Kandoo 采用了两层控制器结构，底层多个控制器相互不连接，也没有网络视图。顶层控制器是逻辑上的控制器，负责维护全局网络视图。所有底层控制器向上连接顶层控制器。底层控制器仅运行靠近数据平面的本地控制应用，也就是能够利用单个交换机状态完成的功能。这样一来，底层控制器就处理了大多数频繁事件，而顶层控制器会通过一个简单的消息通道和过滤组件向底层控制器订阅特定事件，一旦某底层控制器接收到顶层控制器订阅的消息，它会将该消息转给顶层控制器进行进一步处理。这样就有效地向顶层控制器屏蔽了大量本地消息，降低了顶层控制器的开销。

静态分布式控制器方案中控制器与交换机之间的映射是静态配置的，不能根据网络负载的变化进行动态调整，需要管理员通过调整交换机的域归属来实现一定程度的负载均衡，缺乏灵活性。为此，集合了以上各种控制器特点的动态分布式控制器出现了。这里简要介绍其中的两种具有代表性的动态分布式控制器即 OpenDaylight 和 ONOS。

（3）OpenDaylight

ODL 是由供应商提出、由 Linux 基金会推出的一个开源项目，集聚了行业中领先的设备供应商和 Linux 基金会的一些成员，目的在于通过开源的方式创建共同的设备供应商支持框架，使运营商不再依赖于某一个设备供应商，竭力为运营商创造一个设备供应商中立的开放环境。每个人都可以贡献自己的力量，从而不断推动 SDN 的部署和创新，共同打造一个开放的 SDN 平台，在这个平台上进行 SDN 的普及与创新，供开发者来利用、贡献和构建商业产品及技术。ODL 的终极目标是建立一套标准化软件，帮助用户以此为基础开发出具有附加值的应用程序。

这个项目在 2014 年 9 月推出了第一个成熟的产品：OpenDaylight 氢版，按照 ODL 项目的初衷，OpenDaylight 应该是一个模块化、可扩展、可升级、支持多协议的控制器框架。为了更好地达到上述良好的特性，OpenDaylight 在设计时遵循了 6 个基本的架构原则。

- 运行时模块化和扩展化（Runtime Modularity and Extensibility）：支持在控制器运行时进行服务的安装、删除和更新。
- 多协议的南向支持（Multiprotocol Southbound）：南向支持多种协议。
- 服务抽象层（Service Abstraction Layer，SAL）：南向多种协议对上提供统一的北向服务接口。Hydrogen 中全线采用 AD-SAL，Helium 版 AD-SAL 和 MD-SAL 共存，Lithium 和 Beryllium 中已基本使用 MD-SAL 架构。
- 开放的可扩展北向 API（Open Extensible Northbound API）：通过 REST（Representation State Transfer，描述性状态迁移）或者函数调用方式提供可扩展的应用 API。两者提供的功能要一致。
- 支持多租户、切片（Support for Multitenancy/Slicing）：允许网络在逻辑上（或物理上）划分成不同的切片或租户。控制器的部分功能和模块可以管理指定切片。控制器根据所管理的分片来呈现不同的控制观测面。
- 一致性聚合（Consistent Clustering）：提供细粒度复制的聚合和确保网络一致性的横向扩展（Scale-out）。

具体实现上，OpenDaylight 框架如图 11-3 所示，主要由物理和虚拟网络设备层、控制器平台层、服务抽象层、网络 App 和业务流程层以及连接几个层次的南向接口和协议模块、北向接口 API 等组成。这里由下至上介绍这些组成部分以及所采用的技术。

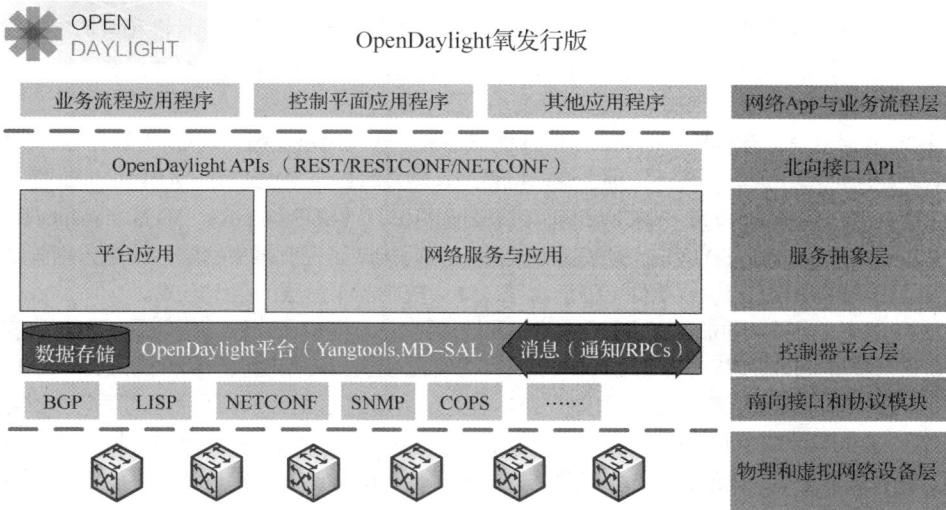

图 11-3　OpenDaylight 氧发行版的框架结构

① 物理和虚拟网络设备层：该层是整个架构的最底层，由物理或虚拟设备组成。属于 SDN 概念中的数据转发平面，通常由交换机、路由器等在网络端点间建立连接。该层支持混合式交换机和经典 OpenFlow 交换机。

② 南向接口和协议模块：是 OpenDaylight 向下层提供的接口，该接口在传统 SDN 理念中主要指 OpenFlow 协议，但是在 SDN 的发展过程中，不同厂商采用了多种不同的协议，也能够很好地实现 SDN 的目的，所以 OpenDaylight 在实现时需要考虑支持当前常见的协议模块，这些协议包括 OpenFlow 1.0、OpenFlow 1.3、OpenFlow 1.5、OVSDB、NETCONF、LISP、BGP、PCEP 和 SNMP 等。协议模块均以插件的方式动态挂在 SAL（服务抽象层）模块上。其形式如图 11-4 所示。

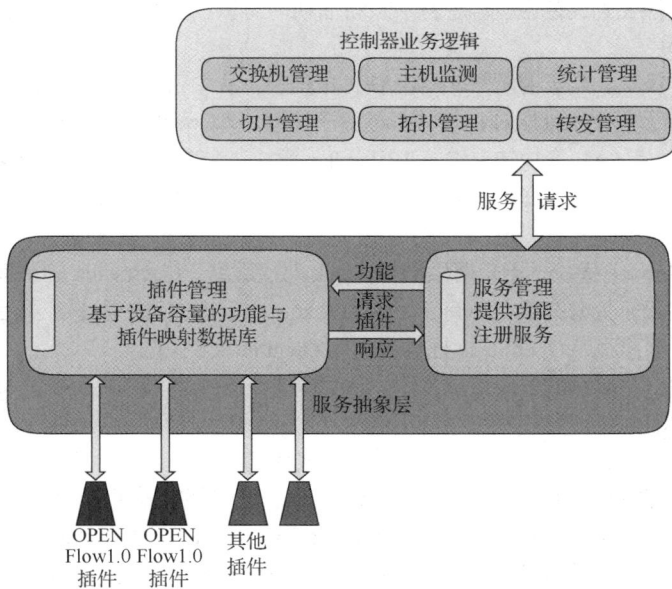

图 11-4　SAL（服务抽象层）的作用原理

为了能够让这些不同的协议模块并发工作，OpenDaylight 使用了 JBoss 提供的 Java 开源框架 Netty。这主要是因为 Netty 使用简单，功能强大、支持多种主流协议、定制性强、健壮性和可扩展性良好，而且具有延时低、节省资源等特点；可以通过 ChannelHandler 对通信框架进行灵活扩展，非常适用于支持多种协议的南向接口。

③ 控制器平台层：控制器是 OpenDaylight 的核心，主要包括基本服务功能和拓展服务功能。其中基本服务功能包括拓扑管理、统计管理、交换机管理、转发管理、主机追踪、ARPHandler 等，拓展服务功能包括 Affinity service、OpenStack service、LISP service、OVSDB Neutron、VTN Manager 和 ODMC 等。这些功能均以模块的方式构成，所有模块结合在一起构成了控制器平台层，这里分别简要介绍几个基本服务和拓展服务的模块或插件，使读者可以体会控制器平台层的组织方式。

- SAL 模块：各种不同的南向接口协议需要挂接到 SAL 模块上，SAL 模块是控制器模块化设计的核心，支持多种南向协议，屏蔽了协议间差异，为上层模块和应用提供一致性的服务。SAL 可以根据插件提供的特性来构建服务，服务请求被 SAL 映射到合适的插件上，采用合适的南向协议与底层设备进行交互，各个插件之间独立并且与 SAL 松耦合。SAL 层提供的服务有数据包服务（Data Packet Service）、拓扑服务（Topology Service）、流编程服务（Flow Programming Service）、资源查询服务（Read Service）、连接服务（Connection Service）、统计服务（Statistics Service）、清单服务（Inventory Service）等。早期版本使用 AD-SAL，目前均采用 MD-SAL，这样就使得 SDN 控制器丰富的服务和模块可以使用统一的数据结构和南向、北向的 API。

- 拓扑管理模块：拓扑管理模块就是管理拓扑图，但它不是独立运作的，需要其他模块协助才能实现拓扑管理功能。拓扑管理模块管理节点、连接、主机等信息，负责拓扑计算。拓扑管理模块与 OpenFlow 协议模块、ARPHandler 模块、HostTracker 模块、SAL 模块等紧密联系，通过与这些模块的交互获取节点、连接、主机等信息，从而实现拓扑管理。

- 主机追踪模块：负责追踪主机信息，记录主机的 IP 地址、MAC 地址、VLAN 以及连接交换机的节点和端口信息。该模块依赖于 ARPHandler 模块，当 ARPHandler 模块发现是单播发送 ARP 数据包时，则通知 HostTracker 模块学习主机信息。该模块接收到主机上报的 ARP 消息，先判断主机信息是否已经存在，若不存在则缓存主机信息并下发新增规则消息。若存在，则删除旧信息，再缓存新信息并下发新增规则消息。

- ARPHandler 模块：用于监听 IPv4 和 ARP 数据包，从中获取相关主机信息，并根据不同情况做出不同反应。拓扑模块与 HostTracker 模块都依赖于该模块。OpenFlow 协议模块收到 ARP 或是 IPv4 包后交给 SAL 模块，借 SAL 模块转交给 ARPHandler 模块。ARPHandler 模块对这两种数据包分别进行处理，若是 IPv4 则进入 handlePuntedIPPacket 处理流程，若是 ARP 数据包则进入 handleARPPacket 处理分支流程。

- OpenStack Service 模块：用于提供 OpenStack 对接服务。OpenStack 的宗旨是帮助组织运行虚拟计算或存储服务的云，为公有云、私有云，也为大云、小云提供可扩展的、灵活的云计算。该模块用于与 OpenStack 对接，添加 OpenStack 插件并利用 OpenStack 的功能。

控制器平台层是一个复杂的多项目复合体，各个模块或插件之间的关系如图 11-5 所示。

④ 北向接口：北向接口是直接为业务应用服务的，因此其设计需要密切联系业务应用需求，具有多样化的特征，需要具备较强的可扩展性。同时，北向接口的设计是否合理、便捷，是否便于被业务应用广泛调用，直接影响到 SDN 控制器厂商的市场前景。为了能够满足多样性、便捷性和可扩展性，OpenDaylight 的北向接口支持 OSGi（Open Service Gateway Initiative，面向 Java 的动态模型系统）框架和双向的 REST API。OSGi 框架被提供给与控制器运行在同一地址空间的应用，而 REST API 则被提供给运行在不同地址空间的应用。所有的逻辑和算法都运行在应用中。

（a）模块与插件全局

（b）模块与插件局部

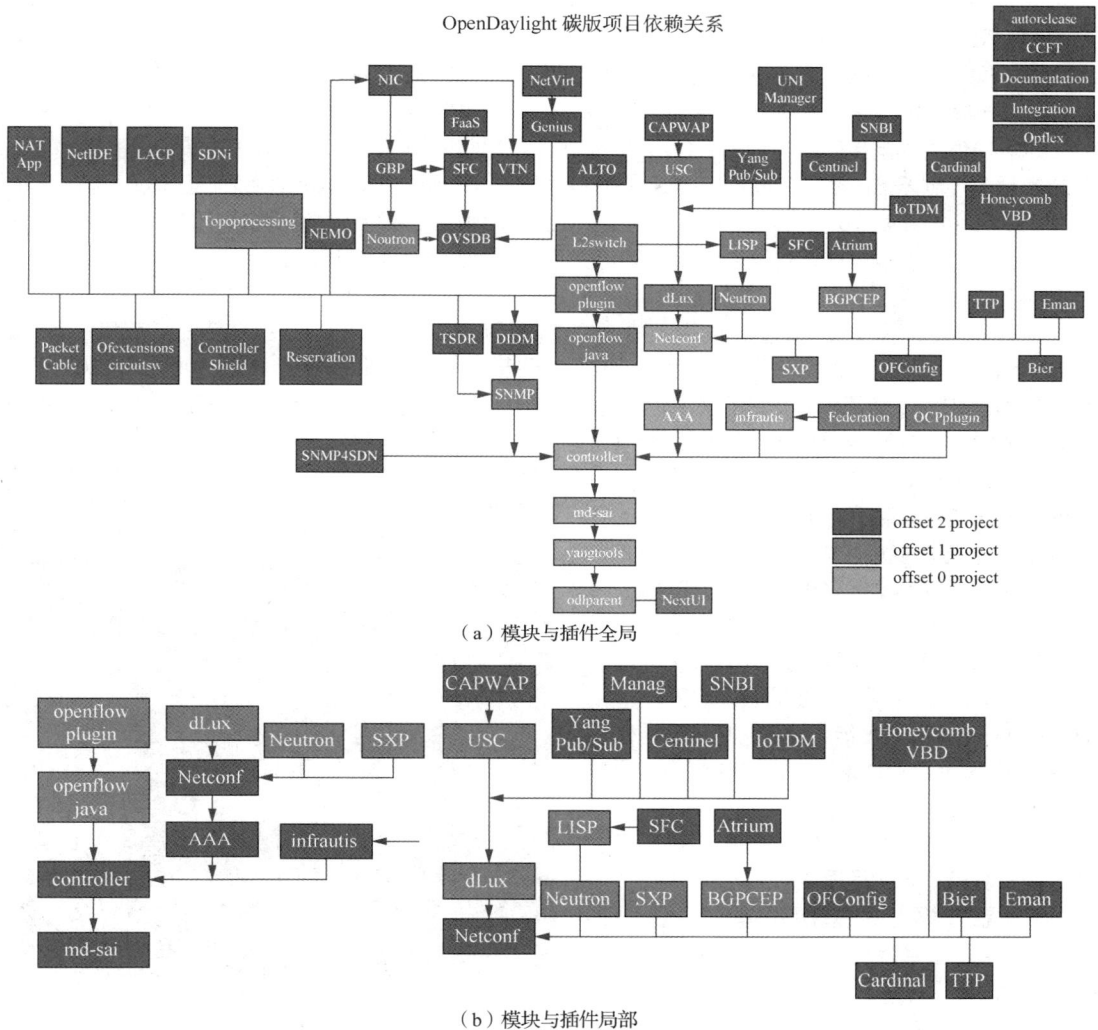

图 11-5　OpenDaylight 碳版模块和插件之间的关系图

采用 OSGi 框架主要是因为其能够给 OpenDaylight 带来两个极大的优势：基于接口编程，完全隐藏实现，这样就可以让开发者专注于框架，不用分神去厘清具体实现的细节；动态性（动态调整北向接口，即便在运行时也可以进行）。OpenDaylight 采用 OSGi 框架，将功能模块化，实现了一个优雅、完整和动态的组件模型。各个模块进行封装，功能模块间相互隔离，可以动态地加载、卸载模块而无须停止 JVM 平台。这个特点符合 OpenDaylight 的需求，允许插入不同的应用和协议以满足不同使用者的需求，支持不同供应商的决策观点。

REST 是一种针对网络应用的设计和开发方式，可以降低开发的复杂性，提高系统的可伸缩性。需要注意的是，REST 是设计风格而不是标准。REST 通常基于使用 HTTP、URI（Uniform Resource Identifier，统一资源标识符）和 XML（标准通用标记语言下的一个子集）以及 HTML（标准通用标记语言下的一个应用）这些现有的广泛流行的协议和标准。通过基于 REST 的 API 公开系统资源是一种灵活的方法，可以为不同种类的应用程序提供以标准方式格式化的数据。基于 REST 的这些特性，OpenDaylight 选择使用这种方式进行北向接口的开发。

⑤ 网络 App 和业务流层：该层是控制和编程的平台，这一层包括一些网络应用和事件，可以控制、引导整个网络。借用这一层用户可以根据需求调用下层模块，享受下层提供的服务；可以根据用户需求提供不同等级的服务，大大提高了网络的灵活性；也可以利用控制器部署新规则，掌握整个网络，实现控制与转发的分离。其中，复杂的服务需要与云计算和网络虚拟化相结合。

这里虽然将南向接口、控制器平台层和北向接口分别进行了介绍，但是读者需要注意的是，这三者其实都是控制器的内容。南向接口的 SAL 对底层网络设备进行抽象，传递给北向接口，北向接口采用 REST 和 OSGi 实现对上层多样性应用的支撑。上层应用的需求和下层的反馈则被控制器平台层借助各种相关的模块和插件进行处理之后通过南向接口和北向接口传递给上下层。

（4）ONOS

OpenDaylight 是由设备商提出的控制器。如前文所述，在 SDN 领域，最先发起的，或者说动力最足的是运营商，他们太迫切希望得到弹性、高效、便捷的网络，为此成立了 ONF 社区。在 2014 年 9 月出现 OpenDaylight 第一个正式版本之后 3 个月，2014 年 12 月 5 日，ONF 社区和 ON.Lab 共同推出了它们的第一个控制器 ONOS，而且将其定位为网络操作系统。

与 OpenDaylight 的开源方式开发类似，ONOS 的定位是首款开源的 SDN 操作系统，主要面向服务提供商和企业骨干网。ONOS 的设计宗旨是满足网络需求，实现可靠性强、性能好、灵活度高。此外，ONOS 的北向接口抽象层和 API 支持简单的应用开发，而通过南向接口抽象层和接口则可以管控 OpenFlow 交换机或者传统设备，其体系结构如图 11-6 所示。总体来说，ONOS 将会实现以下功能：

* SDN 控制层面实现电信级特征（可靠性强，性能好，灵活度高）；

* 提供对网络敏捷性的强有力保证；

* 帮助服务提供商从现有网络迁移到白牌设备；

* 减少服务提供商的资本开支和运营开支。

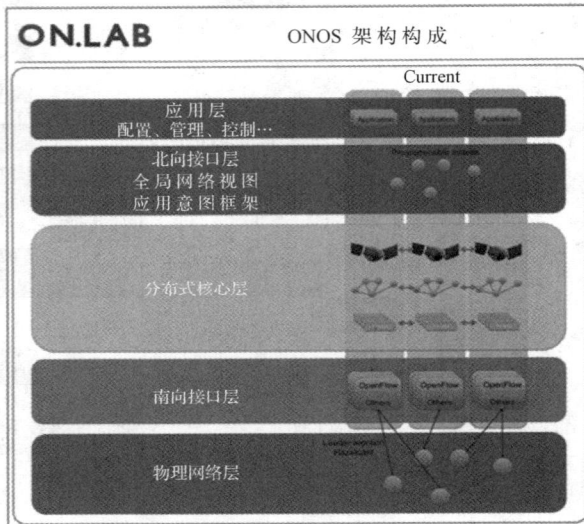

图 11-6　ONOS 体系结构

为了实现上述功能，ONOS 具有下述核心功能。

* 分布式核心平台，提供高可扩展性、高可靠性以及高稳定性，实现运营商级 SDN 控制器平台特征。ONOS 像集群一样运行，使 SDN 控制平台和服务提供商网络具有网页式敏捷度。

* 北向接口抽象层/APIs，图像化界面和应用提供更加友好的控制、管理和配置服务，抽象层也是实现网页式敏捷度的重要因素。

* 南向接口抽象层/APIs，可插拔式南向接口协议可以控制 OpenFlow 设备和传统设备。南向接口抽象层隔离 ONOS 核心平台和底层设备，屏蔽底层设备和协议的差异性。且南向接口是从传统设备向 OpenFlow 白牌设备迁移的关键。

* 软件模块化，让 ONOS 像软件操作系统一样，便于社区开发者和服务提供商开发、调试、维护和升级。

ONOS 具体由应用层、北向接口层、分布式核心层、南向接口层、物理网络构成，其中南向接口层连接 ONOS 分布式核心层与设备层的重要桥梁。

ONOS 的北向接口层将应用与网络细节隔离，同时网络操作系统又与应用隔离，从业务角度看，这提高了应用开发速度。ONOS 可以作为服务部署在集群和服务器上，在每个服务器上运行相同的 ONOS 软件，因此 ONOS 服务器故障时可以快速地进行故障切换，这就是分布式核心平台所具有的特色性能。分布式核心平台是 ONOS 架构特征的关键，它为用户创建了一个可靠性极高的环境，将 SDN 控制器特征提升到运营商级别，这是 ONOS 的最大亮点。南向接口抽象层由网络单元构成，它将每个网络单元表示为通用格式的对象。通过这个抽象层，分布式核心平台可以维护网络单元的状态，而不需要知道底层设备的具体细节。南向接口抽象层确保了 ONOS 可以管控多个使用不同协议的不同设备。这里重点讨论北向接口层、分布式核心层、南向接口层。

① 北向接口层。

ONOS 有两个强大的北向接口层：Intent 架构和全局网络视图。Intent 架构屏蔽了服务运行的复杂性，应用只需向网络请求服务而不需要了解服务运行的具体细节。应用更多地集中于能做什么，而不是怎么做。

全局网络视图为应用提供了网络视图，包括主机、交换机以及和网络相关的状态参数，如利用率。应用可以通过 APIs 对网络视图进行编程，一个 API 可以为应用提供网络视图。

确切地说，北向接口抽象层和 APIs 将应用与网络细节隔离，而且可以隔离应用和网络事件（如连接中断）。相反的，将网络操作系统与应用隔离，网络操作系统可以管理来自多个竞争应用的请求。从业务角度看，这提高了应用开发速度，并允许在应用不停机的状态下进行网络更改。

② 分布式核心层。

分布式核心层（Distributed Core）提供组件间的通信、状态管理，主组件选举等服务。因此，多个组件可以表现为一个逻辑组件。对设备而言，总存在一个主要组件，一旦这个主要组件出现故障，则可以连接另一个组件而无须重新创建新组件和重新同步流表。对应用而言，网络抽象层屏蔽了网络的差异性。另外，应用可以获悉组件和数据平台的故障代码，这些都大大简化了应用开发和故障处理过程。从业务角度看，ONOS 创建了一个可靠性极高的环境，有效地避免了应用遭遇网络连接中断的情况。而且，当网络扩展时网络服务提供商可以方便地扩容数据平台，且不会导致网络中断。通过相同的机制，网络运营商也可以实现零宕机离线更新软件。总而言之，分布式核心平台是 ONOS 架构特征的关键，能将 SDN 控制器特征提升到电信运营商级别。ONOS 分布式核心架构如图 11-7 所示。

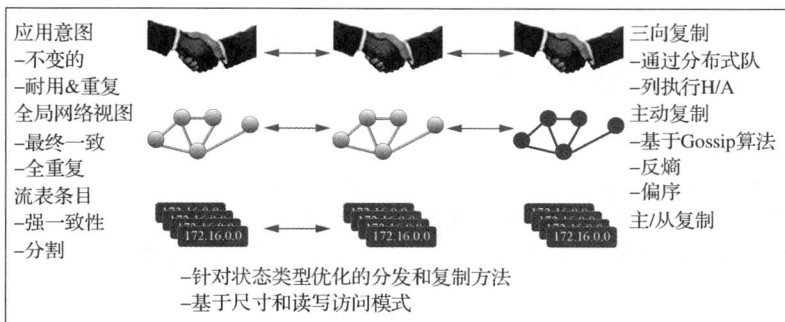

图 11-7 ONOS 分布式核心架构

③ 南向接口层。

南向接口层由网络单元构成，例如交换机、主机或链路。ONOS 的南向接口层将每个网络单元表示为通用格式的对象。通过这个接口层，分布式核心平台可以维护网络单元的状态，并且不需要知道底层设备的具体细节。这个接口层还允许添加新设备和协议，以可插拔的形式支持扩展，插件从通用网络单元描述或操作映射或转化为具体的形式。所以，南向接口层确保了 ONOS 可以管控多个使用不同协议的不同设备。南向接口层的主要特点如下。

- 可以用不同的协议管理不同的设备，且不会对分布式核心平台造成影响。
- 扩展性强，可以在系统中添加新的设备和协议。
- 可以轻松地从传统设备迁移到支持 OpenFlow 的白牌设备。

总的来讲，ONOS 作为从运营商角度开发的网络操作系统，软件模块化是 ONOS 一大结构特征，方便了软件的添加、改变和维护。ONOS 的主体架构是围绕分布式核心平台的三层架构，核心平台内部的子结构也能体现模块化特征，核心平台的存在价值就是约束任何一个子系统的规模并保证模块的可拓展性。此外，连接不同模块的接口是至关重要的，允许模块不依赖其他模块独立更新。这样就可以不断地更新算法和数据结构，并且不会影响整体系统或是应用，这一特点是确保软件稳定更新的关键。ONOS 建立树形结构不仅是为了遵循还要加强这些结构原则。合理控制模块大小并且模块之间保持适当依赖以形成一个非循环的结构图，模块之间通过 API 进行调用，如图 11-8 所示。软件模块化的优势可以归纳为以下几点：

- 保证结构的完整性和连贯性；
- 简化测试结构，允许更多的集成测试；
- 减小系统某部分改变的影响，从而降低维护难度；
- 组件具有可拓展和可定制的特性；
- 规避循环依赖的情况。

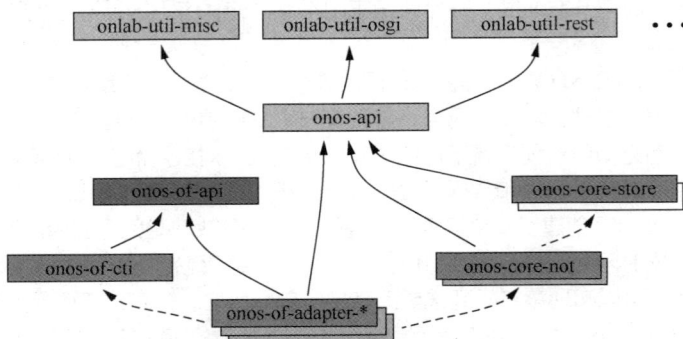

图 11-8　软件模块调用示例

11.2.2　SDN 南向接口概述

SDN 南向接口由网络单元构成，例如交换机、主机或是链路。ONOS 的南向接口将每个网络单元表示为通用格式的对象。通过这个接口层，分布式核心平台可以维护网络单元的状态，并且无需知道底层设备的具体细节。这个网络单元接口层允许添加新设备和协议，以可插拔的形式支持扩展，插件从通用网络单元描述或操作映射或转化为具体的形式。所以，南向接口确保了 ONOS 可以管控多个使用不同的协议的不同设备。

11.2.3　OpenFlow 协议

1. OpenFlow 协议的基本原理

OpenFlow 协议可以说是和 SDN 同时诞生的，或者说正是因为有了 OpenFlow 的提出，才出现了 SDN 理念。而控制器和 OpenFlow 交换机是 SDN 实现的基础，上文已介绍了控制器，在了解 OpenFlow 协议之前，需要了解 OpenFlow 交换机的结构（OpenFlow 交换机可以是逻辑上的，也可以是支持 OpenFlow 协议的实体交换机）。

按照 1.5 版的 OpenFlow 协议的定义，OpenFlow 交换机的结构如图 11-9 所示。OpenFlow 交换机由两部分组成：与控制器通信使用的控制通道；多级流表组成的数据管道，以及与数据管道匹配的组表和计量表。控制通道中可以产生若干 OpenFlow 通道，使交换机可以和分布式控制器中不同的控制器连接。数据管道则由最多可以分为 256 级的流表组成，每一级流表代表了不同的匹配内容以及对应的 Action。流表是由控制器通过控制通道下发给交换机的。组表记录了流表中的不同行动序列，每个序列包含一组要执行的动作和相关参数。计量表则记录了每个流的计数，用于简单的 QoS 服务或其他服务。数据进入交换机之后，在流表中寻找对应的流进行匹配，并执

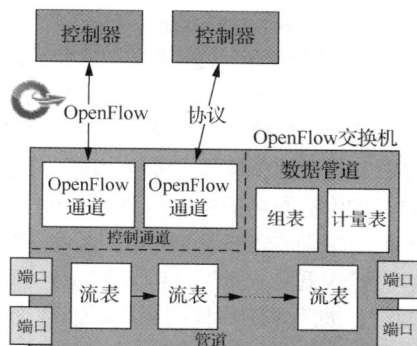

图 11-9　OpenFlow 交换机的结构

行相应的 Action，如果没有找到匹配的流，则产生 Packet_in 消息，报告给控制器。需要注意的是，这里所说的交换机与传统的交换机并不相同，SDN 中的交换机匹配的层次可以达到第四层，传统的交换机通常只是 2 层的设备。

OpenFlow 协议在 2009 年诞生之后，为了能更好地实现 SDN 理念，其本身也经历了不断的改进，陆续发表了多个版本，目前的版本是 1.51 版。OpenFlow 协议发展过程如图 11-10 所示。

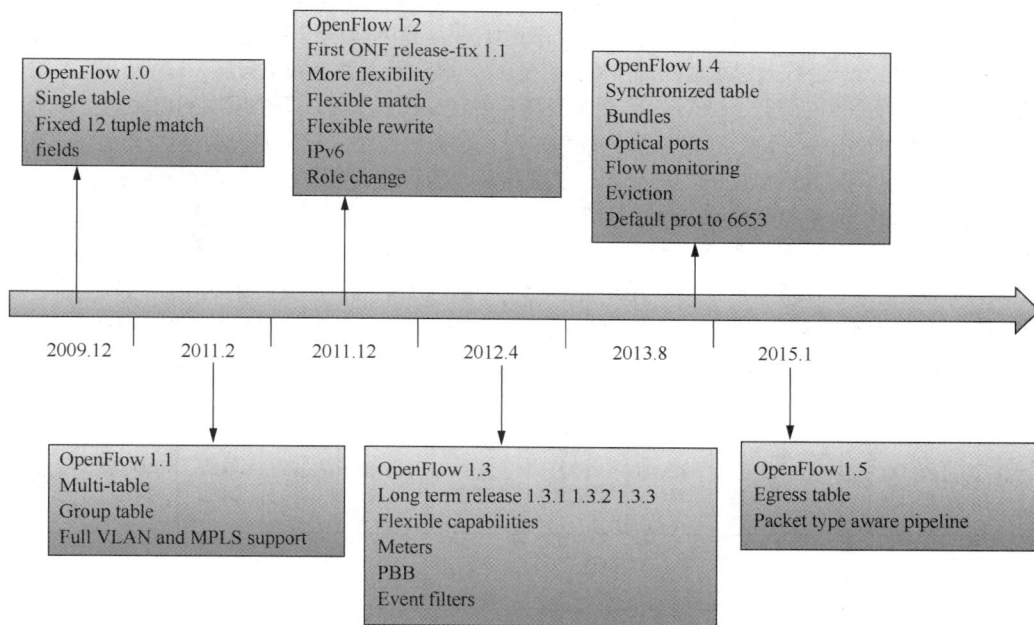

图 11-10　OpenFlow 协议的发展过程

2. 控转分离的实现过程

SDN 理念中控转分离的主要目的就是更好地实现数据转发。理解 OpenFlow 协议可以从数据转发的角度来看，谈数据转发就离不开转发平面，转发平面有时候也被叫作数据平面（Data-plane），其原因就是交换机/路由器/防火墙这些所谓的数通设备，其本质特征就是转发。数据包从它们的一个接口进来，从另一个接口（可能是同一个接口）或者多个接口出去，如此而已。关键是进来的数据包到底从哪个（或者哪些）端口出去，由谁来决定？这个问题毫无疑问是由控制平面决定的。控制平面的内容又是从哪里来的呢？从本书前文关于网络原理部分的介绍可以知道，管理员需要通过管理平面（Management-plane）来配置或者命令设备这样做，设备通过配置的协议或命令等协同工作，通过交换

信息"学"来了网络拓扑，借助这个拓扑，把相关信息应用到特定的数据包身上，从而得出相应的转发动作。通常而言，就是把数据包复制一份，修改相应的报文字段，再从另外一个接口发送出去。

实际上，传统设备上的控制平面和转发平面从来都是分离的。SDN 所谓的控转分离，是指把原先存在于每个设备的控制平面"抽"出来，集中放在一台或者几台核心设备上，由这些设备计算出网络拓扑和每个具体流量需要经过的转发路径，计算的依据依然是来自控制平面的配置或命令，以及通过学习得到的网络拓扑。计算结果流表通过 OpenFlow 协议下发到每台设备上，设备仅需要匹配这些下发的流表来完成转发动作即可。因此，要理解 OpenFlow 协议，必须理解流表。

流表就是一张表，与普通的数据库表并没有什么不一样，都是由一些字段定义的，可以把它们称为列。而流表的具体内容，可以称为行。列是需要预先定义（Pre-defined）的，而行则是可以随时（Run-time）被"增删改查"（CRUD）的。我们先忽略 OpenFlow 协议复杂的版本关系，流表抽象以后的结构如图 11-11 所示。而具体的流表结构如表 11-1 所示，这里的讨论忽略具体流表结构。

头部字段	计数器	操作

图 11-11　抽象后的流表结构

表 11-1　OpenFlow 流表结构

入端口	源MAC地址	目的MAC地址	以太网类型	VLAN ID	VLAN优先级	源IP地址	目的IP地址	IP TOS位	TCP/UDP源端口	TCP/UDP目的端口

首先，Header Fields 是数据包的包头。我们知道几乎所有的数据包都是由包头（Header）和负载（Payload）组成的。一个数据包可能由很多个包头组成，这实际上就是网络分层（Layer）的本质，每一层都有自己能够提供的服务（Service），而服务其实就定义在包头里。下个层次的包头对上一个层次来说，是负载的一部分。所以，从数据流的视角来看，数据包是由一系列的包头依次组成的，不同的转发层面的动作，例如我们常说的二层交换、三层路由、四层防火墙，其实就是对于数据包这个连续的数据流，你看有多远（多少个包头）而已，如图 11-12 所示，其实它们并没有本质区别。因此，OpenFlow 协议的 Header Fields 是一系列需要匹配的包头的组合。OpenFlow 协议的转发动作就是从以上连续的包头的域（Field）里，找出需要匹配的，用来标志出一个数据流。对于所有匹配这个流的数据包，均做相同的动作（Action），并且更新计数器（Counter）。对于所有流表都不能匹配的数据包，则需要用 Packet-in 的消息把这个数据包送到控制器，由控制器来决定怎么办，或者丢弃，或者为这个包创建一个新的数据流。

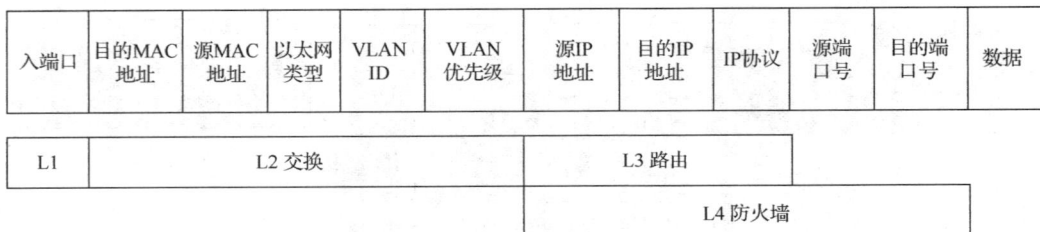

入端口	目的MAC地址	源MAC地址	以太网类型	VLAN ID	VLAN优先级	源IP地址	目的IP地址	IP协议	源端口号	目的端口号	数据

| L1 | L2 交换 | | | | | L3 路由 | | | | | |
| | | | | | | L4 防火墙 | | | | | |

图 11-12　不同层次所要了解的包头信息

了解了流表的大致含义，再来看 OpenFlow 协议通信的主要消息和主要流程。Openflow 协议主要消息的类型可以总体分为三大类。

① .Controller-to-Switch（控制器到交换机的消息，由控制器主动发出）。
- Features 用来获取交换机特性。
- Configuration 用来配置 OpenFlow 交换机。
- Modify-State 用来修改交换机状态（修改流表）。
- Read-Stats 用来读取交换机状态。

- Send-Packet 用来发送数据包。
- Barrier 用来阻塞消息。

② .Asynchronous（异步消息，此类消息由交换机主动发出）。

- Packet-in 用来告知控制器，交换机已接收到数据包。
- Flow-Removed 用来告知控制器交换机流表被删除。
- Port-Status 用来告知控制器交换机端口状态更新。
- Error 用来告知控制器交换机发生错误。

③ .Symmetric（对称消息，可以由控制器或交换机主动发出）。

- Hello 用来建立 OpenFlow 连接。
- Echo 用来确认交换机与控制器之间的连接状态。

OpenFlow 的主要流程则由以下几个阶段组成。

（1）建立连接

控制器启动之后，会监听指定端口，交换机则使用 TCP 与控制器的指定端口连接，进行三次握手建立连接。

（2）协议协商

创建 Socket 之后，交换机与控制器之间会彼此发送 Hello 数据包（OFPT_HELLO），数据包中含有双方所使用的 OpenFlow 协议的最高版本。双方协商后，会采用双方都支持的最低版本协议。如果协商成功，则建立连接。如果失败则终止连接。

（3）请求交换机信息

连接建立后，控制器会向交换机发送 OFPT_FEATURES_REQUEST 数据包，目的是请求交换机的相关信息。交换机收到请求之后，会以 OFPT_FEATURES_REPLY 进行回应。回应中包含交换机的特征和端口的配置信息，这些信息在整个通信过程中起着至关重要的作用，因为所有关于流的操作都需要从特征或端口结构里面提取相关信息，比如 datapath_id、port_no 等在整个通信过程中会被多次用到。

（4）交换机处理数据

在控制器获取交换机的特性之后，交换机开始处理数据。对于那些进入交换机而没有匹配流表，不知该如何操作的数据包，交换机会将其封装在 Packet_in 中发给控制器。包含在 Packet_in 消息中的数据可能有很多种类型，比较常见的是 ARP 和 ICMP。产生 PACKET_IN 的原因主要是：OFPR_NO_MATCH 和 OFPR_ACTION。无法匹配的数据包会产生 PACKET_IN，action 也可以主动把指定的数据包发给 Packet_in，这样程序员就可以利用这一点，把需要的数据发给控制器。

交换机数据包被封装到 Packet-in 消息中发送给控制器的同时，也会将该数据包缓存。控制器收到 Packet-in 消息后，可以发送 flow_mod 消息向交换机写一个流表项。并且将 flow_mod 消息中的 buffer_id 字段设置为 Packet-in 消息中的 buffer_id 值。从而控制器向交换机写入一条与数据包相关的流表项，并且指定该数据包按照此流表项的 aciton 列表处理。flow_mod 消息中使用的 OFPT_FLOW_MOD 结构由 header+match+flow_mod+action[]组成。由于这个数据结构很重要，这里对其中的内容做一些较详细的解释。

- header：是所有数据包的报头，有 3 个参数即 type（类型）、length（长度）、xid（数据包编号）。
- match：这个数据结构会出现在所有重要的数据包中，因为它存的就是控制信息。如有 PACKET_IN 事件引发的下发流表，则 match 部分要填上对应的数据，这样下发的流表才是正确的。wildcards：这是从 match 域提取出来的前 32bit。在 1.0 版中 0 和 1 的意义与我们平时接触的子网掩码等意义相反。从 1.3 版开始，这个逻辑改成了正常的"与"逻辑。即 1 表示能匹配，0 表示默认不匹配。
- flow_mod：用来添加、删除、修改 OpenFlow 交换机的流表信息。其中包括若干参数，比如时间参数 idle_timeout 和 hard_timeout、流的优先级参数 priority、缓存队列编号 buffer_id 等。参数的不同取值会产生不同的动作，因此 FLOW_MOD 中的信息至关重要。关于相关参数的具体含义，读者可以参考相关资料。

- action：这是 OpenFlow 中最重要的结构，因为每一条流都必须指定必要的 action，不然匹配上之后，如果没有指定的 action，交换机会默认执行 drop 操作。action 有两种类型：必备行动，即转发或抛弃；选择行动，如 flood。

（5）确认成功

控制器会在 flow_mod 之后发送一个 OFPT_BARRIER_REQUEST，询问 flow_mod 的执行情况。交换机会发送 OFPT_BARRIER_REPLY 进行回应，表示流已经写成功。如果失败，则回复 OFPT_FLOW_REMOVED，其中携带若干统计数据，如流存在的时间、失败原因等。

（6）通信保持

在没有与其他数据包进行交换时，控制器会定期向交换机发送 OFPT_ECHO_REQUEST，交换机则回应 OFPT_ECHO_REPLY。通过这种方式保持双方的通信。

除了上述通信过程之外，还有一些数据包是为了实现某种目的而设计的，比如 OFPT_STATS_REQUEST 和对应的 OFPT_STATS_REPLY，通过这些数据包，控制器可以获得很多统计信息，利用这些统计信息可以做很多事情，比如负载平衡、流量监控等。

3. 流水线处理

控制器下发给交换机的流表构成了流表序列，这个序列通常称为流水线。OpenFlow 流水线定义了数据包与流表交互的方式，如图 11-13 所示。一个 OpenFlow 交换机至少要有一个入口流表，只有一个流表的交换机并非没有意义，在这种情况下，流水线处理得到极大的简化。流表从 0 开始按序编号，处理过程分为两个阶段，即入口处理与出口处理。

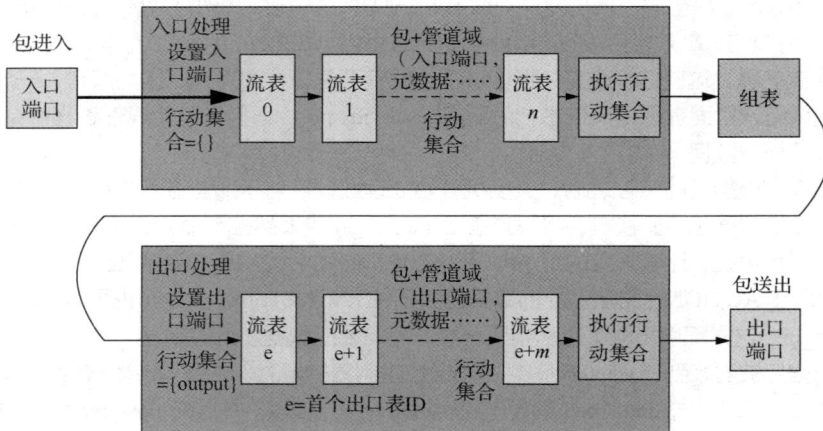

图 11-13　流表构成的流水线

两个阶段由第一个出口流表分开。编号小于第一个出口流表号的流表作为入口流表，编号比它大的不能作为入口流表使用。流水线处理总是从第一个流表的入口处理，数据包首先与流表 0 的流表项匹配，是否使用其他输入流表取决于匹配的结果。如果结果是将数据包转发到出口端口，交换机会在出口端口执行出口处理。出口处理不是必备的，交换机可能不支持任何出口处理或者是没有配置为可使用出口处理。如果没有有效的出口流表被配置为第一个出口流表，数据包将会由出口端口处理。大多数情况下数据包会被送出交换机。如果存在有效的出口流表，封包会与它的流表项进行匹配，是否使用其他出口流表同样取决于匹配的结果。

当通过流表进行处理时，将该数据包与流表中的流表项进行匹配进而选择一个流表项。如果匹配到流表项，则包含在该流表项中的指令集被执行。这些指令可能明确地将数据包指向另一个流表（使用 Goto 指令），在下一个流表再次重复相同的过程。流表项只能指导数据包发送到大于自己的流表号的流表，换句话说流水线处理只能前进，不能后退。显然，流水线的最后一个表的流表项不包含 Goto-Table 指令。如果匹配的流表项不指导数据包发送到另一个流表，当前阶段的流水线处理停止，数据包与相关的行动集将一起被处理，通常是进行转发处理。

如果数据包与流表中的流表项不匹配，则这是 Table-Miss 行为。Table-Miss 取决于表的配置。Table-Miss 流表项可以灵活地指定如何处理不匹配的数据包，包括丢弃它们、将它们传递给另一个表或通过控制通道将它们发送给控制器。

4. 流水线处理时的匹配过程

如上文所述，OpenFlow 交换机在接收到一个数据包后，开始从第一个流表基于流水线的方式进行查找。数据匹配字段从数据包中提取，用于表查找的数据包匹配字段依赖于数据包类型，这些类型通常包括各种数据包的报头字段，如以太网源地址或 IPv4 地址。除了通过在数据包报头中进行匹配，也可以通过入口端口和元数据字段进行匹配。元数据字段可以用来在一个交换机的不同表里面传递信息。报文匹配字段标识报文的当前状态，如果在前一个表中使用 Apply-Actions 改变了数据包的报头，那么这些变化也会在数据包匹配字段中反映。

数据包匹配字段中的值，用于查找匹配的流表项，如果流表项字段具有的值是 ANY，它就可以匹配报头中的所有可能值。数据包与表进行匹配，优先级最高的表项必须被选择，且与选择流表项相关的计数器会更新，选定流表项的指令集也被执行。若多个匹配的流表项有相同的最高优先级，所选择的流表项被确定为未定义表项。具体过程如图 11-14 所示。

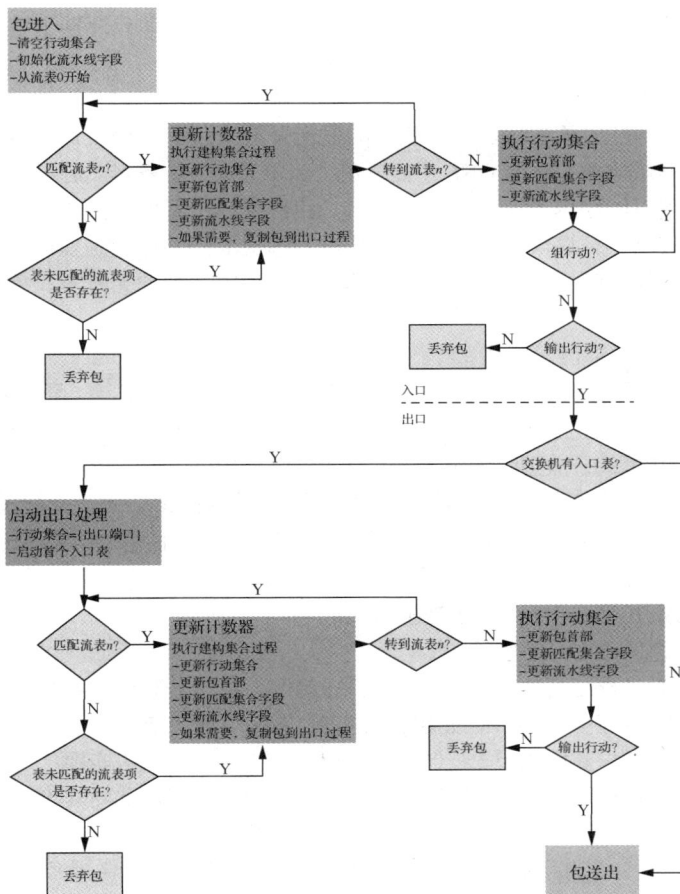

图 11-14　OpenFlow 1.5.1 匹配处理流程

11.3　SDN 控制器与北向接口技术

11.3.1　SDN 北向接口概述

北向接口是连接 SDN 控制器和用户应用之间的重要纽带，决定了 SDN 的实际能力与价值，直接影响了整个 SDN 市场的发展方向。众多厂商也将斗争的焦点逐渐从南向接口、控制器上移到了北向接口。目前北向接口的标准之争尚无定论。站在不同角度上，目前业界存在两种技术思路。

第一种是技术方案相关接口（又称功能型接口），即"我能做什么"，从技术视角出发，暴露网络系统能够提供的具体能力，用户通过选择某种具体技术方案或组合实现其网络应用，实现对网络的精确控制。典型的技术方案相关接口有 L2VPN、L3VPN、IP-TE 等。

第二种技术思路是技术方案无关接口（又称基于意图的接口），即"我要什么"，从用户视角出发，屏蔽底层网络细节，使用户真正聚焦于业务需求，而无须关心在纷繁复杂的网络解决方案中如何选择，大大降低了网络用户、服务的操作难度。典型的相关接口有 NEMO、GBP、SUPA 等。

两种思路分别代表了设备商和运营商各自对 SDN 的理解，或者是他们的诉求。

11.3.2　北向接口的发展历程

开放、可编程是 SDN 的显著特征。在 SDN 中，开放关注的焦点逐渐上移，主要经历了 3 个阶段。

第一阶段：关注设备开放接口。

在这一阶段，网络开放关注在基础设施层的设备开放接口，通过设备开放接口，直接实现对现有网络设备的控制域编程。根据 ONF 中定义的 OpenFlow 协议标准，通过[match, action]的模型方式，直接生成并下发网络基础设备（如交换机、路由器以及网络芯片）的转发表项，实现对数据报文转发行为的控制。在这一阶段，应用层和控制器层之间的边界是模糊的，应用层业务的开发需要感知底层物理网络的细节，并且需要构造复杂表项以实现业务开发，给新业务的开发带来极大困难。

第二阶段：关注控制器能力开放接口。

在这一阶段，网络开放关注控制器能力开放，通过控制器的开放接口，可以实现特定的功能型、特定场景或技术方案的网络控制功能。在 ONF 的 North Bound Interface Work Group（北向接口工作组）中，定义了大量不同功能的开放接口，如 Topology 接口，L2VPN、L3VPN 接口，Tunnel 接口等，这些接口从具体的独立的网络能力角度隐藏了具体网络设备的转发表项细节。此阶段的控制器能力开放接口，具备一定的抽象，简化了使用流程，利用这些功能接口的组合可以部署常见业务，但使用者仍需具备丰富的网络知识和相关技术背景。同时，网络应用和技术相绑定，随着网络功能的不断创新，面向新功能的北向接口也需要不断地增加或扩展。

第三阶段：关注系统能力开放接口。

当前，在第三阶段，网络开放关注系统能力开放接口，更注重于网络整体能力的抽象和开放，提供面向网络操作意图的网络操作接口。使用这类用户意图的声明式接口，向用户隐藏了网络相关的技术信息，网络用户、应用只需描述想要"什么"，而无须关心"怎么"去实现，大大降低了网络用户、服务的网络操作难度，使得网络更容易被操作和使用。尽管面向用户网络操作的意图北向接口（Intent NBI）日益成为业界关注的热点，但现阶段大家对 Intent 的概念以及 Intent NBI 的描述形式和内容难于达成统一，源于 Intent NBI 的目标用户群尚未明确。同时，这种面向用户意图的北向接口，势必会为控制器实现"智能化"、服务质量的保障等带来更多的挑战。

11.3.3　北向接口的发展趋势

从北向接口的发展历程可以看出，不论是 OpenDaylight 还是 ONOS，总的来讲北向接口越来越多地屏蔽了控制器及下层的细节。比如 ODL 使用 REST（描述性状态迁移）架构的意图就是让上层用户的软件只需要用 REST 模式进行意图描述就可以实现对控制器的使用。而 REST 软件架构设计的目的就是降低开发的复杂性，提高系统的可伸缩性。华为公司为 ONOS 提供的 NEMO 项目也是基于类似的目的。NEMO 项目的目的是将现有的网络操作意图抽象成一系列的网络操作元语，通过这些元语的灵活组合来达到灵活操作网络资源的目的。

未来 SDN 北向接口的标准化一定会受到更强的推动，当南向接口、控制器和北向接口的标准化完成之后，广大的用户就可以放心地投入大量资本和人力来完成对目前日趋僵化的网络的改造，使互联网及未来的物联网具备更强的弹性和可扩展性，进而催生更多的网络应用模式。

11.4　NFV 技术概述

11.4.1　NFV 概述

云计算、大数据、物联网和移动通信的发展不仅促使计算机网络领域出现了 SDN，同时对电信运营商也提出了更高的要求，为此运营商联盟提出了 NFV（Network Functions Virtualization，网络功能虚拟化）技术。运营商逐渐倾向于放弃笨重昂贵的专用网络设备，转而使用标准的 IT 虚拟化技术（如 DNS、NAT、Firewall 等）来拆分网络功能模块。于是一些运营商联合成立了欧洲电信标准组织（European Telecommunications Standards Institute，ETSI），其中的一个工作组（ETSI ISG NFV）负责开发制定电信网络的虚拟化架构，NFV 的架构如图 11-15 所示。

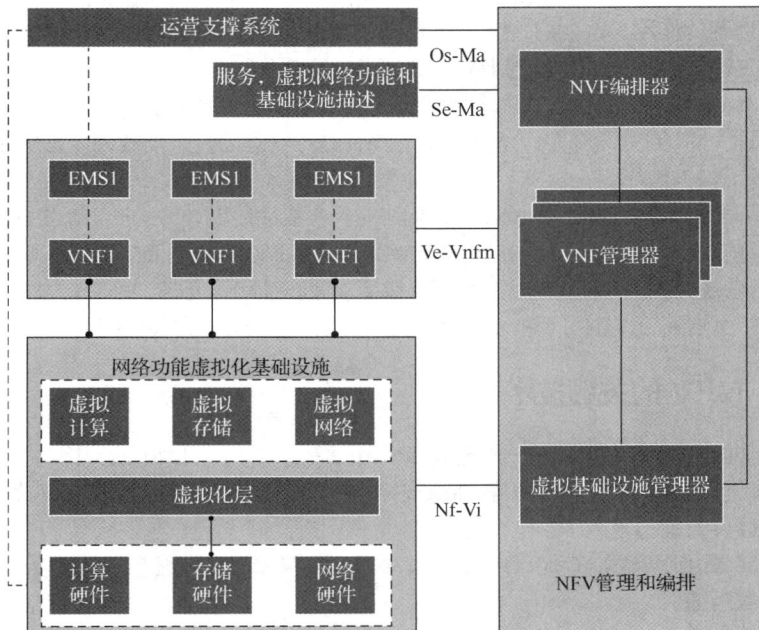

图 11-15　NFV 的架构

这个架构的设计实现了以下几个目标。

（1）NFV 架构将物理网元的一些功能拆分开来，这样更便于运营商从多个 Vendor 供应商那里选择最适合自己的 VNF（Virtual Network Feature，虚拟网络功能）。

（2）VNF 可以被用于不同的物理硬件和 Hypervisor。

（3）能够通过软件进行快速发布。

（4）标准的开放接口便于 Multi-Vendor 间的 VNF 进行交互。

（5）使用低成本的通用硬件，不受制于特定供应商。

NFVI（NFV Infrastructure，网络功能虚拟化基础设施）包含虚拟化层（Hypervisor 或者容器管理系统，如 Docker、vSwitch）以及物理资源，如 COTS 服务器、交换机、存储设备等。NFVI 可以跨越若干个物理位置进行部署，此时，为这些物理站点提供数据连接的网络也称为 NFVI 的一部分。为了兼容现有的网络架构，NFVI 的网络接入点要能够与其他物理网络互联互通。NFV 支持多 Vendor，NFVI 是一种通用的虚拟化层，所有的虚拟资源应该在统一共享的资源池中，不应该受制或者特殊对待某些运行其上的 VNF。

NFV、VNF 只是 3 个同样的字母调换了顺序，含义却截然不同。NFV 是一种虚拟化技术或概念，解决了将网络功能部署在通用硬件上的问题；而 VNF 指的是具体的虚拟网络功能，提供某种网络服务，是软件，利用 NFVI 提供的基础设施部署在虚拟机、容器或者 Bare-Metal 物理机中。相对于 VNF，传统的基于硬件的网元可以称为 PNF（Physical Network Function，物理网络功能）。VNF 和 PNF 能够单独或者混合组网，形成所谓的 Service Chain（服务链），提供特定场景下所需的端到端网络服务。

MANO（Management And Orchestration，管理与编排）提供了 NFV 的整体管理和编排，向上接入 OSS/BSS（Operation Support System/Business Support System，运营支撑系统），由 NFVO（NFV Orchestrator）、VNFM（VNF Manager）以及 VIM（Virtualized Infrastructure Manager，虚拟化基础设施管理器）三者共同组成。Orchestration，本意是管弦乐团，在 NFV 架构中，凡是带 "O" 的组件都有一定的编排作用，各个 VNF、PNF 及其他各类资源只有在合理编排下，在正确的时间做正确的事情，整个系统才能发挥应有的作用。

VIM：NFVI 被 VIM 管理，VIM 控制着 VNF 的虚拟资源分配，如虚拟计算、虚拟存储和虚拟网络。OpenStack 和 VMware 都可以作为 VIM，前者是开源的，后者是商业的。

VNFM：管理 VNF 的生命周期，如上线、下线，进行状态监控、加载镜像。VNFM 基于 VNFD（VNF 描述）来管理 VNF。

NFVO：用以管理 NS（Network Service，网络业务）生命周期，并协调 NS 生命周期的管理、协调 VNF 生命周期的管理（需要得到 VNFM 的支持）、协调 NFVI 各类资源的管理（需要得到 VIM 的支持），以此确保所需各类资源与连接的优化配置。包括加载新的网络业务，VNF 转发表，VNF Package。NFVO 基于 NSD（网络服务描述）运行，NSD 中包含服务链、NFV 以及性能目标等。

11.4.2　NFV 的关键技术

NFV 的实施对电信运营商来讲是一件需要谨慎再谨慎的事情，因为电信网络对故障的容忍度非常低，所以如果电信运营商未来使用 NFV 技术来支撑电信网络，则需要采用如下几个关键技术。

（1）硬件及硬件管理技术

计算采用 X86 通用服务器。存储采用 IPSAN 技术实现存储资源与服务器的连接。网络通常采用核心交换机实现三层互通。

（2）虚拟化技术

通常采用虚拟化技术将硬件资源虚拟为资源池，在虚拟化技术的基础上进一步采用云计算技术来保证资源池的合理调用和管理。

（3）管理编排技术

管理编排技术往往依托于 NFV MANO 架构实施。

（4）可靠性技术

主要采用冗余备份、云计算等技术保障虚拟网元的可靠性。

（5）数据加速技术

主要在处理器方面采用定制化的 CPU、现场可编程门阵列（Field Programmable Gate Array，FPGA）、网络处理器（NPU）等。

11.5 SDN 与 NFV 的关系

从 NFV 和 SDN 实现的关键技术来看，都融合了云计算和虚拟化技术，这种情况往往使人们将 NFV 和 SDN 混为一谈。虽然二者有逐渐融合之势，但二者的初衷和架构并不相同。

SDN 起源于园区网，发展于数据中心，目的是将控制平面和转发平面分离，通过集中化的控制平面来灵活定义网络行为。而 NFV 没有改变设备的功能，只是改变了设备的形态。NFV 的本质是把专用硬件设备变成一个通用软件设备，共享硬件基础设施。

虽然二者的目的不同，但是并不意味着二者不能共生。恰恰相反，NFV 的软件设备（统称 VNF）的快速部署以及 VNF 之间网络的快速建立，需要支持网络自动化和虚拟化能力，这就需要 SDN 提供支持。在 SDN 情况下的一些网络诉求，比如能够快速提供虚拟网络、快速部署增值业务处理设备和网络设备等这些快速业务上线需求，需要 NFV 的软件网络设备（FW、虚拟路由器）才能达成目的。因此从长远来看，两者的结合才是未来网络的常见形态。

11.6 OpenStack 概述

OpenStack 是全球开发者与云计算技术专家合作开发的开放标准云计算平台，是一个云操作系统，用于控制整个数据中心的海量计算、存储和网络资源配置，是一个旨在为公有云和私有云的建设与管理提供软件的开源项目。OpenStack 社区每隔 6 个月发布一个重大更新版本。在每一个版本的规划阶段，社区会举办设计峰会，召集活跃开发者参加工作会议，商讨、确定路线图。在编写本书时的最新版本是 OpenStack Xena。

根据对 OpenStack 的贡献度社区成员可分为白金会员、黄金会员、白银会员和一般合作组织，全球在编写本书时 OpenStack 有华为公司在内的白金会员 10 个，如图 11-16 所示；有中国移动、中国电信和中国联通在内的黄金会员 19 个。

图 11-16 OpenStack 白金会员

OpenStack 为私有云和公有云提供可扩展的弹性的云计算服务，整个 OpenStack 由控制节点、计算节点、网络节点、存储节点四大部分组成。其中控制节点负责对其余节点进行控制，包含虚拟机建立、迁移，网络分配，存储分配等；计算节点负责虚拟机运行；网络节点负责外网络与内网络之间的通信；存储节点负责对虚拟机的额外存储进行管理等。

11.6.1　云计算架构

与普通的操作系统一样，云操作系统是需要管理的，而 OpenStack 是实现云操作系统的关键组件，主要部署基础设施即服务（Infrastructure as a Service，IaaS），具体架构如图 11-17 所示。

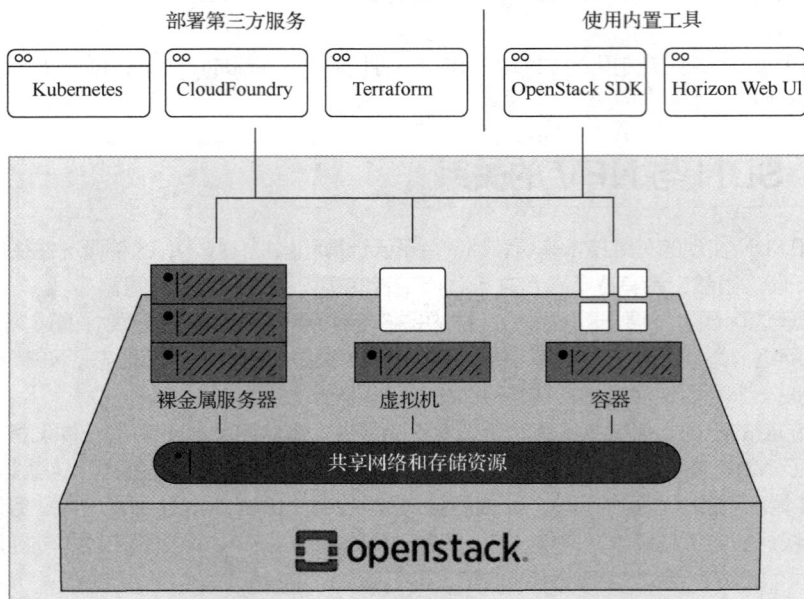

图 11-17　OpenStack 架构

虚拟化技术通过对底层资源的池化，产生了共享的计算资源、网络资源和存储资源等。OpenStack 向下可以对接虚拟化的资源（比如虚拟机和容器），也可以对接物理资源（比如裸金属服务器），实现了对虚拟资源和物理资源的统一管理；向上可以对接云服务，为用户提供丰富的云应用。

11.6.2　OpenStack 核心组件

OpenStack 包含许多组件，每种组件实现不同的功能，常见的十大组件包括 Nova、Swift、Glance、Keystone、Neutron、Cinder、Horizon、MQ、Heat、Ceilometer。各组件具体功能如下。

（1）Nova：计算管理服务，提供对计算节点的生命周期管理，主要包括生成、调度、回收虚拟机等操作，使用 Nova-API 进行通信。

（2）Swift：对象存储服务，提供管理存储节点的 Swift 相关、基于 HTTP 的应用程序接口存储和任意检索的非结构化数据对象。它拥有高容错机制，基于数据复制和可扩展架构。

（3）Glance：镜像管理服务，提供一个虚拟磁盘镜像的目录和存储仓库，可以提供对虚拟机镜像的存储和管理，包含镜像的导入、格式，以及制作相应的模板。

（4）Keystone：认证管理服务，为其他 OpenStack 服务提供身份认证和授权服务，为所有的 OpenStack 服务提供端点目录。包括认证信息、令牌的管理、创建、修改等。

（5）Neutron：网络管理服务，提供对网络节点的网络拓扑管理，同时提供 Neutron 在 Horizon 的管理面板。

（6）Cinder：块存储服务，是存储磁盘文件及虚拟机使用的数据基础，为云平台提供统一接口的、按需分配的、持久化的块存储服务。

（7）Horizon：控制台服务，提供一个基于 Web 的自服务门户，与 OpenStack 底层服务交互。

（8）MQ：消息队列，OpenStack 服务内组件之间的消息通过 MQ 来进行转发，包括控制、查询、监控指标等。

（9）Heat：编排服务，提供基于模板来实现云环境中资源的初始化、依赖关系处理、部署等基本操作，来编排多个综合的云应用。

（10）Ceilometer：计费计量服务，为 OpenStack 云的计费、基准、扩展以及统计等目的提供监测和计量。

11.6.3　OpenStack 架构

OpenStack 架构的各个服务之间通过统一的具有 REST 风格的 API 调用，实现了系统的松耦合。通过这种架构，各个组件的开发人员可以只关注各自的领域，因为对各自领域的修改不会影响其他开发人员。不过从另一方面来讲，这种松耦合的架构也给整个系统的维护带来了一定的困难，运维人员要掌握更多的系统相关知识去调试出故障的组件。所以无论是开发人员还是运维人员，搞清楚各个组件之间的相互调用关系是非常必要的。图 11-18 所示为 OpenStack 各个组件之间的逻辑关系。

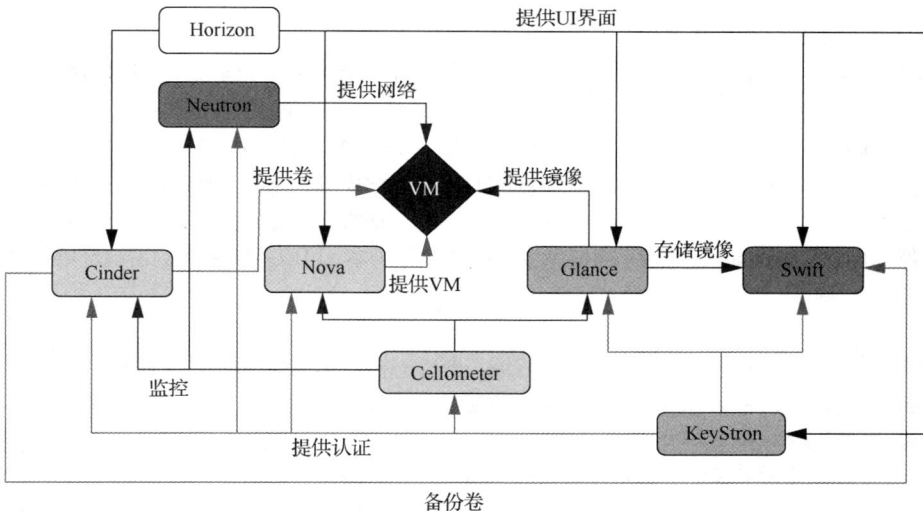

图 11-18　OpenStack 各组件之间的逻辑关系

OpenStack 架构中各组件协调工作，如果要创建一台虚拟机，管理员首先通过 Web 方式登录 OpenStack 的管理平台，通过 Keystone 认证后，进行虚拟机的创建，在创建虚拟机的过程中，通过 Nova 来申请计算资源，通过 Neturon 来申请网络资源，通过 Cinder 来申请块存储资源。除了这些资源，虚拟机要运行还需要操作系统，因此可能还需要通过 Glance 来获得系统镜像，系统的镜像可能存放在对象存储，这样 Glance 还需要从 Swift 获得系统镜像文件，然后在虚拟机上启动操作系统。从图 11-18 可以看出，虚拟机创建过程中通过 Cinder、Neutron、Nova、Glance、Swift 等组件申请任何一个资源的过程，都需要 Keystone 的认证。通过 OpenStack 把以前由人工申请虚拟机资源的过程变得便捷化和自动化，为公有云和私有云应用的部署带来了极大的方便。

11.7　Docker 概述

Docker 是一个构建在 LXC（Linux Container）之上，基于进程容器的轻量级虚拟机解决方案，实现了一种应用程序级别的资源隔离及配额。Docker 起源于 PaaS（Platform as a Service，平台即服务）提供商 dotCloud，基于 Go 语言开发，遵从 Apache 2.0 开源协议。Docker 可以让开发者打包它们的应用以及依赖包到一个轻量级、可移植的容器中，然后发布到任何流行的主机上，也可以实现虚拟化。Docker 是基于容器技术的轻量级虚拟化解决方案，Docker 是开源的应用容器引擎，把 Linux 的 Cgroup、Namespace 等容器底层技术进行封装、抽象，为用户提供了创建和管理容器的便捷界面。

传统软件开发流程中，开发环境、生产环境与测试环境是需要单独部署的，并且常常由于部署环境的不同，而导致软件测试、运行出现问题，Docker 正是基于此背景提出的。通过 Docker 可以把整个软件、开发环境打包成镜像给运维和测试人员，这样可以使开发、测试、运维人员在相同的环境下操作，避免了软件运行环境的重新部署和由于部署环境不一致而产生的测试、运行问题。可以看出，Docker 技术主要解决 PasS 层的技术实现问题。

11.7.1　Docker 的应用场景

与虚拟化和 OpenStack 相比，Docker 部署方便、速度快、性能好，因此应用广泛，微软、红帽 Linux、IBM、Oracle 等主流 IT 厂商已经在自己的产品里增加了对 Docker 的支持。Docker 目前主流的应用有以下几种。

（1）持续集成和持续部署

通过 Docker 加速应用管道自动化和应用部署。现代化开发流程需要快速、持续且具备自动执行能力，其最终目标是开发出更加可靠的软件。通过持续集成（Continuous Integration，CI）和持续部署（Continuous Deployment，CD），每次开发人员签入代码并顺利测试之后，IT 团队都能够集成新代码。作为开发运维方法的基础，CI/CD 创造了一种实时反馈回路机制，持续地传输小型迭代更改，从而加速更改、提高质量。CI 环境通常是完全自动化的，通过 git 推送命令触发测试，测试成功时自动构建新镜像，然后推送到 Docker 镜像库。通过后续的自动化和脚本，可以将新镜像的容器部署到预演环境，从而进行进一步测试。

（2）微服务

微服务架构将传统分布式服务继续拆分解耦，形成一些更小的服务模块，服务模块之间独立部署升级，使用微服务（Microservices）加速应用架构现代化进程。应用架构正在从采用瀑布模型开发法的单体代码库转变为独立开发和部署的松耦合服务。成千上万个这样的服务相互连接就形成了应用。Docker 允许开发人员选择更加适合每种服务的工具或技术栈隔离服务以消除任何潜在的冲突，从而避免"地狱式的矩阵依赖"。容器可以独立于应用的其他服务组件，轻松地共享、部署、更新和瞬间扩展。Docker 的端到端安全功能能够构建和运行最低权限的微服务模型，服务所需的资源会实时被创建并被访问。

（3）IT 基础设施优化

充分利用基础设施可以节省资金，Docker 有助于优化 IT 基础设施的利用率和成本。优化成本不仅指削减成本，还能确保在适当的时间内有效地使用适当的资源。Docker 是一种轻量级的打包和隔离应用工作负载的方法，所以 Docker 允许在同一物理机或虚拟服务器上毫不冲突地运行多项工作负载。企业可以整合数据中心，将并购而来的 IT 资源进行整合，从而获得向云端的可迁移性，同时减少操作系统和服务器的维护工作。

11.7.2　Docker 与虚拟机的区别

Docker 与虚拟机是有本质区别的，从图 11-19 和图 11-20 中可以看出，在虚拟机中客户操作系统是一个完整的操作系统而 Docker 中不包含操作系统，它通过 Docker 引擎来运行和管理容器，容器是在 Linux 上本机运行的，并与其他容器共享主机的内核，它运行在宿主机上一个独立的进程中，不占用其他任何可执行文件的内存，非常轻量。虚拟机通过 Hypervisor 对硬件资源进行虚拟化，虚拟机使用的所有资源都是经过虚拟化的资源，因此效率比较低，而 Docker 不需要 Hypervisor 实现硬件资源的虚拟化，所以运行在 Docker 容器上的程序，都是直接使用的实际物理机的硬件资源。因此在 CPU、内存、利用率上，Docker 将具有更大的优势。此外，Docker 直接利用虚拟机的系统内核，避免了虚拟机启动时所需要的系统引导时间和操作系统运行的资源消耗，利用 Docker 能够在几秒之内启动大量的容器。

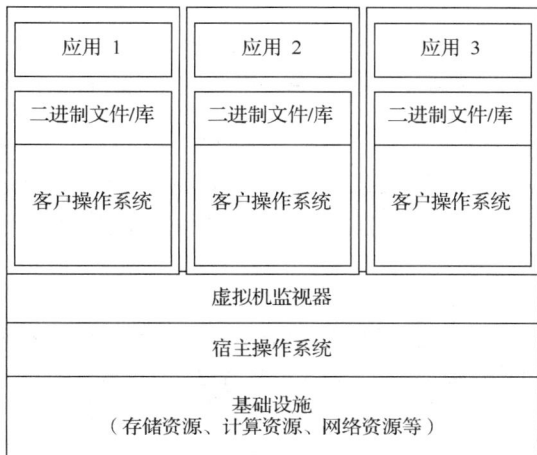

图 11-19　虚拟机

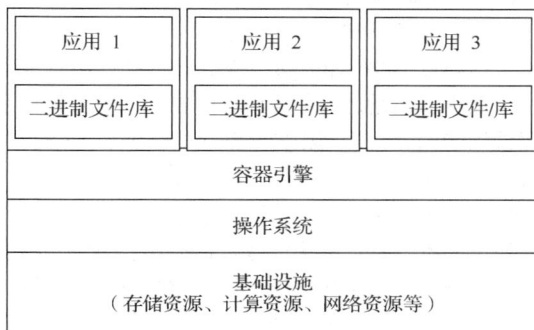

图 11-20　Docker

　　虚拟机实现资源的隔离的方式是利用独立的客户操作系统，以及利用 Hypervisor 虚拟化 CPU、内存、I/O 等设备来实现的，Docker 并没有和虚拟机一样利用独立的客户操作系统执行环境的隔离，它利用的是当前 Linux 内核本身支持的容器方式，实现了资源和环境的隔离。简单来说，Docker 就是利用 Namespace 实现系统环境的隔离，利用 Cgroup 实现资源的限制，利用镜像实例实现和环境的隔离。

　　与虚拟机相比，Docker 具有很大的优势，它能够快速地交付和部署，Docker 在整个开发周期都可以完美辅助实现快速交付，Docker 允许开发者本地应用直接进入可持续的开发流程中。例如开发者可以使用标准镜像构建一套开发容器，开发完成之后，运维人员可以直接使用这个容器来部署代码，Docker 可以快速创建容器、快速迭代应用程序，整个过程全程可见，使团队中的其他成员更容易理解应用程序是如何创建和工作的。此外，容器的启动时间是秒级的，节约了大量开发、测试、部署的时间。还有一个非常关键的点，就是 Docker 能够高效地部署和扩容，Docker 容器几乎可以在任意平台上运行，包括虚拟机、物理机、公有云、私有云、个人计算机、服务器等，这种兼容性，可以让用户把应用程序从一个平台直接迁移到另一个平台。Docker 具有的兼容性和轻量性可以轻松地实现负载的动态管理。此外 Docker 还具有更高的资源利用率，一台主机上可以运行数千个 Docker 容器。容器除了运行其应用之外，基本不消耗额外的系统资源，使得应用性能高、系统开销小；而传统的虚拟机方式则需要运行不同的应用，耗费大量的资源。此外 Docker 还有更简单的管理使用方式，Docker 只需要小小的修改就可以替代以往大量的更新工作，所有的修改都以增量的方式被分发和更新，从而实现自动化且高效的管理。Docker 与虚拟机的区别如表 11-2 所示。

表 11-2　Docker 与虚拟机的区别

相关参数	虚拟机	Docker
占用磁盘空间	非常大，GB 级别	小，MB 级别甚至 KB 级别
启动速度	慢，分钟级别	快，秒级别

续表

相关参数	虚拟机	Docker
运行方式	运行于 Hypervisor 之上	直接运行在宿主机内核上
并发性	一台主机上最多可以运行几十个	一台主机上可以运行上百个，甚至上千个
资源利用率	与宿主机进程差别很大	接近宿主机本地进程
性能	低	高

11.7.3 Docker 架构

Docker 的架构如图 11-21 所示，Docker 使用 C/S 架构模式，使用远程 API 来管理和创建 Docker 容器。Docker 架构主要包含以下内容。

（1）Docker 镜像

Docker 镜像（Image）是用于创建 Docker 容器的模板，并且是只读的，一个镜像是一个可执行的包，其中包括运行应用程序所需要的所有内容，包含代码、运行时间、库、环境变量和配置文件。并且镜像的构建、管理和分发都比较快速、方便。

（2）容器

容器（Container）是独立运行的一个或一组应用，通过镜像可以启动容器，Docker 利用容器来运行应用，容器是从镜像创建的运行实例并且各容器间是相互隔离的。镜像和容器的关系，就像面向对象程序设计中的类和实例一样，镜像是静态的定义，容器是镜像运行时的实体。容器可以被创建、启动、停止、删除、暂停等。

（3）仓库

仓库（Repostory）可看成代码控制中心，是集中存储镜像文件的场所，一个 Docker Registry 中可以包含多个仓库，每个仓库可以包含多个镜像，不同镜像具有不同的标签（Tag）。通常，一个仓库会包含同一个软件不同版本的镜像，而标签就常用于对应该软件的各个版本。我们可以通过 <仓库名>:<标签> 的格式来指定具体是这个软件的哪个版本的镜像。如果不给出标签，将以 Latest 作为默认标签。仓库分为两种：公有仓库和私有仓库。最大的公有仓库是 Docker Hub，里面存放了数量庞大的镜像供用户下载，用户也可以创建自己的私有仓库 DockerRegistry。

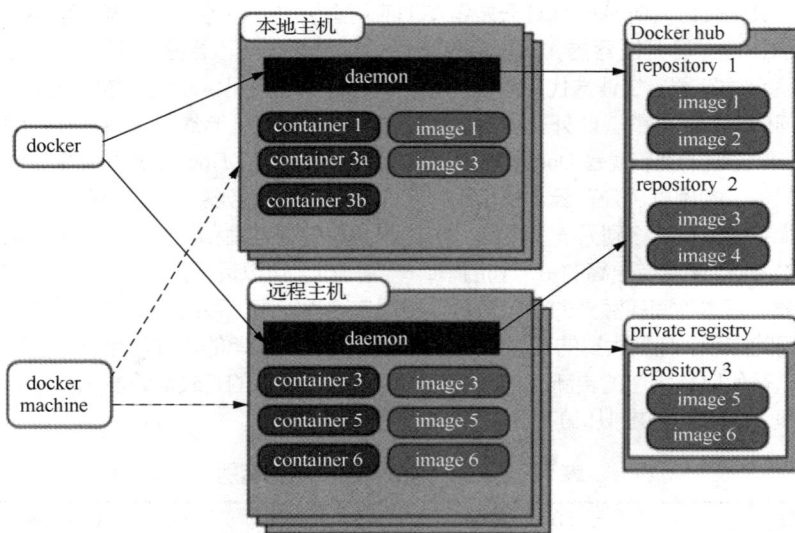

图 11-21 Docker 架构

（4）Docker daemon

Docker daemon 是 Docker 架构中一个常驻后台的系统进程，该进程在后台启动一个服务器，服务器负载接受 Docker 客户端发送的请求；接受请求后，服务器通过路由与分发调度，找到相应的 Handler 来执行请求。Docker daemon 是 Docker 的守护进程，主要功能包括镜像管理、镜像构建、REST API、身份验证、安全、核心网络以及编排。

Docker 是一种轻量化的虚拟化技术，能够方便地实现进程的隔离、网络的隔离和对资源的控制和管理，通过 Docker 技术可以实现产品开发、测试、部署的自动化和便捷化，节省运维成本。随着云计算的不断发展，Docker 未来会有更广阔的发展和应用前景。

本章小结

SDN 理念、NFV 技术、OpenStack 框架和 Docker 技术是最近几年来在通信和网络领域出现的热门话题，它们出现的原因使传统的网络架构随着技术的发展显得越来越僵化，很难根据需求来随时改动。这种状况难以满足新业务产生的需求，而硬件的发展、虚拟化和云计算等相关技术的出现，为变革打好了技术基础。网络的新形态正在剧烈的演变过程中。通信和网络这两个领域涉及的理论知识和实践的内容非常多，限于篇幅，本章只涉及一些入门的知识，更多的内容还需要读者去努力学习。

习题

1. SDN 理念分为哪几层？
2. SDN 应该具备哪些特征？
3. 根据 ONF 对 SDN 架构的定义，SDN 应该由哪几个平面组成？
4. SDN 控制器在实现上有几种形式？
5. 集中式控制器演变为分布式控制器的原因是什么？
6. 分布式控制器可以细分为哪两种，有什么不同？
7. SAL 在 ODL 控制器中起到了什么作用？
8. 解释 ODL 北向接口采用 OSGi 的原因。
9. ODL 为何采用 REST 风格进行北向接口定义？
10. ONOS 要实现的功能有哪些？
11. OpenFlow 交换机中的 OpenFlow 通道的作用是什么？
12. OpenFlow 交换机中的流表如何产生？
13. OpenFlow 消息总体上分为哪几类？
14. 北向接口的两种技术思路是什么？
15. NFV 和 VNF 是什么？
16. SDN 和 NFV 是什么关系？
17. OpenStack 是什么？
18. OpenStack 架构中各组件的作用是什么？
19. Docker 与虚拟机的区别是什么？
20. Docker 架构中各组件的作用是什么？

第12章
综合实训项目

情景引入

我们在第 3 章、第 4 章学习了计算机的网络体系结构、局域网技术等，如果我们要搭建一个校园网络，应该怎么进行网络的规划？二层通信采用什么样的交换技术？三层通信采用静态路由还是动态路由？怎么解决公有 IP 地址不够用的问题？让我们通过一个综合实训项目，来回答上面的问题。

学习目标

【知识目标】

1. 学习交换机、路由器的 IP 地址配置、VLAN 配置和路由配置。
2. 学习网络中二层通信和三层通信的原理。
3. 学习交换机的 STP 技术和路由器的路由引入技术。

【技能目标】

1. 掌握设计、规划小型局域网的技能。
2. 具备使用 VLAN 技术、STP 技术、动态和静态路由构建小型局域网的能力。
3. 掌握使用交换和路由技术组建小型局域网的方法。

【素养目标】

1. 培养团队协作精神。
2. 培养爱国品质。
3. 培养艰苦奋斗、自力更生的作风。

12.1 综合实训网络拓扑结构图

12.1.1 综合实训项目分析

图 12-1 所示为某校园网组网拓扑结构，采用了三层结构：核心层、汇聚层、接入层。其中核心层采用了华为网络的核心路由 NE5000E 和三层交换机 CE6800，汇聚层使用了华为的 S5700 和 S3700 三层交换机，接入层使用了华为的 S2700 二层交换机。部署了两个华为的 USG5500 防火墙，用于保证内网连接 CERNET 和 INTERNET 时的安全。

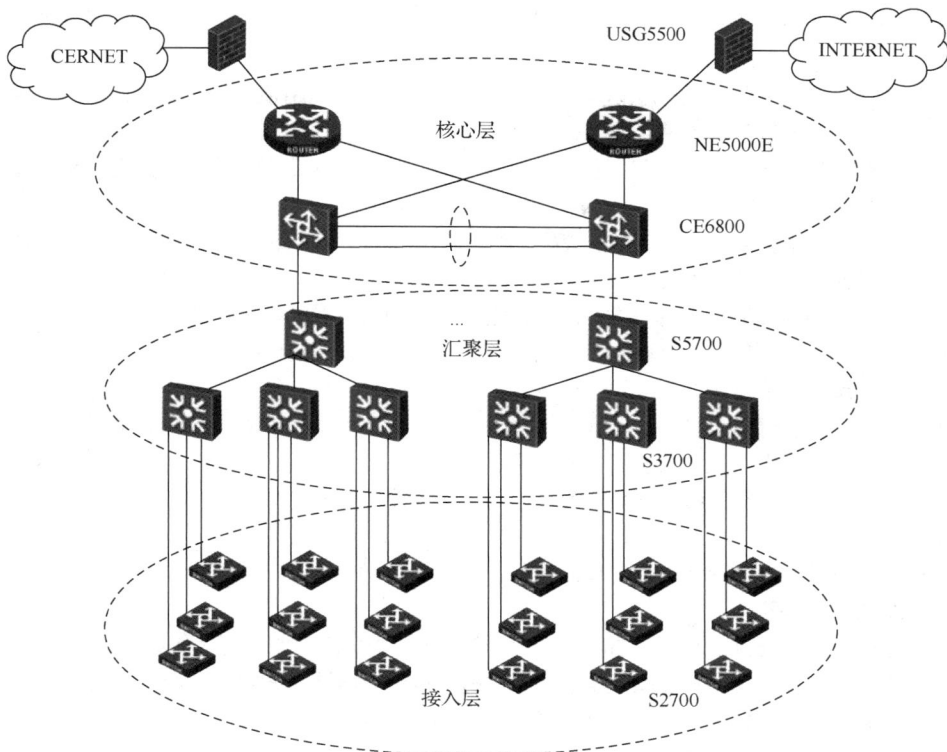

图 12-1　综合实训项目拓扑结构图

12.1.2　综合实训项目所使用的技术以及所实现的功能

（1）在核心层采用了"双核心"，两个核心三层交换机 CE6800 之间采用了链路聚合，增加了带宽和可靠性；通过两台路由器 NE5000E 分别连接 CERNET 和 INTERNET，通过在路由器上采用策略路由来实现访问不同的外部网络、走不同的路径，并且可以提供路由备份；在路由器和外网之间部署了防火墙来保护内网的安全。

（2）在汇聚层通过华为的 S5700 三层交换机分别接入两台核心层交换机 CE6800 来实现路由备份，并且在汇聚层交换机上采用一些路由策略来尽量减少路由的条目。

（3）在接入层交换机上采用网络认证、病毒检测等功能来实现接入用户的合法性和接入用户系统的安全性。

（4）由于该校分配的公有 IPv4 地址不够用，所以在一些网段可以采用私有地址。当这些主机在访问内网时采用私有地址，在访问外网时通过在两台路由器上配置 NAT 实现私有地址到公有地址的转换。

12.2　综合实训项目分解

12.2.1　常用网络设备与网络传输介质

1．实训目的和任务

（1）熟悉构建局域网的常见设备及附件，如集线器、交换机、路由器等设备，以及网卡、光纤收发器等附件，认识常见设备在本校、本系/学院网络中的使用情况和作用。

（2）了解网卡的分类，认识网卡正常工作下指示灯的状态，掌握常用 RJ-45 接口网卡的基本安装方法。

（3）了解光纤收发器的分类，认识其上各指示灯状态的含义、各接口的作用，以及所使用的光纤的种类，掌握光纤收发器的基本使用方法。

（4）了解交换机的分类，认识其上各指示灯状态的含义、各接口的作用，掌握交换机的基本使用方法。

（5）了解路由器的分类，认识其上各指示灯状态的含义、各接口的作用，以及连接路由器所需要的电缆种类，掌握路由器的基本使用方法。

（6）了解常用网络传输介质的分类，以及在组网过程中所需要的相关附件。

（7）通过上网，了解常用网络设备、设备相关模块和传输介质的价格。

2．实训环境及主要设备

（1）每组 1～3 台计算机。

（2）每组各 1 台网卡、光纤收发器、交换机、路由器。

（3）双绞线跳线、光纤跳线、同轴电缆、相应路由器接口电缆各 1 段。

（4）提供上网环境。

（5）推荐网址：https://www.huaw**.com/cn。

3．实训的主要步骤

（1）查看网卡结构及接口类型，查看已上网计算机网卡指示灯的状态。

（2）查看光纤收发器结构及接口类型，有条件的情况下可连接光纤网卡，查看其指示灯的状态。

（3）查看交换机结构和接口类型，查看加电及连接计算机情况。

（4）查看路由器的结构、接口类型及相关 DTE/DCE 电缆的连接情况。

（5）上网收集并查看有关网卡、光纤收发器、交换机和路由器的技术资料、分类及价格情况。

（6）上网查看有关路由器相关模块、接口电缆的价格情况。

4．注意事项

（1）严禁给计算机的 CMOS（Complementary Metal-Qxide-Semiconductor，互补金属氧化物半导体）或用户加口令。

（2）严禁带电插、拔网卡。

（3）保证操作的安全。

5．综合实训项目关联

在综合实训项目中需要用到一些传输介质和传输设备。通过本实训，学生能够对传输介质种类、设备种类及接口类型、设备的性能及价格等有一个基本的了解。

12.2.2　双绞线的制作与使用

1．实训目的和任务

（1）了解非屏蔽和屏蔽双绞线的结构。

（2）掌握非屏蔽双绞线与 RJ-45 接头的连接方法。

（3）掌握 TIA/EIA 568A 和 TIA/EIA 568B 标准线序的排列顺序。

（4）掌握非屏蔽双绞线的平行与交叉线的制作，了解它们的区别和适用环境。

（5）掌握制作双绞线所用的工具和测试仪器的使用方法。

2．实训环境及主要设备

（1）每组 1～3 台计算机。

（2）每组屏蔽双绞线 1 段，非屏蔽双绞线 2 段，压线钳 1 把；每人 2 个 RJ-45 接头。

（3）每组双绞线简易测试工具 1 个。

（4）提供上网环境。

（5）推荐网址：https://www.so**.com/a/163443653_653604。

3．实训的主要步骤

（1）上网收集并查看有关双绞线的技术资料。

（2）分别制作平行线和交叉双绞线各 1 根。

（3）运用双绞线简易测试工具，对制作的平行线和交叉双绞线进行测试。

（4）（可选）运用 Fluke 测试仪，对制作的平行线和交叉双绞线进行综合测试，理解测试参数。

4．注意事项

（1）严禁给计算机的 CMOS 或用户加口令。

（2）保证操作的安全。

5．综合实训项目关联

在综合实训项目的接入层会用到交叉双绞线、平行双绞线连接用户的主机。通过本实训，学生能够了解交叉双绞线、平行双绞线的区别，并且会自己制作和检测交叉双绞线、平行双绞线。

12.2.3　常用网络命令的使用

1．实训目的和任务

（1）掌握 ping 命令的使用。

（2）了解 tracert 命令的使用。

（3）掌握 ipconfig 命令的使用，能够使用该命令进行网络配置情况的查询。

（4）掌握 netstat 命令的使用，能够使用该命令查询主机 TCP 连接情况。

2．实训环境及主要设备

（1）每人 1 台主机。

（2）实验室提供上网环境。

3．实训的主要步骤

（1）各学生之间用 ping 命令测试网络连通性。

（2）利用 ping 命令的相关参数测试所在网络的 MTU。

（3）利用 ping 命令的参数探测本主机到某个网站中间的路由器。

（4）利用 tracert 命令探测本主机到某个主机之间的路由。

（5）利用 ipconfig 命令查看本主机的 IP 地址配置和 MAC 地址。

（6）用本主机连接 Internet，利用 netstat 命令查看本主机内部的 TCP 连接情况。

4．注意事项

（1）严禁给计算机的 CMOS 或用户加口令。

（2）Windows 系统的自带防火墙默认不允许 ping 命令通过，需要手动设置才能 ping 通。

（3）保证操作的安全。

5．综合实训项目关联

在综合实训项目中，网络组建好后要检查网络的连通行。通过本实训，学生能掌握利用常用的网络命令来检查线缆是否有故障，路由配置是否有问题，相关服务的端口是否开放等。

12.2.4　IP 地址规划与设置

1．实训目的和任务

（1）掌握 IP 子网划分的方法。

（2）掌握主机 IP 地址的设置方法。

2. 实训环境及主要设备

（1）每人 1 台主机。

（2）实验室提供上网环境。

3. 实训的主要步骤

（1）学生分组，每人 1 台主机。

（2）各小组协商，进行网络划分。

（3）各小组进行各自主机的 IP 地址配置。

（4）在不需要配置网关的情况下，使用 ping 命令测试相同子网内主机的连通性。

（5）在无路由的环境下，使用 ping 命令测试不同子网间主机的连通性。

（6）用本主机连接 Internet，利用 ping 命令查看本主机与外部网络的连通性。

4. 注意事项

（1）严禁给计算机的 CMOS 或用户加口令。

（2）Windows 系统的自带防火墙默认不允许 ping 命令通过，需要手动设置防火墙才能 ping 通。

（3）保证操作的安全。

5. 综合实训项目关联

在综合实训项目中要对网络中的 IP 地址进行规划。通过本实训，学生可以掌握通过子网划分来增加可用网络的个数，并且可以对一些主机分配私有 IP 地址。

12.2.5 Internet 应用

1. 实训目的和任务

（1）掌握 DHCP 的工作原理和给主机动态分配 IP 地址的方法。

（2）掌握 DNS 的工作原理和给主机配置 DNS 的方法。

（3）了解子网掩码、网关、DNS 等网络参数的作用。

2. 实训环境及主要设备

（1）每人 1 台主机。

（2）实验室提供上网环境。

（3）每组配置 1 台装有 Windows Server 2019 操作系统的主机作为 DHCP 服务器。

（4）每组 1 台交换机。

3. 实训的主要步骤

（1）学生分组，每人 1 台主机。

（2）将本组主机和服务器连接交换机。

（3）启动 DHCP 服务器，并创建相应的地址池。

（4）将本主机的 IP 地址设置为自动获取。

（5）通过 ipconfig 命令查看本机 IP 地址分配情况，通过 ipconfig /release 和 ipconfig /renew 来释放和重新获取 IP 地址。

（6）查看 DHCP 服务器上地址池的 IP 地址使用情况。

（7）在不设置网关和正确设置网关的情况下，检查访问互联网的情况。

（8）删除本主机的 DNS 服务器 IP 地址，连接 Internet，查看分别用域名和 IP 地址访问互联网情况。

（9）设置本主机的 DNS 服务器 IP 地址，连接 Internet，查看分别用域名和 IP 地址访问互联网情况。

4. 注意事项

（1）严禁给计算机的 CMOS 或用户加口令。

（2）当本主机与外部网络通时，注意网关的正确配置。

（3）如果 DNS 服务器有多个，1 台主机可以配置多个 DNS。

（4）Windows 系统的自带防火墙默认不允许 ping 命令通过，需要手动设置才能 ping 通。

（5）保证操作的安全。

5. 综合实训项目关联

在综合实训项目中要配置一些网络服务器。通过本实训，学生可以掌握在组网过程中如何配置自己内网的 DNS，如何给内网的一些主机动态分配 IP 地址。

12.2.6　Wireshark 网络监控软件的使用

1. 实训目的和任务

（1）了解目前网络安全的现状与需求，理解安全漏洞给系统带来的隐患。

（2）会使用 Wireshark 软件抓取主机到其他计算机的数据包并进行分析。

（3）观察网络中出现的各种数据包的结构、封装格式，掌握数据包的分析方法。通过分析数据包格式，结合网络课程所学知识，达到验证所学、学以致用的目的。

（4）了解流量监测的基本方法和采样统计分析过程。

（5）分析监测到的网络流量，并做出分析报告。

2. 实训环境及主要设备

（1）Wireshark 软件 1 套。

（2）连接上网的主机 2 台，其中 1 台要求安装 IIS（Internet Information Services，互联网信息服务）。

（3）实训环境如图 12-2 所示。

3. 实训的主要步骤

（1）在测试机 PCA 上配置 IP 地址 192.168.1.1。

（2）在测试机 PCA 上安装 Wireshark 软件，配置 Wireshark 软件的过滤功能，只捕获 TCP 数据报的 FTP 报文。

（3）在测试机 PCA 上使用 Windows 的 IIS 将测试机 PCA 配置成 FTP 服务器。

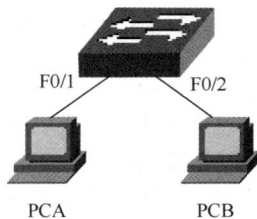

图12-2　Wireshark网络监控软件实训环境

（4）在测试机 PCA 上启动 Wireshark 捕获功能。

（5）在测试机 PCB 上配置 IP 地址 192.168.1.2。

（6）在测试机 PCB 上访问测试机 PCA 的 FTP 服务。

（7）在测试机 PCA 上对捕获的数据包的以太帧头、IP 头、TCP 头中的各项进行分析。

（8）分析 TCP 连接的三次握手和四次握手过程。

（9）对 TCP/IP 体系结构的工作过程和协议分布等进行充分认识。

4. 注意事项

（1）严禁给计算机的 CMOS 或用户加口令。

（2）建议使用 Wireshark v4.0.10。

（3）Windows 系统的自带防火墙默认不允许 ping 命令通过，需要手动设置才能 ping 通。

（4）保证操作的安全。

5. 综合实训项目关联

在综合实训项目中，当网络组建好后，可能需要检查一些配置是否生效。通过本实训，学生可以掌握 IP 数据包的格式、各种协议的工作原理、NAT 配置是否生效等。

12.2.7 华为交换机的基本配置

1．实训目的和任务

（1）熟悉网络实验室的华为 S3700/S2700 交换机中的任意一种产品，主要包括提供的接口名称、数量、类型、作用及使用方法。

（2）了解交换机的各种配置方法及要求，掌握超级终端配置方式和 Telnet 配置方式。

（3）掌握华为交换机命令行状态下，"？"和"TAB"键的使用方法。

（4）熟练掌握华为交换机命令行状态下，常用命令的使用方法。

2．实训环境及主要设备

（1）每组 1 台交换机、1～3 台计算机、1 根 Console 电缆、1 根平行双绞线。

（2）提供上网环境。

3．实训的主要步骤

（1）图 12-3 所示为用 Console 电缆连接交换机的 Console 口和计算机的 COM 口。

（2）配置交换机主机名、Console 口口令、Telnet 口令。

（3）配置交换机管理 IP 地址。

（4）配置交换机端口速度（100Mbit/s）、端口双工方式（全双工）。

（5）图 12-4 所示为用平行双绞线连接交换机的以太口 F0/1 口和计算机网卡 RJ-45 接口，通过 Telnet 方式登录交换机。主机的 IP 地址配置为 192.168.0.1/24，交换机 VLAN1 接口下的 IP 地址为 192.168.0.254/24。

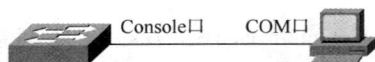

图 12-3　交换机 Console 口配置环境　　　　图 12-4　交换机 Telnet 配置环境

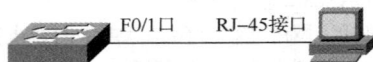

（6）检查交换机运行配置和启动配置文件内容。

（7）检查默认状态下 VLAN 的参数及配置。

（8）检查交换机各端口的状态及参数。

（9）检查交换机端口 MAC 地址表中的内容。

（10）把交换机的运行配置拷贝到启动配置。

4．注意事项

（1）严禁给计算机的 CMOS 或用户加口令。

（2）对于二层交换机只能配置一个管理地址，且在 VLAN1 的 VLAN 视图下配置，对于三层交换机在每一个 VLAN 视图下都可以配置不同网段的 IP 地址。

（3）Telnet 登录时应保证主机和交换机的网络可达性，如果主机和交换机直连，应将主机的 IP 地址和交换机 VLAN 接口的 IP 地址配置在同一个网段。

（4）实训结束后用"reset saved-configuration"命令还原交换机默认配置，以防实训时设置的交换机 Console 口令下机后不清除，导致下次启动交换机时不能正常进入。

（5）Windows 系统的自带防火墙默认不允许 ping 命令通过，需要手动设置才能 ping 通。

（6）保证操作的安全。

5．综合实训项目关联

在综合实训项目中会用到交换机。通过本实训，学生可以掌握常用交换机的配置方法，以及设置 VLAN 的 IP 地址、查看当前的配置、配置内容保存等常用命令。

12.2.8　华为交换机 VLAN 的配置

1. 实训目的和任务

（1）熟悉网络实验室的华为 S3700/S2700 交换机中的任意一种产品，主要包括提供的接口名称、数量、类型、作用及使用方法。

（2）掌握交换机上创建 VLAN、分配静态 VLAN 成员的方法。

（3）配置 2 个 VLAN（VLAN2 和 VLAN3），并为其分配静态成员。

（4）测试相同 VLAN 间、不同 VLAN 间能否通信。

2. 实训环境及主要设备

（1）每组 1 台交换机、4 台计算机、1 根 Console 电缆、若干平行双绞线。

（2）实训环境如图 12-5 所示。

3. 实训的主要步骤

（1）如图 12-5 所示，将主机 PCA、PCB、PCC、PCD 分别接入交换机上相应端口。

（2）在交换机上创建 2 个 VLAN（VLAN2 和 VLAN3），如图 12-5 所示，配置相关端口到相应 VLAN。

（3）配置 PCA 的 IP 地址为 192.168.0.1/24、PCB 的 IP 地址为 192.168.0.2/24、PCC 的 IP 地址为 192.168.0.3/24、PCD 的 IP 地址为 192.168.0.4/24，子网掩码统一为 255.255.255.0，各主机网关信息不需配置。

图 12-5　交换机 VLAN 配置实训环境

（4）测试同一 VLAN 内主机能否通信。

（5）测试不同 VLAN 间主机能否通信。

（6）检查交换机上的 VLAN 相关信息。

（7）删除交换机上创建的 VLAN2 和 VLAN3。

4. 注意事项

（1）严禁给计算机的 CMOS 或用户加口令。

（2）当一个 VLAN 被删除后，属于此 VLAN 的端口需要被重新加入其他 VLAN 才能使用。

（3）VLAN1 为默认 VLAN，不能被删除。

（4）Windows 系统的自带防火墙默认不允许 ping 命令通过，需要手动设置才能 ping 通。

（5）用"reset saved-configuration"删除交换机配置。

（6）保证操作的安全。

5. 综合实训项目关联

在综合实训项目中，需要在交换机上进行 VLAN 配置。通过本实训，学生可掌握如何在交换机上创建 VLAN，如何实现把不同部门划分在不同的 VLAN 中。

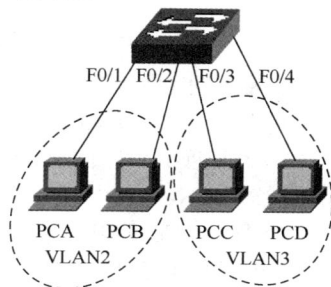

12.2.9　华为交换机 VLAN 主干道配置

1. 实训目的和任务

（1）在交换机上创建交换机间的主干道，实现对多 VLAN 的传输。

（2）配置 2 台交换机，在其上分别创建 2 个 VLAN（VLAN2 和 VLAN3），并为其分配静态成员。

（3）创建 2 台交换机上的主干道。

（4）测试主干道的工作情况。

2．实训环境及主要设备

（1）每组 2 台交换机、4 台计算机、1 根 Console 电缆、若干平行和交叉双绞线。

（2）实训环境如图 12-6 所示。

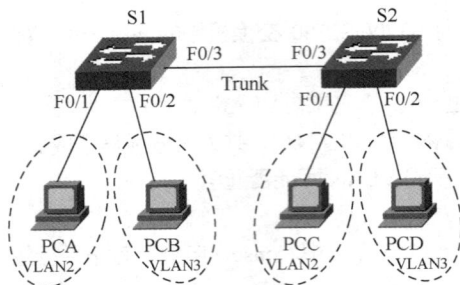

图 12-6　交换机 VLAN 主干道配置实训环境

3．实训的主要步骤

（1）分别用端口 F0/3 连接 2 台交换机 S1 和 S2，按图 12-6 所示连接 4 台主机到交换机相应端口。

（2）在交换机 S1 和 S2 上各自创建 2 个 VLAN（VLAN2 和 VLAN3），并按图 12-6 所示配置相应端口到各 VLAN。

（3）配置 PCA 的 IP 地址为 192.168.0.1/24、PCB 的 IP 地址为 192.168.0.2/24、PCC 的 IP 地址为 192.168.0.3/24、PCD 的 IP 地址为 192.168.0.4/24，子网掩码统一为 255.255.255.0，各主机网关信息不需配置。

（4）将交换机 S1 和 S2 的 F0/3 端口设置成为主干道接口。

（5）测试同一 VLAN 内工作站的连通性。

（6）测试不同 VLAN 间工作站的连通性。

（7）检查交换机上的 VLAN 相关信息。

（8）检查交换机上的主干道相关信息。

4．注意事项

（1）严禁给计算机的 CMOS 或用户加口令。

（2）默认情况下主干道上所有的 VLAN 数据都不允许通过，可以通过命令配置允许某些 VLAN 的数据通过。命令如下。

```
在主干道端口下: port trunk allow-pass vlan ?
  INTEGER<1-4094>  VLAN ID
  all              All
```

（3）Windows 系统的自带防火墙默认不允许 ping 命令通过，需要手动设置才能 ping 通。

（4）使用"reset saved-configuration"删除交换机配置。

（5）保证操作的安全。

5．综合实训项目关联

在综合实训项目中，需要解决跨交换机相同 VLAN 的主机通信问题。通过本实训，学生可掌握如何把处于不同地理位置的主机加入同一 VLAN，以及如何实现处于不同地理位置的同一部本地主机不通过三层设备进行通信。

12.2.10　华为三层交换机实现不同 VLAN 间通信配置

1．实训目的和任务

（1）在三层交换机配置不同 VLAN 的接口 IP 地址，实现不同 VLAN 间主机的相互通信。

（2）配置 3 台交换机，在其上分别创建 2 个 VLAN（VLAN2 和 VLAN3），并为其分配静态成员。

（3）创建 3 台交换机之间的主干道。

（4）实现相同 VLAN 之间通过二层交换机通信，不同 VLAN 之间通过三层交换机通信。

2．实训环境及主要设备

（1）每组 1 台三层交换机、2 台二层交换机、4 台计算机、1 根 Console 电缆、若干平行和交叉双绞线。

（2）实训环境如图 12-7 所示。

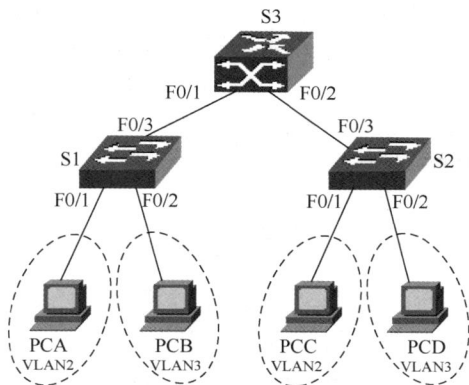

图 12-7　交换机 VLAN 主干道配置实训环境

3．实训的主要步骤

（1）按图 12-7 所示，用相应端口连接 3 台交换机，其中交换机 S3 为三层交换机，连接 4 台主机到交换机相应端口。

（2）在交换机 S1 和 S2 上各自创建 2 个 VLAN（VLAN2 和 VLAN3），并按图 12-7 所示配置相应端口到各 VLAN。

（3）配置 PCA 的 IP 地址为 192.168.2.1/24、PCB 的 IP 地址为 192.168.3.1/24、PCC 的 IP 地址为 192.168.2.2/24、PCD 的 IP 地址为 192.168.3.2/24，子网掩码统一为 255.255.255.0，PCA 和 PCC 网关为 192.168.2.254，PCB 和 PCD 网关为 192.168.3.254。

（4）将交换机 S1 和 S2 的 F0/3 端口、交换机 S3 的 F0/1 和 F0/2 端口设置成干道接口。并在交换机 S3 上将 VLAN2 的接口地址配置为 192.168.2.254，VLAN3 的接口地址配置为 192.168.3.254。

（5）测试同一 VLAN 内主机通信时经过哪些设备。

（6）测试不同 VLAN 间主机通信时经过哪些设备。

（7）检查交换机上的 VLAN 相关信息。

（8）检查交换机上的主干道相关信息。

4．注意事项

（1）严禁给计算机的 CMOS 或用户加口令。

（2）两个不同 VLAN 的接口 IP 地址应该属于两个不同的网络。

（3）各 VLAN 主机的网关地址是三层交换机所对应 VLAN 的接口 IP 地址。

（4）配置完 VLAN 接口 IP 地址后，一定要把 VLAN 接口重启。

（5）Windows 系统的自带防火墙默认不允许 ping 命令通过，需要手动设置才能 ping 通。

（6）使用 "reset saved-configuration" 删除交换机配置。

（7）保证操作的安全。

5. 综合实训项目关联

在综合实训项目中，需要解决跨交换机不同 VLAN 间主机的通信问题。通过本实训，学生可掌握如何让分布在不同地理位置的、不同部门的主机通过三层设备进行通信。

12.2.11 华为交换机 STP 配置

1. 实训目的和任务

（1）熟悉 STP 的作用，观察 STP 的收敛过程。

（2）掌握利用配置 STP 端口权值的方法，实现交换机之间不同 VLAN 流量的负载均衡。

（3）掌握利用配置 STP 路径值的方法，实现交换机之间不同 VLAN 流量的负载均衡。

2. 实训环境及主要设备

（1）每组 2 台交换机、4 台计算机、4 根 Console 电缆、6 根平行双绞线。

（2）实训环境如图 12-8 所示。

3. 实训的主要步骤

（1）按照图 12-8 所示连接 2 台交换机，用相应端口连接 2 台交换机，连接 4 台主机到交换机相应端口。

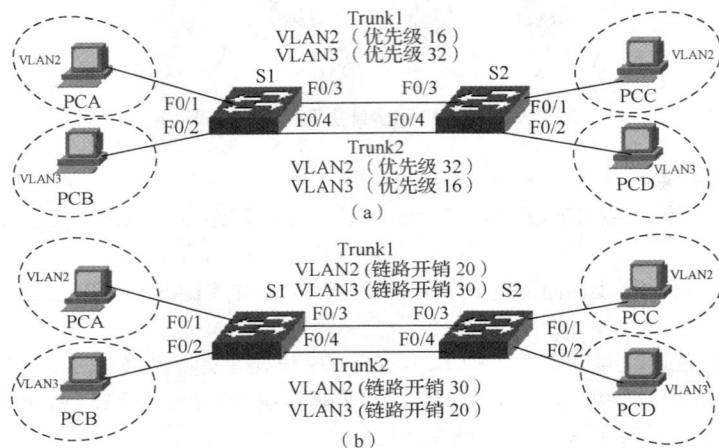

图 12-8　交换机 STP 配置实训环境

（2）配置 PCA 的 IP 地址为 192.168.0.1/24、PCB 的 IP 地址为 192.168.0.2/24、PCC 的 IP 地址为 192.168.0.3/24、PCD 的 IP 地址为 192.168.0.4/24，子网掩码统一为 255.255.255.0，各主机网关信息不需配置。

（3）先启动计算机，并使其均处于超级终端的连接状态后，打开 2 台交换机。在每台计算机上，不断通过 display stp 命令，观察各个交换机生成树的状态来分析无环路树的形成过程。

（4）在每个交换机上分别配置 VLAN2 和 VLAN3，同时分别配置两个干道端口，观察交换机在默认的 STP 下，哪些端口处于转发状态，哪些端口处于阻塞状态。

（5）按照图 12-8（a）所示配置 STP 端口权值的方法，来实现交换机之间不同 VLAN 流量的负载均衡。

（6）可通过在 2 个交换机的相同 VLAN 之间发送数据，并观察交换机状态指示灯的方法来判断 VLAN 数据传输的线路情况。

（7）删除配置，按照图 12-8（b）所示配置 STP 路径值的方法，来实现交换机之间不同 VLAN 流量的负载均衡。

（8）手动拔掉交换机之间的一根双绞线，查看 VLAN 间通信时线路切换大概需要花多长时间。

4．注意事项

（1）严禁给计算机的 CMOS 或用户加口令。

（2）Windows 系统的自带防火墙默认不允许 ping 命令通过，需要手动设置才能 ping 通。

（3）使用"reset saved-configuration"命令删除交换机配置。

（4）保证操作的安全。

5．综合实训项目关联

在综合实训项目中，为提高网络的可靠性，需要进行 STP 的配置。通过本实训，学生可掌握在接入层和汇聚层之间采用 STP 来提高接入用户的可靠性。

12.2.12　华为路由器的基本配置

1．实训目的和任务

（1）熟悉网络实验室的华为 AR201/1220/2220/2240 路由器中的任意一种产品，主要包括提供的接口名称、数量、类型、作用及使用方法。

（2）了解路由器的各种配置方法及要求，掌握超级终端配置方式和 Telnet 配置方式。

（3）掌握华为路由器命令行状态下"?"和"TAB"键的使用方法。

（4）熟练掌握华为路由器命令行状态下常用命令的使用方法。

（5）熟练使用 TFTP 软件，掌握华为路由器配置备份和导入方法。

（6）在超级终端配置方式下，掌握删除配置及重新启动路由器进入"#"状态的方法，要求不利用路由器的自动配置对话模式。

2．实训环境及主要设备

（1）每组 1 台路由器、1~3 台计算机、1 根 Console 电缆、1 根交叉双绞线。

（2）提供上网环境。

（3）超级终端配置方式如图 12-9 所示。

图 12-9　路由器 Console 口配置方式

（4）Telnet 配置方式如图 12-10 所示。

图 12-10　路由器 Telnet 配置方式

3．实训的主要步骤

（1）熟悉网络实验室的华为 AR201/1220/2220/2240 路由器，重点是本组产品主要包括的接口（Console/Aux/Ethernet/WIC）、类型、作用及使用方法。

（2）图 12-9 所示为用 Console 电缆连接路由器的 Console 口和计算机的 COM 口。

（3）配置路由器的主机名、Console 口口令和 Telnet 口令。

（4）不同工作模式之间的切换。

（5）利用 Show 命令，查看版本、FLASH、运行配置设置、各接口状态信息等。

（6）练习华为路由器命令行状态下"?"和"TAB"键的使用方法。

（7）检查路由器运行配置和启动配置文件内容。

（8）把路由器的运行配置拷贝到启动配置。

（9）图 12-10 所示为用交叉双绞线连接路由器的以太口（F0/0 口）和计算机网卡（RJ-45 接口），通过 Telnet 方式登录路由器。把主机的 IP 地址配置为 192.168.0.1/24，路由器接口 F0/0 的 IP 地址配置为 192.168.0.254/24。

（10）使用 TFTP 软件，练习路由器配置备份和导入方法。

（11）删除配置及重新启动路由器。

4．注意事项

（1）严禁给计算机的 CMOS 或用户加口令。

（2）Telnet 登录时应保证主机和路由器的网络可达性，如果主机和路由器直连，应将主机的 IP 地址和路由器直连接口的 IP 地址配置在同一个网段。

（3）实训结束后用"reset saved-configuration"命令还原交换机默认配置，以防实训时设置的交换机 Console、Enable 等口令下机后不清除，导致下次启动路由器时不能正常进入。

（4）Windows 系统的自带防火墙默认不允许 ping 命令通过，需要手动设置才能 ping 通。

（5）使用 TFTP 软件练习路由器配置备份和导入时，一定要先设置 TFTP 服务器（目录、IP 地址）并启动。

（6）保证操作的安全。

5．综合实训项目关联

在综合实训项目中会用到一些路由器。通过本实训，学生可掌握常见路由器的配置方法，以及查看当前的配置、保存配置内容等常用命令。

12.2.13　华为路由器静态路由及 RIP 路由配置

1．实训目的和任务

（1）掌握华为路由器静态路由设计和配置方法。

（2）掌握华为路由器默认路由的配置方法。

（3）熟练掌握华为路由器 RIPv2 路由的配置方法。

（4）熟悉路由表，理解路由信息内容，了解并识记"直连、静态、RIP、默认路由"的优先级。

2．实训环境及主要设备

（1）每组 3 台路由器、2～3 台计算机、1 根 Console 电缆、2 根交叉双绞线。

（2）通过 2 对 DTE/DCE 电缆将 3 台路由器通过串口相连。

（3）实训环境如图 12-11 所示。

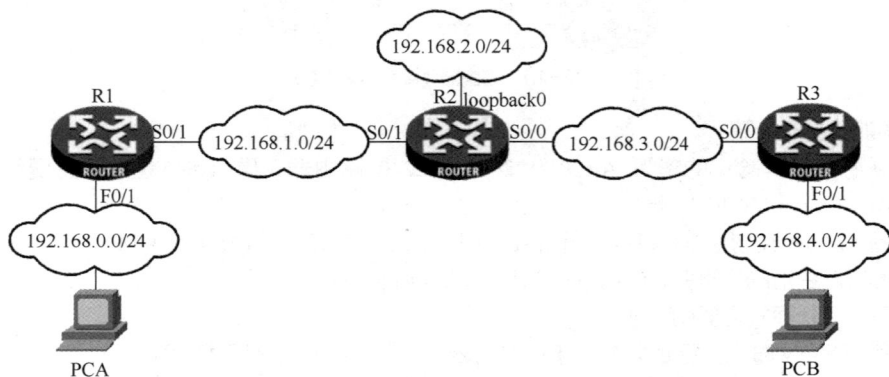

图 12-11　路由器静态路由和 RIP 路由配置实训环境

3. 实训的主要步骤

（1）图 12-11 所示的路由器连接各网段的网络地址已经给出，各相关接口的 IP 地址均由学生自行设计，PCA 的 IP 地址为 192.168.0.1/24，其网关为路由器 R1 的 F0/1 的接口 IP 地址，PCB 的 IP 地址为 192.168.4.1/24，其网关为路由器 R3 的 F0/1 的接口 IP 地址，在路由器 R2 上设置 loopback0 用来模拟一个网络，其 IP 地址可以配置为 192.168.2.0/24 网段中的任意一个 IP 地址。

（2）依据设计，在路由器 R1 和 R2 上配置静态路由，在路由器 R3 上配置默认路由来实现 PCA 和 PCB 两主机之间能够相互通信，并且 PCA 和 PCB 能够 ping 通路由器 R2 上的 loopback0 口，查看各路由器的路由表变化。

（3）删除 3 台路由器所配置的静态路由和默认路由，在 3 台路由器上分别配置 RIPv2 路由，并且宣告各直连网段。注意在 R2 上先不宣告直连的 loopback0 网段，过一段时间后查看各路由器的路由表变化情况，路由器 R1 和 R2 的路由表中是否有到 192.168.2.0 网段的路由。

（4）在路由器 R2 上宣告网段 192.168.2.0，一段时间后查看路由器 R1 和 R3 的路由表中是否有到 192.168.2.0 网段的路由。

（5）最后用 ping 命令查看 2 台主机之间、主机和路由器之间的任一接口能否通信。

4. 注意事项

（1）严禁给计算机的 CMOS 或用户加口令。

（2）严禁带电插、拔串口电缆。

（3）路由器用串口相连时，注意 DCE 电缆一端的接口要配置时钟。

（4）数据通信是双向的，所以在配置静态路由时，要保证既要有数据去的路由，又要有数据回的路由。

（5）宣告网段时只能宣告直连的网段，并且只有把一个网段宣告后，这个网段的信息才能被传到其他相邻的路由器。

（6）RIP 是距离矢量的路由协议，收敛速度比较慢，配置 RIP 后需要等待一段时间才能查到路由器的路由表更新。

（7）注意在配置路由协议之前，一定要先测试各直连线路的连通性。

（8）Windows 系统的自带防火墙默认不允许 ping 命令通过，需要手动设置才能 ping 通。

（9）使用"reset saved-configuration"命令删除路由器配置。

5. 综合实训项目关联

在综合实训项目中接入层的三层设备上一般会用到静态路由和 RIP 路由。通过本实训，学生可掌握在接入层设备上如何配置静态路由和 RIP 路由，来实现网络的连通性。

12.2.14　华为路由器 OSPF 路由配置

1. 实训目的和任务

（1）掌握华为路由器多区域 OSPF 路由设计及配置方法。

（2）熟悉路由表，理解路由信息内容，了解并识记"直连、静态、RIP、默认路由、OSPF"的优先级。

2. 实训环境及主要设备

（1）每组 3 台路由器、2～3 台计算机、1 根 Console 电缆、2 根交叉双绞线。

（2）通过 2 对 DTE/DCE 电缆将 3 台路由器通过串口相连。

（3）实训环境如图 12-12 所示。

3. 实训的主要步骤

（1）图 12-12 所示的路由器连接各网段的网络地址已经给出，各相关接口的 IP 地址均由学生自行设计，PCA 的 IP 地址为 192.168.0.1/24，其网关为路由器 R1 的 F0/1 的接口 IP 地址，PCB 的 IP 地址为 192.168.4.1/24，其网关为路由器 R3 的 F0/1 的接口 IP 地址。

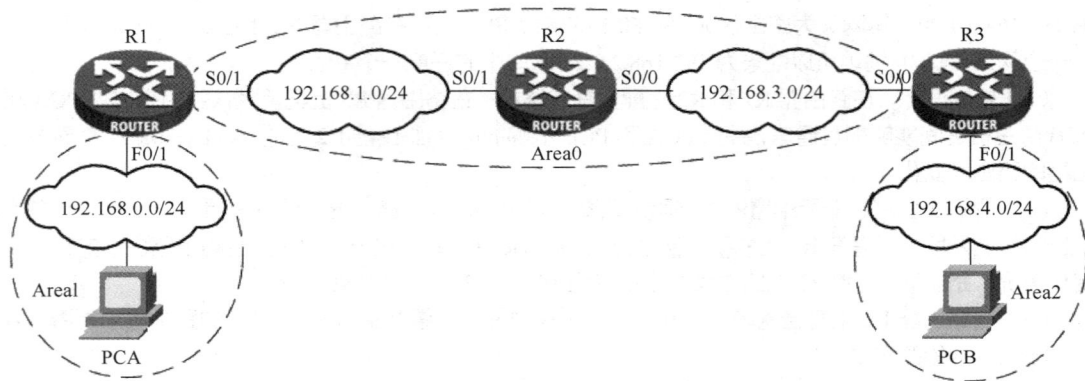

图 12-12　OSPF 路由配置实训环境

（2）在 3 台路由器上分别配置 OSPF 路由，按照图 12-12 所示划分 OSPF 路由的区域，并且宣告各直连网段到相应区域。注意在 R2 上先不宣告直连的 192.168.1.0 网段，过一段时间后查看各路由器的路由表变化情况，查看路由器 R1 和 R2 的路由表中是否有到 192.168.1.0 网段的路由。

（3）在路由器 R2 上宣告网段 192.168.1.0 到 Area0，一段时间后查看路由器 R3 的路由表中是否有到 192.168.1.0 网段的路由。

（4）最后用 ping 命令查看 2 台主机之间、主机和路由器之间的任一接口能否通信。

4. 注意事项

（1）严禁给计算机的 CMOS 或用户加口令。

（2）严禁带电插、拔串口电缆。

（3）路由器用串口相连时，注意 DCE 电缆一端的接口要配置时钟。

（4）宣告网段时只能宣告直连的网段到某一区域，并且只有把一个网段宣告后，这个网段的信息才能被传到其他相邻的路由器。

（5）OSPF 路由划分区域时一定要有一个 Area0 区域，并且其他区域必须和 Area0 区域直连。

（6）注意在配置路由协议之前，一定要先测试各直连线路的连通性。

（7）Windows 系统的自带防火墙默认不允许 ping 命令通过，需要手动设置才能 ping 通。

（8）使用 "reset saved-configuration" 命令删除路由器配置。

5. 综合实训项目关联

在综合实训项目中核心层和汇聚层一般要用到 OSPF 路由。通过本实训，学生可掌握如何在核心层和汇聚层设备上配置 OSPF 路由来实现网络的连通性。

12.2.15　华为路由器多路由协议间路由引入配置

1. 实训目的和任务

（1）掌握华为路由器中 OSPF、RIP、静态路由并存的路由设计及配置方法。

（2）掌握 OSPF 路由引入 RIP 路由、RIP 路由引入 OSPF 路由、OSPF 路由引入静态路由的方法。

2. 实训环境及主要设备

（1）每组 4 台路由器、2 台计算机、1 根 Console 电缆、2 根交叉双绞线。

（2）通过 3 对 DTE/DCE 电缆将 4 台路由器通过串口相连。

（3）实训环境如图 12-13 所示。

3. 实训的主要步骤

（1）图 12-13 所示的路由器连接各网段的网络地址已经给出，各相关接口的 IP 地址均由学生自行设计。PCA 的 IP 地址为 192.168.0.1/24，其网关为路由器 R1 的 F0/1 的接口 IP 地址，PCB 的 IP 地址为 192.168.4.1/24，其网关为路由器 R4 的 F0/1 的接口 IP 地址。

（2）按照图 12-13 所示，在路由器 R1 上启用 RIPv2 路由，宣告两个直连的网段：192.168.0.0/24 和 192.168.1.0/24；在路由器 R2 上启用 RIPv2 路由和 OSPF 路由，把网段 192.168.1.0/24 在 RIPv2 中宣告，把网段 192.168.2.0/24 在 OSPF 中宣告。在路由器 R3 上配置到网段 192.168.4.0/24 的静态路由，在路由器 R4 上配置默认路由。先不进行路由引入，检查各路由器的路由表中的路由信息。

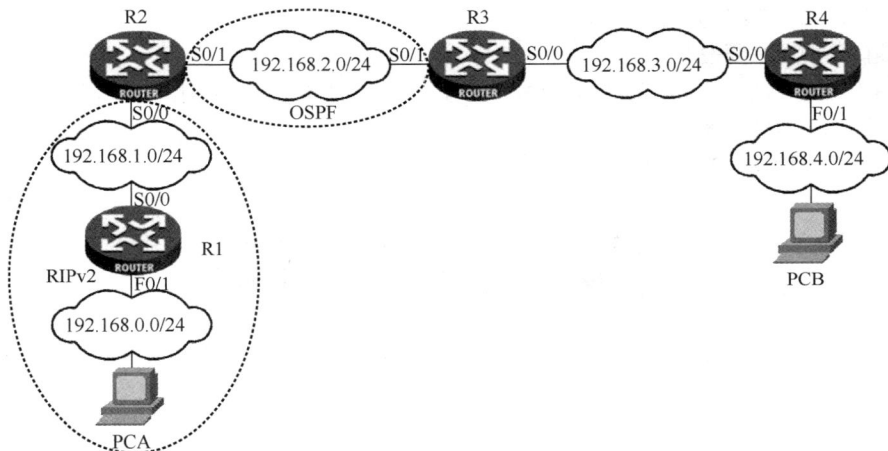

图 12-13　多路由协议间路由引入配置实训环境

（3）在路由器 R2 上，在 RIPv2 路由中引入 OSPF 路由，在 OSPF 路由中引入 RIPv2 路由。在路由器 R3 上，在 OSPF 路由中引入静态路由。一段时间后检查各路由器的路由表中的路由信息。

在 RIP 路由中引入 OSPF 路由。

```
rip 1
import-route ospf 1
```

在 OSPF 路由中引入 RIP 路由和静态路由。

```
ospf 1
import-route rip
import-route static
```

（4）最后用 ping 命令查看 2 台主机之间、主机和路由器之间的任一接口能否通信。

4. 注意事项

（1）严禁给计算机的 CMOS 或用户加口令。

（2）严禁带电插、拔串口电缆。

（3）路由器用串口相连时，注意 DCE 电缆一端的接口要配置时钟。

（4）路由重发布的方法。

（5）注意在配置路由协议之前，一定要先测试各直连线路的连通性。

（6）Windows 系统的自带防火墙默认不允许 ping 命令通过，需要手动设置才能 ping 通。

（7）使用 "reset saved-configuration" 命令删除路由器配置。

5．综合实训项目关联

在综合实训项目中，处在不同层次的网络设备所配置的路由协议可能不同。通过本实训，学生可掌握如何通过路由引入技术来达到不同路由协议之间相互交换路由信息，实现网络的连通性的目的。

12.2.16　华为路由器广域网协议的配置

1．实训目的和任务

（1）了解在华为路由器上比较常用的广域网协议配置，包括 PPP、HDLC、DDN 等。

（2）掌握华为路由器无验证的 PPP 的设计和配置方法。

（3）掌握华为路由器带验证的 PPP 的设计和配置方法。

（4）掌握华为路由器 HDLC 协议的设计和配置方法。

（5）了解 DDN 专线连接的设计与配置方法。

2．实训环境及主要设备

（1）每组 2 台路由器、2 台计算机、1 根 Console 电缆、2 根交叉双绞线。

（2）通过 1 对 DTE/DCE 电缆将串口相连。

（3）实训环境如图 12-14 所示。

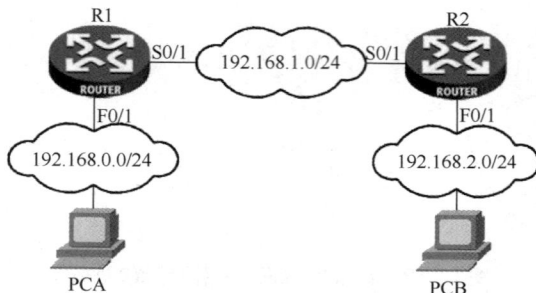

图 12-14　广域网协议的配置实训环境

3．实训的主要步骤

（1）图 12-14 所示的路由器连接各网段的网络地址已经给出，各相关接口的 IP 地址均由学生自行设计，PCA 的 IP 地址为 192.168.0.1/24，其网关为路由器 R1 的 F0/1 的接口 IP 地址，PCB 的 IP 地址为 192.168.2.1/24，其网关为路由器 R2 的 F0/1 的接口 IP 地址。

（2）依据设计，路由器 R1 和 R2 之间使用无验证的 PPP，实现 PCA 和 PCB 两主机之间通信。

（3）依据设计，路由器 R1 和 R2 之间使用带 CHAP 验证的 PPP，实现 PCA 和 PCB 两主机之间通信。

（4）依据设计，路由器 R1 和 R2 之间使用 HDLC 协议，实现 PCA 和 PCB 两主机之间通信。

4．注意事项

（1）严禁给计算机的 CMOS 或用户加口令。

（2）严禁带电插、拔串口电缆。

（3）路由器用串口相连时，注意 DCE 电缆一端的接口要配置时钟。

（4）注意要保证 PCA 和 PCB 两主机之间通信需对路由器做路由的配置。

（5）注意查看在路由器 R1 和 R2 两端，封装协议不同（PPP 和 HDLC）、CHAP 验证码不同时，网络的连通情况。

（6）使用"reset saved-configuration"命令删除路由器配置。

5. 综合实训项目关联

在综合实训项目中，为了保证网络的安全接入，可能一些路由器之间需要配置验证。通过本实训，学生可掌握如何在两个路由器之间配置 CHAP 验证来实现网络中设备身份的验证。

12.2.17 华为路由器 NAT 的设计与配置

1. 实训目的和任务

（1）掌握华为路由器静态 NAT 的设计和配置方法。

（2）掌握华为路由器动态 NAT 的设计和配置方法。

（3）通过实训，理解静态/动态 NAT 的作用和区别。

2. 实训环境及主要设备

（1）每组 2 台路由器、1 台交换机、4 台计算机、1 根 Console 电缆、2 根交叉双绞线。

（2）通过 1 对 DTE/DCE 电缆将串口相连。

（3）实训环境如图 12-15 所示。

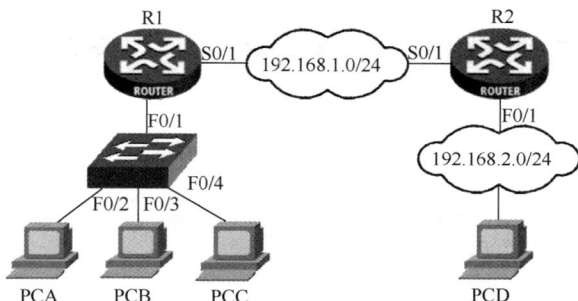

图 12-15　NAT 的设计与配置实训环境

3. 实训的主要步骤

（1）图 12-15 所示的路由器连接各网段的网络地址已经给出，各相关接口的 IP 地址均由学生自行设计，PCA、PCB、PCC 的 IP 地址分别为 192.168.0.1/24、192.168.0.2/24、192.168.0.100/24，其网关为路由器 R1 的 F0/1 的接口 IP 地址；PCD 的 IP 地址为 211.168.2.1/24，其网关为路由器 R2 的 F0/1 的接口 IP 地址。

（2）在路由器 R1 配置 NAT，其中 F0/1 为内网接口，S0/1 为外网接口。将内网主机 PCA 和 PCB 动态转换成外网的一个地址池 211.69.0.0～211.69.0.62/24，将内网主机 PCC 静态转换成 211.69.0.100/24。

（3）依据设计，路由采用静态路由配置实现内网主机和外网主机的相互通信。

（4）通过 PCD 测试能不能直接访问内网私有主机地址。

（5）在路由器 R1 上通过"display nat mapping table all"命令查看地址转换情况，或者在路由器 R2 上通过"debugging ip packet"命令来动态查看地址转换情况。

4. 注意事项

（1）严禁给计算机的 CMOS 或用户加口令。

（2）严禁带电插、拔串口电缆。

（3）注意在路由器 R2 上配置的静态路由是转换后的 211.69.0.0/24 网段路由。

（4）可用 1 台计算机通过改变 IP 地址来分别模拟内网主机。

（5）使用"reset saved-configuration"命令删除路由器配置。

5. 综合实训项目关联

在综合实训项目中进行内网设计时，有些主机会用到私有 IP 地址。通过本实训，学生可掌握在什么设备上如何配置 NAT 来实现内网私有 IP 地址主机和公网主机进行通信。

12.3 综合实训项目实施

12.3.1 项目内容分析

由于本书只涉及组网的一部分技术，因此对综合实训项目进行了简化，简化后的综合实训项目如图 12-16 所示。

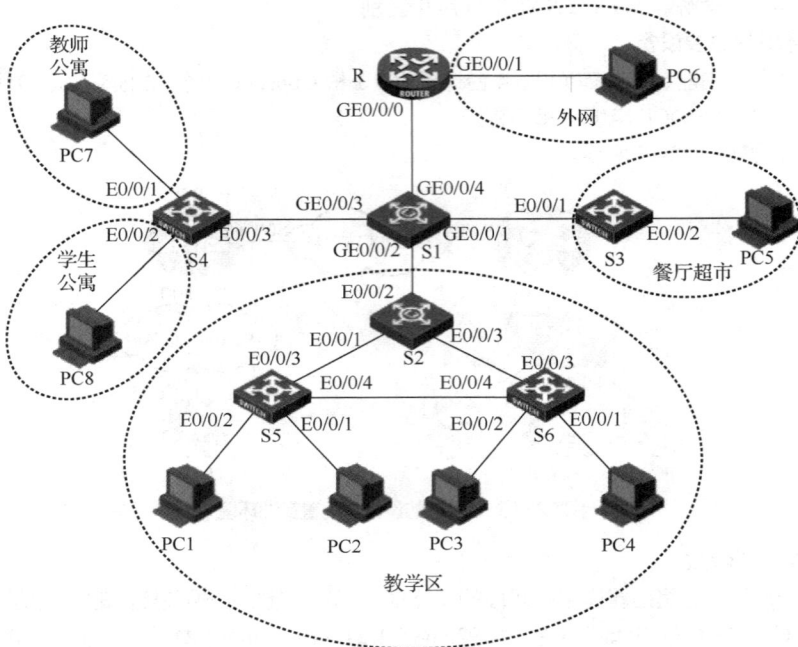

图 12-16 综合实训项目

某校园网通过路由器 R 实现与外网通信，内网通过三层交换机 S1、S2、S3、S4 与二层交换机 S5、S6 相连。S1 是核心层交换机，用来实现内网数据的快速转发，S2、S3、S4 是汇聚层交换机，用来实现不同网段主机的互联，S5、S6 是二层接入层交换机。其中 S2 交换机通过三层接口连接核心层交换机 S1，通过二层接口连接接入层交换机 S5、S6。S5 和 S6 交换机通过划分不同的 VLAN 连接学校的各教学楼。S3 交换机通过三层接口连接核心层交换机 S1，通过二层接口连接学校的餐厅超市。交换机 S4 通过三层接口连接核心层交换机 S1，通过二层接口连接学校的教师公寓和学生公寓。

12.3.2 IP 地址规划

该校园网分配了 8 个公有网段 211.69.0.0～211.69.7.0/24，由于教师公寓和学生公寓的用户较多，所以这些用户通过在内网使用私有地址来解决 IP 地址不足的问题。

通过如图 12-16 所示规划，教学区和餐厅超市的要求速率较高，采用 6 个公有网段，路由器的 2 个接口采用了 2 个公有网段，教师公寓和学生公寓一般内网流量较大，所以采用私有网段。这些主机在访问外网时，通过在路由器 R 上做 NAT 来实现私有地址到公网地址的转换。每一个网段配置了 1 台主机，用来模拟和测试内外网主机之间的通信。各设备和主机端口 IP 地址的具体规划如表 12-1～表 12-8

所示。其中路由器和 PC 主机使用物理端口进行连接，各交换机使用虚拟端口 Vlanif1～Vlanif7 完成虚拟局域网相关功能。

表 12-1　路由器 R 各接口 IP 地址

接口	IP 地址
GE0/0/1	211.69.0.1/24
GE0/0/0	211.69.6.124

表 12-2　交换机 S1 各接口 IP 地址

接口	IP 地址	接口类型	接口	IP 地址	接口类型
Vlanif1	192.168.0.3/24	VLAN 接口	Vlanif2	211.69.7.3/24	VLAN 接口
Vlanif3	211.69.6.3/24	VLAN 接口	Vlanif4	211.69.5.3/24	VLAN 接口

表 12-3　交换机 S2 各接口 IP 地址

接口	IP 地址/VLAN ID	接口类型	接口	IP 地址/VLAN ID	接口类型
Vlanif1	211.69.1.1/24	VLAN 接口	Vlanif2	211.69.2.1/24	VLAN 接口
Vlanif3	211.69.3.1/24	VLAN 接口	Vlanif4	211.69.4.1/24	VLAN 接口
Vlanif5	211.69.5.1/24	VLAN 接口	E0/0/1	—	二层 Trunk 接口
E0/0/2	5	二层 Access 接口	E0/0/3	—	二层 Trunk 接口

表 12-4　交换机 S3 各接口 IP 地址

接口	IP 地址/VLAN ID	接口类型
Vlanif1	211.69.8.1/24	VLAN 接口
Vlanif7	211.69.7.1/24	VLAN 接口
E0/0/1	7	二层 Access 接口

表 12-5　交换机 S4 各接口 IP 地址

接口	IP 地址/VLAN ID	接口类型	接口	IP 地址/VLAN ID	接口类型
Vlanif1	192.168.1.1/24	VLAN 接口	Vlanif2	192.168.2.1/24	VLAN 接口
Vlanif3	192.168.0.1/24	VLAN 接口	E0/0/2	2	二层 Access 接口
E0/0/3	3	二层 Access 接口	—		

表 12-6　交换机 S5 各接口 IP 地址

接口	VLAN ID	接口类型	接口	VLAN ID	接口类型
E0/0/1	2	二层 Access 接口	E0/0/2	1	二层 Access 接口
E0/0/3	—	二层 Trunk 接口	E0/0/4	—	二层 Trunk 接口

表 12-7　交换机 S6 各接口 IP 地址

接口	VLAN ID	接口类型	接口	VLAN ID	接口类型
E0/0/1	4	二层 Access 接口	E0/0/2	3	二层 Access 接口
E0/0/3	—	二层 Trunk 接口	E0/0/4	—	二层 Trunk 接口

表 12-8　各主机接口 IP 地址

主机	IP 地址	网关	主机	IP 地址	网关
PC1	211.69.1.2/24	211.69.1.1	PC5	211.69.8.2/24	211.69.8.1
PC2	211.69.2.2/24	211.69.2.1	PC6	211.69.0.2/24	211.69.0.1
PC3	211.69.3.2/24	211.69.3.1	PC7	192.168.1.2/24	192.168.1.1
PC4	211.69.4.2/24	211.69.4.1	PC8	192.168.2.2/24	192.168.2.1

12.3.3　所采用的技术分析

1. 路由协议

在交换机 S1 和路由器 R、交换机 S2 之间采用 OSPF 路由协议，在交换机 S1 和 S4 之间采用 RIPv2，在交换机 S1 和 S3 间采用静态路由协议。注意在不同路由协议之间需要路由的引入。

2. STP 和 VLAN 的划分

为保证教学楼的接入设备的可靠性，在 3 台交换机（S2、S5、S6）之间用一条环路连接，因此需要在 3 台交换机的互连端口启用 STP。并且需要在 S1、S2、S5、S6 这 4 台交换机上分别创建 4 个 VLAN，并且在三层交换机 S1 上配置 4 个 VLAN 接口的 IP 地址。S2、S5、S6 这 3 台交换机互连的接口设为二层 Trunk 接口，二层交换机和主机相连的接口应设为相应 VLAN 的 Access 接口。三层交换机 S4 上连接了 2 个网段，一个网段是教师公寓，另一个网段是学生公寓。

3. NAT 技术

在路由器上配置基于端口的动态 NAT 技术，实现把教师公寓的私网地址转换成公网地址 211.69.6.0/24，把学生公寓的私网地址转换成公网地址 211.69.0.0/24。

12.3.4　设备的具体配置

根据图 12-16 所示综合实训项目和各设备 IP 地址的规划，对相关的路由器和交换机做如下配置。

1. 路由器 R 配置

```
//接口 IP 地址配置
[R]interface GigabitEthernet 0/0/0
[R-GigabitEthernet0/0/0]ip address 211.69.6.1 255.255.255.0
[R]interface GigabitEthernet 0/0/1
[R-GigabitEthernet0/0/1]ip address 211.69.0.1 255.255.255.0
//路由协议配置
[R]ospf 1
[R-ospf-1]area 0
[R-ospf-1-area-0.0.0.0]network 211.69.0.0 0.0.0.255
[R-ospf-1-area-0.0.0.0]network 211.69.6.0 0.0.0.255
//NAT 配置
[R]nat address-group 1 211.69.0.11 211.69.0.254
[R]nat address-group 2 211.69.6.11 211.69.6.254
[R]acl number 2000
[R-acl-basic-2000]rule 1 permit source 192.168.1.0 0.0.0.255
[R]acl number 2001
[R-acl-basic-2001]rule 1 permit source 192.168.2.0 0.0.0.255
[R]interface GigabitEthernet 0/0/1
[R-GigabitEthernet0/0/1]nat outbound 2000 address-group 1
[R-GigabitEthernet0/0/1]nat outbound 2001 address-group 2
```

2. 交换机 S1 配置

```
[S1]interface GigabitEthernet 0/0/1
[S1-GigabitEthernet0/0/1] port link-type access
[S1-GigabitEthernet0/0/1] port default vlan 1
```

```
[S1]interface GigabitEthernet 0/0/2
[S1-GigabitEthernet0/0/2] port link-type access
[S1-GigabitEthernet0/0/2] port default vlan 2
[S1]interface GigabitEthernet 0/0/3
[S1-GigabitEthernet0/0/3] port link-type access
[S1-GigabitEthernet0/0/3] port default vlan 3
[S1]interface GigabitEthernet 0/0/4
[S1-GigabitEthernet0/0/4] port link-type access
[S1-GigabitEthernet0/0/4] port default vlan 4
//创建 VLAN 并设置各 VLAN 接口 IP 地址
[S1]vlan batch 2 to 4
[S1]interface Vlanif 1
[S1-Vlanif1]ip address 192.168.0.3 255.255.255.0
[S1]interface Vlanif 2
[S1-Vlanif2]ip address 211.69.7.3 255.255.255.0
[S1]interface Vlanif 3
[S1-Vlanif3]ip address 211.69.6.3 255.255.255.0
[S1]interface Vlanif 4
[S1-Vlanif4]ip address 211.69.5.3 255.255.255.0
[S1]interface GigabitEthernet 0/0/1
[S1-GigabitEthernet0/0/1]port link-type access
[S1-GigabitEthernet0/0/1] port default vlan 1
[S1]interface GigabitEthernet 0/0/2
[S1-GigabitEthernet0/0/2]port link-type access
[S1-GigabitEthernet0/0/2] port default vlan 2
[S1]interface GigabitEthernet 0/0/3
[S1-GigabitEthernet0/0/3]port link-type access
[S1-GigabitEthernet0/0/3] port default vlan 3
[S1]interface GigabitEthernet 0/0/4
[S1-GigabitEthernet0/0/4]port link-type access
[S1-GigabitEthernet0/0/4] port default vlan 4
//路由协议配置
[S1] ip route-static 211.69.8.0 255.255.255.0 211.69.7.1
[S1]ospf 1
[S1-ospf-1]area 0
[S1-ospf-1-area-0.0.0.0]network 211.69.5.0 0.0.0.255
[S1-ospf-1-area-0.0.0.0]network 211.69.6.0 0.0.0.255
[S1-ospf-1]import-route static   //引入静态路由
[S1-ospf-1]import-route rip 1    //引入 RIP 路由
[S1]rip 1
[S1-rip-1]version 2
[S1-rip-1]network 192.168.0.0
[S1-rip-1]import-route static    //引入静态路由
```

```
[S1-rip-1]import-route ospf 1    //引入OSPF路由
```

3. 交换机S2配置

```
//创建VLAN并设置各VLAN接口IP地址
[S2]vlan batch 2 to 5
[S2]interface Ethernet0/0/1
[S2-Ethernet0/0/1]port link-type trunk
[S2-Ethernet0/0/1]port trunk allow-pass vlan 2
[S2]interface Ethernet0/0/2
[S2-Ethernet0/0/2]port link-type access
[S2-Ethernet0/0/2]port default vlan 5
[S2]interface Ethernet0/0/3
[S2-Ethernet0/0/3]port link-type trunk
[S2-Ethernet0/0/3]port trunk allow-pass vlan 3 to 4
[S2]interface Ethernet0/0/1
[S2-Ethernet0/0/1]stp enable    //启用生成树协议
[S2]interface Ethernet0/0/3
[S2-Ethernet0/0/3]stp enable    //启用生成树协议
[S2]interface Vlanif 1
[S2-Vlanif1]ip address 211.69.1.1 255.255.255.0
[S2]interface Vlanif 2
[S2-Vlanif2]ip address 211.69.2.1 255.255.255.0
[S2]interface Vlanif 3
[S2-Vlanif3]ip address 211.69.3.1 255.255.255.0
[S2]interface Vlanif 4
[S2-Vlanif4]ip address 211.69.4.1 255.255.255.0
[S2]interface Vlanif 5
[S2-Vlanif5]ip address 211.69.5.1 255.255.255.0
//路由协议配置
[S2]ospf 1
[S2-ospf-1]area 0
[S2-ospf-1-area-0.0.0.0]network 211.69.1.0 0.0.0.255
[S2-ospf-1-area-0.0.0.0]network 211.69.2.0 0.0.0.255
[S2-ospf-1-area-0.0.0.0]network 211.69.3.0 0.0.0.255
[S2-ospf-1-area-0.0.0.0]network 211.69.4.0 0.0.0.255
[S2-ospf-1-area-0.0.0.0]network 211.69.5.0 0.0.0.255
```

4. 交换机S3配置

```
//创建VLAN并设置各VLAN接口IP地址
[S3]vlan batch 7
[S3]interface Ethernet0/0/1
[S3-Ethernet0/0/1]port link-type access
[S3-Ethernet0/0/1]port default vlan 7
```

```
[S3]interface Vlanif 1
[S3-Vlanif1]ip address 211.69.8.1 255.255.255.0
[S3]interface Vlanif 7
[S3-Vlanif7]ip address 211.69.7.1 255.255.255.0
//静态路由配置
[S3]ip route-static 0.0.0.0 0.0.0.0 211.69.7.3
```

5. 交换机 S4 配置

```
//创建 VLAN 并设置各 VLAN 接口 IP 地址
[S4]vlan batch 2 to 3
[S4]interface Ethernet0/0/2
[S4-Ethernet0/0/2]port link-type access
[S4-Ethernet0/0/2]port default vlan 2
[S4]interface Ethernet0/0/3
[S4-Ethernet0/0/3]port link-type access
[S4-Ethernet0/0/3]port default vlan 3
[S4]interface Vlanif 1
[S4-Vlanif1]ip address 192.168.1.1 255.255.255.0
[S4]interface Vlanif 2
[S4-Vlanif2]ip address 192.168.2.1 255.255.255.0
[S4]interface Vlanif 3
[S4-Vlanif3]ip address 192.168.0.1 255.255.255.0
//路由协议配置
[S4]rip 1
[S4-rip-1]version 2
[S4-rip-1]network 192.168.0.0
[S4-rip-1]network 192.168.1.0
[S4-rip-1]network 192.168.2.0
```

6. 交换机 S5 配置

```
//创建 VLAN 并设置各端口属性
[S5]vlan batch 2
[S5]interface Ethernet0/0/1
[S5-Ethernet0/0/1]port link-type access
[S5-Ethernet0/0/1]port default vlan 2
[S5]interface Ethernet0/0/3
[S5-Ethernet0/0/3]port link-type trunk
[S5-Ethernet0/0/3]port trunk allow-pass vlan 2
[S5]interface Ethernet0/0/4
[S5-Ethernet0/0/4]stp enable    //启用生成树协议
```

7. 交换机 S6 配置

```
//创建 VLAN 并设置各端口属性
[S6]vlan batch3 to 4
[S6]interface Ethernet0/0/1
[S6-Ethernet0/0/1]port link-type access
```

```
[S6-Ethernet0/0/1]port default vlan 4
[S6]interface Ethernet0/0/2
[S6-Ethernet0/0/2]port link-type access
[S6-Ethernet0/0/2]port default vlan 3
[S6]interface Ethernet0/0/3
[S6-Ethernet0/0/3]port link-type trunk
[S6-Ethernet0/0/3]port trunk allow-pass vlan 3 to 4
[S6]interface Ethernet0/0/4
[S6-Ethernet0/0/4]stp enable    //启用生成树协议
```

12.3.5　网络测试

在主机、路由器或者交换机上用 ping 命令可以测试网络的连通性，当在 PC7 或者 PC8 上访问 PC6 时，通过主机 PC6 上的抓包软件查看 NAT 是否正常工作，通过交换机 S5 或 S6 来检测 STP 的工作情况。

本章小结

通过本章的实训，学生不仅能够复习前面章节讲解的计算机网络的理论知识、基本原理，还可以提高学生分析问题、解决问题的能力，培养学生的实际操作动手能力。通过具体的实例分析，学生能够根据网络需求，自己规划、设计、配置一个具体的，安全、可靠的局域网。